计算机与人工智能类教育系列教材

计算机与人工智能导论

鄢小虎　李　峰◎主　编
杨　晨　张　健　胡兴鸿◎副主编

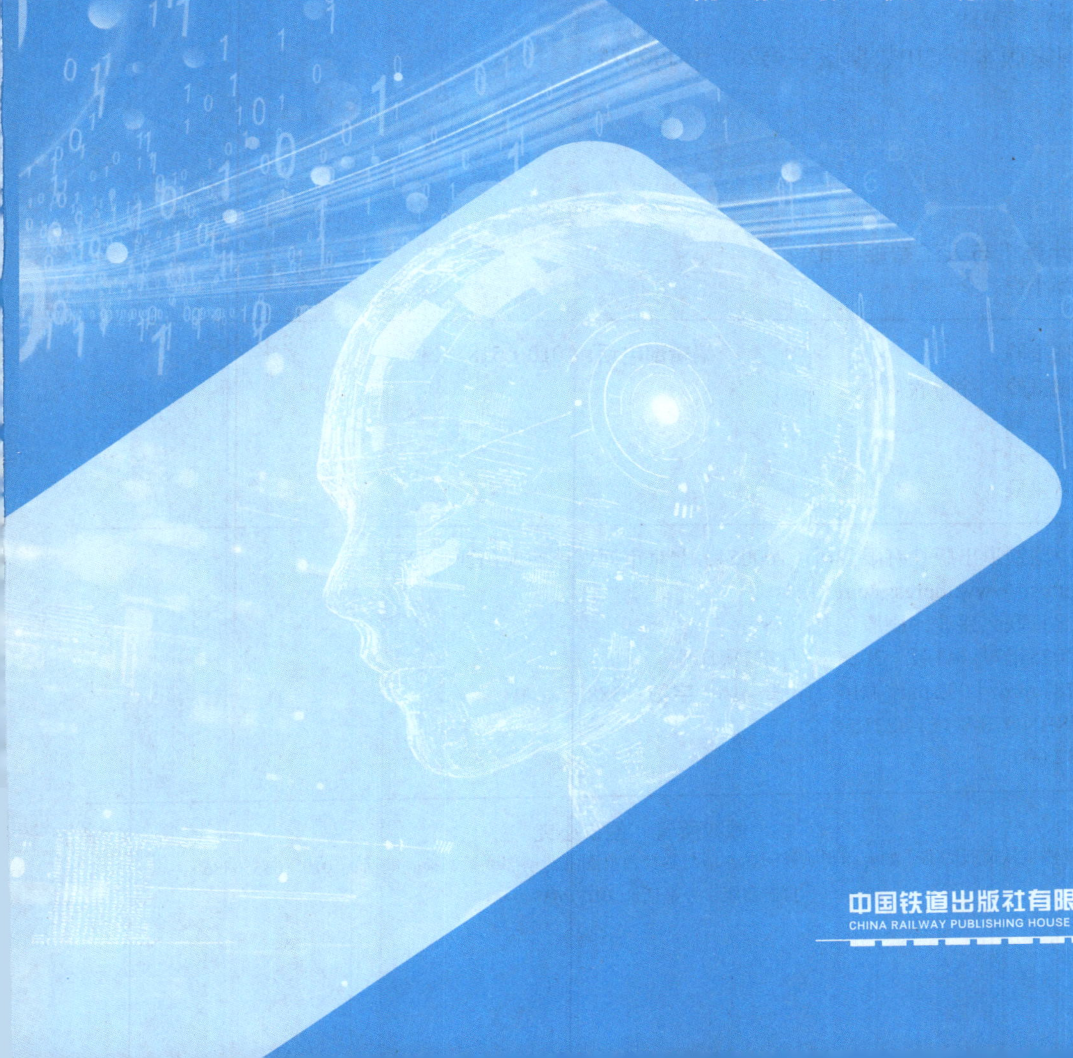

中国铁道出版社有限公司
CHINA RAILWAY PUBLISHING HOUSE CO., LTD.

内容简介

本书旨在为普通高等学校学生全面且系统地介绍计算机与人工智能基础知识、技术原理和实际应用，帮助学生构建清晰的专业知识框架，培养其在相关领域的实践能力和创新思维。

本书内容丰富且结构清晰，共包括八个单元：计算机基础、计算机硬件系统、计算机软件系统、计算机网络技术、程序设计基础、数据库、软件工程、人工智能。每个单元设有项目实施环节，结合实际案例将理论知识应用于实践，以提升解决实际问题的能力。同时，还设置了扩展学习、习题等板块，以帮助学生拓展知识面、巩固所学内容。

本书适合作为普通高等学校计算机类、电子信息类专业教材，也可供相关从业人员学习参考。

图书在版编目（CIP）数据

计算机与人工智能导论 / 鄢小虎，李峰主编. 北京 ：中国铁道出版社有限公司，2025. 7. --（计算机与人工智能类教育系列教材）. -- ISBN 978-7-113-32315-8

Ⅰ. TP3；TP18

中国国家版本馆CIP数据核字第2025WJ0007号

书　　名：计算机与人工智能导论
作　　者：鄢小虎　李　峰

策　　划：翟玉峰　　　　**编辑部电话**：（010）51873135
责任编辑：翟玉峰　徐盼欣
封面设计：刘　颖
责任校对：苗　丹
责任印制：赵星辰

出版发行：中国铁道出版社有限公司（100054，北京市西城区右安门西街8号）
网　　址：https://www.tdpress.com/51eds
印　　刷：北京联兴盛业印刷股份有限公司
版　　次：2025年7月第1版　2025年7月第1次印刷
开　　本：787 mm×1 092 mm　1/16　**印张**：16　**字数**：388千
书　　号：ISBN 978-7-113-32315-8
定　　价：52.00元

前　言

在当前数字化时代，计算机与人工智能技术已成为推动社会进步和人类发展的核心力量。从智能手机中便捷的语音助手，到智能工厂里高效的生产流程，计算机与人工智能的应用无处不在。作为一名长期致力于计算机与人工智能教育的高校教师，我深知这一领域对于培养高素质技术技能人才的重要性。

本书旨在为人工智能、大数据、软件工程等普通高等院校计算机与人工智能相关专业的学生提供一本全面而系统的入门教材。在内容编排上，本书遵循由浅入深、循序渐进的原则，充分考虑知识的系统性与逻辑性，从计算机基础理论出发，深入剖析计算机硬件系统、软件系统、网络技术，进而引入程序设计、数据库、软件工程等核心知识，最后聚焦人工智能技术。各单元紧密相连，层层递进，帮助学生构建坚实完整的理论基础，同时培养他们的实践能力和创新思维。

本书内容丰富且结构清晰，共包括八个单元。第 1 单元从计算机基础入手，详细介绍计算机的基本概念，回顾计算机的发展历程，讲解信息在计算机中的表示方式。第 2 单元聚焦计算机硬件系统，深入剖析冯·诺依曼体系结构，介绍硬件各组成部分，阐释服务器硬件和信创硬件相关知识。第 3 单元围绕计算机软件系统展开，明确软件的定义、分类及作用，重点介绍操作系统的发展、功能、分类及国产操作系统，还包含办公软件的使用和虚拟机下部署操作系统的实践内容。第 4 单元探讨计算机网络技术，包括网络的起源、发展、分类、组成结构、层次模型和协议等，通过服务器集群网络配置与通信项目提升学生实践能力。第 5 单元深入程序设计基础，介绍各类程序设计语言，详细讲解数据结构和算法相关知识，包括线性表、栈、队列、树等数据结构，以及排序、查找等经典算法。第 6 单元讲解数据库技术，包括数据库的基本概念、数据模型、数据库设计流程，以及关系型数据库和 SQL 语言，通过招聘大数据数据库设计项目培养学生实际操作能力。第 7 单元围绕软件工程展开，介绍软件工程的基本概念、开发生命周期、开发方法学、常用工具和模型，通过停车管理系统展示项目，让学生了解软件开发的全过程。第 8 单元聚焦人工智能领域，概述人工智能的发展历程、核心技术、行业应用，详细介绍人工智能应用开发流程，通过缺陷检测技术方案设计项目加深对人工智能技术的理解。

在本书编写过程中，我们始终秉持理论与实践相结合的原则。每个单元精心设计了项目实施环节，这些项目与北京软通动力教育科技有限公司等企业共同开发，紧密围绕实际应用场景，如集群服务器的硬件选择、虚拟机下部署操作系统、服务器集群网络配置与通信、缺陷检测算法流程图设计、招聘大数据数据库设计等，让学生在实践中巩固理论知识，锻炼分析和解决实际问题的能力，培养工程素养和创新精神。每个单元配备的大量习题和扩展学习内容，不仅有助于学生加深对知识点的理解和掌握，还能拓宽学生的视野，使其紧跟技术发展前沿。

本书配备在线开放课程，包括教学课件、教学视频、实训案例、习题库等教学资源，通过学银在线 https://www.xueyinonline.com 搜索主编姓名“鄢小虎”或者课程名称“计算机导论”，即可以学习该课程，下载相关学习资料。本书配备的教学课件、实训案例等教学资源，也可登录中国铁道出版社教育资源数字化平台（https://www.tdpress.com/51eds）的下载区下载。书中以二维码的形式配有视频，以方便学生学习。

本书由鄢小虎、李峰任主编，杨晨、张健、胡兴鸿任副主编。鄢小虎负责全书设计、统稿，并承担第 1~4 单元的撰写及教学资源开发工作，李峰、张健、杨晨、胡兴鸿分别承担第 5 单元、第 6 单元、第 7 单元、第 8 单元的撰写及教学资源开发工作。

计算机与人工智能正以前所未有的速度蓬勃发展，新的技术和应用不断涌现，充满了挑战与机遇。希望通过本书，能够激发学生对科技的热爱，在探索知识的道路上不断前行。无论你未来是投身学术研究，还是踏入产业界，这段学习经历都将为你的职业生涯奠定坚实的基础，助力你在科技浪潮中勇立潮头，为推动计算机与人工智能技术的发展贡献自己的力量。

鄢小虎

2025 年 2 月

目　录

第1单元

计算机基础

本单元旨在为学生奠定计算机科学的基础，首先将揭示计算机的概念及其系统的构成，从计算机的诞生背景与发展历程出发，了解其演变过程和技术进步；接着，讨论计算机的不同分类，如超级计算机、个人计算机、微型计算机等，并探讨它们各自的特点和应用场景；同时，对计算机的广泛应用及其未来发展趋势进行展望。

在计算机中的信息表示部分，我们将深入理解二进制、八进制、十进制和十六进制等数制，并学习数制之间的转换。最后探讨信息在计算机中的表示方式，包括字符编码和数据存储，以此帮助学生掌握计算机中数据处理的基本原理。这些内容不仅为后续内容的学习奠定了坚实基础，同时也为学生打开了深入探索计算机科学的大门。

知识路径

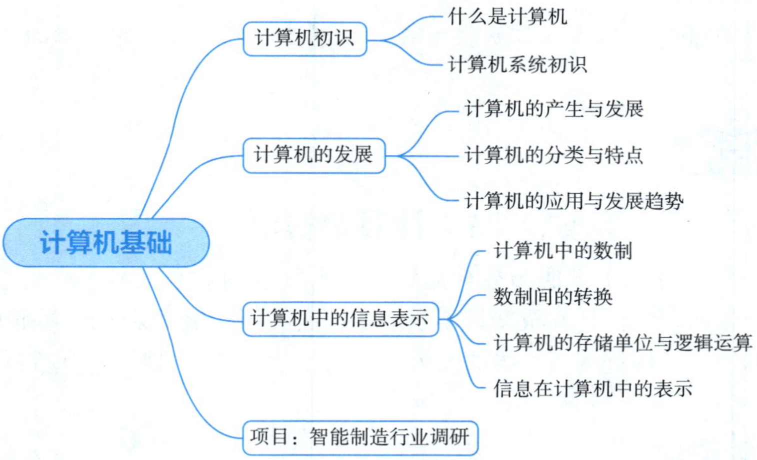

项目引入

李同学对计算机技术在制造领域的应用非常感兴趣，他想利用网络资源对智能制造行业进行调研和分析，为今后的学习和工作打下基础。为顺利完成这份调研报告，他不仅需要熟知计算机基础知识，如计算机系统、计算机的发展、计算机中的信息表示等内容，还需要熟练掌握键盘和鼠标的操作技能。这样才能凭借计算机及现代网络技术，全面洞察智能制造行业的现状、发展趋势及前沿技术。以这一目标为导向，李同学开启了系统学习计算机知识的旅程。

学习目标

【知识目标】

◎了解计算机的定义及其基本构成。

◎了解计算机的发展历史和未来趋势。

◎掌握计算机的分类及其各自的特点。

◎理解计算机中的不同数制和转换方法。

◎学习数值信息和多媒体信息在计算机中的表示方法。

【技能目标】

◎具备初步操作和使用计算机系统的能力。

◎掌握不同数制之间的转换方法。

◎提升信息检索能力，学会在网络上高效获取有价值的专业信息。

◎熟练文档编辑技巧，能够独立完成高质量的报告撰写。

◎加强键盘和鼠标的操作技能，提高日常学习和工作效率。

【素质目标】

◎提升信息素养，拥抱新技术，持续学习，认识到在全球化背景下不断提升自我是个人与国家发展的共同需求。

◎增强科学素养，理解计算机对社会变革的推动作用，同时意识到科技发展需遵循伦理道德，促进技术向善。

◎激发社会责任感，探索计算机技术在智能制造等领域的应用，助力国家科技进步和社会和谐发展。

知识储备

1.1 计算机初识

在数字化时代，计算机已成为社会运转和个人发展的核心工具，广泛应用于生活、工作和学习的各个方面。掌握计算机知识不仅能够提高我们的信息处理能力和工作效率，还能增强解决问题的能力，促进创新思维的发展。因此，学习计算机对于适应现代社会、把握未来机遇至关重要。

1.1.1 什么是计算机

计算机亦称电脑，它是一种智能设备，能够接收和存储信息，并按照预先设定的程序处理这些信息，生成我们想要的结果，然后把结果显示出来。计算机处理信息的过程如图 1-1 所示。

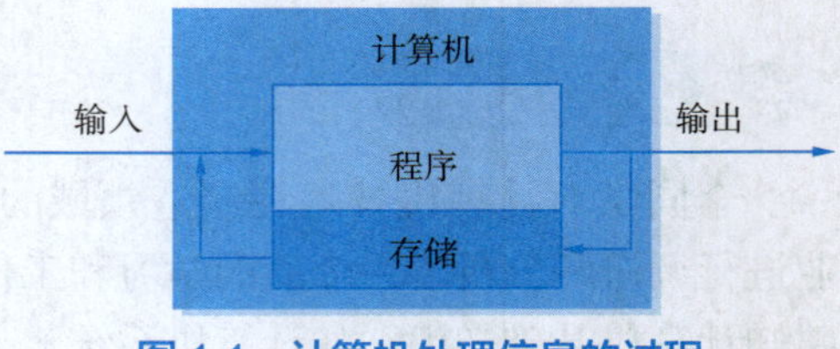

图 1-1 计算机处理信息的过程

计算机具备自动化操作、计算速度快及处理海量数据的卓越能力，在科学研究、工程设计、金融分析、娱乐和社交领域，均展现出巨大的影响力和重要性。它不仅提升了工作效率，帮助我们完成曾经难以实现的任务，还革新了我们解决问题和交流的方式，成为推动社会进步的重要力量。

1.1.2　计算机系统初识

计算机系统是由硬件和软件组成的完整计算环境，能够执行输入、处理、存储和输出数据的任务。

场景演绎　计算机和人

如果把计算机比作人，那么计算机硬件就是“身体”，是实际可以触摸到的物理设备，如机箱、显示器、键盘、鼠标等，各个硬件部件协同工作，为计算机软件运行提供坚实的基础。计算机软件则是“思维和灵魂”，提供各种指令和功能，使计算机能够按我们的想法完成任务。总的来说，计算机硬件提供了计算机的物理实体，而软件则赋予了计算机生命和智慧。

1. 计算机硬件系统

计算机硬件包括各种看得见的设备和部件，主要有中央处理器、内存、外存、输入/输出设备，以及各种功能性的接口卡等。图 1-2 展示了计算机硬件系统的主要组成部分。

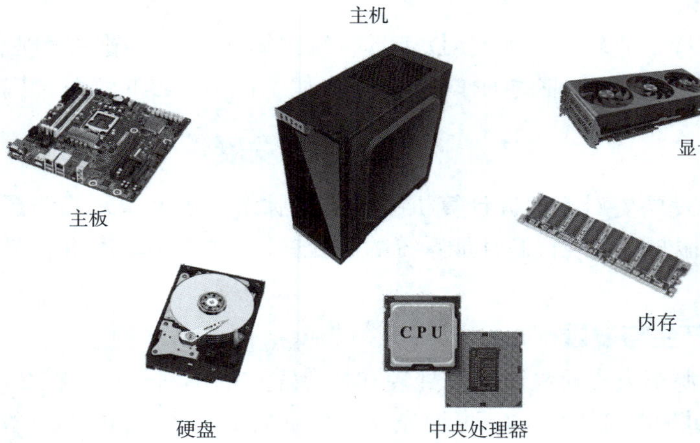

图 1-2　计算机硬件系统的主要组成部件

①中央处理器（central processing unit，CPU）作为计算机的“大脑”，负责处理和运算各种数据，其性能直接影响计算机的整体运算速度和能力。

②主存储器也称内存储器、主存或内存，它是计算机的短期记忆单元，用于暂时存放数据以供 CPU 快速访问。与硬盘等长期存储设备不同，内存是易失性的，即计算机关机或重启后数据会丢失。足够的内存容量允许计算机同时执行更多的任务。

③外存储器也称外存，如机械硬盘、固态硬盘。外存是计算机的长期记忆，承担着存储操作系统、应用程序及用户数据等重要任务。

④输入/输出（input/output，I/O）设备用于实现数据输入和输出操作，包括输入设备（如键盘、鼠标、麦克风、摄像头）和输出设备（如显示器、打印机、音箱、投影仪）。

⑤显卡、声卡、网卡等扩展卡通过扩展计算机的功能，使得计算机不仅能处理数据，还能处理图像、声音和网络通信等任务。

2. 计算机软件系统

计算机软件包括各种程序和数据，它们共同构成了计算机的智能核心，使得计算机能够处理各种复杂的任务。在软件系统中，操作系统（如 Windows、macOS、Linux 等）占据了核心地位，负责管理和调度计算机的硬件资源，如处理器时间、内存空间、输入 / 输出设备等，还为用户和其他应用程序提供了运行和交互的平台。

除了操作系统，应用软件则是计算机的工具箱，涵盖了办公、科研、娱乐和网络通信等领域。

①文字处理软件（如 WPS Office 或 Microsoft Word）使文档编辑和排版变得简单高效。

②表格处理软件（如 WPS 表格或金蝶报表）帮助用户轻松处理数据，进行复杂的计算和分析。

③图像编辑软件（如 Adobe Photoshop 或美图秀秀）使艺术创作和图像处理变得专业而有趣。

④音视频软件（如各类视频播放器和音乐应用程序）提供了丰富的视听资源，供人们在闲暇时间享受娱乐。

此外，还有大量专业软件（如 CAD 工具、编程编译器、数据库管理系统），在各自领域发挥重要作用，支持各行各业的工作，提高了人们工作和学习的效率，丰富了人们的生活。

1.2 计算机的发展

了解计算机的发展史对于把握计算机技术演进脉络、预见未来趋势至关重要。通过回顾计算机从早期机械装置到现代高性能系统的演变过程，可以深刻认识到技术创新对社会进步的巨大影响。

1.2.1 计算机的产生与发展

计算机的产生源于人类对高效信息处理和计算需求的不断追求。在 20 世纪中期，随着科学研究、军事需求和工业生产的不断复杂化，传统的手工计算和机械计算器已无法满足需求。第二次世界大战期间，破解密码和进行弹道计算的需求，进一步推动了电子计算机的研究与发展。在这一背景下，计算机应运而生，成为提升计算速度和准确性的革命性工具。

1. 第一台通用计算机的诞生

1946 年 2 月 14 日，世界第一台通用电子数字计算机——“电子数字积分计算机”（Electronic Numerical Integrator And Computer，简称 ENIAC，中文名称“埃尼阿克”）在美国宾夕法尼亚大学诞生。当时计算机主要用于解决复杂的国防和科学计算问题，尤其是弹道计算。图 1-3 展示了 ENIAC 的外观。

图 1-3　ENIAC 的外观

ENIAC 重达 30 t，占地约 170 m^2，内部包含 17 468 个电子三极管、7 200 个电子二极管、70 000 个电阻器、10 000 个电容器、1 500 个继电器以及 6 000 多个开关。ENIAC 的运算能力十分强大，每秒可以进行 5 000 次加法运算，比手动计算快约 20 万倍。然而，高速运算的背后是巨大的耗电量，ENIAC 的功率高达 150 kW。

ENIAC 的诞生是计算机发展史上的重要里程碑。它不仅为科学家和工程师提供了强大的研究工具，还推动了计算机技术的进一步创新。

2. 计算机的四次变革

计算机从诞生到现在不过几十年，但是它的发展速度是惊人的，极大地提高了计算速度。根据电子计算机所采用的电子逻辑器件的发展，可以将计算机的发展划分为四个阶段，分别为电子管、晶体管、中小规模集成电路、大规模超大规模集成电路。每一代的特点如图 1-4 所示。

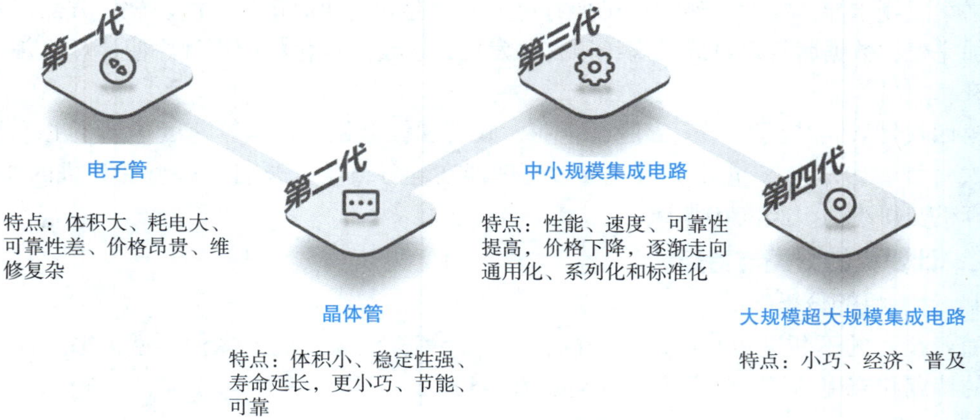

图 1-4　计算机的四次变革

（1）第一代：电子管

20 世纪 40 年代，计算机的发展还处于初期阶段。第一代计算机采用真空电子管作为逻辑元件，主存储器使用磁鼓和磁芯存储器，外存储器则用磁带。这些存储方式在当时是一项重要的技术创新。在软件方面，第一代计算机主要采用机器语言和汇编语言编程，这对程序员来说是巨大的挑战，但它们在军事研究和科学计算，尤其是弹道导弹计算中发挥了重要作用。

第一代计算机庞大笨重，占地面积大，耗电量高，电子管易损坏，寿命短暂，运行稳定性差，运算速度仅为几千次至几万次每秒，且价格昂贵，只有少数大型机构和组织能负担得起。尽管存在许多技术限制，但第一代计算机的出现标志着计算机时代的开端，为后续的发展奠定了基础。

（2）第二代：晶体管

1954 年，美国贝尔实验室成功研制出第一台使用晶体管线路的计算机（transistorized digital computer，TRADIC）。它的问世，标志着晶体管计算机时代的到来。

晶体管计算机的主存储器是磁芯存储器，外存储器使用了磁盘。与电子管计算机相比，晶体管计算机重量仅为原来的 1/100，体积与功耗减少到原来的 1/300。在软件方面，晶体管计算机开始使用面向过程的程序设计语言，即以过程为中心，完成最终处理结果的编程思路。当时，晶体管计算机使用的编程语言包括算法语言、公式翻译等。

（3）第三代：中小规模集成电路

1964—1970 年间，计算机技术以集成电路为核心，实现了重大飞跃。采用中小规模集成电路，计算机的体积和复杂性得到显著缩小，性能大幅提升。第三代计算机使用半导体存储器作为主存储器，提升了存储容量和速度。软件方面，操作系统、编辑系统和各种应用程序的引入，使计算机更易用且高效。

这些计算机如同积木，可根据需要随意组合，性能显著提升，速度达到几百万次每秒，可靠性增强，价格下降，逐渐实现通用化、系列化和标准化。它们的应用领域广泛扩展，从科学计算到商业事务处理，从军事研究到民用工程，计算机的力量无处不在。

（4）第四代：大规模超大规模集成电路

1971 年，第四代计算机诞生，这标志着大规模超大规模集成电路时代的到来。硬件方面，使用高集成度半导体技术，使计算机拥有更大的内存和更快的运行速度。软件方面，操作系统更加完善，数据库管理系统及高级语言的发展，以及多样化的应用程序使计算机普及率大幅提升。

第四代计算机广泛应用于家庭、企业、政府和教育领域，运算速度达到了上千万甚至上亿次每秒。1971 年，世界上第一台微处理器在硅谷诞生，开启了微型计算机的新时代，使计算机变得小巧、经济和普及。

1.2.2 计算机的分类与特点

1. 计算机的分类

随着技术的不断进步和应用范围的扩大，计算机已经发展出多种类型，每一种都有其独特的特点和应用场景。计算机的分类如图 1-5 所示。

视频

计算机的分类

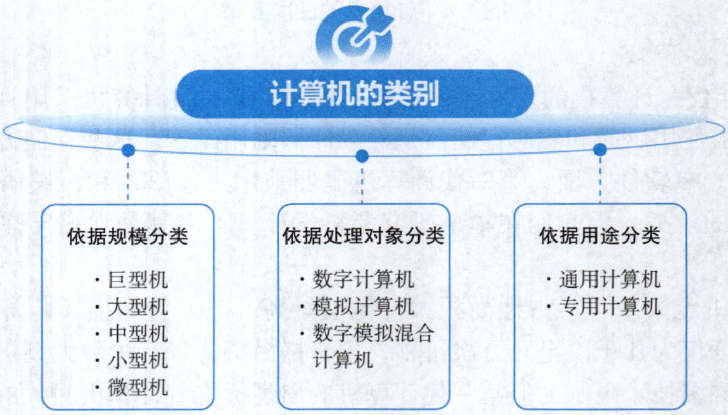

图 1-5 计算机的分类

（1）依据规模分类

依据规模来分，计算机可以分为巨型机、大型机、中型机、小型机和微型机。

①巨型机。巨型机具备超强计算能力和海量存储容量，常用于高性能计算和大规模数据处理，如气象预测、核武器研究等。例如，中国国家超级计算无锡中心的“神威 · 太湖之光”超级计算机，就是巨型机的代表，其峰值浮点运算能力为 12.5 亿亿次每秒（即 12.5 PFLOPS）。除此之外还有“天河二号”和“曙光 6000”超级计算机。图 1-6 所示为“神威·太湖之光”超级计算机。

②大型机。大型机用于处理大量的商业数据和复杂的运算，如银行系统的数据处理。它以稳定、安全、高效的特点，为全球银行和企业提供服务。

图 1-6　“神威 · 太湖之光”超级计算机

③中型机。中型机是中型企业的计算中心，既能处理数据又能支持一些专业应用，如医院的信息管理系统。它具备较高的性能和可靠性，满足了中型企业的计算需求。

④小型机。小型机适用于办公室自动化和小型网络，如学校的教育管理系统。它具备良好的性能和易用性，为小型企业和办公室提供便捷的计算服务。

⑤微型机。常见的微型机如个人计算机。作为灵活便携的个人计算设备，微型机凭借轻薄、高性能的特点，已渗透到日常工作和生活各个场景。

（2）依据处理对象分类

依据处理对象来分，计算机可以分为数字计算机、模拟计算机和数字模拟混合计算机。

①数字计算机。数字计算机以二进制代码处理各种信息。在数字计算机中，一切皆为数字，无论是文字、图片还是视频，都被转化为一系列的 0 和 1。我们日常使用的智能手机和平板电脑，就是数字计算机的最佳代表，它们体积紧凑却能高效处理复杂任务。

②模拟计算机。模拟计算机通过模拟电路处理信息，擅长处理连续变化的物理量，能够实时模拟复杂的物理过程。它们在某些领域（如实时控制、连续信号处理）具有独特优势，但精度和通用性不如数字计算机。尽管如此，模拟计算机在处理那些数字计算机难以精确描述的问题（如某些自然现象和生理过程）方面仍具有一定的价值。

③数字模拟混合计算机。混合计算机结合了数字计算机和模拟计算机的特性，能够同时处理数字信息和模拟信息。在医学领域，混合计算机的应用尤为重要。例如，在医疗成像设备中，混合计算机能够快速处理大量的数字图像数据（如 CT 扫描图像），同时利用模拟部分实时监测和分析生理信号（如心电图），从而为医学研究和诊断提供精确的支持。

（3）依据用途分类

依据用途来分，计算机可以分为通用计算机和专用计算机。

①通用计算机。常见的个人计算机就是通用计算机的代表。它们可以运行各种应用程序，从办公软件到娱乐软件，从图像处理到视频剪辑，几乎无所不能。通用计算机的优点在于它的多样性，一台计算机可以满足多种计算需求，具有较高的使用效率。

②专用计算机。专用计算机是为特定任务而设计的，它们的功能单一，但效率极高。比如超市的收银机，专门用来处理商品的结算，不需要也不能运行其他应用程序。专用计算机的优势在于它的专业性和高效性，它能够快速、准确地完成特定的任务，而且成本低廉，维护简单。在工业生产中，专用计算机广泛应用于控制机器的运行、监控生产过程、处理传感器数据等，是现代化生产线上的得力助手。

2. 计算机的特点

计算机有许多独特的特点，使其在各种应用中非常有用。以下是计算机的一些主要特点：

①计算速度快：计算机能在几秒内完成复杂的计算任务，如航天飞行轨迹计算、工程设计优化及经济数据分析等。

②高精度：计算机在进行计算时几乎不会出错，只要输入的数据是正确的，计算机就能给出准确的结果。

③存储能力：计算机可以存储大量信息，这些信息可以是数字、文字、图像、音频或视频等不同形式的数据。

④网络通信能力：现代计算机可以通过互联网连接起来，实现信息的快速交换和共享。

⑤逻辑判断能力：计算机可进行逻辑判断和决策，如自动驾驶中实时判断路况、识别障碍物，并做出相应的决策。

⑥智能化服务：计算机具备学习能力，能提供个性化服务，如通过语音识别和自然语言处理技术实现智能助手功能。

1.2.3 计算机的应用与发展趋势

1. 计算机的应用

计算机的应用领域非常广泛，涵盖了科学计算、数据处理、实时控制、人工智能、多媒体应用、计算机网络、计算机辅助系统等方面。

（1）科学计算

计算机用于解决科学研究中的数学问题，如物理、化学、生物学、天文学等领域。科学计算的应用包括数值分析、模拟与仿真、科学可视化等。

（2）数据处理

数据处理是指对大量数据进行收集、存储、整理、分析、展示等操作的过程。计算机在数据处理领域的应用包括数据库管理、数据挖掘、数据分析等。

（3）实时控制

实时控制是指在有限的时间内对系统进行控制，以实现预期目标。计算机在实时控制领域的应用包括工业自动化、嵌入式系统、无人驾驶等。

（4）人工智能

人工智能是指计算机模拟人类智能的能力。计算机在人工智能领域的应用包括机器学习、深度学习、智能机器人等。

（5）多媒体应用

多媒体应用是指利用计算机处理、存储、传输多种媒体数据（如文本、图像、音频、视频等）的应用。计算机在多媒体领域的应用包括数字媒体制作、多媒体存储与传输、虚拟现实（virtual reality，VR）与增强现实（augmented reality，AR）等。

（6）计算机网络

计算机网络是指将多台计算机连接起来，实现资源共享和信息传递的系统。计算机在计算机网络领域的应用包括互联网、局域网、广域网、网络安全等。

（7）计算机辅助系统

计算机辅助系统是指利用计算机帮助人类完成特定任务的系统。计算机在计算机辅助系统领域的应用包括计算机辅助设计（computer aided design，CAD）、计算机辅助教育（computer aided instruction，CAI）、计算机辅助制造（computer-aided manufacturing，CAM）等。

知识拓展　**“人工智能 + 计算机辅助系统”技术在智能制造行业的应用**

计算机在不同层面的应用并非相互独立的，而是相辅相成、相互促进。例如，在传统制造中，往往依赖人工操作。借助“人工智能 + 计算机辅助系统”等现代技术，能够实现智能制造行业生产流程的自动化优化和质量管理提升等。

“人工智能 + 计算机辅助系统”技术在智能制造行业的应用如图 1-7 所示。

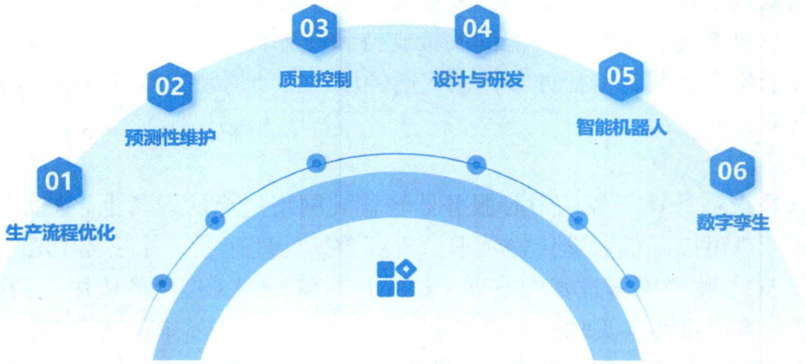

图 1-7　“人工智能 + 计算机辅助系统”技术在智能制造行业的应用

①生产流程优化：人工智能（artificial intelligence，AI）技术实时监控生产状况，快速响应变化，优化排产和派工，提高产能。它还可以分析设备数据，识别并优化生产流程中的问题。

②预测性维护：AI 算法预测设备可能的故障，通过提前维护减少停机时间，提高设备利用率和生产效率。

③质量控制：利用计算机视觉和模式分析，AI 在生产过程中自动检测缺陷，提升质检效率和准确性，灵活应对意外情况。

④设计与研发：AI 增强的计算机辅助工程（computer aided engineering，CAE）工具，通过机器学习提供新技术，支持复杂设计问题的解决和产品创新。

⑤智能机器人：AI 驱动的协作机器人与人类协同工作，接管重复或体力劳动任务，使工人能专注于复杂工作。

⑥数字孪生：结合 AI、物联网设备数据和物理特性，模拟和优化生产过程，提高生产效率和产品质量。

图 1-8 所示为某智能制造工厂利用机器视觉技术进行产品缺陷检测的样例图。

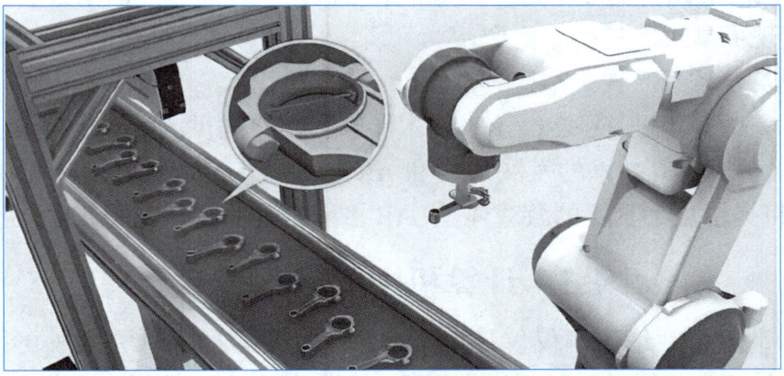

图 1-8　利用机器视觉技术进行产品缺陷检测的样例图

2. 计算机的发展趋势

计算机技术作为现代科技的前沿领域，其发展趋势备受关注。从历史发展的角度来看，计算机技术经历了从大型主机到个人计算机，再到移动设备和云计算的演变。未来，计算机技术将朝着更智能、更高效、更普及的方向发展。

(1) 人工智能与机器学习

人工智能(AI)是指使计算机具有模拟人类智能的能力,机器学习是AI的一种实现方式。随着数据量的爆发式增长，计算机将具备更强大的学习能力和应用场景。在未来，AI将更深入地融入计算机系统，实现更智能的决策支持和任务自动化。例如，在医疗领域，AI可以帮助医生诊断疾病、制定治疗方案；在交通领域，自动驾驶技术将依赖AI对复杂路况的实时分析和决策。

(2) 边缘计算

边缘计算是指将计算任务从中心服务器转移到网络边缘的设备上，如智能手机、物联网设备。边缘计算可以降低数据传输延迟，提高数据处理速度，并减轻中心服务器的压力。在未来，随着5G、物联网等技术的发展，边缘计算将得到更广泛的应用。例如，在智能家居领域，边缘计算可以实现实时控制智能家居设备的协同工作；在工业领域，边缘计算可以用于实时监控和控制生产设备，提高生产效率。

(3) 量子计算

量子计算是一种基于量子力学原理的计算方式，它利用量子比特进行计算，具有并行计算能力强、解决复杂问题速度快等优势。随着量子技术的研究不断取得突破，量子计算机将逐渐从理论走向实践。

(4) 云计算与大数据

云计算是指将计算资源和服务提供给用户的模式，大数据则是指海量的数据集合。在未来，云计算和大数据将继续发展，为用户提供更高效、更便捷的计算服务。云计算将推动企业和个人使用计算机资源的模式从购买和维护硬件转向使用网络服务，降低信息技术(information technology，IT)成本。大数据技术将帮助企业和政府从海量数据中挖掘有价值的信息，支持决策制定和业务创新。

(5) 自主系统与机器人

自主系统是指能够独立执行任务的系统，机器人则是自主系统的一种具体实现形式。在未来，随着计算机视觉、感知技术、决策树等技术的不断发展，自主系统和机器人在家庭、工业、医疗等领域的应用将更加广泛。例如，家庭机器人将能够协助家务、照顾老人和儿童；工业机器人将实现更高效的自动化生产。

(6) 虚拟现实与增强现实

虚拟现实(VR)和增强现实(AR)技术能够为用户提供沉浸式的体验。在未来，随着计算机图形学、人机交互等技术的发展,VR和AR将在娱乐、教育、医疗等领域得到广泛应用。例如，VR游戏将提供更加真实的游戏体验；AR教育应用将使学习更加生动有趣。

1.3 计算机中的信息表示

在计算机的世界中，编码不仅仅是机器理解人类语言的一种方式，更是数据处理与传输的基石。无论是文本、图像、音频还是视频，所有信息在计算机内部都需要转换为二进制数字 0 和 1，才能进行存储、操作和传输。通过这一转换过程，信息被压缩、加密，并最终在全球范围内传递。

1.3.1 计算机中的数制

1. 进位计数制的概念

数制，简单来说就是计数的方式，它使用一组特定的符号（如 0 到 9 的数字）和一套规则来表示数值。想象一下数数的过程，每当达到一个特定的数字，如 10，就要“进位”。类似地，在计算时间时，1 天有 24 小时，当一天过去 24 小时后，就会“进位”到下一天。这就是进位计数制的核心概念，这种计数方法就是进位计数制，它让计数变得更加系统和有规律。

我们日常使用的是十进制计数制，即“逢十进一”。例如，数字 123 表示为：个位上的 3 表示 3 个 1，十位上的 2 表示 2 个 10，百位上的 1 表示 1 个 100。所以，123 就是 100 + 20 + 3。

进位计数制有三个重要的概念：数位、基数和位权。

①数位就是数字在数中的位置。例如，123 中的 3 在个位上，2 在十位上，1 在百位上。

②基数就是这一组符号中有多少个不同的数字。例如，十进制有 10 个数字（0~9），二进制有 2 个数字（0 和 1），十六进制有 16 个数字（0~9 和 A~F）。

③位权就是每个数位上的数字代表的实际数值，这个数值是基数的一个幂次。例如，在十进制中，个位的位权是 10^0，也就是 1；十位的位权是 10^1，也就是 10；百位的位权是 10^2，也就是 100。

数字的值取决于其位数和位权。在十进制中，位数越高的数值越大。小数点左边的位数代表的数值越来越大，小数点右边的位数代表的数值越来越小。例如，十进制数 123.45 中，1 的位权是 10^2，2 的位权是 10^1，3 的位权是 10^0，而小数点后的 4 的位权是 10^{-1}，5 的位权是 10^{-2}。

2. 常见的进位计数制及其应用

（1）十进制

十进制计数制是我们日常生活中最为普遍的数制，它依赖 0~9 这 10 个数字，并以 10 为基数。在这个系统中，每个数字的位置或数位决定了它的值，遵循“逢十进一”的规则。换句话说，每个数位的值都是 10 的幂次方。例如，个位是 10^0，十位是 10^1，百位是 10^2，依此类推。十进制的后缀用字母 D 或者数字 10 表示，通常情况下是省略的，如 $(1010)_{10}$，1010D。

例如，数字 73 在十进制中的含义是：7 在十位上，3 在个位上。因此，可以将 73 表示为 7 个 10（即 7×10^1）加上 3 个 1（即 3×10^0），可以写作 $(73)_{10}$ 或 73D。

使用同样的方法表示小数部分，只不过小数部分数位的 10 的幂为负数。其最大的数位的 10 的幂为 −1，从左向右其数位的 10 的幂依次减 1。例如：

$$0.365 = 3\times10^{-1}+6\times10^{-2}+5\times10^{-3}$$

在一个既有整数部分又有小数部分的十进制数中，其数位的 10 的幂也既有正数又有负数，例如：

$$545.256 = 5\times10^{2}+4\times10^{1}+5\times10^{0}+2\times10^{-1}+5\times10^{-2}+6\times10^{-3}$$

（2）二进制

二进制中只有 0 和 1 两个数码符号，基数为 2，每个数码符号根据它在这个数中所处的数位，按照“逢二进一”来决定其实际数值，即各数位的位权是以 2 为底的幂次方。二进制的后缀用字母 B 或者数字 2 表示。例如：

$$101.11B = 1 \times 2^2 + 0 \times 2^1 + 1 \times 2^0 + 1 \times 2^{-1} + 1 \times 2^{-2} = 5.75D$$

（3）八进制

八进制用 0~7 八个数码符号表示，基数为 8，按照“逢八进一”来决定其实际数值，即各数位的位权是以 8 为底的幂次方。八进制的后缀用字母 O 或者数字 8 表示。例如：

$$207.04O = 2 \times 8^2 + 0 \times 8^1 + 7 \times 8^0 + 0 \times 8^{-1} + 4 \times 8^{-2} = 135.0625D$$

（4）十六进制

十六进制使用 0~9 以及 A~F（或 a~f，不区分大小写）共 16 个数码符号表示，其中 A~F 对应的十进制值分别是 10~15，十六进制常用于表示内存地址和颜色代码等。十六进制的基数为 16，按照“逢十六进一”来决定其实际数值，即各数位的位权是以 16 为底的幂次方。十六进制的后缀用字母 H 或者数字 16 表示。例如：

$$2A.5DH = 2 \times 16^1 + A \times 16^0 + 5 \times 16^{-1} + D \times 16^{-2}$$

1.3.2 数制间的转换

数制间的转换是在不同的进位计数制之间切换数字表示的一种方法。这在计算机科学、工程和数学中非常常见。不同进制数之间的转换需要遵循数值相等原则。

1. 十进制转换为非十进制数（*N* 进制数）

（1）十进制转换为二进制

十进制转换成二进制采用“除基取余法”，分为整数和小数两部分。整数部分采用“除 2 取余法”，也就是将整数的部分除以 2，得到的商再除以 2，依此类推，直到商等于 1 或 0 时，倒序取得到的余数，即为整数部分的二进制数的结果。小数部分采用“乘 2 取整法”，即对小数点以后的数乘以 2，然后取其结果的整数部分（不是 1 就是 0），然后用小数部分再乘以 2，再取结果的整数部分，依此类推，直到小数部分为 0 或者位数足够截止，然后把取的整数部分按照正序排列，即为最终结果。最后将整数部分和小数部分结合起来即可。

例如：66.375 = 1000010.011B。

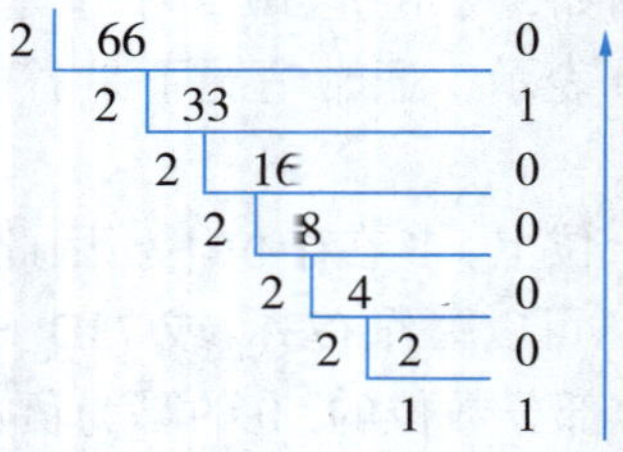

66D=1000010B

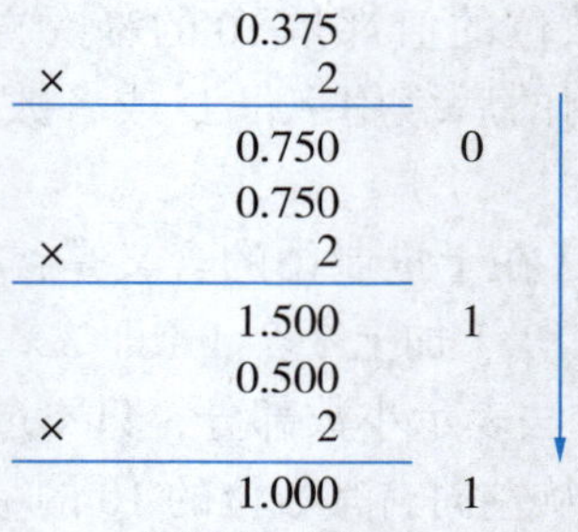

0.375D=0.011B

（2）十进制转换为八进制或者十六进制

十进制转换成八进制以及十进制转换为十六进制同样也是采用“除基取余法”，分为整数和小数两部分，整数部分分别除以 8 或者 16 取余数，倒序取；小数部分分别乘以 8 或者 16，正序取，最后将整数部分和小数部分合并即可。例如：123.75D = 173.6O = 7B.CH。

2. 非十进制数之间的相互转换

（1）二进制与八进制之间的转换

①八进制转换成二进制。由于一位八进制数相当于三位二进制数，因此，在将八进制数转换成二进制数时，只需以小数点为界，向左或向右每一位八进制数用相应的三位二进制数取代即可。如果不足三位，可用 0 补足。反之，二进制数转换成相应的八进制数，只是上述方法的逆过程，即以小数点为界，向左或向右每三位二进制数用相应的一位八进制数取代即可。例如：将 357.162O 转换成二进制数。

3	5	7	.	1	6	2
011	101	111	.	001	110	010

即 357.162O=11101111.00111001B。

②二进制转换成八进制。

步骤 1：把二进制从小数点开始，向左（对整数）、向右（对小数）将每三位（因为 $8=2^3$，所以是三位）二进制数做一组，数到首尾不足三位的补 0（缺几位补几个 0）。

步骤 2：将每三位二进制数用一位对应的八进制数进行替换即可。例如：将 101011110.10110001B 转换成八进制数。

101	011	110	.	101	100	010
5	3	6	.	5	4	2

即 101011110.10110001B=536.542O。

（2）十六进制与二进制之间的转换

由于一位十六进制数相当于四位二进制数，因此，在将十六进制数转换成二进制数时，还是以小数点为界，向左或向右每一位十六进制数用相应的四位二进制数取代即可。如果不足四位，可用零补足。反之，二进制数转换成相应的十六进制数，只是上述方法的逆过程，即以小数点为界，向左或向右每四位二进制数用相应的一位十六进制数取代即可。例如：将 5AB.8CEH 转换成二进制数。

5	A	B	.	8	C	E
0101	1010	1011	.	1000	1100	1110

即 5AB.8CEH=10110101011.100011001110B。

例如：将 1100101001011. 001100101B 转换成十六进制数。

0001	1001	0100	1011	.	0011	0010	1000
1	9	4	B	.	3	2	8

即 1100101001011.001100101B=194B.328H。

十六进制与八进制之间的转换需要通过二进制作为中间步骤进行转换。

各进制数之间的对应关系见表 1-1。

表 1-1　各进制数之间的对应关系

十进制数	二进制数	八进制数	十六进制数
0	0	0	0
1	1	1	1
2	10	2	2

续表

十进制数	二进制数	八进制数	十六进制数
3	11	3	3
4	100	4	4
5	101	5	5
6	110	6	6
7	111	7	7
8	1000	10	8
9	1001	11	9
10	1010	12	A
11	1011	13	B
12	1100	14	C
13	1101	15	D
14	1110	16	E
15	1111	17	F

1.3.3 计算机的存储单位与逻辑运算

1. 计算机的存储单位

计算机中的存储单位是用于衡量数据容量的基本标准。其中，位（bit）是计算机中最小的存储单位，表示二进制数的一位，只能存储 0 或 1。字节（byte，B）是计算机中数据存储的基本单位，由 8 个位组成。1 字节等于 8 位（1 B = 8 bit）。从字节开始，每提升一个更大的单位，通常是按照 2^{10}（即 1 024）递增。表 1-2 是存储单位及其之间的换算关系。

表 1-2 存储单位及其之间的换算关系

单位	读作	换算关系
B	字节	1 B = 8 bit
KB	千字节	1 KB = 1 024 B
MB	兆字节	1 MB = 1 024 KB
GB	吉字节	1 GB = 1 024 MB
TB	太字节	1 TB = 1 024 GB
PB	拍字节	1 PB = 1 024 TB
EB	艾字节	1 EB = 1 024 PB
ZB	泽字节	1 ZB = 1 024 EB
YB	尧字节	1 YB = 1 024 ZB

除此之外，还有一个字长的概念。字节是数据的存储单位，而字长是指计算机进行数据处理时一次性存储、加工和传送的数据长度，由一个或若干字节组成。它决定了计算机数据处理的速度，是衡量计算机性能的重要指标，一般来说，字长越长，计算机的性能越好。我们常说的 32 位、64 位，指的就是芯片处理数据的字长。

2. 二进制的逻辑运算

逻辑运算要求参加运算的变量均为逻辑值，且其结果也必须为逻辑值。逻辑值与数值不同，一个逻辑值只有两种：“真”或“假”，它们表示事物的正、反两个方面。而在二进制中刚好只有 0 和 1 两个值，其中用 1 表示“真”，用 0 表示“假”。

逻辑运算包括多种运算：逻辑与、逻辑或、逻辑非和逻辑异或。逻辑运算符号和规则见表 1-3。

表 1-3　逻辑运算符号和规则

逻辑运算	规　则	表示方法
逻辑与	只有所有操作数都为 1 时，结果才为 1	∧
逻辑或	只要有一个操作数为 1，结果就为 1；否则为 0	∨
逻辑非	将操作数的值取反，0 变 1，1 变 0	¬
逻辑异或	操作数不同则结果为 1，相同则结果为 0	⊕

此外在逻辑门电路中还有同或运算、与非运算、或非运算（在此仅作了解即可）。这七种逻辑运算中，只有逻辑非运算是一元逻辑运算（一个运算操作数），其他六种均是二元逻辑运算（两个运算操作数）。以操作数 A 和操作数 B 为例，逻辑运算规则示例见表 1-4。

表 1-4　逻辑运算规则示例

A	B	$A \wedge B$	$A \vee B$	$\neg A$	$\neg B$	$A \oplus B$
0	0	0	0	1	1	0
0	1	0	1	1	0	1
1	0	0	1	0	1	1
1	1	1	1	0	0	0

1.3.4　信息在计算机中的表示

在计算机中，信息主要分为数值、字符、多媒体三大类。无论哪种类型的信息，最终都在计算机内部以二进制形式（0 和 1）存储。

1. 数值信息在计算机中的表示

（1）真值和机器数

前面介绍了数值在不同进制之间的转换，这里来看一下数值在计算机中具体是如何表示的。在日常生活中，通常使用正负号表示正数和负数，这种带正负符号的数就称为真值。在计算机中，通常将数的符号和数值部分一起编码，将数值的符号数字化，规定最高位为符号位，并用 0 表示正数符号，用 1 表示负数符号。一般在编写程序时，默认都是有符号数，若不需要负值，要在类型前面声明 unsigned，但其实机器底层的表示是没有变化的，只是程序改变了处理方式。这样，机器中的数值和符号就全都“数字化”了。

这种将符号数字化表示的数称为机器数，其所代表的实际值称为真值。在计算机中，除了整数之外，还有小数，那么如何确定小数的位置呢？通常有两种方法：

①定点数。定点数是指小数点位置固定不变的一种表示方法。在计算机中，通常用定点数表示整数和纯小数，分别称为定点整数和定点小数。

在定点整数中，小数点的位置默认固定在数值位的最低位右边。例如：

8 位无符号定点整数：00101010 表示定点整数 42；

8 位有符号定点整数：11001010 表示定点整数 –54（用补码表示）。

在这两种表示法中，小数点都不占据实际的二进制位，而仅是逻辑上的位置。

在定点小数中，小数点位置是固定在符号位与数值最高位之间，对于纯小数表示。例如：

8 位无符号定点小数：01010000 表示定点小数 0.625；

8 位有符号定点小数：10110000 表示定点小数 –0.375（用补码表示）。

由于小数点位置是固定的，因此这种表示方法的数的范围有限。

②浮点数。浮点数表示法是一种更灵活的方法，小数点的位置可以浮动。对于既有整数部分、又有小数部分的数，一般用浮点数表示。

在计算机中，浮点数的表示遵循 IEEE 754 标准，这是一个国际公认的浮点算术标准。根据这个标准，浮点数分为单精度（32 位）和双精度（64 位）两种主要格式。每个浮点数由三部分组成：符号位（sign bit）、指数位（exponent）、尾数位（mantissa）。

- 符号位 S：最左边的一个比特位，决定数的正负，0 表示正，1 表示负。
- 指数位 E：接下来的 8 位（单精度）或 11 位（双精度）用于表示指数部分。指数采用偏移量的形式存储，如单精度浮点数的偏移量为 127，双精度为 1023。这意味着实际的指数值需要从存储的指数值中减去偏移量。
- 尾数位 M，剩下的 23 位（单精度）或 52 位（双精度）用于表示小数部分。由于浮点数的规范化形式，尾数部分默认有一个隐含的首位 1，因此实际存储的是小数点后的部分。

将二进制表示的值转换为十进制值的公式为

$$\text{Value} = (-1)^{\text{sign}} \times (1 + \text{mantissa}) \times 2^{(\text{exponent}-\text{bias})}$$

假设有一个单精度浮点数，其二进制表示如下：

0 10000001 10010010000000000000000

我们可以分解如下：

符号位（sign）：0 表示这是一个正数，所以 $(-1)^{\text{sign}} = (-1)^0 = 1$。

指数位（exponent）：10000001 转换为十进制是 129，减去偏置值 127 得到实际的指数 2。

尾数位（mantissa）：二进制小数 0.10010010000000000000000，转换成十进制是 0.562 5。

因此，公式变成了

$$\text{Value} = 1 \times (1+0.562\ 5) \times 2^2 = 6.25$$

即二进制 0 10000001 10010010000000000000000 用浮点数表示为 6.25。

（2）常见的码制

计算机中，无论我们要存储任何数据，它都会转换为二进制码进行存储。现在的计算机中，如果要进行加法运算操作，那么很容易实现，因为现在的计算机体系大多采用冯·诺依曼所提出的经典计算机体系结构，其中就包含了加法运算器。但如果要进行减法运算，如 00000001 + 10000010 = 10000011，这里 1+（–2）的值变成了 –3，显然是错误的。因此，为了计算机运算的方便，科学家们对机器数采用了不同的编码方法，称为码制。常见的码制有原码、反码、补码及移码。

①原码。所谓原码就是前面所介绍的二进制定点表示法，即最高位为符号位，0 表示正，1 表示负，其余位表示数值的大小。例如，以字节为单位，则有：

设 X 为真值（二进制形式的数值），$[X]_{原}$ 则为机器数的原码表示。

设 $X = 1100110$，则 $[X]_{原} = 01100110$；

设 $X = -1100111$，则 $[X]_{原} = 11100111$。

0 在原码中有两种表示方式：

若 $X = +0$，则 $[X]_{原} = 00000000$；

若 $X = -0$，则 $[X]_{原} = 10000000$。

原码的特点是：容易与真值进行转换，但不方便运算。

②反码。正数的反码与其原码相同，负数的反码是对其原码逐位取反，但符号位除外。例如：

设 X = 1100110，则 $[X]_{原}$ = 01100110，$[X]_{反}$ = 01100110；

设 X = −1100111，则 $[X]_{原}$ = 11100111，$[X]_{反}$ = 10011000。

0 在反码中也有两种表示方式：

若 X = +0，则 $[X]_{原}$ = 00000000，$[X]_{反}$ = 00000000；

若 X = −0，则 $[X]_{原}$ = 10000000，$[X]_{反}$ = 11111111。

反码的特点是：解决了原码加减运算的不足，但未解决 0 这两种表示方法的不足，现在已很少使用。

③补码。正数的补码与其原码相同，负数的补码是将其原码先进行取反（反码），再在其结果末尾加 1（符号位保持不变）。例如：

设 X = 1100110，则 $[X]_{原}$ = 01100110，$[X]_{补}$ = 01100110；

设 X = −1100111，则 $[X]_{原}$ = 11100111，$[X]_{反}$ = 10011000，$[X]_{补}$ = 10011001。

0 在补码中的表示是唯一的：

若 X = +0，则 $[X]_{原}$ = 00000000，$[X]_{补}$ = 00000000；

若 X = −0，则 $[X]_{原}$ = 10000000，$[X]_{反}$ = 11111111，$[X]_{补}$ = 100000000（1 会溢出）。

100000000 结果为溢出后的形式，这里的溢出被计算机视为 0，故补码统一表示为 00000000。实际在补码表示系统中，+0 和 −0 都使用同一个补码表示，即 $[X]_{补}$ = 00000000。

补码的特点是：不仅解决了加减运算问题，还解决了 0 的唯一性问题。

注意：用什么码制的机器数进行运算，最后的结果也是该码制。

④移码。X 的移码同 X 的补码一样，只是对补码的符号位取反。例如：

设 X = 1100110，则 $[X]_{原}$ = 01100110，$[X]_{补}$ = 01100110，$[X]_{移}$ = 11100110；

设 X = −1100111，则 $[X]_{原}$ = 11100111，$[X]_{补}$ = 10011001，$[X]_{移}$ = 00011001。

0 在移码中的表示也是唯一的：

若 X = +0，则 $[X]_{原}$ = 00000000，$[X]_{补}$ = 00000000，$[X]_{移}$ = 10000000；

若 X = −0，则 $[X]_{原}$ = 10000000，$[X]_{补}$ = 100000000（1 会溢出），$[X]_{移}$ = 10000000。

不同码制之间的转换总结如图 1-9 所示。

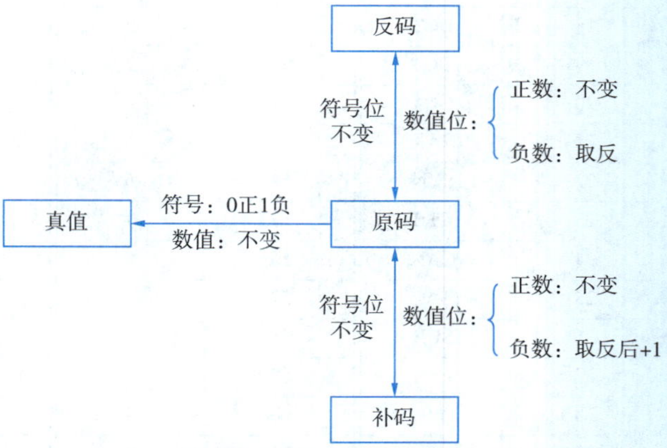

图 1-9　不同码制之间的转换总结

2. 字符信息在计算机中的表示

字符信息包括字母、各种控制符号、图形符号等。它们都以二进制编码方式存入计算机并得以处理，这种对字母和符号进行编码的二进制代码称为字符代码。由于计算机只能识别 0 和 1 两个二进制数，因此，数字、字母、符号等都要转换成二进制数码，这就是二进制编码。根据不同的用途，有各种各样的编码方案，比较常用的有以下两种：

（1）ASCII 码 / 字符编码

字符是计算机处理的主要对象。字符编码就是规定用怎样的二进制码来表示字母、数字及各种符号，以便使计算机能够识别、存储和处理它们。

ASCII（American Standard Code for Information Interchange，美国信息交换标准码）是广泛使用的字符编码之一。它最初由美国国家标准学会制定，并被国际标准化组织接收为国际标准，在世界范围内通用。

ASCII 定义了 128 个字符码值（从 0 到 127），其中包括 96 个可打印字符（包括字母、数字、标点符号和其他符号）及 32 个控制字符（用于文本格式化或设备控制，如回车、换行等）。表 1-5 展示了 ASCII 字符集对照表。

表 1-5　ASCII 字符集对照表

ASCII 值	控制字符	ASCII 值	控制字符	ASCII 值	控制字符	ASCII 值	控制字符
0	NUT	32	(space)	64	@	96	`
1	SOH	33	!	65	A	97	a
2	STX	34	"	66	B	98	b
3	ETX	35	#	67	C	99	c
4	EOT	36	$	68	D	100	d
5	ENQ	37	%	69	E	101	e
6	ACK	38	&	70	F	102	f
7	BEL	39	’	71	G	103	g
8	BS	40	(	72	H	104	h
9	HT	41	)	73	I	105	i
10	LF	42	*	74	J	106	j
11	VT	43	+	75	K	107	k
12	FF	44	,	76	L	108	l
13	CR	45	–	77	M	109	m
14	SO	46	.	78	N	110	n
15	SI	47	/	79	O	111	o
16	DLE	48	0	80	P	112	p
17	DC1	49	1	81	Q	113	q
18	DC2	50	2	82	R	114	r
19	DC3	51	3	83	S	115	s
20	DC4	52	4	84	T	116	t
21	NAK	53	5	85	U	117	u
22	SYN	54	6	86	V	118	v
23	ETB	55	7	87	W	119	w
24	CAN	56	8	88	X	120	x
25	EM	57	9	89	Y	121	y
26	SUB	58	:	90	Z	122	z
27	ESC	59	;	91	[	123	{
28	FS	60	<	92	\	124	|
29	GS	61	=	93	]	125	}
30	RS	62	>	94	^	126	~
31	US	63	?	95	_	127	DEL

虽然每个 ASCII 字符实际上只需要 7 位来表示（因为 2^7=128），但在实际应用中，每个 ASCII 字符通常占用一个完整的字节（8 位）。这是因为计算机内存和存储设备以字节为基本单位进行寻址，而不是更小的单位。因此，即使只用了 7 位，剩下的 1 位也被保留下来，通常将最左边的一位（最高位）设置为 0。

例如，字符 a 的 ASCII 值是 97，97 的二进制数为 1100001，为了符合 8 位字节的格式，在前面加一个 0，得到 0110 0001。

尽管标准ASCII只使用7位，但后来出现了多种扩展ASCII编码方案，它们利用了第8位，将字符集扩展到了 256 个字符，以支持更多的语言符号和特殊字符。

（2）汉字编码

具有悠久历史的汉字是中华民族文化的象征，世界 1/4 以上的人口使用汉字，因此，在计算机中汉字的应用占据十分重要的地位。例如，当你用计算机编辑一篇文章时，就需要将文章中汉字及各种符号输入计算机，并进行排版、显示或打印输出。因此，必须解决汉字的输入、存储、处理和输出等一系列技术问题。由于汉字不仅比西文字符数量多，而且字形复杂，所以用计算机处理汉字要比处理西文字符困难得多。汉字处理技术的关键是汉字编码问题，根据汉字处理过程中不同的要求，汉字编码输入到输出的过程可分为输入码、国际码、机内码和字形码等几大类，如图 1-10 所示。

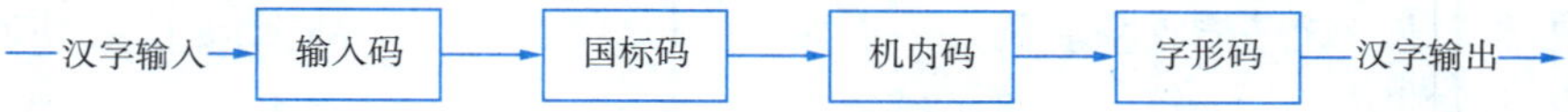

图 1-10　汉字编码过程

①汉字输入码。用于输入汉字，有拼音码（如全拼、双拼、简拼、智能 ABC 等）、音形码（如五笔字型法）、数字编码（如区位码）等。汉字输入码是为将汉字输入计算机设计的代码。汉字输入码种类较多，选择不同的输入码方案，则输入的方法及按键次数、输入速度均有所不同。

②汉字国际码。中国国家标准总局发布了《信息交换用汉字编码字符集 基本集》（GB/T 2312—1980）其中有 6 763 个常用汉字，其他字符 682 个。一共 7 445 个。每个汉字使用 2 字节，每个字节最高位是 0。

再后来生僻字、繁体字及日韩字也被纳入字符集，就又有了 GBK 字符集及相应的编码规范，GBK 编码规范也是向下兼容 GB2312 的。

③汉字机内码。简称内码，指计算机内部存储、处理加工和传输汉字时所用的由 0 和 1 符号组成的代码。将国标码两个字节的最高位由 0 变 1，以区别该字节表示的是 ASCII 码还是汉字。每个汉字的内码占用 2 字节，并且每个字节的最高位为 1。机内码和国标码换算公式如下：

机内码 = 国标码 +8080H

例如，汉字“大”的国际码，十六进制表示是 3473H，二进制表示是 00110100 01110011B。根据换算公式可以得出汉字“大”的机内码，十六进制表示是 B4F3H，二进制表示是 10110100 11110011B。

需要强调的是，机内码是汉字最基本的编码，不管是什么汉字系统和汉字输入方法，输入的汉字外码到机器内部都要转换成机内码，才能被存储和进行各种处理，且汉字在计算机内部其内码是唯一的。

④汉字输出码（字模）。汉字输出码又称汉字字形码，或称汉字字模码。如果要在屏幕上显示出来或用打印机打印出来，则必须把汉字机内码转换成人们可以阅读的方块字形式，在计算机内汉字的字形主要有两种描述的方法。

一是点阵字形。汉字字形码是通过用一块一块的像素拼接而成的，用一组排成方阵（16×16、24×24、32×32 甚至更大）的二进制数字来表示一个汉字，1 表示对应位置处是黑点，0 表示对应位置处是空白。从而达到输出一个汉字，如图 1-11 所示。

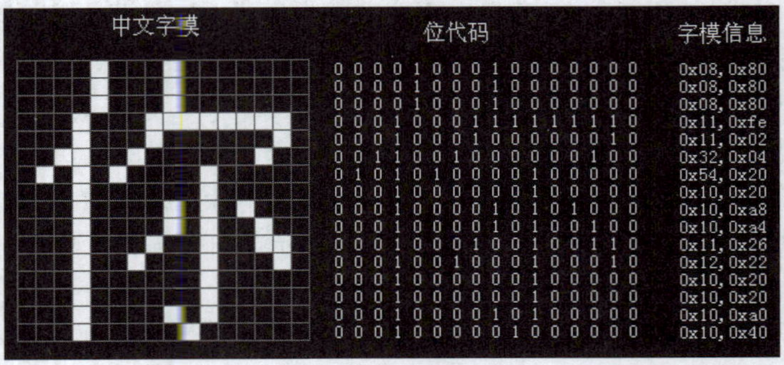

图 1-11　点阵字形

二是轮廓字形。把汉字、字母和符号中的轮廓用一组直线和曲线来勾画记下每一直线和曲线的数学描述。这种方式精度高，字形大小可以任意变化，但输出之前必须通过复杂的处理转换成点阵式。

如图 1-12 所示，点阵字体的每个字形都以一组二维像素信息表示。点阵字体显示速度快，可以产生高质量的汉字输出，并节省存储空间；而矢量字体通过数学曲线描述字形轮廓，虽需实时计算渲染，但能无损缩放至任意尺寸，放大后依然保持平滑边缘。

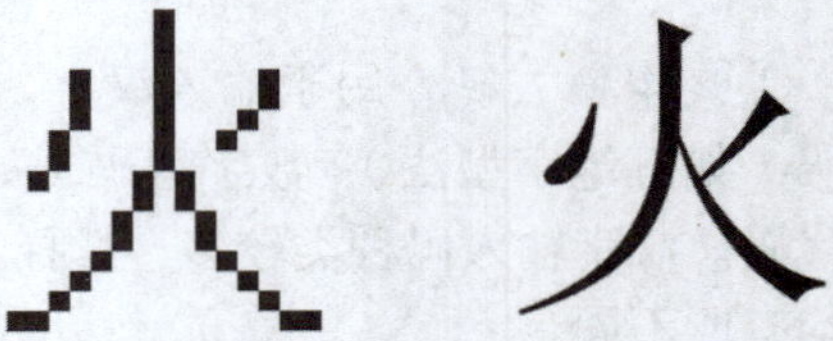

（a）点阵字体　（b）矢量字体

图 1-12　轮廓字形

3. 多媒体信息在计算机中的表示

（1）媒体与多媒体

媒体是信息传播的媒介或渠道。它可以是任何形式的工具或平台，用来承载并传递信息给受众。每种媒体通常专注于一种或几种特定的信息表达形式，如文本、图片、声音或视频。媒体的类型可以按以下三种形式进行分类：

①按传播方式：分为印刷媒体和广播媒体等。

②按内容类型：分为新闻媒体、娱乐媒体、教育媒体、广告媒体等。

③按媒体性质：分为官方媒体、商业媒体、非营利媒体等。

多媒体是媒体概念的一个延伸和发展，它指将文本、图像、音频、视频、动画及图形等媒体形式整合在一起的技术或内容。在计算机系统中，多媒体不仅限于组合两种或更多的媒体形式，它还强调这些媒体元素之间的交互性与集成性，提供用户一个动态且互动的信息交流和传播平台。比如在互动式学习软件中，一个课件中可能包含文字描述、配图、相关的音频、视频讲解。用户可以通过点击屏幕上的不同部分探索更多细节，甚至参加在线测试等。

（2）图形图像的表示方法

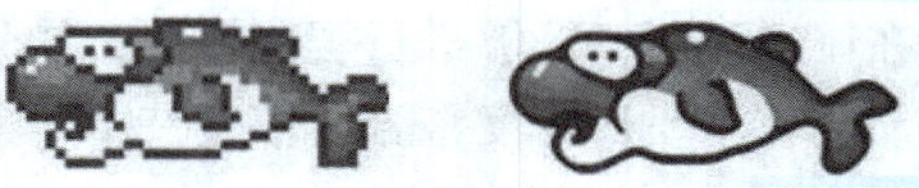
（a）位图　（b）矢量图

图 1-13　位图和矢量图的表示

如图 1-13 所示，图形和图像在计算机中的表示方法主要分为两大类：位图表示方法和矢量图表示方法。

位图图像是由像素组成的，这些像素排列成一个网格，每个像素存储一个特定颜色值。位图图像常见格式有 JPEG、PNG、GIF、BMP、TIFF 等。

矢量图是用数学方程表示的图形，包括线条、曲线和多边形。矢量图常见格式有 SVG、AI（Adobe Illustrator）、EPS、PDF 等。

（3）声音在计算机中的表示方法

声音是一种连续的模拟信号，要在计算机中表示，必须将其转换为数字信号。这个过程主要通过两个步骤完成：采样和量化。

采样是指在固定的时间间隔内对音频信号进行测量，以捕捉其振幅值。这个时间间隔的频率称为采样率。采样率通常以赫兹（Hz）或千赫兹（kHz）来表示。例如，44.1 kHz 的采样率意味着每秒采集 44 100 个样本点。较高的采样率可以更准确地再现原始音频信号，特别是对于高频成分丰富的音频信号。

量化是将每个采样得到的模拟振幅值转换为最接近的数字值的过程。这涉及确定一个有限数量的可能值，然后选择与实际采样值最接近的一个。量化位数决定了每个样本可以用多少个不同的数值表示，通常以比特（bit）为单位。例如，16 bit 量化可以提供 65 536（2^{16}）个不同的数值等级。

不同的音频文件格式使用不同的编码方式和存储结构。常见的音频文件格式包括无损音频格式和有损音频格式。无损音频格式保存了原始音频数据，质量高，但文件较大，最常见的如 WAV，通常用在 Windows 操作系统上。而有损音频格式通过丢弃部分音频数据来减小文件大小，质量相对较低，但更节省存储空间，最常见的如 MP3。

（4）视频在计算机中的表示方法

视频在计算机中的表示涉及多个方面，包括视频采集、编码、存储和处理。

①视频采集：指利用摄像机、录像机或其他视频输入设备，将模拟或数字视频信号转换为计算机可以处理的数字形式。

②视频编码与压缩：由于未压缩的原始视频数据量非常大，因此通常需要进行压缩以减少存储空间和带宽要求。视频编码器使用各种算法来进行压缩和编码。

③视频文件格式：用于封装视频流、音频流、字幕和元数据等。常见的视频格式有 MP4、AVI、MKV、MOV。

④视频处理与编辑软件：提供了从简单剪辑到复杂特效的多种功能，常见的工具有剪映、爱剪辑等。

项目实施

1.4　智能制造行业调研

1. 项目分析

智能制造通常被定义为一种由智能机器和人类专家共同组成的人机一体化智能系统，

在制造过程中能够进行智能活动，如分析、推理、判断和决策。智能制造不仅包括传统的自动化技术，还深度整合了信息技术，如物联网、大数据和人工智能等。

本项目通过在网上收集资料，调研计算机技术在智能制造行业的应用，生成一份详细的 WPS 文字版调研报告，掌握计算机相关基础知识，练习键盘和鼠标的使用。

完成该调研报告的实现思路如下：

①确定主题与方向：结合个人兴趣和专业需求，选择智能制造中的一个具体方向作为研究重点。

②资料收集：利用网络资源，如学术论文数据库、专业网站、新闻报道等，广泛收集相关资料。注意记录重要信息的出处，以便后续引用。

③内容整理：对收集到的信息进行筛选和整理，提炼出有价值的内容。

④报告撰写：使用 WPS 文字，按照一定的逻辑结构编写调研报告。报告中应包含行业概况、技术分析、案例研究、结论与建议等部分。

⑤技能训练：在整个项目过程中，有意识地练习和优化键盘与鼠标的操作方法，如快捷键使用等，提高操作效率。

2. 实现过程

想要通过鼠标和键盘进行行业调研、数据管理和结果分析等操作，首先需了解鼠标和键盘的基本操作。鼠标和键盘的基本操作如下：

（1）鼠标

①鼠标左键：单击鼠标左键（简称单击）通常用于选择对象，如文件、文本、图片或图标。双击鼠标左键（简称双击）常用于打开文件或程序。

②鼠标右键：单击鼠标右键（简称右击）通常会弹出一个快捷菜单，包含与当前选中的对象相关的操作选项。例如，右击文件夹可以打开快捷菜单，包含剪切、复制、删除、重命名等操作，如图 1-14 所示。

③鼠标滑轮滚动，上下滑动浏览：结合【Ctrl】键，可以快速放大或缩小网页、图片或文档的显示比例。

（2）键盘

①键盘常用的功能键：【Enter】键用于换行或确认输入；【Backspace】键用于删除光标前的字符；【Caps Lock】键用于切换大写锁定状态；【Shift】键用于输入大写字母或特殊符号；【Esc】键用于关闭退出；【Tab】键用于选项换行。

②在 Windows 操作系统中，使用组合键（如【Ctrl+C】、【Ctrl+V】、【Ctrl+Z】等）可进

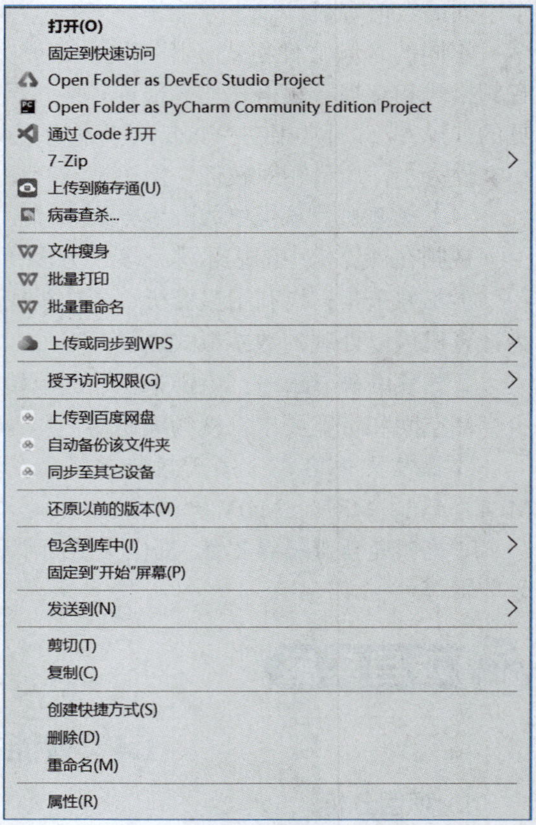

图 1-14　鼠标右键快捷菜单

行复制、粘贴和撤销等操作。按下【Ctrl】键不放，同时按下【C】键进行复制操作；按下【Ctrl】键不放，同时按下【V】键进行粘贴操作；按下【Ctrl】键不放，同时按下【Z】键进行撤销操作。

③在文本编辑器中，使用方向键（【↑】、【↓】、【←】、【→】）和编辑键（如【Home】、【End】、【Page Up】、【Page Down】等）可以进行光标移动和文本编辑。方向键用于在文本中上下左右移动光标；【Home】键用于将光标移动到行首；【End】键用于将光标移动到行尾；【Page Up】和【Page Down】键用于在文档中上下翻页。

④正确的手指摆放位置（见图 1-15）及盲打技巧。

图 1-15　正确的手指摆放位置

左手手指位置：小指放在【A】键上，无名指放在【S】键上，中指放在【D】键上，食指放在【F】键上，拇指放在空格键的左侧。

右手手指位置：食指放在【J】键上，中指放在【K】键上，无名指放在【L】键上，小指放在【;】键上，拇指放在空格键的右侧。

盲打技巧则是利用【F】键和【J】键上的凸起。将左手食指放在【F】键上，右手食指放在【J】键上，其他手指自然地放置在相邻的键上，通过练习，就能够做到仅凭触感而正确摆放手指。

3. 扩展训练

请根据下面要求生成一份智能制造行业报告，报告内容需从以下几个方面分析：

①什么是智能制造？有哪些应用场景和产品？请举例说明。

②智能制造的常见技术和方法有哪些？智能制造系统相比传统制造方式有什么优势？

③智能制造行业目前的发展状况如何？

④智能制造行业未来的技术发展趋势及创新点有哪些？

⑤法规与标准对智能制造有哪些规定和要求？

调研报告文档编写要求如下：

①全文字数不能低于 2 000 字。全文字体，中文使用宋体，英文使用 Times New Roman 字体。

②目录结构采用 2 级目录的形式，一级标题字号三号加粗，二级标题字号四号加粗，如图 1-16 所示。

③正文字号设为小四，首行缩进 1 个【Tab】键，行间距 1.5 倍，对齐方式为两端对齐。

④图表插入：尽量选择清晰的图表，居中放置。

请最终提交一份 WPS 文字版报告，文档命名形式为“姓名＋学

1. 行业介绍

1.1. 行业概述

1.2. 行业发展

1.3. 未来展望

2. XXX

2.1. XXX

2.2. XXX

图 1-16　二级目录形式

号+报告名称”。报告内容和格式要满足上述要求。

扩展学习：AI 科普　文生文大模型介绍

在当今技术飞速发展的时代，大规模的多模态生成式模型正在改变我们的工作和学习方式。这些模型不仅具备强大的语言处理能力，还能在各个领域中展现卓越的实用价值。例如，在进行智能制造行业调研时，我们可以利用大模型的文本生成能力，快速高效地收集、整合和分析海量数据，从而获得更全面、更深入的行业洞见。这种技术的应用无疑使调研过程更加高效精准，为决策提供了强有力的数据支持。

其中文生文大模型（text-to-text generative model）是近年来自然语言处理（natural language processing，NLP）领域的重要发展之一。它们能够在输入文本的基础上生成新的文本，广泛应用于文本生成、摘要、翻译、对话生成等任务。表 1-6 是常见的文生文大模型及其介绍。

表 1-6　常见的文生文大模型及其介绍

名　称	描　述
文心大模型	专注于处理多种自然语言处理任务，如文本分类、情感分析、机器翻译和问答系统，在中文内容理解和生成方面表现出色
通义千问	多功能的人工智能助手，能提供知识查询、技术支持和学习辅导等服务，帮助解决各类问题
豆包	一个智能助手，专注于提供便捷的服务和解决方案，能够处理日常问题、辅助工作学习，并支持多种交互方式，为用户带来高效、个性化的使用体验
DeepSeek	提供智能对话、文本生成、语义理解、计算推理等应用场景，支持联网搜索和深度思考，同时支持文件上传
ChatGPT	基于 GPT 系列，专注于对话生成，广泛应用于聊天机器人和客服系统。擅长进行多轮对话、回答问题、创作文本等，提供流畅的自然语言交流体验

无论是文生文、文生图或文生视频，都需要使用提示词工程（prompt engineering）。prompt 是一段文本或一个问题，作用是引导大模型产生预期的回答或反应。我们把 AI 模型比作一名员工，prompt 就相当于给员工下达的具体指令。

大模型只接收一种输入，那就是 prompt。本质上，所有大模型相关的工程工作，都是围绕 prompt 展开的。一个好的 prompt 不仅决定了模型输出的质量上限，还影响其内容、风格和整体表现。

撰写高质量的提示词是提升 AI 生成内容质量的关键步骤。以下是一些撰写高质量提示词的建议：

①明确任务目标：提示词应清晰定义任务，避免模糊表达。例如，不要简单地说“写一篇文章”，而是具体说明文章的主题、类型（如故事、报告、论文等）及目标。

②提供上下文和背景信息：在提示词中加入必要的背景信息，可以帮助 AI 更好地理解任务需求。

③使用具体语言和示例：使用具体、明确的语言，避免模糊词汇。同时，提供示例可以帮助 AI 更准确地理解期望的输出格式和内容。

④简洁明了：提示词应尽量简洁，避免冗长和复杂的句子结构。这有助于减少 AI 的困惑，提高生成内容的相关性和准确性。

⑤使用关键词和标签：通过关键词和标签来帮助 AI 识别提示词的主题和类型。这在处理特定领域或主题时尤为重要。

⑥角色扮演和情境设定：通过设定角色和情境，让 AI 扮演特定的角色，从而生成更贴合场景的回答。

⑦迭代优化：在初次生成后，根据结果反馈不断优化提示词。例如，如果生成的内容不够准确，可以调整关键词或提供更多上下文信息。

接下来以通义千问大模型为例来介绍具体使用方法。浏览器搜索“通义千问”，进入官网，会看到图 1-17 所示的界面。

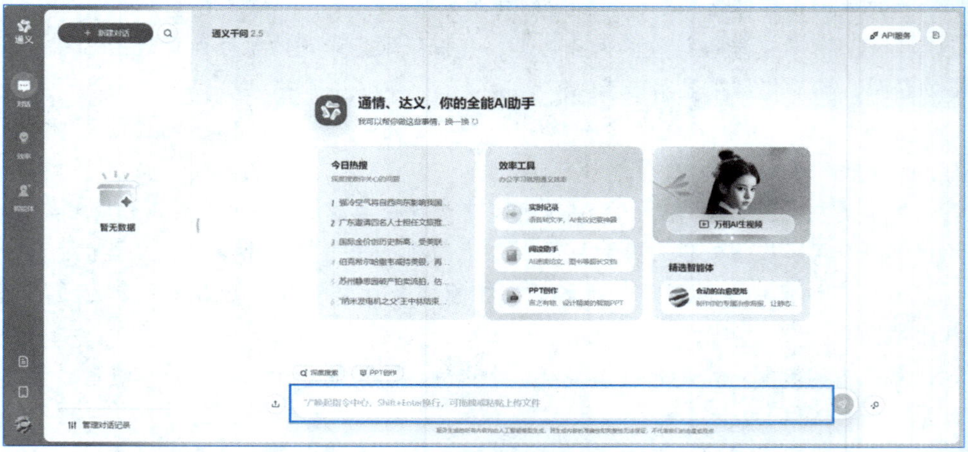

图 1-17　通义千问大模型首页

在图 1-17 方框所示的位置输入提示词，如输入“什么是智能制造，请用通俗易懂的语言描述，字数不超过 200 字”。大模型就会分析用户输入并给出相应的回复，如图 1-18 所示。

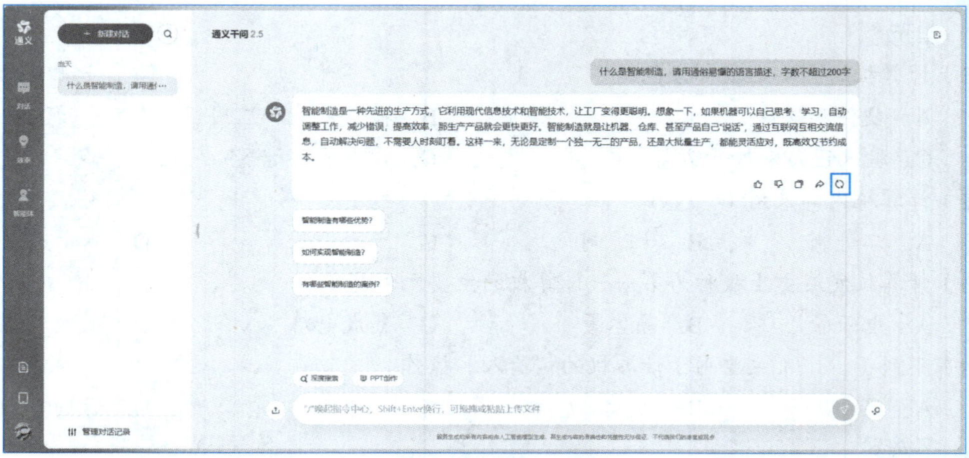

图 1-18　文生文效果展示

如果对大模型的回复不满意，可以单击图 1-18 中方框处的图标，让其重新生成，或者优化提示词以获取更满意的答复。

单元小结

在本单元中，我们先从计算机的基本概念出发，介绍什么是计算机及其系统构成的基本知识；然后，追溯了计算机发展的重要历程，介绍了计算机分类的多样性及其在各个领域中的应用现状与未来发展趋势；最后，深入探索了计算机信息世界的编码，重点讲解了数制、数制转换和数值及多媒体信息在计算机中的表示方法。

①什么是计算机：能够接收和保存信息，并按照预先设定的程序处理这些信息，生成人们想要的结果，然后把结果显示出来。

②计算机系统：计算机系统由硬件（如中央处理器、内存、外存、输入 / 输出设备）和软件（系统软件、应用软件）组成。

③计算机的发展：经历了电子管、晶体管、中小规模集成电路、大规模超大规模集成电路。

④计算机分类：依据规模可分为巨型机、大型机、中型机、小型机和微型机；依据处理对象可分为数字计算机、模拟计算机和数字模拟混合计算机；依据用途可分为通用计算机和专用计算机。

⑤计算机中的数制：主要包括二进制、十进制、八进制和十六进制。二进制是计算机最常用的数制，用 0 和 1 表示。

⑥多媒体信息在计算机中的表示：包括图像、音频和视频的数字化表示方式。图像使用像素值表示，音频使用采样和量化表示，视频则是图像序列和音频流的结合。

习　题

1. 单选题

（1）计算机的主要组成部分包括（　　）。

A. 硬件和软件　　B. 操作系统和应用程序

C. 输入设备和输出设备　　D. 内存和存储器

（2）计算机内部采用（　　）。

A. 二进制　　B. 十进制　　C. 十六进制　　D. 八十进制

（3）计算机发展史上被称为第一代计算机的主要元件是（　　）。

A. 电子管　　B. 晶体管　　C. 集成电路　　D. 微处理器

（4）下列（　　）主要用于计算机的“输入”操作。

A. 显示器　　B. 键盘　　C. 打印机　　D. 音响

2. 多选题

（1）根据用途，计算机可以分为（　　）。

A. 通用计算机　　B. 专用计算机　　C. 巨型机　　D. 小型机

（2）以下（　　）是计算机的主要特点。

A. 计算速度快　　B. 高精度

C. 存储能力大　　D. 网络通信能力强

E. 逻辑判断能力

3. 判断题

（1）计算机中的数制包括二进制、十进制和十二进制。（　　）

（2）集成电路技术的应用标志着第二代计算机的开始。（　　）

（3）计算机的发展趋势是越来越小型化、智能化。（　　）

（4）二进制数 1010 转换成十进制是 12。（　　）

（5）多媒体信息在计算机中的表示通常不涉及视频和音频。（　　）

（6）汉字编码需要解决汉字的输入、存储、处理和输出等问题。（　　）

（7）位图图像是由像素组成的，矢量图是用数学方程表示的图形。（　　）

4. 填空题

（1）计算机按用途可分为通用计算机和________计算机。

（2）世界上第一台通用电子计算机是________。

（3）图像在计算机中的表示是通过________表示的。

（4）计算机系统的硬件主要包括输入设备、输出设备、中央处理器和________。

（5）第二代计算机主要采用________（哪种元件）。

（6）计算机科学家________发明了通用图灵机，为现代计算机理论奠定了基础。

5. 简答题

（1）简述计算机的基本组成部分及其功能。

（2）简述计算机发展的主要历史阶段。

（3）将十进制数 256.98 分别转换成二进制、八进制、十六进制，并列出转换过程。

（4）将二进制数 1100010 分别转换成十进制、八进制、十六进制，并列出转换过程。

第2单元 计算机硬件系统

在当今被智能设备和数字技术包围的时代，计算机几乎无处不在。然而，许多人只知道如何使用这些设备，却很少深入思考其背后的运作原理。本单元将揭开计算机硬件的神秘面纱，探索组成计算机的基本组件。从主板到微处理器，从内存到硬盘，每一个微小的芯片和电路都凝聚着科学与工程的伟大成就。

在当今全球化的背景下，掌握核心技术已成为国家竞争力的重要体现。中国在计算机技术和产业发展方面取得了显著成就，但仍面临诸多挑战。作为新时代的青年，我们应该积极投身于科技创新，为建设科技强国贡献自己的力量。

知识路径

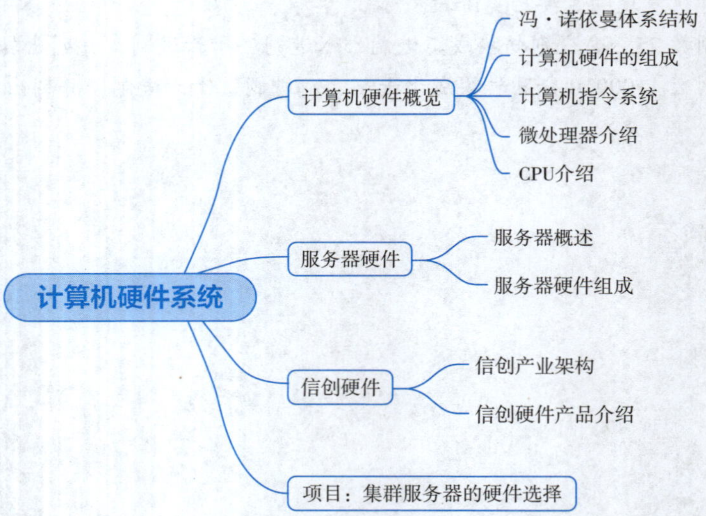

项目引入

某数据分析公司每天处理数百 GB 至数 TB 的数据，这些数据源于用户行为日志、交易记录、库存信息、客户反馈等。随着业务迅速扩展，预计未来两年内数据量将以每年 50%的速度增长。为支持这种增长并满足中等规模业务需求，需要构建一个高效的集群服务器环境，该环境不仅能够处理当前的数据量，还能应对未来两年内的数据增长。

在该项目中，选择合适的计算机硬件是构建高效集群环境的基础，直接关系到系统的整体性能与效率。因此，深入了解计算机硬件的相关知识至关重要，这包括理解计算机的基本构成、工作原理、不同类型硬件的性能特点及其应用场景。掌握这些核心知识，有助于做出正确的技术选型决策，确保所构建的系统既能满足当前需求，又能适应未来的扩展需要。

学习目标

【知识目标】

◎了解冯·诺依曼体系结构及其在现代计算机设计中的应用。

◎掌握计算机硬件的基本组成部分及各部分的功能。

◎了解微处理器的分类、性能指标及其作用。

◎了解服务器的分类及其硬件组成。

◎理解信创架构的基本概念和我国信创产业现状与发展趋势。

◎掌握信创服务器的配置和选购原则，以及在实际应用中的意义。

【技能目标】

◎能够对计算机硬件性能指标进行分析和评估，并进行优化。

◎能够根据需求设计和配置高性能计算机硬件和服务器硬件。

◎能够识别和采用国产化信息技术产品，推动自主可控技术的应用。

【素质目标】

◎深刻理解并认同信息技术自主可控的重要性，增强信息安全意识。

◎激发自主创新精神和科学探究精神，积极参与和支持国产信息技术产业的发展。

◎以创新驱动发展，勇于面对科技前沿的挑战，积极探索新方法和新技术。

知识储备

2.1 计算机硬件概览

计算机硬件是信息技术的基石，涵盖了中央处理单元、存储设备、输入/输出设备等关键组件。理解这些组件的工作原理及其相互协作，对于掌握计算机系统的性能和效率至关重要。

2.1.1 冯·诺依曼体系结构

1. 冯·诺依曼体系结构简介

冯·诺依曼体系结构是一种计算机体系结构，由匈牙利数学家约翰·冯·诺依曼在1945年提出。这一概念奠定了现代计算机设计的基础。

在计算机问世之前，人们在计算精度和数据处理量上面临着巨大的限制，这种限制催生了对能够自动化这些任务的机器的迫切需求。ENIAC问世时，存在两大显著的缺陷：一是没有内存储器；二是在运算时需要人工重新搭建大规模的运算部件，每计算一道题目都需要重新架设，有时计算仅需1 s，但准备工作却要耗费几十分钟之久。

为了克服上述问题，冯·诺依曼提出了“冯·诺依曼结构”。他主张计算机应由存储器、运算器、控制器、输入设备和输出设备五个部分组成，这一结构设计至今仍被计算机制造者们所遵循。图2-1为冯·诺依曼体系结构的工作原理。

①存储器：用于存储程序和数据，程序和数据都可以按地址访问。存储器分为内部存储器（内存）和外部存储器（外存，如硬盘、磁盘、光盘等）。

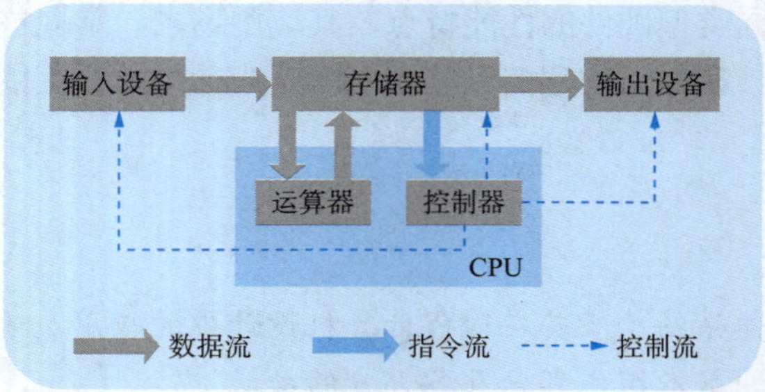

图 2-1　冯·诺依曼体系结构的工作原理

②运算器：算术逻辑单元（arithmetic and logic unit，ALU），用于执行各种算术和逻辑运算，如加法、减法、乘法、除法，以及与、或、非操作。

③控制器：控制器（control unit，CU）负责从存储器中获取并解释这些指令，然后指挥其他部件执行指令。

④输入设备：将外部数据输入计算机系统中，包括键盘、鼠标、扫描仪等。

⑤输出设备：将计算结果或信息传送到外部世界，包括显示器、打印机等。

冯·诺依曼体系除了五大部件，还包含了存储程序、二进制、执行顺序、指令和数据分离等关键理念：

①存储程序概念：冯·诺依曼体系结构的最关键特征是存储程序概念，指将程序和数据以二进制的形式统一存储在计算机的内存中，计算机通过读取存储器中的指令自动执行操作，无须人工干预。

②二进制操作：冯·诺依曼体系结构采用二进制操作，这意味着计算机硬件需要包括能够处理和执行二进制算术和逻辑操作的组件，如算术逻辑单元（ALU）。

③顺序执行：冯·诺依曼体系结构规定计算机按照程序存储在内存中的顺序执行指令，这影响了计算机硬件如何设计和组织指令流水线。

④指令和数据分离：尽管指令和数据都存储在相同的内存中，但它们在逻辑上是分离的，通过地址和指令格式等方式来区分读取的是指令还是数据。

在冯·诺依曼体系结构中，计算机的运算过程可以分为三个基本步骤：取指令、解释指令、执行指令。CPU 通过控制单元获取指令，然后根据指令的操作码确定要执行的操作，并从内存中取出相应的数据进行处理。处理完成后，将结果输出到内存或输出设备中。

场景演绎　**计算机计算“1+2”的过程**

①输入：通过输入设备（如键盘）输入 1、加号，以及 2。

②存储：将输入数据 1、2 和加法操作的指令存储在内存中。

③控制：控制器从内存中获取指令，解释这是一条加法运算指令，并指挥运算器进行操作。

④运算：运算器从内存中读取数字 1 和 2，进行加法操作，得到结果 3。

⑤输出：控制器将运算结果 3 传送到输出设备（如显示器），结果显示在屏幕上。

2. 冯·诺依曼体系结构与现代计算机

冯·诺依曼体系结构为现代电子计算机的发展奠定了基础，使得计算机能够高效、灵活地处理各种复杂任务。此外，它还允许计算机通过运行存储在内存中的程序来扩展其功能，这一特性是现代通用计算机的核心特征。

随着计算机技术的发展，冯·诺依曼体系结构不断演进和扩展。例如，早期的计算机采用单核 CPU，而现在许多计算机采用多核 CPU，甚至有一些计算机采用众核 CPU，这使得计算机可以并行处理更多的任务。此外，计算机的存储容量越来越大，速度也越来越快，这为计算机处理更加复杂和庞大的任务提供了支持。

现代计算机的基本组成部件，如中央处理器（CPU）、内存、输入/输出设备和存储设备，都遵循冯·诺依曼的设计思想。计算机执行程序的过程，包括取指令、解码、执行和存储结果等步骤，都直接源于冯·诺依曼体系结构的理念。

尽管现代计算机在硬件技术和复杂性方面远超早期的电子计算机，但冯·诺依曼的基本框架依旧是计算机设计的主流。当前的许多计算机系统采用了冯·诺依曼架构的变种，如改进的存储管理技术、更高速的处理器和多核架构等，但其根本思想仍然基于冯·诺依曼的理论。

知识拓展 **什么是众核 CPU**

众核 CPU（many-core CPU）是一种包含大量处理核心的中央处理器（CPU），每个核心可以独立执行程序指令。与传统的多核 CPU 相比，众核 CPU 通常拥有几十甚至数百个核心。以下是众核 CPU 的一些关键特征和优点：

①高并行计算能力：每个核心可以并行运行不同的任务，大幅提升整体处理能力。更适用于需要大量并行计算的任务，如科学计算、大规模数据处理、图形渲染等。

②能效优势：通过增加核心数量而不是提升单个核心的频率来提高性能，从而在相同功耗下取得更高的计算能力，能够更好地利用能耗，适合高效能计算需求。

③扩展性：可以通过增加核心数量来提升性能，而不需要大幅修改现有的软件架构。随着技术的发展，芯片制造商可以继续增加核心数量以提高性能。

2.1.2 计算机硬件的组成

视频

计算机硬件的组成

计算机硬件是指计算机中具有物理形态的组成部分，是可以直接观察和触摸的实体。其作用是输入并存储程序和数据，执行程序把数据加工成可以利用的形式。计算机硬件可以分为核心组件、输入/输出设备、网络设备、其他设备几类。

1. 核心组件

核心组件包括中央处理器、存储器、主板、显卡、电源和机箱等，它们组成了计算机系统的基本硬件。

（1）中央处理器

中央处理器（CPU）是计算机系统的核心，负责执行计算任务和控制操作。作为计算机的大脑，CPU 是由超大规模集成电路构成，执行存储在内存中的指令。CPU 由运算器、控制器和寄存器组成。运算器执行算术和逻辑运算，控制器负责从内存中读取指令并控制系统操作，寄存器用于临时存放数据和地址。

图 2-2 CPU 的示意图

国内主要的 CPU 厂商包括龙芯、飞腾、海光等。图 2-2 为 CPU 的示意图。

（2）存储器

存储器是计算机系统中用于存储数据的组件。根据其功能和性质，存储器可以分为三大类：主存储器（内存）、辅助存储器（外存）和高速缓存（缓存）。图 2-3 是存储器系统的三级层次结构。

①内存。内存是计算机中用于暂时存储数据和程序的硬件组件，负责存储当前正在处理的数据和指令，以便 CPU 能够快速访问和处理。内存按功能和特性主要分为随机存取存储器和只读存储器。

- 随机存取存储器（random access memory，RAM）：最常用的类型，通常所说的计算机内存就是指 RAM。RAM 用于存储操作系统、应用程序及正在处理的数据。RAM 是易失性的，即其内容在电源关闭后会消失。
- 只读存储器（read-only memory，ROM）：主要用于永久存储重要的系统信息，如启动计算机所需的引导程序。ROM 是非易失性的，即使电源关闭，其内容也不会丢失。

内存是计算机系统中关键的组成部分，直接影响计算机的性能和用户体验。充足的内存容量可以提高系统的多任务处理能力和响应速度。图 2-4 为计算机内存条示意图。

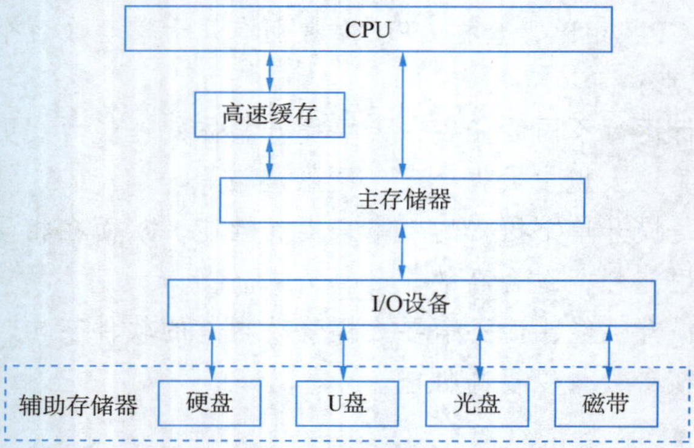

图 2-3 存储器系统的三级存储结构

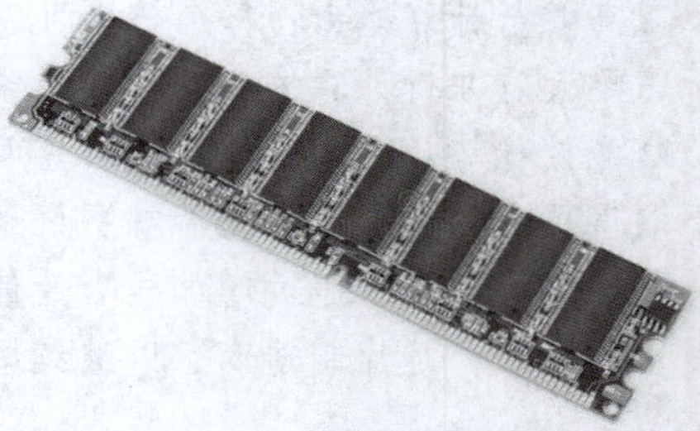

图 2-4 内存条示意图

②外存。外存用于存储大量的长久数据，即使在计算机关机后数据仍然保存。外存的存储容量通常比内存大得多,但读取和写入速度相对较慢。外存既是输入设备也是输出设备，计算机最主要的外存就是硬盘。常见的外存存储设备如下：

- 机械硬盘（hard disk drive，HDD）：使用旋转磁盘和读写头来存储和检索数据，提供大容量存储，成本低，但速度慢，易受物理冲击影响。
- 固态硬盘（solid state drive，SSD）：基于闪存技术，无机械部件，读写速度快，功耗低，耐振动。虽单位成本高于 HDD，但因高性能和可靠性广受欢迎。

图 2-5 为固态硬盘和机械硬盘的区别。

- USB 闪存盘（U 盘）：小巧便携，通过 USB 接口连接到计算机。容量从几 GB 到 TB 级别不等，常用于数据传输和备份。
- SD 卡：常见于相机、手机和平板电脑中，可通过读卡器连接到计算机。
- 光盘：如 CD、DVD 和 Blu-ray（蓝光光盘）。使用激光读写数据，适合一次性或少量次数的数据刻录。CD 容量约为 700 MB，DVD 可达 4.7~8.5 GB，而蓝光光盘可以存储 25~100 GB 的数据。

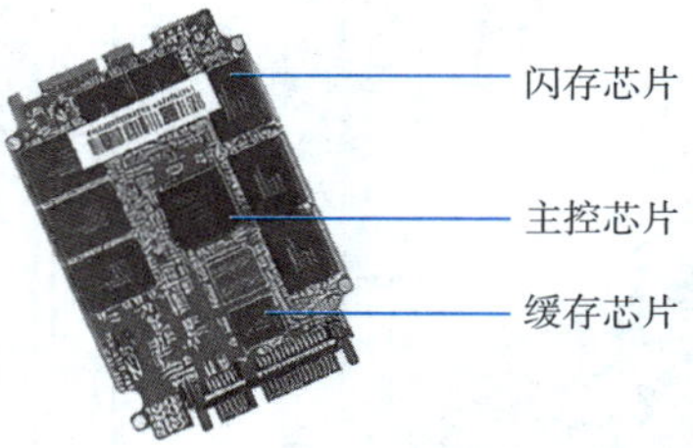

（a）固态硬盘（SSD）

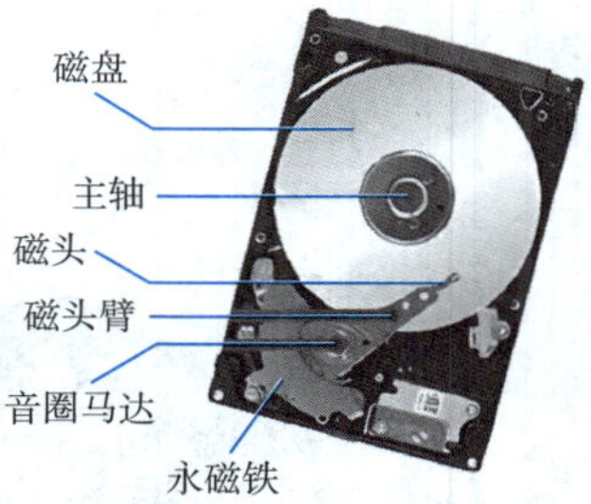

（b）机械硬盘（HDD）

图 2-5　固态硬盘和机械硬盘的区别

- 磁带存储：主要用于大型数据中心的长期归档和备份。虽然磁带的访问速度慢，但其成本低且存储密度高。在早期计算机中磁带是主要外部存储介质之一，现代个人计算机几乎不再直接支持磁带作为常规存储介质，但在特定的专业环境中，磁带依然扮演着重要的角色。

图 2-6 依次为 U 盘、SD 卡、光盘、磁带的示意图。

（a）U盘　（b）SD卡　（c）光盘　（d）磁带

图 2-6　U 盘、SD 卡、光盘、磁带

③缓存。计算机的缓存设备是计算机系统中用于提高数据访问速度的重要组件。缓存技术通过在 CPU 和主存之间建立缓冲区，解决数据读取速度远慢于 CPU 运算速度的问题。缓存通常分为 L1、L2 和 L3 三级，它们一般位于 CPU 内部或紧邻 CPU，以加速对内存的访问。

缓存的工作原理是当 CPU 需要访问数据时，首先从缓存中查找，如果找到则直接使用，否则从主存获取并加载到缓存中，以提高访问速度。缓存的大小和类型随着技术的发展不断演进，以适应不同的应用场景和需求。

（3）主板

主板是计算机系统的核心电路板，负责连接和协调各个硬件设备。它包含了 CPU 插槽、内存插槽、显卡插槽、扩展插槽（如 PCI、PCIe 等）、BIOS 芯片和电源接口等。主板的主要功能是确保各个硬件设备之间的有效通信和数据传输，从而使计算机系统能够正常运行。图 2-7 为主板及其各功能接口。

（4）显卡

显卡（graphics processing unit，GPU），也称图形处理器，是负责处理计算机图形绘制及图像数据处理的主要硬件设备。它将计算机生成的图像数据转换为视频信号输出到显示器上，并进行图形渲染、图像处理和颜色管理等操作，从而实现图像的显示和处理。显卡通常具备强大的并行计算能力，因此被广泛应用于科学计算、深度学习、人工智能等领域，以加速各种复杂计算任务。显卡可以分为集成显卡和独立显卡。

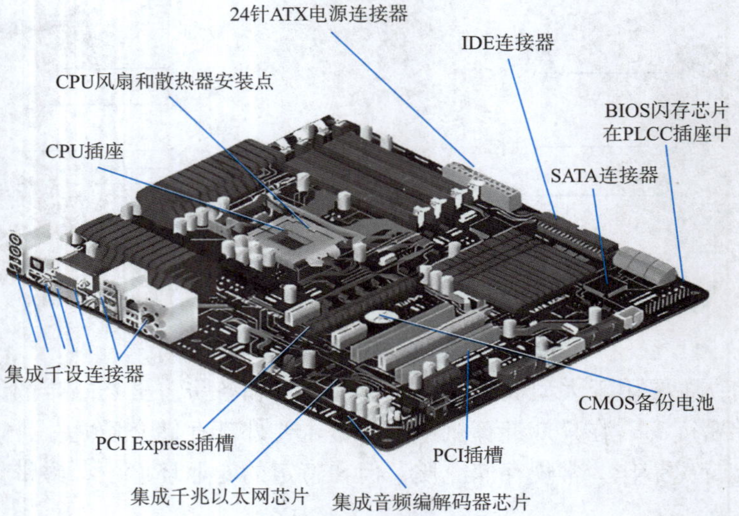

图 2-7　主板及其各功能接口

①集成显卡：集成在主板或 CPU 中的显卡，通常性能较低，适合日常办公和轻度娱乐使用。

②独立显卡：以独立板卡形式存在，通常安装在主板上，性能较高，适合游戏和专业图形处理。

（5）电源

电源是计算机系统的动力来源，负责为各个硬件设备提供稳定的电力供应。它能将交流电转换为计算机内部使用的直流电，确保系统正常工作。电源的稳定性和功率大小直接影响计算机的性能和稳定性。图 2-8 为计算机电源。

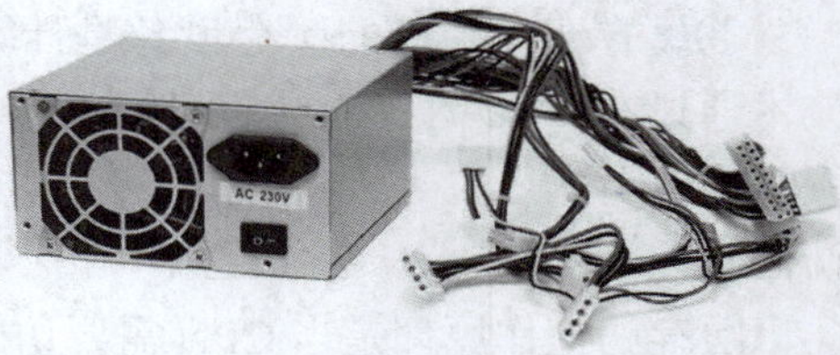

图 2-8　电源

（6）机箱

机箱是用于容纳和保护计算机内部各个组件的外部结构外壳。它不仅为主板、中央处理器（CPU）、内存、硬盘、显卡、电源等主要硬件提供物理支撑和固定位置，还通过设计和布局优化系统内部的通风和散热，确保计算机能够在安全稳定的环境中运行。此外，机箱通常配备各种接口和插槽，方便用户连接外围设备，实现系统扩展和升级。机箱的外观也体现了用户的个人风格，市场上有各种规格和外形的机箱可供选择。图 2-9（a）为计算机的机箱外观，图 2-9（b）为机箱构成。

以上硬件构成了计算机的基本组成部分，可以简单组装出一台计算机。当然，组装完成的计算机仍处于“裸机”状态，尚不能直接使用，还需要安装操作系统和其他必要的软件。

2. 输入 / 输出设备

输入 / 输出（I/O）设备分为输入设备和输出设备，这些设备与计算机的核心部件（如 CPU 和内存）进行交互，允许用户和外部环境与计算机系统进行通信。

(a) 机箱外观

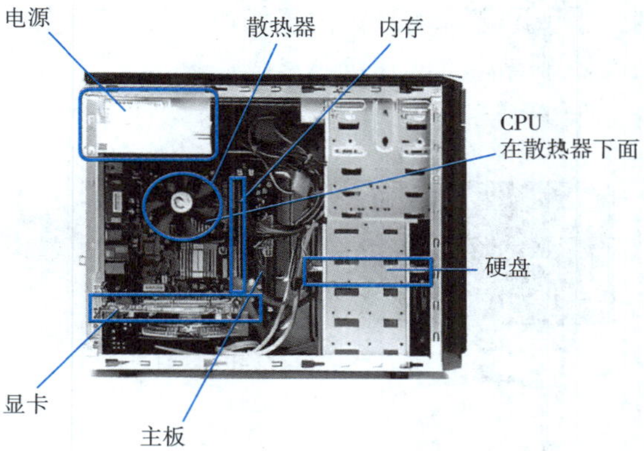

(b) 机箱构成

图 2-9　机箱

（1）输入设备

输入设备负责将数据或指令输入计算机中，是用户与计算机进行交互的基础。常见的输入设备包括键盘、鼠标、扫描仪、摄像头和麦克风等。

①键盘是最常见的输入设备，它通过 26 个英文字母、10 个数字键、符号键及功能键等，让用户可以方便地输入文字、数字和符号。此外，还可以通过键盘快捷键实现对计算机的快速操作，提高工作效率。

②鼠标则是另一种重要的输入设备，它通过移动光标来实现对屏幕上图形界面的操作，如点击、拖动等。

③扫描仪是将纸质文档转换为电子文档的设备，它通过光学扫描将文档上的文字和图像转换为计算机可以识别的数字信号。

④摄像头用于捕捉图像和视频，广泛应用于视频通话、监控等领域。

⑤麦克风（学名为传声器）是一种用于捕捉声音的设备，它可以将声音转换为电信号，通过计算机进行处理和传输。

图 2-10 为计算机部分输入设备的示意图。

（a）键盘和鼠标　（b）扫描仪　（c）摄像头　（d）麦克风

图 2-10　输入设备

（2）输出设备

输出设备负责显示或打印计算机处理后的结果。常见的输出设备包括显示器、打印机、扬声器等。

①显示器是计算机最主要的输出设备，它通过显示器屏幕呈现计算机处理后的结果，如文字、图像、视频等。显示器的分辨率、尺寸和刷新率等参数直接影响到显示效果。

②打印机用于将计算机中的文档、图片等输出到纸张上，广泛应用于办公、家庭等领域。

③扬声器则是用于输出声音的设备，它可以将计算机中的音频信号转换为声音，让用

户能够听到音乐、语音等信息。内置扬声器常见于笔记本电脑和平板电脑中，而台式机通常使用外部扬声器（音箱）或耳机。

图 2-11 为计算机部分输出设备示意图。

（a）显示器

（b）打印机

（c）音箱

图 2-11　显示器、打印机和音箱

此外，还有一些设备既能输入又能输出数据，这类设备被称为“双向 I/O 设备”或“混合 I/O 设备”。比如，用户可以通过触摸屏进行输入，同时触摸屏也能显示输出信息，网络接口卡可以发送和接收网络数据包。

输入 / 输出设备之间的协同工作，也为计算机系统的功能扩展提供了可能。例如，摄像头和麦克风可以组成视频会议系统，实现远程实时通信；触摸屏和显示器可以组成交互式教学系统，提高教学效果；扫描仪和打印机可以实现文档的数字化处理，方便存储和传输等。

3. 网络设备

计算机硬件的网络设备是现代信息技术和信息社会的基础。它们是连接和管理计算机网络的物理设备，包括网卡、路由器、交换机等。

①网卡（network interface card，NIC）：是计算机与网络之间的桥梁，通过它可以将计算机的数字信号进行编码等处理，以便在网络上进行传输。网卡通常插入计算机主板上的 PCI 或 PCIe 插槽中，并可以通过以太网，以无线或有线方式连接到网络。网卡通常支持不同的网络协议，如 TCP/IP、DHCP、HTTP 等，可以实现计算机与网络之间的数据传输和通信。

②路由器（router）：用于将数据包从一个网络传输到另一个网络。它是一种智能设备，可以根据数据包的目的地自动选择最佳路径。路由器通常用于连接多个局域网或广域网，并支持不同的网络协议和安全性设置。路由器还可以实现网络地址转换，将私有网络地址转换为公共网络地址，以实现互联网访问。

③交换机（switch）：用于连接多个计算机或其他网络设备。它可以根据数据包的目标 MAC 地址，将数据包从一个端口传输到另一个端口。交换机通常用于局域网中，可以实现网络设备之间的高速通信和数据传输。交换机还可以支持虚拟局域网，以实现网络隔离和优化网络性能。

除了以上设备，计算机硬件的网络设备还包括中继器、放大器、调制解调器、无线接入点等。这些设备都可以用于扩展网络、提高网络性能、实现无线通信等功能。

4. 其他设备

其他硬件设备有数据线、散热器等。

①数据线：一种用于连接计算机和其他网络设备的物理介质。最常见的数据线是以太网电缆，包括双绞线和同轴电缆。由于数据线的传输速度和距离有限，因此通常需要使用中继器、

放大器等设备来扩展网络。

②散热器：可以通过空气对流、风扇、水冷等方式将计算机硬件产生的热量散发出去，以保持计算机硬件的正常运行。散热器通常用于 CPU、显卡等硬件设备上，并可以通过增加风扇、使用液冷系统等方式来提高散热效果。

计算机硬件系统的主要组成如图 2-12 所示。

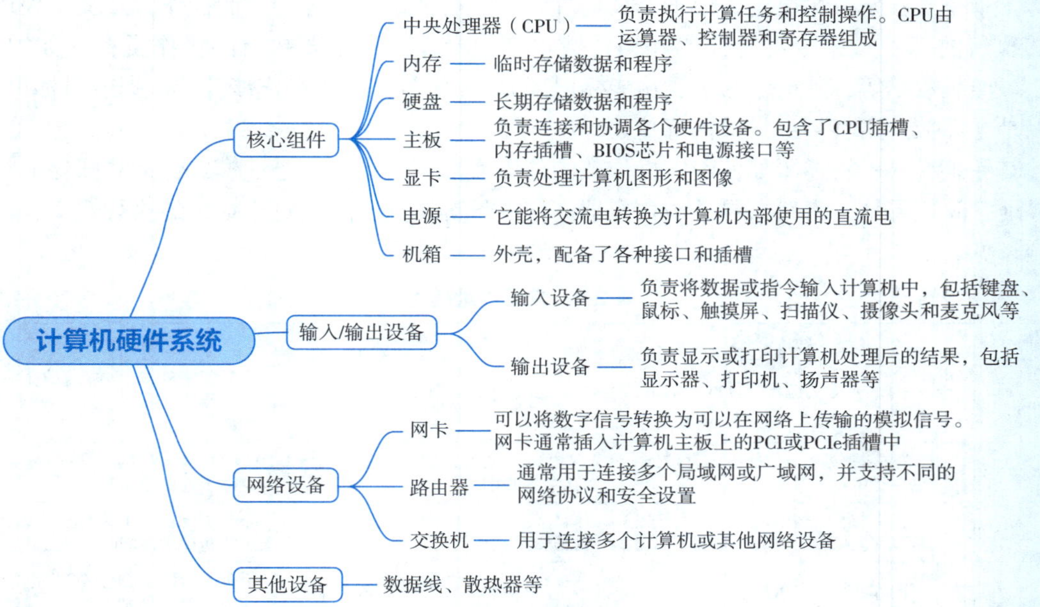

图 2-12　计算机硬件系统的主要组成

2.1.3　计算机指令系统

1. 指令和指令系统

计算机指令是计算机硬件和软件之间沟通的基本单位，它们对于计算机系统的操作至关重要。每条指令告诉计算机执行一个特定的操作。

指令系统（instruction set architecture，ISA）是指计算机能执行的所有机器指令的集合，它定义了计算机处理器可以识别和执行的指令，以及指令的格式和支持的数据类型。这些指令包含了处理器能够执行的所有基本操作，如算术操作、逻辑操作、数据移动、控制流操作、特定的系统调用。这些操作类型的描述如图 2-13 所示。

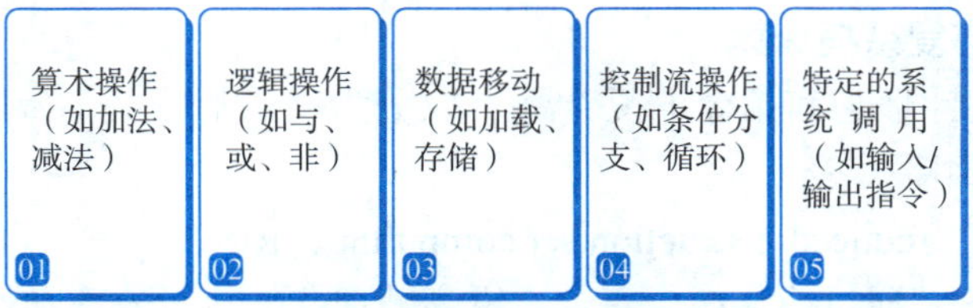

图 2-13　处理器能够执行的所有基本操作

指令系统是计算机硬件和软件之间的交互方式。当软件执行到某条指令时，它会向硬件发出相应的信号，请求执行该指令。硬件则根据指令的要求执行相应的操作，并将结果返回给软件。这种协同工作的方式使计算机能够高效地完成各种任务。同时，指令系统为软件开发者提供了一个抽象层，隐藏了硬件实现的细节。软件开发者不需要关心具体的硬件是如何工作的，只需要按照指令系统的规范编写程序即可。这样，软件就可以实现在不同计算机的不同硬件上运行，只要这些硬件支持相同的指令系统。

通常指令系统涉及以下几个概念：指令集、寻址模式、寄存器、数据类型、异常、中断处理、特权级别。

①指令集：指令集决定了处理器如何理解和执行特定的计算和控制操作，定义了处理器能够执行的每一条指令的操作码和操作数。其中操作码指定要执行的操作类型，如加法、乘法、加载数据等，是指令的主要功能标识部分；操作数是指令操作涉及的数据或目标位置，可以是立即数、寄存器地址或内存位置。

②寻址模式：描述了如何确定操作数的位置或数据。常见的寻址模式包括立即寻址、直接寻址、间接寻址、寄存器寻址、寄存器间接寻址等，这些方法对于指令的执行效率有重要影响，见表 2-1。

表 2-1　常见寻址模式

模　式	描　述	举　例	特　点
立即寻址	指令中直接包含了操作所需的数据	“将数值 5 与累加器中的值相加”	不需要额外访问内存，能快速执行；但受限于指令大小，只能处理较小数值
直接寻址	指令提供一个具体的内存位置，从中读取或写入数据	“从内存位置 A 读取数据并与累加器中的值相加”	简单直观，只需一次内存访问；但受限于地址范围
间接寻址	指令指向一个内存位置，该位置存储了实际操作数所在的地址	指令使用一个中间地址来找到最终数据的位置	能够访问更大的内存空间；但由于需要两次内存访问，速度较慢
寄存器寻址	操作数位于 CPU 内部的专用存储单元——寄存器中	“复制寄存器 B 的内容到寄存器 A”	所有操作都在 CPU 内部完成，操作快；但寄存器数量有限，需频繁与内存交换数据
寄存器间接寻址	寄存器内保存了一个内存地址，通过该地址访问实际数据	指令利用寄存器 R1 中的地址来获取或设置数据	数据访问方式灵活，可减少部分内存访问；比纯寄存器操作稍慢

③寄存器：处理器中的寄存器用于临时存储数据、地址和控制信息。寄存器可以是通用寄存器或特殊用途寄存器。

④数据类型：ISA 定义了处理器支持的数据类型及其大小和格式，如整数、浮点数等。

⑤异常和中断处理：定义了处理器对异常（如除零错误）和中断（如外围设备的请求）的响应方式，包括如何保存当前状态并跳转到异常处理程序。

⑥特权级别：特权级别是指操作系统或系统管理程序对系统进行控制和管理的权限级别，如操作系统级和用户级。

2. 精简指令集与复杂指令集

指令集根据其设计理念和指令的复杂性可以分为精简指令集、复杂指令集、超长指令字等，其中前两种使用最广泛。

（1）精简指令集（reduced instruction set computing，RISC）

RISC 的设计理念是通过简化指令集合，提高处理器的执行效率和性能。RISC 指令数量相对较少，指令长度通常是固定的，设计倾向于简化处理器硬件结构，所以执行时间较短。RISC 体系的代表架构是 ARM 架构。

（2）复杂指令集（complex instruction set computing，CISC）

相对于 RISC 而言，CISC 的设计理念更倾向于提供更多复杂和功能强大的指令，每条指令可以完成复杂的操作，以减少程序员编写程序时的指令数量。与 RISC 相比，CISC 指令长度可以不同，处理器通常也需要更复杂的硬件来实现各种复杂指令。CISC 体系的代表架构是 X86 架构。

CISC 与 RISC 的区别见表 2-2。

表 2-2　CISC 与 RISC 的区别

特　征	CISC	RISC
指令集设计	以硬件为中心，提供丰富的指令	以软件为中心，简化指令集
指令实现	通过硬件实现各类程序指令	通过编译器实现简单指令组合，完成复杂功能
内存和寄存器使用	指令功能复杂，在某些操作中可能需要更灵活地访问内存	通常设置较多的寄存器，更依赖寄存器来存储和处理数据，以减少内存访问次数，提高执行效率
指令长度	可变的指令长度，支持更复杂的指令	简单、定长的指令
指令数量	大量指令数	少量指令数
执行效率	单个指令可能需要多个时钟周期	单个时钟周期内执行指令速度更快

RISC 体系结构通常在单个时钟周期内执行指令速度更快，适合需要高性能的应用；而 CISC 体系结构通过更复杂的指令可以减少程序员的编程工作量。同时，RISC 通常比 CISC 处理器更节能，适合嵌入式系统和移动设备，而 CISC 处理器可能在处理复杂任务时更高效。

知识拓展　X86 与 ARM

X86 属于复杂指令集，ARM 则属于精简指令集，这两者是我们平常接触最多的两种指令集。我们平时接触最多的 X86 架构就是 Intel 公司的一系列 X86 处理器（CPU）芯片，而我们接触最多的 ARM 架构是高通的 Snapdragon（骁龙）系列芯片、苹果的 Apple A 系列芯片。

3. 指令的执行过程

指令的执行过程是一系列复杂而精确的步骤，涉及指令周期、总线周期和时钟周期的概念。它们共同决定了计算机硬件的运行速度和效率。

（1）指令周期

指令周期指计算机从取出一条指令到执行完这条指令所需的时间。它包括取指令、解释指令、执行指令、存储结果四个阶段，每个阶段的功能如图 2-14 所示。指令周期直接影响 CPU 每秒可以处理的指令数量，进而影响整体性能。

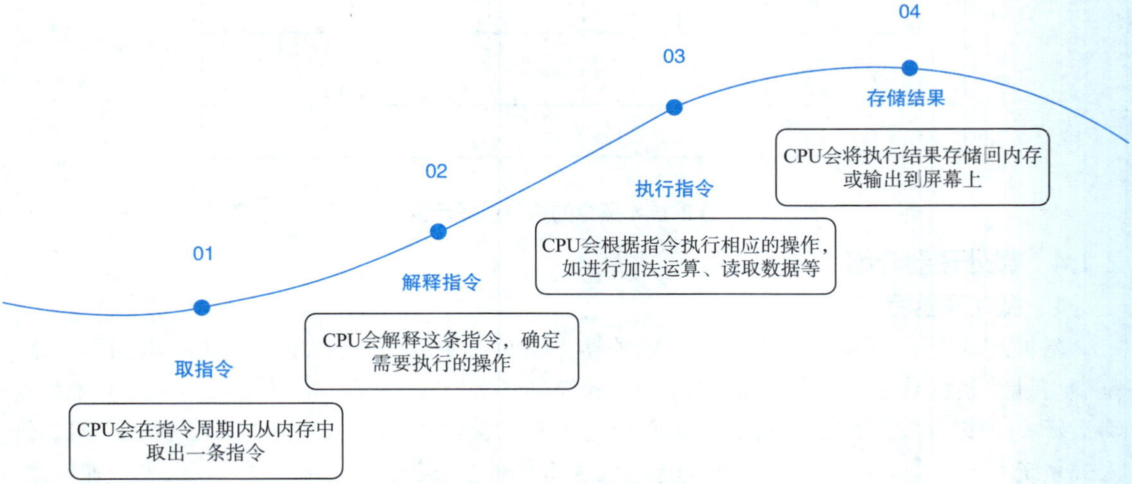

图 2-14　指令周期的步骤

（2）总线周期

总线周期指 CPU 通过总线对存储器或 I/O 接口进行一次访问所需的时间。总线是计算机各个部件之间传输数据的通道。每次 CPU 需要访问内存或 I/O 设备时，都会经历一个或多个总线周期。总线周期的长短直接决定了数据传输的速度，从而影响 CPU 的效率。较长的总线周期会导致等待时间增加，降低整体性能。

一个基本的总线周期通常由四个时钟周期组成，分别称为 T_1、T_2、T_3 和 T_4 状态。

① T_1 状态：CPU 通常会将地址信息发送到地址总线上，同时可能会发出一些控制信号来选择要访问的设备或内存区域，为后续的数据传输做准备。

② T_2 状态：CPU 根据读写控制信号，进行实际的数据读写操作。如果是读操作，数据从内存或 I/O 设备传送到数据总线上；如果是写操作，CPU 将数据发送到数据总线上。

③ T_3 状态：CPU 会等待数据传输完成，并可能会对数据进行一些初步的检查或处理，以确认操作结果的正确性。

④ T_4 状态：完成当前的数据传输操作，释放总线资源，并准备下一个总线周期的操作，如清除地址总线和数据总线上的信号等。

（3）时钟周期

时钟周期是计算机中最基本的、最小的时间单位，由系统时钟生成的脉冲信号决定。每个时钟周期内，CPU 可以执行特定的操作，如内部寄存器的更新、数据的传输等。

时钟周期为计算机中的不同硬件组件和指令提供了一个统一的时间基准，使得它们能够按照同样的时间节奏进行操作。各个组件和指令可以根据时钟信号的跳变来确定何时开始和结束各自的操作，从而实现同步和协调。时钟周期的长短直接影响 CPU 的运行速度。较短的时钟周期意味着更高的频率，通常会带来更快的处理速度。

总的来说，指令周期定义了整体流程，包括各个阶段的任务。总线周期负责数据传输，特别是在取指令和存储结果阶段。时钟周期提供时间基准，确保所有操作按时序正确执行，并使不同硬件组件能够协调工作。图 2-15 为指令的执行过程示例。

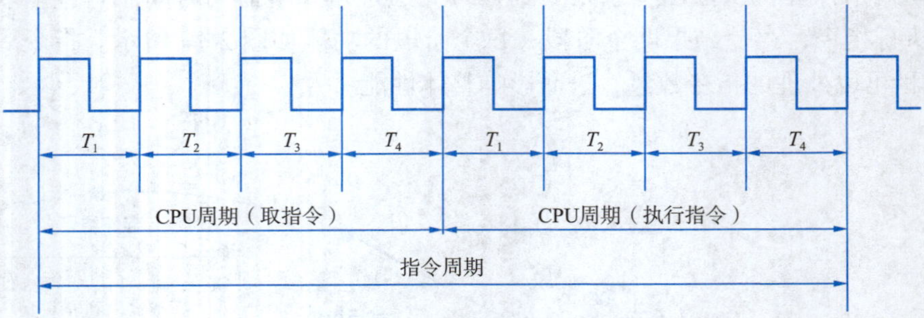

图 2-15　指令的执行过程示例

2.1.4　微处理器介绍

1. 微处理器特点

微处理器是一种高度集成的中央处理器（CPU），通常集成在单一的集成电路芯片上，是微型计算机的核心组件，负责执行计算和控制任务。微处理器可以执行复杂的算术和逻辑运算，并支持数据存储等功能，从而成为各种计算设备的大脑。它是计算机、手机、嵌入式系统以及其他许多电子设备正常运行的关键部件。微处理器具有高集成化、处理速度快、功耗低、多核架构、可编程性等特点：

①高集成化：微处理器将大量的晶体管和电路整合在一个芯片上，实现了 CPU、内存控制器和输入 / 输出控制器的功能集成。这种高集成度使得微处理器具备极快的运算速度和高效率的数据处理能力。

②处理速度快：现代微处理器可以运行在数吉赫兹（GHz）的时钟频率下，可以每秒执行数十亿次指令。其高速度使得微处理器能够处理复杂的数据和逻辑运算，以支持各种复杂的软件应用。

③功耗低：尤其是移动设备中的微处理器，通常设计为低功耗，以延长电池使用时间。这是通过优化电路设计和制造工艺来实现的。

④多核架构：为了提升性能和并行处理能力，许多现代微处理器采用多核架构。多个核心可以同时处理不同的任务，从而提高整体的计算效率。

⑤可编程性：处理器的行为可以通过软件来定义和改变。这种可编程性是微处理器区别于固定功能设备的关键特性，使其能够应用于多种设备和场景。

2. 微处理器的用途

微处理器作为现代电子设备的心脏，广泛应用于个人计算设备、移动设备、嵌入式系统、网络设备及数据中心，推动了各行业的数字化转型与发展。

①个人计算设备：微处理器是台式机、笔记本电脑和平板电脑的核心元件。例如，龙芯、兆芯等国产处理器在推动中国自主计算设备方面起到了重要作用。

②移动设备：智能手机、平板电脑等移动设备中广泛使用微处理器。这类处理器通常集成了 CPU、GPU 等功能。例如，华为的麒麟系列处理器曾在国内外市场有显著影响力，在移动设备芯片领域取得了重要成果。

③嵌入式系统：微处理器在各种嵌入式系统中被应用，包括家电、工业控制系统、汽车电子设备等。遥控器、洗衣机控制板、汽车引擎控制单元等都依赖微处理器的控制功能。

④网络设备：路由器、交换机和其他网络设备使用微处理器来管理数据传输和协议处理。

⑤数据中心与服务器：微处理器驱动大型数据中心的服务器，处理海量的数据计算任务。国产的飞腾处理器在政府和企业的服务器中已被广泛采用。

3. 微处理器的发展历史

微处理器的发展始于 20 世纪 70 年代，其演变贯穿了整个现代计算技术的发展历程。

①初创阶段：1971 年，Intel 发布了全球首个商用微处理器 Intel 4004。这标志着微处理器时代的开始。

②扩展成长：20 世纪 70 年代末到 80 年代，微处理器迎来了迅速成长期。Intel 8080 和 Zilog Z80 成为 8 位处理器的标准。Motorola 68000 这款 16/32 位微处理器在 20 世纪 80 年代初推出，广泛应用于个人计算机、工作站及嵌入式系统中。

③个人计算机时代：20 世纪 80 年代，16 位和 32 位处理器推动了 PC 产业的发展。Intel 80386 和 80486 成为当时的主流处理器，支持了 Windows 和其他以图形界面为基础的操作系统。

④现代发展：20 世纪 90 年代至今，微处理器朝着多核架构、高主频、低功耗、集成显卡及其他特定功能等方向发展。中国企业也在这一时期进入了微处理器市场，如龙芯、飞腾、兆芯等公司。

4. 微处理器的分类

微处理器根据不同的需求和应用场景有着各种不同的分类方法。从桌面计算机到移动设备，从嵌入式系统到高性能计算集群，微处理器的分类涵盖了各种需求和性能指标。表 2-3 是对微处理器按处理能力、应用领域、集成度进行分类的描述。

表 2-3 微处理器分类

分类	名称	描述
按处理能力分类	单核处理器	具有单个处理核心，在早期的计算机系统中非常常见。单核处理器一次只能执行一个线程，因此多任务处理能力较弱
	多核处理器	具有多个处理核心，可以同时执行多个线程，大大提高了处理性能和并发能力。通常分为双核、四核、八核等
按应用领域分类	通用处理器	这些处理器用于广泛的通用应用，可以运行多种软件，如 Intel Core 系列和 AMD Ryzen 系列
	嵌入式处理器	用于特定任务和应用，通常集成在设备内部，如汽车计算系统、家用电器、工业控制设备等
	专用处理器	为特定任务优化设计，如图形处理单元（GPU）主要用于图形计算和机器学习任务
	数字信号处理器	用于信号处理领域，如音频、视频处理
按集成度分类	微处理器	传统意义上的微处理器主要以 CPU 为核心，通常需要外部连接内存和 I/O 接口来实现完整功能，如早期的 Intel 8086。但随着技术发展，现代一些微处理器也会集成部分内存控制器、I/O 控制等功能，以提高系统的集成度和性能
	微控制器	将 CPU、内存（RAM 和 ROM），以及输入 / 输出（I/O）接口集成在一个芯片上，适用于控制任务，如 Arduino 平台上的 AVR 微控制器
	系统级芯片	集成度更高，包括 CPU、GPU、内存控制器、I/O 接口和其他专用功能单元

5. 微处理器的组成

微处理器内部结构由多个关键组件组成，主要有算术逻辑单元、控制单元、寄存器、总线系统、I/O 接口、时钟生成器。

①算术逻辑单元（ALU）：微处理器进行计算的核心部件，决定了处理器的基本计算能力。用于执行所有的算术和逻辑运算，如加法、减法、乘法、除法，以及逻辑操作（AND、OR、NOT、XOR 等）。

②控制单元（CU）：是中央处理单元（CPU）的一个关键组成部分，相当于微处理器的大脑，确保所有操作按正确的顺序和时序执行。用于读取并解码指令，控制指令的执行流程，协调微处理器内所有部件的操作。

③寄存器：寄存器的数量和大小直接影响处理器的速度和效率。用于暂时存储数据和指令，提供处理器内进行快速访问的存储单元。

④总线系统：分为数据总线（传输数据）、地址总线（传输存储器位置地址）、控制总线（传输控制信号）。总线系统是微处理器内部和外部组件之间通信的桥梁，总线宽度和速度影响数据传输效率。

⑤ I/O 接口：确保微处理器与外部世界的顺畅交互，管理着微处理器与其他外围设备（如键盘、显示器、存储设备等）的通信。

⑥时钟生成器：产生时钟信号，为微处理器的各个部分提供同步时序。时钟频率决定了指令执行速度，直接影响微处理器的性能。

6. 微处理器的性能指标

微处理器的性能是决定其优劣和适用范围的关键因素，可以通过多个参数来衡量，如字长、时钟频率、指令执行速度、最大内存容量、缓存大小、处理核心数量、总线速度等。图 2-16 是一些主要的微处理器性能参数。

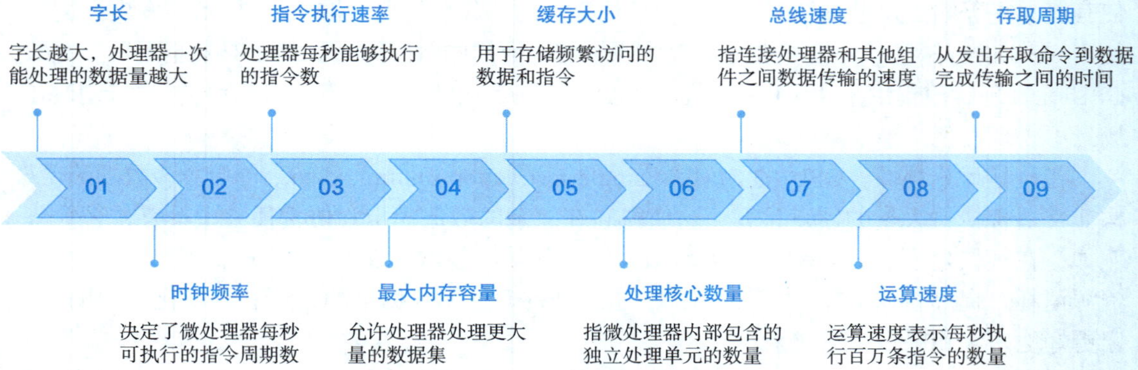

图 2-16　微处理器性能参数

①字长：指微处理器在一次操作中可以处理的二进制位数，常见的字长有 8 位、16 位、32 位和 64 位。字长越大，处理器一次能处理的数据量也就越大，也就意味着更高的计算精度和更强的处理能力。64 位处理器通常比 32 位处理器在处理大数据和执行复杂计算时表现更佳。

②时钟频率：时钟频率决定了微处理器每秒可执行的指令周期数，通常以赫兹（Hz）为单位。频率越高，理论上处理器的性能越强，但也要考虑到其他因素，如热设计和功耗。

③指令执行速率：指微处理器在一个时钟周期内可以执行多少条指令。高指令周期数表示处理器每个时钟周期能够执行更多的指令，有助于提高整体性能。现代微处理器通过多级指令流水线和并行处理来提升指令执行速率。

④最大内存容量：指微处理器能够直接访问的最大内存空间，受制于地址总线的宽度。更大的内存容量允许处理器处理更大量的数据集，特别是在科学计算、图形处理和大数据分析中尤为重要。

⑤缓存大小：缓存是高速存储器，用于存储频繁访问的数据和指令。缓存通常分为一级缓存（L1）、二级缓存（L2）和三级缓存（L3）。缓存越大，处理器访问数据的速度越快，性能越好。

⑥处理核心数量：指微处理器内部包含的独立处理单元的数量，现代处理器通常包含多个核心。核心数量越多，处理器并行处理任务的能力越强。

⑦总线速度：指连接处理器和其他组件（如内存和 I/O 设备）之间数据传输的速度。总线速度越快，数据传输效率越高。

⑧运算速度：运算速度表示每秒执行百万条指令的数量。运算速度越高，处理器的运算能力越强。

⑨存取周期：从发出存取命令到数据完成传输之间的时间。影响处理器访问内存的速度，较短的存取周期有助于提高效率。

2.1.5　GPU 介绍

1. GPU 的应用领域

GPU（图形处理单元）最初设计用于加速图形渲染任务，如视频游戏和 3D 建模。随着技术的发展，GPU 显示出强大的并行计算能力，使其不仅限于图形处理，还广泛应用于人工智能、科学计算、工业模拟等领域。特别是在需要大量数据并行处理的任务中，GPU 的性能优势尤为明显。

在人工智能领域，特别是在深度学习模型的训练和推理过程中。GPU 的并行计算能力使其能够显著缩短模型训练时间，从而加快算法的迭代和优化，推动 AI 技术的发展。例如，使用 GPU 进行深度学习模型训练可以将原本需要数周的时间缩短到数小时甚至更短。此外，GPU 在推理阶段提供了比 CPU 更快的速度，特别是在处理大规模数据集和实时性要求高的场景中表现出色。

在科学计算领域，GPU 的 SIMD（single instruction multiple data，单指令多数据流）架构非常适合执行大量的浮点运算，这使得它在复杂的数值模拟和仿真任务中具有显著优势。例如，在气候建模、分子动力学仿真和天体物理学等领域，GPU 可以大幅减少计算时间和资源消耗，提高科研效率。此外，GPU 还能进行大规模数据集的分析和可视化，帮助科学家更好地理解和展示研究成果。

在工业应用方面，GPU 在制造业与工程设计、医疗影像处理、能源勘探与环境监测等领域展现了强大的计算能力。在计算机辅助设计与制造中，GPU 可以加速几何建模、物理仿真和渲染等任务，提升设计和生产效率。在医疗成像技术中，GPU 加速图像重建和特征提取，改善医疗服务质量和速度。在能源领域，GPU 的高效性能为地震数据处理和环境污染监测等任务提供了强有力的支持。

2. CPU 和 GPU 的区别

CPU 和 GPU 都是计算机系统中的关键组件，但它们在组成单元、架构特性、应用场景及性能表现上存在显著差异。CPU 是为执行各种复杂的串行任务而设计的，拥有较少但强大的核心来处理通用计算任务。相比之下，GPU 专为并行处理设计，具有大量的小型、简单核心，非常适合同时处理多个相似的数据流，如图形渲染或深度学习等需要大量并行计算的应用。表 2-4 是 CPU 和 GPU 的主要区别。

表 2-4　CPU 和 GPU 的主要区别

特　性	CPU	GPU
定义	中央处理器，用于执行程序指令，处理各种通用计算任务	图形处理单元，专门用于图形和图像相关的计算任务
组成单元	组成单元如图 2-17（a）所示。包含控制单元、运算单元（ALU）、缓存和 DRAM（动态随机存取存储器）。DRAM 用于提供临时存储空间	组成单元如图 2-17（b）所示。包含多个 ALU 和共享 DRAM（用于存储图形数据和临时计算数据）
核心数量	较少的核心数量（通常是 1~64 个），每个核心功能强大	大量的简单核心（几百到上万个）
工作方式	采用串行处理①方式，即一次执行一个指令或线程，适合处理逻辑复杂、串行性强的任务	采用并行处理方式，能够同时处理多个任务
内存与缓存	较大的缓存层次结构（如 L1~L3），支持快速数据访问。复杂的内存管理确保低延迟	缓存级别较少，依赖高带宽存储器。内存带宽通常比 CPU 大得多，支持更多并行任务
应用场景	适用于通用计算任务（如日常办公、编程开发）	适用于图形渲染、视频编码、科学计算、深度学习等并行密集型任务

注：①串行处理是指一次只执行一个任务或指令序列，每个任务必须在一个任务完成后才能开始下一个任务。并行处理是指同时执行多个任务或指令序列，多个任务可以被分配给不同的处理单元（如 CPU 核心或 GPU 核心），从而加快整体计算速度。对于简单的、顺序性强的任务，串行处理已经足够；而对于复杂的数据密集型任务，并行处理则能带来显著的性能提升。

3. GPU 内部的层次结构

GPU 内部的层次结构主要包括运算单元和层次存储架构。运算单元是 GPU 中最基本的计算单元，负责执行数学运算。现代 GPU 包含数千个计算单元，能够实现极高的并行度。层次存储架构包括寄存器文件、共享内存、L1 缓存、L2 缓存和全局内存。每个线程拥有自己的寄存器文件，用于存储线程级别的数据，访问速度极快，但容量有限。共享内存是线程块内部的，由同一线程块内的所有线程共享，用于线程间通信和同步，访问速度较快，但容量有限。L1 缓存和 L2 缓存是硬件管理的缓存，用于临时存储频繁访问的数据，以减少对全局内存的访问延迟。全局内存是所有线程都可以访问的，但访问速度较慢，且通常由多个线程共享。

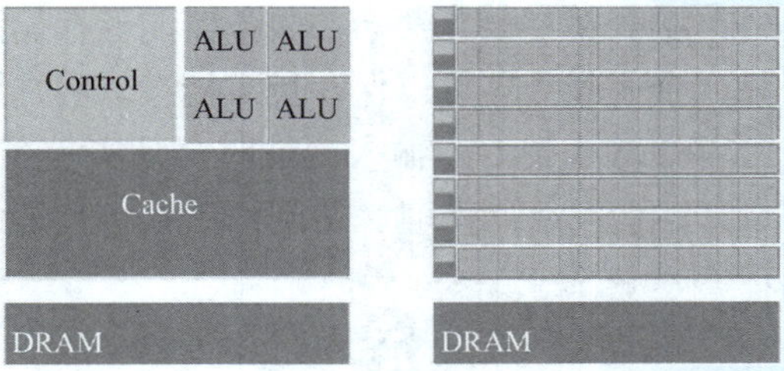

（a）CPU的组成　　（b）GPU的组成

图 2-17　CPU 和 GPU 的组成对比

GPU 通常由多个流处理器组成，每个流处理器负责处理特定的数据流。这些流处理器通过 SIMD（单指令多数据）架构实现高度并行计算。GPU 还配备高速的板载内存，以支持大规模数据的快速访问和处理。此外，GPU 通常采用层次化的存储架构以优化数据访问速度和减少延迟。

2.2　服务器硬件

服务器硬件是在计算机硬件的基础上，扩展了处理能力、存储容量和网络连接，并优化了散热和电源冗余等功能。与普通计算机相比，服务器硬件侧重于更高的性能和稳定性，能够在企业环境中支持复杂任务和不间断运行，确保关键业务的持续运转。

2.2.1　服务器概述

1. 什么是服务器

服务器是一个强大的计算机系统，它通过网络提供服务。在技术层面上，服务器拥有比普通计算机更高的计算能力、更大的存储空间和更强的数据处理能力。它时刻在线，我们可以将服务器比作一个不停歇的邮局，无论是白天还是黑夜，它都开放着大门，处理着来自不同发送方的信件（数据请求）。

服务器系统由服务器硬件和服务器软件两部分组成。服务器硬件是用于提供计算、存储和网络服务的高性能计算机设备，通常部署在数据中心，具备多核处理器、大容量内存、高速存储和网络接口等关键组件；服务器软件是运行在服务器硬件上的操作系统和应用程序，用于管理硬件资源并为客户端提供服务，如 Web 服务器、数据库服务器、邮件服务器等。服务器的主要功能是接收、处理和响应来自客户端的请求，提供网站托管、电子邮件、数据库、文件存储、应用程序运行等服务。

服务器具备高性能、高可靠性、高安全性、可扩展性等特点：

①高性能：能够处理大量并发请求，保证服务的响应速度和稳定性。

②高可靠性：确保长时间稳定运行，减少故障率。

③高安全性：具备强大的安全防护措施，防止数据泄露和攻击。

④可扩展性：能够根据需求进行扩展，增加计算能力和存储容量。

2. 服务器的用途

服务器具备多种核心功能，如数据存储与共享、网站运营、电子邮件管理、应用程序支持、在线游戏体验等。

①数据存储与共享：服务器能够存储海量数据，为多个用户或客户端提供访问权限。例如，企业服务器可以保存员工档案、客户资料和公司文件，授权用户可随时访问。

②网站托管：输入网址时，其实是在请求连接存放网站内容的服务器，从而获取网页。例如，访问某网站时，访问请求会被传递到托管该网站的服务器，该服务器再将网页内容发送回来。

③电子邮件服务：邮件服务器处理和存储邮件数据。当用户使用 Outlook 或 Gmail 等客户端发送或接收邮件时，它会与邮件服务器沟通以传递邮件信息。

④应用程序托管：某些应用程序在远程服务器上运行，用户通过网络即可使用，典型例子是云计算服务，使用户无须本地高性能计算机即可访问服务器上的计算资源。

⑤在线游戏托管：多人在线游戏通过服务器托管，使全球玩家能连接到同一游戏环境进行互动。

3. 服务器分类

服务器的分类方法多种多样，可以根据用途、结构、体系架构等方面进行划分。表 2-5 是对各种服务器分类的具体描述。

表 2-5 服务器分类

分类	名称	描述
按用途分类	Web 服务器	用于托管网站，处理 HTTP 请求
	文件服务器	用于存储和共享文件数据
	数据库服务器	用于存储和管理数据，支持 SQL 查询
	邮件服务器	用于发送和接收电子邮件
	DNS 服务器	用于域名解析
	FTP 服务器	用于文件传输
按结构分类	塔式服务器	外观类似于普通家用台式机，常见于入门级和工作组级服务器
	刀片式服务器	采用模块化设计，适用于高密度部署
	机架式服务器	设计紧凑，适合安装在标准机架中
	机柜式服务器	体积较大，通常用于大型数据中心
按体系架构分类	物理服务器	独立的硬件设备，拥有自己的操作系统和硬件资源
	虚拟服务器	通过虚拟化技术在一台物理服务器上创建多个虚拟机
	云服务器	基于云计算技术，提供弹性计算资源，支持远程访问和管理

4. 服务器的应用领域

①商业和企业：企业通常使用服务器来处理日常业务，如订单处理、客户关系管理和财务报告等。此外，企业级服务器还用于大数据分析，帮助公司从海量数据中提取有价值的信息。

②教育和研究机构：学术机构使用服务器来存储学术论文、科研成果和教学材料，并允许研究人员和学生远程访问这些资源。

③政府和公共服务：政府机构使用服务器来管理和保护敏感数据，如公民记录、法律文件和政策声明。公共服务如气象预报、交通管理等信息也通过服务器提供给公众。

④金融行业：金融服务如银行、证券和保险等领域对数据处理和安全有极高的要求。服务器在这些行业中用于处理交易、存储账户信息及进行风险管理和合规性检查。

⑤医疗保健：医疗保健提供者使用服务器来存储电子病历、进行患者预约管理及支持临床决策支持系统。

⑥媒体和娱乐：媒体公司使用服务器来存储和分发音频、视频内容，如电影、电视节目和音乐。

2.2.2　服务器硬件组成

服务器硬件主要由中央处理器、内存、存储设备、主板、网络接口卡等组成。

1. 中央处理器（CPU）

CPU 是服务器的核心部件，负责执行各种计算任务。常见的服务器处理器品牌包括 Intel 的 Xeon 系列和 AMD 的 EPYC 系列。服务器通常使用多核、多线程的处理器，以提高并行处理能力。服务器 CPU 的特点如下：

①多核 / 多线程：支持更多的内核和线程，可以同时执行更多任务。

②高缓存：具有更大的缓存容量，提高数据访问速度。

③扩展性：支持多处理器插槽，可以多个 CPU 协同工作。

2. 内存（RAM）

服务器需要大量的内存来存储正在运行的程序和数据，以便 CPU 快速访问。高容量的 RAM 可以确保服务器能够同时处理大量的数据和并发用户请求。例如，一台高性能的服务器可能配备 128 GB 或更高容量的 RAM，这使得它能够应对大规模的数据处理需求。

服务器内存通常要求大容量、错误校验、多通道。

①大容量：支持更大容量的内存模块，以便处理大量数据和大量并发请求。

②错误校验（error-correcting code，ECC）：服务器常使用 ECC 内存，可以检测并纠正内存中的错误，提高系统稳定性。

③多通道：支持双通道、四通道甚至更多通道，提高内存访问速度。

3. 存储设备

服务器的存储设备可以是硬盘驱动器（HDD）、固态驱动器（SSD）或者更高级的存储解决方案，如 RAID（独立磁盘冗余阵列）配置。存储设备用于保存操作系统、应用程序和数据。快速的存储设备可以确保服务器能够快速地读取和写入数据，提高整体的性能。

服务器存储设备的选择取决于成本、性能需求和存储容量。

① HDD：适用于大容量、低成本存储需求，但读取速度较慢。

② SSD：适用于高性能需求，读取和写入速度快，但相对较贵。

③ RAID：通过 RAID 技术组合多个硬盘，提高数据的可靠性和性能。

4. 主板

主板是连接所有其他硬件组件的桥梁，它提供电源连接、数据传输路径和各种接口，如 PCIe 插槽用于添加额外的网络或存储卡。主板的设计和质量直接影响到服务器的性能和稳定性。

主板要求有极强的扩展性和稳定性，以及丰富的功能。

①扩展性：支持更多的内存插槽、PCIe 扩展插槽和存储接口。

②稳定性：具有更高的制造工艺和材料，确保长期稳定运行。

③功能丰富：集成了更多的管理和监控接口，如 IPMI（智能平台管理接口）。

5. 网络接口卡（NIC）

服务器通常包含多个网络接口卡，以提供高速的网络连接能力和网络冗余。因为服务器需要提供高吞吐量的网络服务，所以通常服务器需要高带宽的网络连接，以传输大量数据。

常见的网络接口如下：

①网卡：通常配置千兆位以太网卡（GbE）或万兆位以太网卡（10GbE），支持高带宽网络连接。

②光纤网卡：用于连接光纤网络，实现更快速和稳定的数据传输。

6. 电源供应单元（PSU）

服务器需要稳定的电源供应，PSU 提供电流和电压，以供服务器内部的所有组件使用。电源供应单元就像是一个城市的电力公司，它为用户提供稳定的电力供应，确保电灯、空调和电视等设备能够正常工作。服务器通常配备冗余电源，以确保在主电源故障时能够继续运行。

7. 冗余电源和散热系统

为了确保服务器的可靠性和稳定性，服务器通常配备冗余电源和先进的散热系统，以防止过热。冗余电源就像是一个企业的备用发电机，它在主发电机故障时能够提供紧急电力供应。散热系统则像是一个企业的空调系统，它确保服务器在高温环境下能够保持适宜的温度。

8. 扩展卡和接口

扩展卡如 GPU、光纤通道卡、RAID 控制器等可以增强服务器的功能。

服务器的硬件选择取决于其预期用途和性能要求。例如，Web 服务器可能需要更多的内存和网络带宽，以处理大量的并发 HTTP 请求；而数据库服务器可能需要更快的存储和更强大的 CPU，以处理复杂的 SQL 查询和大量的数据检索。此外，对于需要高可用性和可扩展性的企业级服务器，可能会采用多节点集群、负载均衡和故障转移等技术。

2.3 信创硬件

2.3.1 信创产业架构

信创，即信息技术应用创新产业，旨在通过自主创新，建立自主可控的 IT 底层架构和标准，推动国产替代，以实现信息技术领域的自主可控和信息安全。信创是中国在信息技术领域自主研发与国产替代的重要战略，是近年国家重点发展的方向。信创的方向涵盖了芯片、操作系统、数据库、中间件、应用软件、整机设备等方面，覆盖从 IT 底层的基础软硬件到上层的应用软件等全产业链，实现从基础软硬件到应用软件的全方位技术体系转型。

近年来，信创产业的发展环境和政策支持都在不断改善，例如，国家政策层面的自主可控、国家创新体系建设、国产替代等成为关键词；在地方政策层面，信创产业示范基地、信息技术创新平台、协同发展等成为关键词。信创产业的发展也得到了国家政策的大力支持，科技自立自强被上升为国家战略，这意味着政府高度重视科技创新，并致力于推动科技领域的自主发展。在这一背景下，信创产业作为保障国家信息安全及重点领域安全的战略性新兴产业，成为政策支持的重点对象。

信创替代遵循“2+8+N”策略逐步拓展不同行业应用。“2”代表的是党政机关，是信创改造的先行者。“8”代表的是关系到国计民生的八大重点行业，包括金融、电信、电力、石油、交通、航空航天、医院、教育，这些行业也要逐步完成信创改造。“N”则代表的是其他行业，如汽车、物流、烟草、电子、建筑等，它们也将根据计划逐步推进信创替代工作。

信创产业的生态体系庞大复杂。从产业链角度看，主要由基础硬件、基础软件、应用软件和信息安全四部分构成。其中，基础硬件层的芯片、传感器，基础软件层和信息安全产品层是信创产业的重点部分。图 2-18 展示了信创产业链全景图。

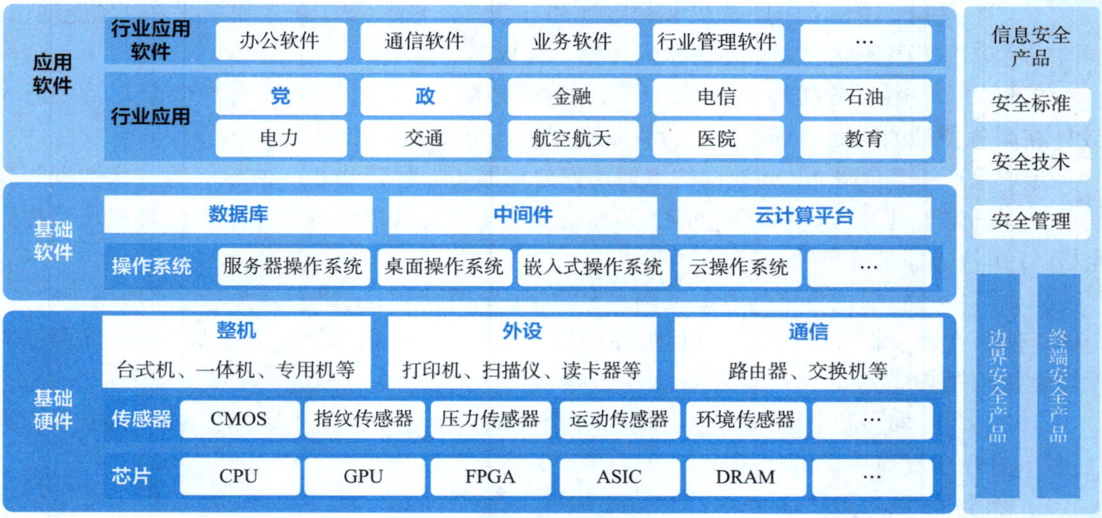

图 2-18　信创产业链全景图

①基础硬件：包括整机、外设、通信设备、芯片（如 CPU、GPU）、传感器等。这些硬件设备是整个 IT 基础设施的基石，确保其安全性、可靠性和性能能够满足各行业的信息化需求。

②基础软件：涵盖操作系统、数据库、中间件等。例如，国产操作系统银河麒麟和达梦数据库，这些软件是 IT 系统运行的核心，直接影响整个系统的稳定性和安全性。

③应用软件：包括办公软件（如 OA 办公系统、ERP）和通信软件等，直接服务于企业和政府部门的日常运营，是数字化转型的重要组成部分。

④信息安全产品：涵盖边界安全产品、终端安全产品等。确保数据和系统的安全是信创发展的核心目标之一。

标准化和生态建设也是信创架构的重要组成部分。标准化工作确保系统兼容性和可扩展性，而构建健康、开放的技术生态则可以吸引更多开发者和企业加入信创产业链，推动其长期发展。

2.3.2　信创硬件产品介绍

信创硬件，凭借其自主可控的技术、卓越的安全性能、广泛的兼容性及环保节能的设计，已成为推动各行业信息化建设的关键力量。它不仅满足高性能计算需求，还提供了稳定可靠的信息技术解决方案。信创产业的核心目标是实现信息技术领域的自主可控，而信创硬件作为产业链的重要组成部分，涵盖了从处理器（CPU）到服务器、整机系统、外围设备、存储设备和网络设备等多个方面。这些硬件产品构成了安全可控的信息技术基础设施的基石，同时也是推动信创产业发展的重要载体。通过不断的技术创新和服务优化，中国涌现出的一批专注于开发自主知识产权硬件产品的公司，正逐步推进信息技术的国产化替代，助力中国乃至全球的数字化转型。

1. 芯片

芯片是信创硬件的核心组件，主要包括 CPU、GPU、存储芯片等。在这一领域，国内厂商通过自主研发或合资合作的方式逐步实现技术突破。

①飞腾：基于 ARM 架构，凭借其稳定性和可靠性，飞腾 CPU 在党政领域占据领先地位，同时广泛应用于服务器、桌面终端、云计算、大数据等领域。

②海光：采用 X86 架构，是国内少数同时支持信创和商业市场的国产 CPU 厂商。海光 CPU 在服务器性能方面表现优异，特别是在服务器市场中具有较强的竞争力。

③华为：基于自研 ARM 架构的鲲鹏系列处理器（如鲲鹏 920），在云计算、大数据等高性能计算场景表现突出；昇腾系列 AI 芯片则专注于人工智能训练和推理，已形成从芯片到全栈 AI 解决方案的完整生态。

④龙芯中科：采用自主指令集架构，专注于国产化 CPU 的研发。龙芯主要应用于政务、金融、能源交通、教育等领域，其优势在于单核性能较高，但多核能力较弱，因此在服务器领域性能相对较弱。

⑤景嘉微：景嘉微是国内较早从事 GPU 研发的企业之一，其产品 JM7200、JM9 系列等在国产 GPU 中具有一定的代表性。

2. 服务器

服务器是信创产业中最重要的硬件之一，其性能直接影响到整个系统的稳定性和效率，代表企业如下：

①超云：推出基于飞腾、海光、龙芯等国产芯片的服务器产品，涵盖边缘计算和人工智能服务器。

②华为 FusionServer Pro：包括基于鲲鹏处理器的机型，能够提供卓越的性能和扩展性，满足从中小企业到大型企业的多样化需求。同时，华为还推出了智能管理平台 FusionDirector，用于简化运维工作。

③浪潮：浪潮产品线丰富，涵盖机架式、刀片式、塔式等多种服务器类型，其中推出的信创服务器系列如 SC5280L、SC5260L 等型号，基于不同的国产处理器（如飞腾、海光），具有高密度、高可靠性等特点，广泛应用于政府、金融、电信等行业，能够满足大规模数据中心的需求。

3. 整机

整机包括台式机、笔记本电脑及终端设备，是信创产业中面向终端用户的直接产品。

①联想开天：联想开天是联想推出的信创整机产品，具有较高的稳定性和性能，能够满足政务、金融、能源交通、教育等众多行业的需求。其采用国产的处理器等硬件，在保障信息安全和自主可控方面具有优势，更符合信创产业的要求。

②清华同方超翔系列：该系列计算机采用国产的处理器等硬件，具备较高的稳定性和安全性，能够满足政府机关、企业单位等多种场景的使用需求。其在性能上可以满足日常办公、数据处理等多种任务，并且在产品设计上注重可靠性和可维护性，为用户提供了稳定的计算环境。

4. 外设

外设是信创硬件的重要补充，包括键盘、鼠标、显示器、打印机等。

①汉王：是中国领先的输入 / 输出设备制造商之一，其手写板和平板电脑产品线深受市

场欢迎。例如，汉王 N10 系列手写板，以其精准的手写识别技术和舒适的书写体验著称，应用场景包括办公自动化、电子签名采集。

②得力：生产的打印机、扫描仪等办公设备以性价比高和服务网络完善见长。例如，得力 DLP-J710W 无线激光打印机支持手机打印和远程打印功能，方便快捷，应用场景包括办公室日常文档输出。

5. 网络设备

网络设备是信创产业中不可或缺的部分，用于连接和管理硬件资源。

①中兴通讯：推出的 5G 基站设备如 ZXSDR A9611 支持 Massive MIMO 技术，能够实现高速率的数据传输，助力构建下一代移动通信网络。同时，中兴也在积极发展边缘计算节点产品，推动网络智能化转型。应用场景包括运营商网络建设、智慧城市项目。

②烽火通信：OptiXtrans 系列光传送网设备具备大容量、长距离传输特点，是构建国家主干网的重要组成部分。此外，烽火还推出了针对园区网的全光接入方案，提高了网络带宽和服务质量。应用场景包括国家级信息高速公路、校园网和企业园区网。

随着技术的不断进步和市场需求的增长，信创产业仍然保持快速增长的态势，但同时也面临诸多挑战。从技术层面看，存在技术积淀不足、生态建设尚未完善等问题，这限制了信创产品的性能提升和应用拓展；从市场层面看，国际市场接受度有待提高，面临着激烈的国际竞争和复杂的合作压力；从人才角度看，人才短缺也制约了产业的发展。为应对这些挑战，信创产业需要政府的政策支持、企业的技术沉淀、人才培养机制的完善及市场机制的优化等多方位的努力，才能实现更加稳健和可持续的发展。

项目实施

2.4　集群服务器的硬件选择

1. 项目分析

（1）项目所需架构和集群分析

本项目选择 x86 架构作为集群硬件的选型，主要基于其成熟的生态系统和广泛的软件兼容性。而 ARM 架构虽然在移动设备和嵌入式系统中有优势，但在服务器领域，由于软件生态相对不完善，可能导致某些特定应用上的兼容性问题。

（2）集群硬件需求分析

为了构建一个满足该项目要求的集群，我们需要考虑服务器的 CPU 性能、内存容量、存储介质的速度与可靠性、网络带宽等因素。以下是对该集群硬件的具体需求分析：

①主服务器 1 台：负责协调整个集群的工作。

②备用服务器 1 台：作为主服务器的热备，确保高可用性。

③存储服务器 3 台：保存实际数据块，并执行由主服务器分配的任务。

2. 实现过程

在整个实施过程中，首先列举构建集群所需的通用硬件设备及其市场上对应的型号和特点，然后具体到主服务器、备用服务器、存储服务器的需求。为了构建一个满足该项目要求的集群硬件环境，我们需按照以下步骤进行：

步骤 1：服务器硬件市场调研。

根据集群的需求，我们首先调研市面上适合做集群的产品，并以表格形式列出推荐型号。具体包括以下几个方面：

① CPU：选择多核心、多线程处理能力强，适用于大规模并发计算的 CPU，如 Intel、AMD、海光、兆芯的 CPU 系列。

②内存：内存直接影响到数据处理的速度和效率，选用具备 ECC 功能的内存，提高数据完整性和系统可靠性。

③存储：存储设备的选择不仅关系到数据的安全性和持久性，还影响数据访问速度。采用高速 SSD 用于热数据存储，大容量 HDD 用于冷数据存储，确保数据访问速度和成本效益。

④网络：网络设备需要具备高带宽、低延迟、良好的可扩展性和可靠性，以支持数据密集型应用的需求。而网卡是服务器与网络之间的接口，对于集群至关重要。

步骤 2：节点配置规划。

接下来根据每个节点的角色和任务来具体化硬件选型。以下是针对主服务器、备用服务器、存储服务器的详细硬件需求特点及推荐型号。

①主服务器选型。主服务器是整个集群的大脑，它需要具备强大的性能来管理任务调度、监控和其他关键功能。因此，它需要高性能的 CPU、大容量内存及快速的读写性能，以支持复杂的调度算法和高并发请求。同时，为了确保数据安全性和快速访问，应选择高速且可靠的存储介质。具体需求如下：

- CPU：需要多核心以支持并发处理。
- 内存：需足够大来缓存元数据和其他重要信息。
- 存储：虽然不需要巨大的存储空间，但需要高速度的读写性能。
- 网络：高带宽低延迟的网络接口对于保证通信效率至关重要。

②备用服务器选型。备用服务器应与主服务器配置相同或相近，以确保在主服务器故障时能够无缝接管。其配置应该足以支持所有主服务器的功能，在发生故障转移时不影响系统的整体性能。因此，本项目采用与主服务器相同的硬件配置。

③存储服务器选型。存储服务器主要用于存储和处理实际数据，因此它们更注重存储能力和一定的计算能力。考虑到成本效益，可以适当减少 CPU 和内存的配置，但要确保有足够的存储空间和合理的 I/O 性能。具体需求如下：

- CPU：需要一定的计算能力来处理分配给它的任务。
- 内存：需要适量的内存用来加速本地数据处理。
- 存储：需要大量的存储空间来存放数据，并且要有良好的读写性能。
- 网络：稳定的网络连接是必要的，以便于与其他节点交换数据。

3. 扩展训练

请参考项目实现过程完成以下两个任务：

①根据步骤 1 对各 CPU、内存、存储、网络硬件设备的描述，调研市面上对应系列的产品中适合做本项目集群服务器的产品，并以表格的形式罗列出来，每一款硬件至少调研三款型号。参考表格见表 2-6。

表 2-6　硬件调研参考表

配置	品 牌 型 号	技 术 规 格	特　点	价格
CPU	品牌 1: 型号 1: 品牌 2: 型号 2: 品牌 3: 型号 3:	接口类型:　主频:　FSB: 缓存:　核心数:　保修: 接口类型:　主频:　FSB: 缓存:　核心数:　保修: 接口类型:　主频:　FSB: 缓存:　核心数:　保修:		
内存	品牌: 型号:	容量:　类型:　频率:		
硬盘	品牌: 型号:	容量:　接口: 转速:　缓存:		
网卡	品牌: 型号:	传输速率:　接口类型:		
其他				

注：表 2-6 中的 FSB（front side bus，前端总线）是 CPU 与内存、显卡等组件通信的桥梁。FSB 决定了 CPU 与内存之间的数据交换速度，直接影响处理器的利用率和性能。例如，FSB 频率越高，单位时间内 CPU 能获取的数据量越大，从而越可以提升计算效率。

②根据步骤 2 对主服务器、存储服务器节点的需求说明，为其选择合适的硬件型号，并说明选择该型号的原因，并以表格的形式输出。参考表格见表 2-7。一个主服务器的预算为 20 000~25 000 元，一个存储服务器的预算为 15 000~20 000 元。请参考该预算分别选购一台主服务器和一台存储服务器。

表 2-7　节点选型参考表

配置	品 牌 型 号	技 术 规 格	价　格
CPU	品牌: 型号:	接口类型:　主频:　FSB: 缓存:　核心数:　保修:	
内存	品牌: 型号:	容量:　类型: 频率:　数量:	
硬盘	品牌: 型号:	容量:　接口:　转速: 缓存:　数量:	
网卡	品牌: 型号:	传输速率:　接口类型:　数量:	
其他			
合计			

扩展学习：AI 科普　昇腾 AI 处理器介绍

1. 昇腾介绍

昇腾是由华为公司自主研发的一系列高性能 AI 处理器。这些处理器主要面向人工智能计算任务，涵盖了从数据中心到边缘计算的广泛应用。昇腾系列处理器以其高效能、高性能和强大算力备受瞩目，已经成为华为 AI 战略的重要组成部分。

昇腾处理器集成了多项先进技术，使其在 AI 计算领域具有显著优势：

①达·芬奇架构：昇腾处理器采用了华为自主研发的达·芬奇（Da Vinci）架构。这种架构专为 AI 模型训练和推理设计，提供了高效的计算能力。

②高性能计算单元：每个昇腾处理器集成了大量计算单元，支持大规模并行计算。例

如，昇腾 310 和昇腾 910 分别是面向边缘计算和数据中心的两款重要产品，分别拥有高达 16 TeraFLOPS 和 256 TeraFLOPS 的计算能力。

③专用 AI 加速引擎：昇腾处理器内置专门的 AI 加速引擎，能够高效处理深度学习中的矩阵运算、卷积操作等任务。例如，昇腾 910 配备了大量的 AI 加速单元，使得大规模神经网络训练效率显著提升。

④高带宽存储接口：为了支持大规模数据吞吐，昇腾处理器配备了高带宽的存储接口，以确保大数据量的快速传输和处理。

2. 昇腾的应用场景

昇腾处理器广泛应用于各类 AI 计算任务中。其主要应用场景包括：

①数据中心 AI 加速：昇腾处理器可以被部署在数据中心，用于大规模 AI 模型的训练和推理，如自然语言处理、计算机视觉和推荐系统等任务。

②边缘计算：昇腾处理器同样适用于边缘计算设备，这些设备通常要求低功耗和高效能。例如，昇腾 310 是一款专为边缘计算设计的处理器，常用于智能摄像头、无人驾驶和物联网设备等场景。

③智能设备：除了数据中心和边缘计算，昇腾处理器还可以被集成到各类智能设备中，为其提供 AI 计算能力。例如，智能手机、智能语音助手和智能家居设备等。

3. 昇腾的优化和易用性

华为为昇腾处理器提供了一整套开发工具和生态系统，确保开发者能够充分利用其强大算力。例如：

① MindSpore：华为推出的全场景 AI 计算框架，与昇腾处理器紧密结合，提供高效的模型训练和推理能力。MindSpore 支持从端到云的多种部署场景，使得 AI 应用的开发和部署更加便捷。

② CANN：（compute architecture for neural networks，计算架构）为昇腾处理器提供的底层计算库，优化了处理器在 AI 计算中的性能表现，帮助开发者更高效地实现 AI 应用。

4. 昇腾的市场前景

昇腾处理器的推出不仅展示了华为在 AI 领域的技术实力，也为全球 AI 产业注入了新的动力。随着 AI 技术的不断发展和应用场景的扩大，昇腾处理器将会在更多领域发挥其优势。

① AI 产业的发展：随着人工智能技术的普及，各行业对高性能 AI 计算的需求日益增加。昇腾处理器凭借其强大的算力和高效的能效比，有望在人工智能产业中占据重要地位。

②国产自主创新：昇腾处理器的自主研发和生产也是中国科技企业在高端芯片设计领域的重要突破，有助于提升中国在全球科技产业链中的话语权。

总的来说，昇腾处理器通过专用的 AI 加速设计，为各类 AI 应用提供了高效、可靠的算力支持，为未来的技术进步和产业创新提供了强有力的支持。

单元小结

在本单元中，我们从计算机硬件的基本概念入手，介绍了计算机硬件的重要组成部分和其工作原理；接着，分析了计算机指令系统及微型计算机的特点，并提供了个人计算机选型的实际案例；然后，深入探讨了服务器硬件的核心概念、组成和配置选购原则；最后，聚焦信创硬件系统，分析了信创架构、当前生态现状及信创服务器的独特之处。

①冯·诺依曼体系结构：一种存储程序的计算机模型，包括运算器、控制器、存储器、输出设备和输入设备。

②冯·诺依曼机的理念：存储程序概念、二进制操作、顺序执行、指令和数据分离。

③冯·诺依曼机的运算过程：包括取指令、解释指令和执行指令。

④计算机硬件可以分为核心组件（包括 CPU、存储器、主板、显卡、电源和机箱）、输入设备（键盘、鼠标、触摸屏、扫描仪、摄像头和麦克风）、输出设备（显示器、打印机、扬声器等）、网络设备（网卡、路由器、交换机）、其他设备（数据线、适配器、散热器和风扇）。

⑤计算机指令系统：指令系统是计算机硬件和软件之间的桥梁，不仅定义了处理器可以执行的具体指令，还规定了如何处理数据、响应异常和中断，以及管理权限级别。通过合理的指令设计和寻址模式选择，指令系统能够显著影响计算机系统的性能和灵活性。同时，它为软件开发者提供了一个稳定的编程接口，使软件可以在不同硬件平台上高效运行。

⑥ CPU 和 GPU 架构的区别：CPU 更适合处理复杂但低并发度的任务，具有复杂的控制逻辑和较大的缓存，适用于需要精细控制和多样化的数据处理场景；GPU 则在处理大规模并行计算任务时表现出色，拥有众多小型核心和高带宽内存，特别适用于图形渲染、深度学习训练和科学计算等领域。

⑦微处理器：具有高集成化、处理速度快、功耗低、多核架构、可编程性等特点。不同应用领域的分类：桌面计算设备、移动设备、嵌入式系统、网络设备、数据中心与服务器。

⑧微处理器的性能指标主要参数：字长、时钟频率、指令执行速率、最大内存容量、缓存大小、处理核心数量、总线速度等。

⑨服务器硬件组成：中央处理器、内存、存储设备、主板、网络接口卡、电源供应单元、冗余电源和散热系统、外设和扩展接口等。

⑩信创架构：包含基础硬件层、操作系统层、数据库和中间件层、应用软件层、安全防护层，同时注重标准化和生态建设。

习　题

1. 单选题

（1）冯·诺依曼体系结构中，不包括（　　）。

A. 控制器　　B. 存储器

C. 电源供应模块　　D. 输入 / 输出设备

（2）计算机硬件的主要组成部分不包括（　　）。

A. 中央处理器　　B. 主板　　C. 操作系统　　D. 内存

（3）在计算机指令系统中，用于数据传送的指令类型是（　　）。

A. 算术指令　　B. 控制指令　　C. 数据传送指令　　D. 逻辑指令

（4）下列（　　）不是服务器硬件配置需要考虑的要素。

A. CPU 性能　　B. 存储空间　　C. 显示器分辨率　　D. 网络带宽

（5）信创架构的核心不包括（　　）。

A. 处理器　　B. 操作系统　　C. 数据库系统　　D. 电源管理系统

（6）当前信创生态中发展较快的硬件部分是（　　）。

A. 通用处理器　　B. 专用图形处理器

C. 高性能网络设备　　D. 台式计算机显示器

2. 多选题

（1）下列（　　）是冯·诺依曼体系结构的重要概念。

A. 存储程序概念　　B. 二进制操作　　C. 顺序执行　　D. 主从控制

（2）关于操作系统，下列说法正确的是（　　）。

A. 提供用户接口　　B. 管理硬件和软件资源

C. 充当用户与计算机硬件之间的桥梁　　D. 仅在 Linux 系统上有效

（3）以下属于计算机输入设备的是（　　）。

A. 键盘　　B. 显示器　　C. 鼠标　　D. 扬声器

（4）服务器硬件组成包括（　　）。

A. CPU　　B. 内存　　C. 主板　　D. 打印机

3. 判断题

（1）冯·诺依曼体系结构包括存储程序的概念。（　　）

（2）中央处理器的主要作用是进行数据的存储和检索。（　　）

（3）所有微型计算机都属于桌面计算机。（　　）

（4）服务器的硬件配置与个人计算机没有明显的不同。（　　）

（5）信创是指信息技术应用创新，是为了自主可控、安全可信提出的一种新型构架。（　　）

（6）微型计算机和个人计算机是完全相同的概念，二者无任何区别。（　　）

4. 填空题

（1）冯·诺依曼体系结构中，________是用于存储程序的数据结构。

（2）计算机硬件的工作原理涉及________，________，和________三个基本部分的协同工作。

（3）微型计算机通常也被称为________。

（4）服务器硬件组成包括________、内存、存储设备等核心部件。

5. 简单题

（1）简述冯·诺依曼体系结构的五个主要组成部分及其功能。

（2）简述计算机硬件的各个主要组成部分及其功能。

（3）解释计算机指令系统的定义和作用。

（4）结合实际案例描述个人计算机的选型要素，应考虑哪些硬件配置？

第3单元

计算机软件系统

在本单元中，我们将深入探讨计算机软件系统，揭示其在现代计算机中的重要作用。首先，我们将介绍计算机软件的基础概念，并对系统软件和应用软件的功能与应用进行分类讲解。接下来，我们将回顾操作系统的发展历程，探讨其核心价值和未来趋势，讲解不同类型的操作系统，并对国产操作系统欧拉和鸿蒙进行详细介绍。

随后，我们将介绍 WPS 文字、WPS 表格和 WPS 演示等常用办公软件的使用方法，以帮助学生提升实际操作能力。此外，我们还会介绍虚拟机下部署操作系统的实际案例。这些内容不仅可以帮助学生理解技术发展趋势，还可以培养其科技自豪感与自主创新意识，激励他们为国家科技发展贡献力量。

知识路径

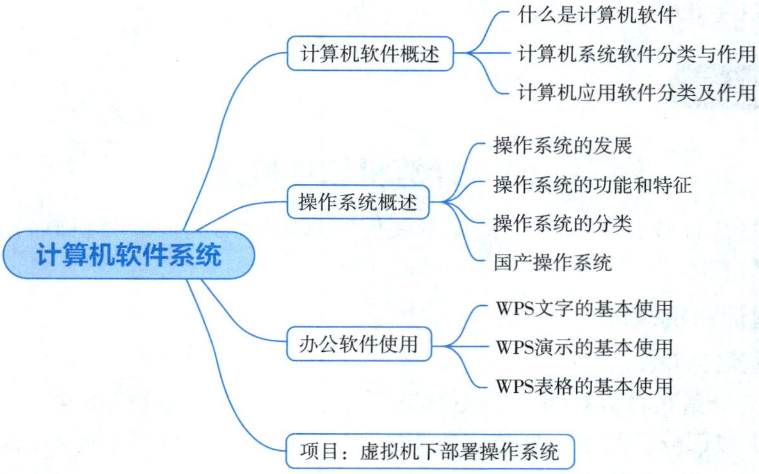

项目引入

小赵是一名软件开发者，在她的日常工作中，需要在一个统一的环境中同时进行服务器端应用开发和图形界面下的开发。为了实现这一目标，她决定在自己的计算机中安装虚拟机软件，创建两个虚拟机环境，并在其中分别部署 openEuler 和 Ubuntu 操作系统。

要想顺利完成该项目，就需要熟知计算机软件系统，特别是操作系统的相关知识。这是因为操作系统作为软件系统的核心部分，不仅负责管理硬件资源，还为用户提供了运行各种应用程序的基础平台。

对于小赵而言，了解操作系统的基本概念和功能是能够顺利配置和使用虚拟机的关键一步。这包括理解操作系统如何管理文件系统、内存分配及进程调度等基本机制，这些都是她在后续搭建和优化开发环境时不可或缺的知识。

学习目标

【知识目标】

◎了解计算机软件的基本概念和分类。

◎掌握系统软件和应用软件的主要功能和作用。

◎了解操作系统的意义及常见的类型。

◎初步认识鸿蒙操作系统及其与 OpenHarmony 的关系。

【技能目标】

◎能够分类识别和应用系统软件与应用软件。

◎提升 WPS 文字、WPS 表格和 WPS 演示等办公软件的使用效率。

◎掌握虚拟机的安装和基本操作。

◎能够使用虚拟机同时安装不同的操作系统，并合理分配计算资源。

【素质目标】

◎增强对国产技术的自豪感和自主创新意识。

◎激发为国家科技自主自强贡献力量的责任感。

◎提升综合运用理论知识解决实际问题的能力。

知识储备

3.1 计算机软件概述

计算机软件是计算机的灵魂，指挥着硬件实现各种功能。计算机软件包括操作系统、应用程序和开发工具等。

3.1.1 什么是计算机软件

1. 计算机软件介绍

计算机软件是指在计算机系统中运行的程序、数据和相关文档的集合，是计算机软硬件系统的重要组成部分，用于实现特定功能或完成特定任务。软件与硬件相对，硬件是物理设备，而软件则是无形的指令集合，通过控制和协调硬件资源来实现计算任务。

现代软件概念最早由约翰·图基（John Tukey）在 1958 年提出。随着计算机技术的进步，软件从简单的程序发展到复杂的操作系统和应用程序，并逐渐成为信息技术的核心。早期只有机器语言和汇编语言，编程难度大且易出错；随后高级编程语言出现，如 Fortran、COBOL、Lisp 等，大大简化了编程过程。随着个人计算机的兴起，软件从专业领域扩展到普通消费者领域；互联网的普及使软件从单机应用向网络协同和信息共享转型；到如今的移动互联网与云计算阶段，软件实现了高度的互联和资源共享。

2. 计算机软件的意义

计算机软件是驱动现代计算机系统运作的核心，其通过提供操作系统、应用软件和开发工具，使硬件能够完成各种复杂的任务和操作，其核心意义如下：

①促进计算机硬件的功能实现：软件通过指令和算法，使得硬件能够完成从基本的运算到复杂的数据处理等多种功能。例如，操作系统是系统软件，它管理硬件资源，支持各种应用软件运行，使硬件资源得到有效利用。

②提高效率与生产力：各类应用软件，如办公软件、图像处理软件等，可以减少人力投入、降低出错率并加速信息处理速度，大大提高了各行各业的工作效率。

③推动科技与商业创新：许多新技术和新商业模式的实现都离不开软件的开发和应用。例如，互联网的发展离不开浏览器、搜索引擎等软件的支持，云计算的普及则依赖于大规模分布式系统软件和虚拟化技术的进步。

④增强沟通与协作：各种通信软件和平台，如电子邮件、即时通信工具和视频会议软件，使得信息交流更加迅速和便利，跨越了时间和空间的限制，能显著提高团队协作效率。

⑤支持决策与管理：许多企业资源规划（ERP）、客户关系管理（CRM）、商业智能（BI）软件等，帮助企业在数据驱动的时代做出更为科学和高效的决策。这些软件通过对数据的分析和处理进行预测，可以支持企业战略规划和日常运作。

⑥提供娱乐和学习资源：通过各类应用程序和平台，软件将丰富的娱乐和教育内容提供给用户，如流媒体服务、电子游戏、在线教育平台、电子图书等，使人们能够随时随地获取娱乐和学习资源。还可以利用数据分析和人工智能技术推荐最适合用户兴趣和需求的资源，从而极大提升用户的满意度和学习效果，不仅为生活增添了丰富多彩的元素，而且可以助力终身学习和个人成长。

3. 计算机软件的分类

计算机软件可以分为系统软件和应用软件两大类，如图 3-1 所示。

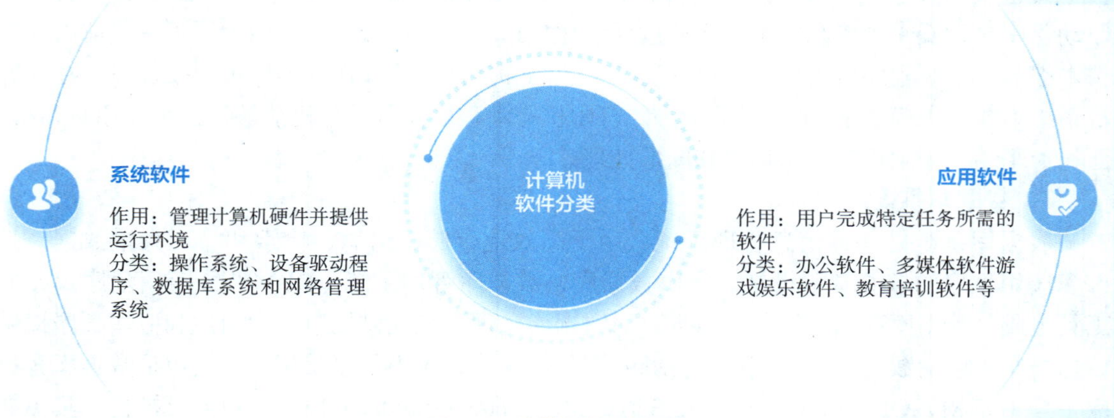

图 3-1　计算机软件分类

系统软件旨在管理计算机硬件并提供运行环境，使得应用软件能够正常且高效运行。系统软件包括操作系统、设备驱动程序等。应用软件是指用户完成特定任务所需的软件，它与用户的日常工作和娱乐密切相关，我们日常使用的 WPS 文字、Photoshop 等都属于应用软件。

知识拓展　**编程工具属于系统软件还是应用软件？**

编程工具虽然并不像操作系统那样直接管理硬件资源，但它们提供了用于创建、调试和管理应用程序的基础环境和工具。编程工具通常被归类为系统软件的一部分，但实际上介于系统软件和应用软件之间，对开发和维护其他软件（包括系统软件和应用软件）起着至关重要的支持作用。

主要编程工具包括以下几类：

①编程语言和编译器：如 Python、Java、C++ 及其对应的编译器，用于编写和编译源代码。

②集成开发环境（IDE）：如 Visual Studio、Eclipse、PyCharm 等，为开发者提供代码编写、调试、编译和测试的一体化环境。

③代码编辑器：如 Sublime Text、Atom、VS Code，专注于代码编写和编辑。

④版本控制系统：如 Git、Subversion，用于管理代码的版本和协作开发。

⑤构建工具：如 Gradle、Maven、Ant，自动化构建和项目管理任务。

⑥测试工具：如 JUnit、Selenium，用于自动化测试和确保代码质量。

3.1.2 计算机系统软件分类与作用

系统软件主要包括操作系统、设备驱动程序、数据库系统和网络管理系统。

1. 操作系统

操作系统在计算机硬件和用户应用程序之间充当桥梁，负责任务调度、内存管理、文件系统处理等基本功能，提供基础服务，使其他应用软件能够在其上运行。操作系统不仅确保各个组件和设备的协同工作，还提供用户界面，使用户能够方便地与计算机互动。

常见的操作系统包括 Windows、macOS、Linux、UNIX、Android、iOS、HarmonyOS 等，每种操作系统都有其独特的特性和用户群体，满足不同需求和应用场景。

操作系统是最底层的软件，没有操作系统，用户就无法使用软件或程序。

2. 设备驱动程序

设备驱动程序是一种特殊的软件，它充当计算机操作系统与硬件设备之间的中间桥梁。驱动程序允许操作系统和应用程序通过标准化接口与硬件进行交互，而无须了解具体硬件的技术细节。这些程序负责处理硬件的通信、控制和数据传输操作，确保不同硬件设备在计算机系统中能够正确、有效地工作。例如，打印机驱动程序使得计算机能够识别和使用打印机，而显卡驱动程序则控制显示输出和图形处理。

3. 数据库系统

数据库系统是一种信息管理系统，用于高效地存储、组织、检索和管理大量数据，是许多应用程序的核心基础设施。它由数据库、数据库管理系统（DBMS）、应用程序及相关工具组成。数据库存储结构化的数据，而数据库管理系统提供接口，为用户和应用程序提供数据操作，包括数据插入、查询、更新和删除等操作；应用程序及相关工具包括数据库客户端工具（如 MySQL Workbench、SQL Server Management Studio）、报表和数据可视化工具（如 Tableau、Power BI）等。数据库系统广泛应用于各种领域，如金融、零售、医疗、教育和政府，为数据管理和决策提供可靠的支持。

4. 网络管理系统

网络管理系统是一种用于监控、维护和优化计算机网络性能和安全的软件平台。它提供实时网络监控、故障检测、资源分配、流量分析和安全管理等功能，帮助网络管理员识别并解决网络问题，确保网络的可靠性、稳定性和安全性。通过自动化工具和智能分析，网络管理系统使得网络管理工作更加高效，有助于提高企业或组织的整体运营效率。

场景演绎　系统软件和餐厅

如果把系统软件比作一家繁忙的餐厅，那么操作系统就是这家餐厅的经理，负责监督整个餐厅的运行，确保前厅和后厨的协调运作；驱动程序就像餐厅里的主厨，负责将食材（硬件）转变成美味佳肴；数据库系统则是餐厅的储藏室管理员，负责记录和管理所有的库存数据；网络管理系统好比餐厅的服务员主管，负责协调各个服务员的工作。

3.1.3　计算机应用软件分类及作用

视频　计算机应用软件分类及作用

应用软件广泛应用于个人生活和各行各业，涵盖了办公软件、多媒体编辑软件、商务管理软件、教育培训平台、网络浏览器、电子邮件客户端及娱乐和游戏软件等。其分类也多种多样，如图 3-2 所示。

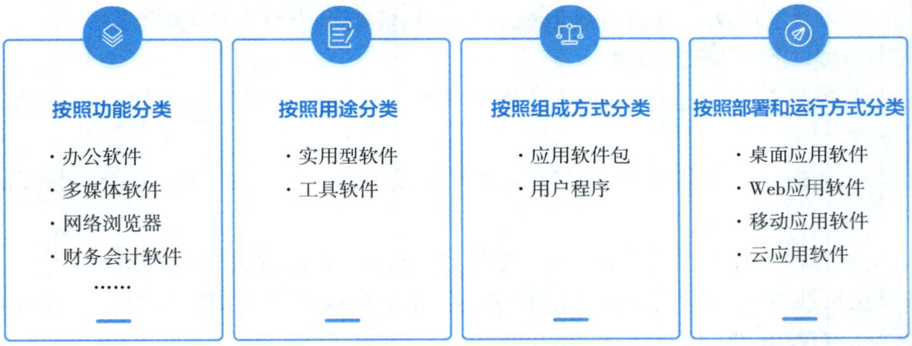

图 3-2　计算机应用软件分类

1. 按照功能分类

应用软件按照功能可以分为办公软件、多媒体软件、网络浏览器、财务会计软件、教育培训软件、安全软件、通信软件等。

①办公软件：主要用于完成各种办公任务，如文档编辑、表格制作、演示文稿制作等。常用的办公套件包括 Microsoft Office、LibreOffice、WPS Office 等。

②多媒体软件：多媒体软件主要由图像处理软件、视频编辑软件、音频编辑软件组成，常用的图像处理软件包括 Adobe Photoshop、GIMP、美图秀秀等；常用的视频编辑软件包括 Adobe Premiere Pro、Final Cut Pro、剪映、爱剪辑等；常用的音频编辑软件包括 Audacity、Adobe Audition、酷狗铃声制作专家等。

③网络浏览器：主要用于浏览互联网，常用的浏览器包括 Google Chrome、Firefox、Safari、Microsoft Edge、360 安全浏览器等。

④财务会计软件：用于企业财务管理和会计工作，常用的财会软件包括 QuickBooks、Sage、SAP 财务模块、金蝶、用友等。

⑤教育培训软件：提供教育资源、工具和教育内容，常用的包括网易云课堂、腾讯课堂等。

⑥安全软件：防火墙、杀毒软件等和计算机安全相关的软件，常见的软件有 McAfee Firewall、360 杀毒软件等。

⑦通信软件：这些软件可以让用户在计算机中进行即时通信，包括聊天、分享文件等功能，如 QQ、微信等。

2. 按照用途分类

应用软件按照用途可以分为实用型软件和工具软件。实用型软件主要面向普通用户，具有简单易用的功能，便于日常使用，如游戏娱乐软件、教育培训软件、通信软件等都属于实用型软件。工具软件主要面对专业人员，提供深入的、强大的功能，支持复杂的工作流程，编程软件、工业设计软件等都属于工具软件。

3. 按照组成方式分类

应用软件也可以按照其组成方式分为应用软件包和用户程序，这种分类方法主要关注软件的结构和复杂性，以及软件的开发和使用方式。

应用软件包是由多个模块或子系统组合而成的一整套软件，通常用于解决某个特定领域或行业的广泛需求。其主要由专业的软件开发公司开发，并提供完整的安装包、用户指南、技术支持和更新服务。

用户程序则是用户或企业为了实现特定任务或功能而自行开发或定制的软件。这些程序可能是由内部开发团队或通过外包开发，根据具体需求进行设计和实现。

4. 按照部署和运行方式分类

应用软件按照部署和运行方式可以分为桌面应用软件、Web 应用软件、移动应用软件和云应用软件。

①桌面应用软件：安装在个人计算机或工作站上的软件，如 Office、Adobe Photoshop、钉钉等。

② Web 应用软件：通过浏览器访问和运行的软件，如百度、携程网站。

③移动应用软件：运行在智能手机和平板设备上的应用，如微信、抖音、哔哩哔哩（目前很多软件既有 Web 端也有移动端）。

④云应用软件：依托云计算基础设施运行的应用，如阿里云、华为云服务。

3.2 操作系统概述

操作系统是计算机软件系统的核心，操作系统的性能和可靠性直接影响整体系统的使用体验和功能实现。

3.2.1 操作系统的发展

1. 操作系统的发展历史

操作系统的发展历史可以追溯到 20 世纪 40 年代，经历了多个重要阶段，从早期的批处理系统到现代的多任务、多用户操作系统，再到开源社区的兴起和虚拟化技术的应用。表 3-1 是操作系统的发展阶段。

表 3-1 操作系统的发展阶段

阶段	年份	特点
手工操作阶段	1940—1950 年	早期计算机系统没有操作系统，程序员直接操作硬件。每个程序都需要具体包含硬件操作指令，既复杂又容易出错
单道批处理系统	1950—1960 年	为了提高计算机利用率，引入了批处理系统。程序员将作业一次性输入计算机，由系统依次自动运行。这种系统能在作业之间自动切换，但一次只能运行一个作业
多道批处理系统	1960—1970 年	通过多道程序设计技术，操作系统可以在内存中同时驻留多个作业，并通过作业调度机制实现作业的交替执行。当一个作业因 I/O 操作而暂停时，CPU 立即切换到另一个作业，从而提高了 CPU 及其他资源的利用率
分时操作系统	1960—1980 年	通过快速切换用户程序，使多个用户能够共享计算机资源，各用户感觉“独占”系统。分时系统为互动计算和多任务处理奠定了基础

续表

阶　段	年　份	特　点
实时操作系统	1960 年至今	最大的特征就是能够满足对实时性和可靠性要求。实时操作系统适用于工业控制、军事、航空等领域
个人计算机操作系统	1980 年至今	随着微处理器的出现和个人计算机的普及，操作系统开始面向普通用户。图形用户界面（GUI）的引入使得操作系统更易用，适应普通用户需求
网络操作系统	1990 年至今	网络操作系统还支持多任务处理、网络资源共享，并提供网络安全机制。它提供多种网络服务，如远程作业处理、文件传输、电子邮件和远程打印服务
移动和嵌入式操作系统	2000 年至今	移动设备的兴起带动了以 Android 和 iOS 为代表的移动操作系统的发展，专注于移动性、低功耗和触摸屏交互。嵌入式操作系统适用于特定设备，如智能家居、医疗设备等

2. 操作系统的发展趋势

随着科技和应用需求的发展而进化，未来操作系统的发展可能会朝以下几个方向深入推进：

①智能化与 AI 融合：未来的操作系统将更加智能化，通过人工智能技术的融入，提升用户体验，使系统能够更好地理解用户需求和行为，提供个性化服务和体验。

②云端化与分布式计算：随着云计算技术的发展，操作系统将越来越依赖云计算，提供更灵活、可扩展和高效的服务。这种趋势不仅体现在服务器操作系统中，也逐渐影响到桌面和移动操作系统。

③增强的安全性和隐私保护：操作系统将结合硬件与软件安全技术，创建高级数据保护和可信执行环境，并采用零信任架构确保所有访问请求都经过严格验证。为了保护用户隐私，操作系统将集成差分隐私和同态加密等技术，特别是在大数据和云计算环境中，保障数据的安全性和隐私性。

④开放源代码与社区共享：越来越多的操作系统（如 Linux 和 Android）依赖开源模型，推动了开发的透明性和社区合作创新。

⑤跨平台和互操作性：操作系统将增强多设备间的协同工作能力，提供无缝的用户体验，并集成更多虚拟化和容器技术，使得不同操作环境在同一硬件上高效运行，实现跨平台互操作性的新高度。

⑥智能网联与物联网（IoT）：操作系统将提供设施来统一管理大量物联网设备，确保资源的有效利用和设备间的协同工作，尤其注重低功耗和高实时性，使智能家居和物联网应用更加稳定高效。

⑦多元化与定制化：随着应用场景的多元化，操作系统需针对不同设备进行定制化优化，以满足用户个性化需求。例如，在智能网联汽车领域，操作系统需要同时满足强实时任务和弱实时任务的需求。

⑧多任务协作与自动化：通过智能助手和自动化脚本，操作系统将支持任务自动化，简化用户的手动操作。它还将促进复杂任务之间的无缝协同，如办公应用中的数据统计、报告生成和可视化展示，提升工作效率。

⑨绿色计算与能耗管理：为响应环境保护需求，操作系统正在向降低能耗和提升能源效率的方向发展，以最大化硬件资源的使用效率并减少对环境的影响。

3.2.2 操作系统的功能和特征

操作系统负责管理硬件资源和提供常用服务。如果没有操作系统，用户和应用程序将不得不直接与硬件设备进行交互，这不仅需要非常深入的硬件知识和复杂的编程技能，还非常容易导致资源争夺和冲突，而且直接访问硬件还容易引发安全漏洞，缺少统一的安全机制来保护系统和用户数据。如果没有操作系统，应用程序需要自己处理许多底层操作，将导致开发复杂度增加，而且很难实现多任务处理，无法有效管理多个同时进行的任务，效率低下。

1. 操作系统功能

操作系统的主要功能可以从处理器管理、存储器管理、文件管理、设备管理、作业管理几个方面总结。

（1）处理器管理

处理器管理负责对 CPU 资源的分配和调度，包括进程控制、进程同步、进程通信、进程调度等功能。其目的是合理地为多道程序提供运行环境，提高系统资源利用率。

（2）存储器管理

存储器管理涉及内存的分配、回收、保护和扩充等功能。具体包括静态和动态内存分配、地址映射、内存保护机制以及内存扩充等。其目的是为程序提供良好的存储环境，确保程序在分配的内存空间内运行，同时避免数据冲突和破坏。

（3）文件管理

文件管理的主要任务是组织和管理计算机中的文件，包括文件的存储、检索、共享、保护和目录管理等功能。它通过逻辑组织方式（如目录结构）和物理组织方式（如链接或索引）来实现文件的高效存取和安全性。

（4）设备管理

设备管理负责对输入 / 输出设备的分配、回收和控制，包括缓冲区管理、设备驱动程序的调用及设备的独立性保证。其目的是实现设备的共享和高效利用，使用户能够方便地使用各种外围设备。

（5）作业管理

作业管理是操作系统的重要组成部分，负责接收用户提交的作业、调度作业执行、监控作业进度及终止作业。它为用户提供友好的交互界面，并优化系统资源的使用效率。

2. 操作系统特征

操作系统的主要特征包括并发性、共享性、虚拟性、异步性，这些特征决定了它的性能、功能和用户体验，还影响了系统的可靠性和安全性。

（1）并发性

并发性是指操作系统能够同时处理多个程序或任务的能力。这意味着多个程序可以在同一时间间隔内被调度和执行，尽管它们可能在硬件上是交错运行的。例如，当你在计算机中同时打开多个浏览器窗口时，每个窗口都在执行不同的任务，如加载网页、播放视频等。这些任务并不是真正同时进行，而是操作系统通过快速切换来让它们看起来像是同时进行的。这种特性使得计算机系统能够更高效地利用处理器资源，提高了系统的响应性和资源利用率。

与并发相对应的是并行，并行是指使用多个处理器或处理器核心来同时执行多个任务的能力。这意味着多个任务真正地同时进行，每个任务分配给不同的处理单元。

并发和并行的区别见表 3-2。

表 3-2　并发和并行的区别

特　点	并　发	并　行
执行方式	通过时间分割来模拟同时执行	通过增加处理器数量来实现真正的并行执行
资源需求	不一定需要额外的硬件资源	需要硬件支持，如多核处理器或多台联网的计算机
性能提升	提高系统效率，让用户体验到更好的响应速度	直接提升计算能力，适合处理大规模或高性能计算需求

（2）共享性

共享性指的是系统中的资源可以被多个用户或程序同时使用，这包括硬件资源（如处理器、内存和 I/O 设备）和软件资源（如文件和库）。通过共享资源，操作系统可以提高资源利用率并减少浪费。例如，计算机中的硬盘驱动器可以被多个应用程序同时访问，如一个程序在读取文件，另一个程序在写入文件。操作系统会管理这些进程对资源的访问，确保没有冲突，并且每个进程都能公平地使用资源。根据资源使用的方式不同，可以将共享划分为互斥共享和非互斥共享两种类型。

互斥共享指在同一时间只有一个进程能访问某个资源，以避免数据不一致或损坏。操作系统通常使用锁和信号量来实现这种控制，确保只有一个进程完成操作后，另一个进程才能访问该资源。

与互斥共享相对，非互斥共享允许多个进程同时访问同一个资源。这种情况下，资源的特性使得多个并发访问不会引起冲突或数据不一致。对于非互斥资源，操作系统仍然需要确保资源的正确分配和释放，但是不需要像管理互斥资源那样严格控制每一个访问请求。这样可以提高资源利用率，加速系统响应速度。

（3）虚拟性

虚拟性是指操作系统将物理资源转换为逻辑资源的能力，从而为用户提供一个比实际物理资源更强大、更易于使用的环境。我们可以用银行账户和支票簿的类比来说明这一点。假设你在一家银行有一个特定的存款金额（物理资源）。但是，当你使用支票簿（虚拟化技术）的时候，你实际上可以签发比你实际存款更多的支票。这是因为银行会在你的账户不足时通过透支或者其他信贷手段来满足这些支票（逻辑资源）。通过这种方式，你能够短时间内拥有比实际存款更强的购买力。

同样的道理，在计算机系统中，虚拟内存技术让操作系统能够借用硬盘空间作为“虚拟内存”（类似银行的透支），扩展程序可使用的地址空间，这样系统能运行更大或更多的程序，即使真实的物理内存（类似实际存款）是不够的。

（4）异步性

异步性是指操作系统中的进程或任务可以独立地以不同的速度运行，且进程之间的执行进度互不相关。这意味着一个进程的暂停不会影响其他进程的执行，从而提高了系统的整体效率和响应能力。例如，当你在运行一个程序时，如果系统检测到有紧急任务需要处理，操作系统会暂停当前程序的执行，先去处理紧急任务。处理完后，再回到之前被暂停的程序继续执行。这种机制确保了系统的响应性和稳定性。

这些特征共同构成了现代操作系统的基石，使得计算机系统能够高效、灵活地运行各种应用程序，并为用户提供便捷的操作环境。

3.2.3　操作系统的分类

操作系统按功能和用途可以分为桌面操作系统、服务器操作系统、移动端操作系统、实时操作系统、嵌入式操作系统、物联网操作系统、大型机和超级计算机操作系统。

1. 桌面操作系统

桌面操作系统主要用于个人计算机（PC）和工作站，重点关注用户体验和应用程序支持，典型的桌面操作系统有 Windows、macOS、Linux。

（1）Windows 操作系统

Windows 操作系统是由微软公司开发的一系列操作系统家族，其广泛应用于个人计算机、工作站和服务器。Windows 自 1985 年首次发布以来，已经经过多次重大版本更新，从最初的图形用户界面到现在的多任务处理和高度兼容。Windows 不仅支持广泛的硬件设备，还提供丰富的软件开发工具，方便用户和开发者进行文件管理、应用程序运行及网络连接等多种操作，其友好的用户界面、丰富的功能及强大的软件生态系统使其成为全球最流行的操作系统之一。常见的 Windows 版本包括 Windows 10、Windows 11。

（2）macOS 操作系统

macOS 是由苹果公司开发的一款专有操作系统，为其 Mac 系列个人计算机和工作站提供软件支持。macOS 以 UNIX 为基础，于 2001 年首次发布，它以简洁优雅的用户界面、高效的性能和丰富的功能而受到用户的喜爱。macOS 提供了强大的安全性和稳定性，并与苹果的生态系统无缝集成，支持用户在 iPhone、iPad 和 Mac 设备之间轻松同步数据和工作。

（3）Linux 操作系统

开源操作系统，有多个发行版（如 Ubuntu、openEuler 等），以稳定性、安全性和可定制性强受到开发者和爱好者的欢迎。

2. 服务器操作系统

服务器操作系统主要应用于服务器上，其强调稳定性、安全性和多任务处理能力，能够处理大量并发请求。典型的服务器操作系统有 Windows Server、Red Hat Enterprise Linux（RHEL）和 SUSE Linux Enterprise Server（SLES）。

（1）Windows Server 操作系统

Windows Server 是微软公司为服务器环境开发的操作系统，它基于 Windows NT 内核，提供企业级的网络、存储和应用服务，支持高级安全特性，如活动目录（active directory）和角色 / 服务的模块化安装，此外，它还提供虚拟化支持、灾难恢复和高可用性解决方案，如故障转移群集，满足企业对服务器平台的高要求。

（2）Red Hat Enterprise Linux（RHEL）

RHEL 是一款由 Red Hat 公司开发的企业级 Linux 操作系统，以其卓越的稳定性和安全性著称，专为满足企业对关键业务应用的需求而设计。RHEL 经过严格测试，确保在生产环境中长时间运行的可靠性，并内置多种安全特性如 SELinux，提供强大的防护机制。它针对服务器和云计算环境进行了优化，支持高效处理大规模数据和高并发任务。RHEL 还拥有广泛的硬件和软件兼容性，支持多种处理器架构，并且基于 Fedora 和 CentOS 等开源社区项目，拥有庞大的开发者社区和技术资源。

（3）SUSE Linux Enterprise Server（SLES）

SLES 是 SUSE 公司开发的服务器操作系统，同样基于 Linux 内核，专为企业级服务器环境设计。SLES 提供高可用性、安全性和性能，支持多种虚拟化技术（如 KVM）和容器化解决方案（如 Kubernetes）。

3. 移动端操作系统

移动端操作系统是专为智能手机、平板电脑和其他便携式设备设计的操作系统，它们负责管理硬件资源、提供用户界面及运行应用程序，通常具有触控优化、移动通信支持和多媒体处理能力，以适应移动设备的使用场景。常见的移动端操作系统有 Android、iOS、HarmonyOS。

（1）Android

Android 是谷歌公司主导的开源操作系统，基于 Linux 内核，广泛应用于多种品牌和型号的智能手机和平板电脑，以其高度的可定制性和丰富的应用生态系统而闻名，允许设备制造商和开发者进行深度定制，拥有庞大的应用生态系统。

（2）iOS

iOS 是苹果公司开发的封闭式操作系统，主要用于 iPhone、iPad 等设备，以其流畅的用户体验和严格的安全性标准著称。iOS 系统会定期更新，以增强功能和提升安全性，同时，App Store 为用户提供了一个严格审查的应用市场，确保应用的质量和安全性。

（3）HarmonyOS

HarmonyOS（鸿蒙操作系统）是华为公司开发的全场景分布式操作系统，旨在提供跨多种设备的无缝协作体验，支持物联网设备和智能家居设备，是中国自主研发的操作系统之一，采用微内核设计，提高了系统的安全性和稳定性，同时支持多种设备，包括计算机、手机、平板、智能穿戴设备和智能家居设备，为用户提供了统一的智能生活体验。

4. 实时操作系统

实时操作系统（RTOS）专为需要确定性响应和快速处理的应用设计，强调低延迟、高可靠性和任务优先级管理，以支持工业控制、航空电子、医疗设备和嵌入式系统等领域的关键任务。常见的实时操作系统有 VxWorks、QNX 和 FreeRTOS。

5. 嵌入式操作系统

嵌入式操作系统专为嵌入式设备设计，强调低资源占用、实时响应和高可靠性，以支持物联网、工业自动化、汽车电子和消费电子等领域中的特定应用。典型的嵌入式操作系统有 μC/OS-Ⅱ、FreeRTOS 和 Embedded Linux。

6. 物联网操作系统

物联网操作系统专为物联网设备设计，强调低功耗、安全性和可扩展性，以支持大规模连接、数据收集和智能应用。这些操作系统通常运行在资源受限的设备上，如传感器、执行器和智能终端，旨在优化资源利用、延长设备续航并确保数据安全。常见的物联网操作系统有 Zephyr、AliOS Things 和 Amazon FreeRTOS。

7. 大型机和超级计算机操作系统

大型机和超级计算机操作系统专为高性能计算环境设计，强调极致的计算性能、高并发处理能力和数据密集型应用支持，以满足大规模科学计算、数据分析和关键业务处理的需求。常见的大型机和超级计算机操作系统有 IBM z/OS、Cray XD1 和 Unicos。

3.2.4 国产操作系统

近年来，伴随着中国科技自主创新的步伐，国产操作系统正逐渐走入大众视野。在众多国产系统中，欧拉（EulerOS）和鸿蒙（HarmonyOS）因其独特的优势和广泛的应用领域备受关注。欧拉专注于企业级应用，在服务器和云计算方面展现了高性能和高可靠性，成为众多大型企业的首选。鸿蒙则凭借创新的分布式架构，覆盖计算机、手机、IoT 设备等多种硬件平台，实现跨设备协同运行，为用户提供了流畅的全场景智能体验，受到广大消费者和开发者的青睐。

1. 欧拉操作系统

（1）什么是欧拉操作系统

EulerOS 是华为公司研发的服务器操作系统，主要面向企业级应用环境，如数据中心、服务器、云计算和存储设备等。EulerOS 最初是华为内部使用的服务器操作系统，后来逐步发展为一个商用 Linux 发行版，支持 ARM64 架构、鲲鹏处理器及容器虚拟化技术。EulerOS 具有高性能、高可靠性、高安全性、支持多样化硬件平台等特性。

①稳定性和可靠性：EulerOS 注重在企业环境下的稳定性和可靠性，提供高可用性特性，包括热补丁、灾备解决方案等。

②安全性：操作系统通过了多个国际安全认证，如 CC EAL4+ 认证，支持多种安全特性如 SELinux、实时病毒检测等。

③高性能：针对关键业务应用进行了深度优化，提升了数据库、虚拟化和存储等重要应用的性能。

④支持多样化硬件平台：支持 x86、ARM、MIPS 等多种硬件架构，适用范围广泛。

（2）EulerOS 与 openEuler 的关系

openEuler 是华为开源的基于 Linux 内核的操作系统，其前身是 EulerOS。openEuler 定位为面向数字基础设施的开源操作系统，支持多种处理器架构，包括 x86、ARM 等。openEuler 由开放原子开源基金会孵化和运营，旨在构建一个开放、多元和架构包容的软件生态体系。它不仅支持边缘计算和嵌入式场景，还广泛应用于数据库、大数据、云计算和人工智能等领域。自 2019 年开源以来，openEuler 迅速发展成为一个活跃的开源社区，吸引了大量开发者和企业参与。

EulerOS 和 openEuler 的主要区别见表 3-3。

表 3-3　EulerOS 和 openEuler 的主要区别

区　别	EulerOS	openEuler
使用场景	更专注于企业级应用，着重于提供商业支持和服务	开源社区驱动，应用范围更广泛，包含边缘计算、物联网等新兴领域
开发模式	主要由华为开发和维护，商业支持强	社区开放协作，全球开发者均可参与贡献
架构支持	都有广泛的硬件架构支持，但 openEuler 在 RISC-V 和其他实验性架构的支持上更为积极	

2. 鸿蒙操作系统

（1）什么是鸿蒙操作系统

鸿蒙操作系统（HarmonyOS）是由华为公司自主研发的一款面向全场景的全新分布式操作系统，它支持多种设备，包括计算机、手机、平板、智能穿戴、智慧屏、车机等全场景智能设备，实现设备间的无缝协同和数据共享。鸿蒙系统的设计理念是创造一个超级虚拟终端互联的世界，将人、设备、场景有机地联系在一起，实现极速发现、极速连接、硬件互助、资源共享，为用户提供无缝的万物互联体验。图 3-3 为 HarmonyOS 以手机为核心构建的“1+8+N”全场景应用。

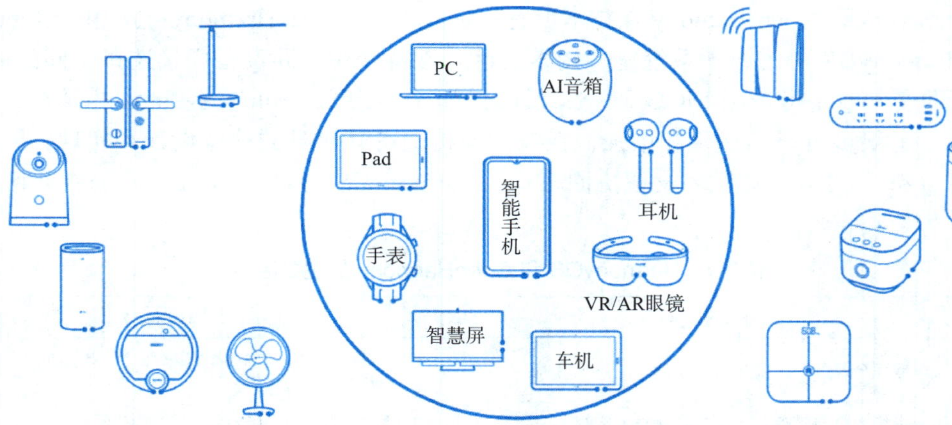

图 3-3 “1+8+N”全场景应用

（2）鸿蒙操作系统的技术特性

鸿蒙操作系统的核心设计理念是“分布式”，是将不同设备的硬件能力虚拟化、共享化，从而形成一个超级终端。具体来说，鸿蒙操作系统具有“硬件互助，资源共享”“一次开发，多端部署”“统一 OS，弹性部署”的技术特性。

①硬件互助，资源共享。“硬件互助，资源共享”是鸿蒙操作系统分布式架构的核心体现，在鸿蒙系统中，不同设备不再是孤立的个体，而是可以相互识别、协同工作的“超级终端”成员。这种能力基于鸿蒙的分布式软总线技术，它能够将不同设备的硬件能力虚拟化，形成一个共享资源池，从而实现跨设备的硬件互助和资源共享。例如，当用户使用搭载鸿蒙系统的手机进行视频通话时，可以无缝切换至智慧屏继续通话，享受更大、更清晰的屏幕体验。同时，手机上的摄像头可以继续作为输入源，提供高清的视频流。

②一次开发，多端部署。“一次开发，多端部署”是指鸿蒙操作系统允许开发者使用一套代码库，就可以构建出适配于不同设备和屏幕尺寸的应用程序。例如，一个健身 App 在手机上可能会显示详细的数据和操作界面，而在智能手表上，则会简化为实时的心率监测和运动状态显示，不同设备间这些变化都是自动完成的，开发者无须为每个设备单独编写代码。

③统一 OS，弹性部署。“统一 OS，弹性部署”的技术特性是指鸿蒙操作系统通过构建一个统一的操作系统框架，使 HarmonyOS 能够根据设备的硬件能力与资源，动态调整其系统组件，实现灵活部署，从而满足从高性能设备到资源受限的物联网设备的广泛需求。例如，对于内存受限的智能穿戴设备，HarmonyOS 可以仅加载必要的核心服务和轻量级框架，以确保系统运行的流畅性和响应速度；而对于高性能的智能电视或汽车中控系统，则可以启用更多的服务和更丰富的图形界面，以提供更复杂的功能和更佳的用户体验。

（3）HarmonyOS 与 OpenHarmony 的关系

华为的鸿蒙操作系统秉持开放共享的理念，积极邀请全球开发者和企业共同参与鸿蒙生态的构建，并在 2020 年将核心组件开源，后续演变成为 OpenHarmony 操作系统。OpenHarmony 是由开放原子开源基金会孵化及运营的开源项目，目标是面向全场景、全连接、全智能时代，基于开源的方式，搭建一个智能终端设备操作系统的框架和平台，促进万物互联产业的繁荣发展。

HarmonyOS 和 OpenHarmony 在技术上有一定的联系，OpenHarmony 主要基于 Linux 内核，而 HarmonyOS 的内核子系统是多内核设计，支持针对不同设备场景选择不同的内核，如针对资源受限设备可选用 LiteOS 内核，针对智能终端等设备可选用 Linux 内核等，并且对内核进行了很多自研的优化和增强，在技术架构上有其自身的独特设计和实现，同时二者都提供分布式架构，实现多设备协同工作。HarmonyOS 与 OpenHarmony 的主要区别见表 3-4。

表 3-4　HarmonyOS 和 OpenHarmony 的主要区别

区　别	HarmonyOS	OpenHarmony
是否开源	非完全开源，主要是应用于华为的生态环境	完全开源，任何开发者都可以自由获取、修改和分发其代码，强调透明与开放
技术更新	由华为官方支持，定期更新和技术支持	由社区主导，更新和支持主要依赖社区参与
生态圈	聚焦华为设备及合作伙伴，覆盖计算机、手机、平板、智能家居、车载系统等，依托华为应用商店与开发者社区，构建跨设备应用和服务的强大生态	依托开源社区与硬件制造商支持，鼓励广泛参与，促进跨平台、跨设备互联互通，生态圈覆盖智能家居、工业物联网、车联网等多元领域，提供丰富应用与服务

3.3　办公软件使用

WPS 是金山软件公司开发的一整套办公软件，包括 WPS 文字、WPS 演示、WPS 表格。这套软件提供了丰富的功能，被广泛应用于办公、教育、个人等多个领域。以下是对 WPS 三件套的简单介绍：

① WPS 文字：用于创建和编辑文档。支持多种文档格式，包括 .doc、.docx 和 .pdf。能够提供多种文本编辑和排版工具，如字体设置、段落格式、插入图片和表格等。包含丰富的模板，帮助用户更快捷地创建各种文档，如简历、报告和信函。

② WPS 演示：用于制作演示幻灯片。支持多种演示文稿格式，如 .ppt 和 .pptx。能够提供多种幻灯片设计工具，包括主题、模板、动画和过渡效果等。支持插入多媒体元素，如图片、音频和视频，以增强演示效果。

③ WPS 表格：用于处理和分析数据。支持多种电子表格格式，如 .xls 和 .xlsx。能够提供强大的数据计算和分析功能，包括公式计算、图表生成和数据透视表等。具备条件格式、排序和筛选等高级功能，便于用户对数据进行详细的分析和整理。

WPS 办公软件不仅功能全面，且具有较高的兼容性，可以与微软 Office 软件无缝衔接。此外，WPS 还具备轻量化特点，对计算机硬件要求较低，同时支持云端存储与协作功能，提高了用户在不同平台和设备上的办公效率。

3.3.1　WPS 文字的基本使用

1. 新建 WPS 文字文档

打开 WPS Office 软件，单击左上角的“新建”→“文字”→“空白文档”，如图 3-4 和图 3-5 所示。

编辑完成后，单击图 3-6 所示界面上方菜单栏中的“保存”按钮或使用快捷键【Ctrl+S】，选择保存路径并单击“保存”按钮即可，如图 3-7 所示。

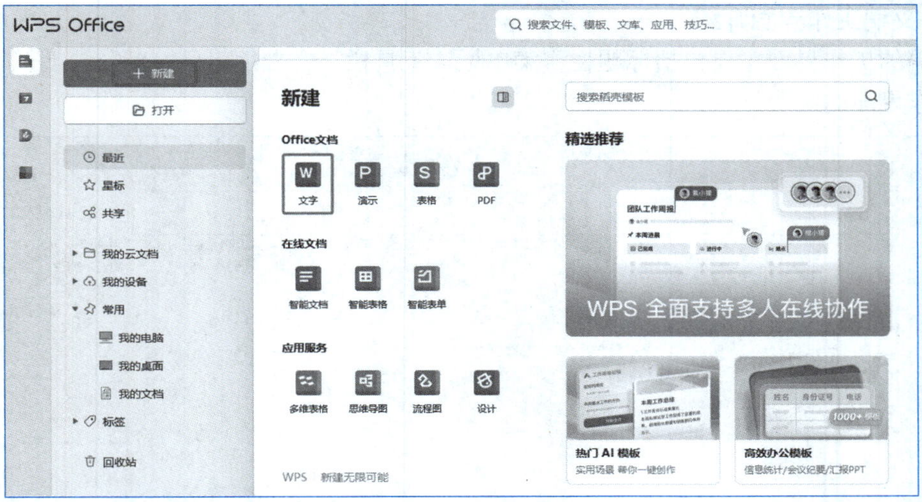

图 3-4　新建文档

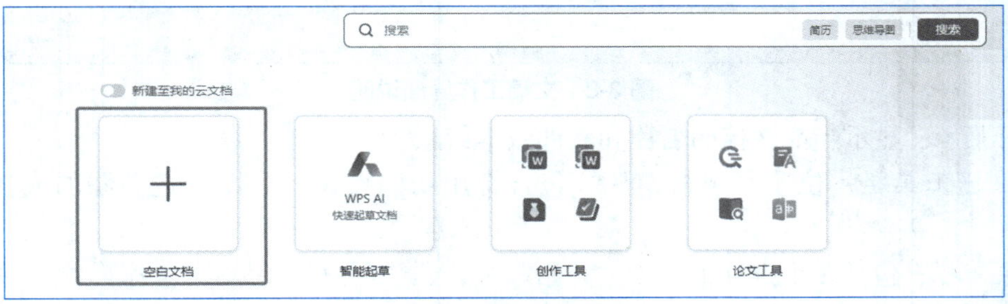

图 3-5　新建空白文档

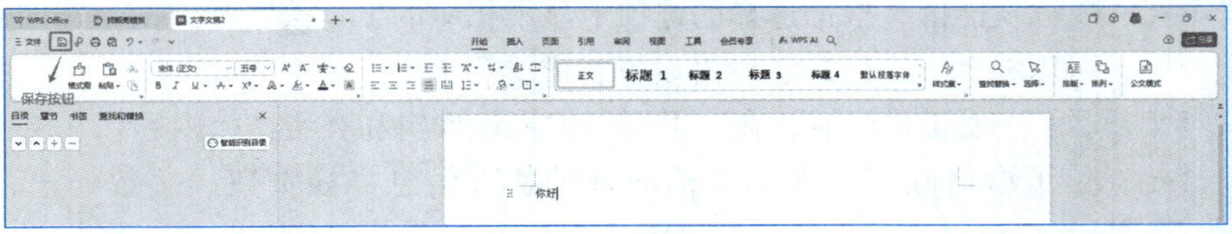

图 3-6　保存文件 1

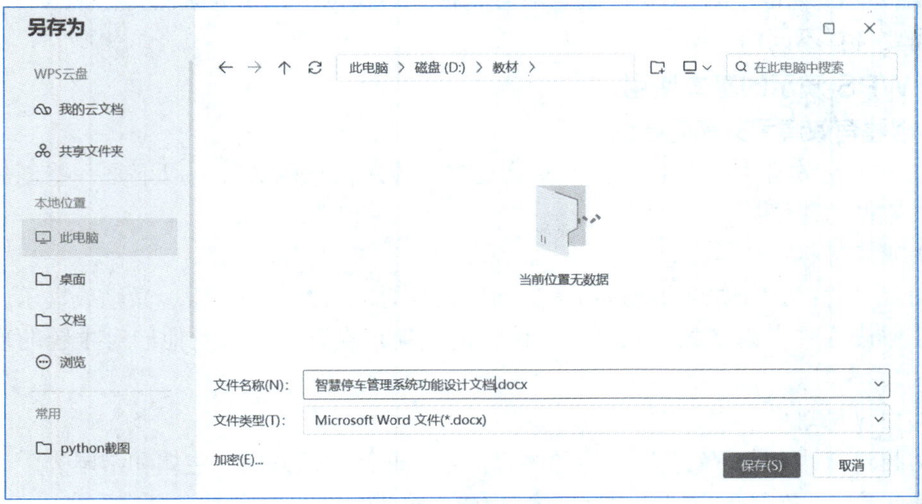

图 3-7　保存文件 2

2. 文稿工作界面介绍

文稿的工作界面主要包括标题栏、菜单栏、工具栏、文档编辑区、状态栏等。图 3-8 为文稿工作界面的说明。

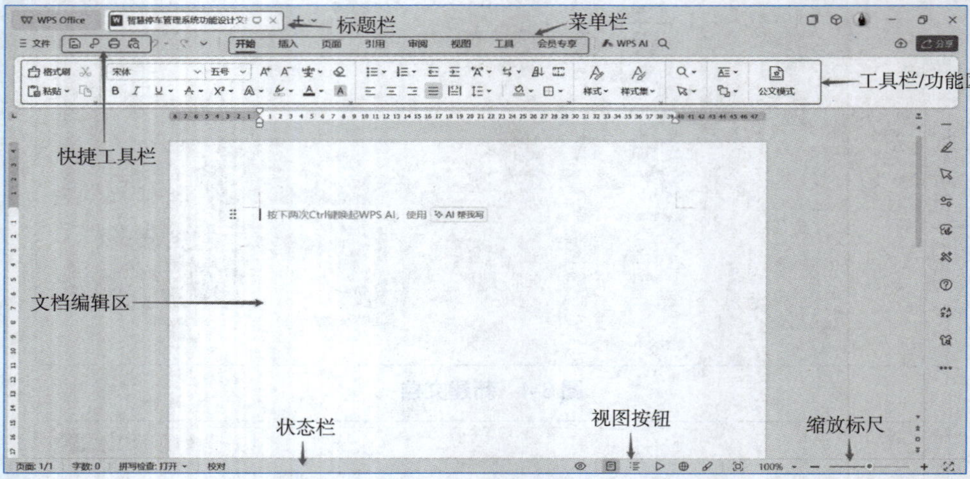

图 3-8　文稿工作界面说明

①标题栏：显示当前文档的名称和软件版本信息。

②快捷工具栏：位于菜单栏左侧，包含常用功能按钮，可以自定义添加或移除常用工具。

③菜单栏：包括多个选项卡，如“开始”“插入”“页面”“引用”“视图”等。每个选项卡包含不同的工具和功能。

④工具栏：或称功能区，根据选择的选项卡显示相应的工具按钮和选项。例如，在“开始”选项卡中，可以找到文字格式、段落设置、样式等常用工具。

⑤文档编辑区：主要工作区域，在这里可以输入、编辑和查看文档内容。

⑥状态栏：位于窗口底部，显示文档的各种状态信息，如页数、字数、语言、插入模式等。

⑦视图按钮：在状态栏右侧，通常有查看模式切换按钮，如页面视图、Web 布局等，可以根据需要选择不同的视图方式。

3.3.2　WPS 演示的基本使用

1. 创建有效演示文稿的建议

创建一个有效且引人入胜的演示文稿是成功传达信息的关键。以下是一些创建演示文稿时可以遵循的建议：

（1）明确目标

①确定目的：明确你希望通过演示达到什么目的，如教育、说服、激励或娱乐。

②了解受众：考虑你的受众是谁，他们的兴趣点在哪里，以及他们对主题的现有理解程度。

（2）内容规划

①结构清晰：构建一个有逻辑性的内容框架，通常包括开场、主体和结尾。

②聚焦要点：确保每张幻灯片只传达一个核心信息，并且这些信息紧密围绕演示的主题。

③精简文字：使用简洁的语言和关键短语代替长句子，避免过多的文字堆砌。

（3）设计原则

①视觉一致：选择统一的颜色方案、字体和排版风格，保持整体设计的一致性。

②高质量图像：使用高清图片、图标和图形来增强视觉吸引力，但要确保它们与内容相关。

③适度动画：适量使用动画效果来引导观众注意力，但不要过度使用，以免分散注意力。

④简洁布局：保持页面布局简单明了，给元素之间留出足够的空间（空白），以提高可读性和美观度。

（4）制作技巧

①使用模板：利用现成的专业模板快速搭建基础框架，节省时间并保证专业外观。

②自定义母版：调整幻灯片母版来定制标题页、正文页等不同类型的幻灯片样式。

③交互功能：如果适用，添加超链接、按钮或其他互动元素，使演示更加动态。

2. 基本使用

WPS 演示讲稿的创建和保存同 WPS 文字，只是在新建时选择“演示”即可。

（1）演示文稿的基本操作

打开新建的演示稿，其界面功能介绍如图 3-9 所示。

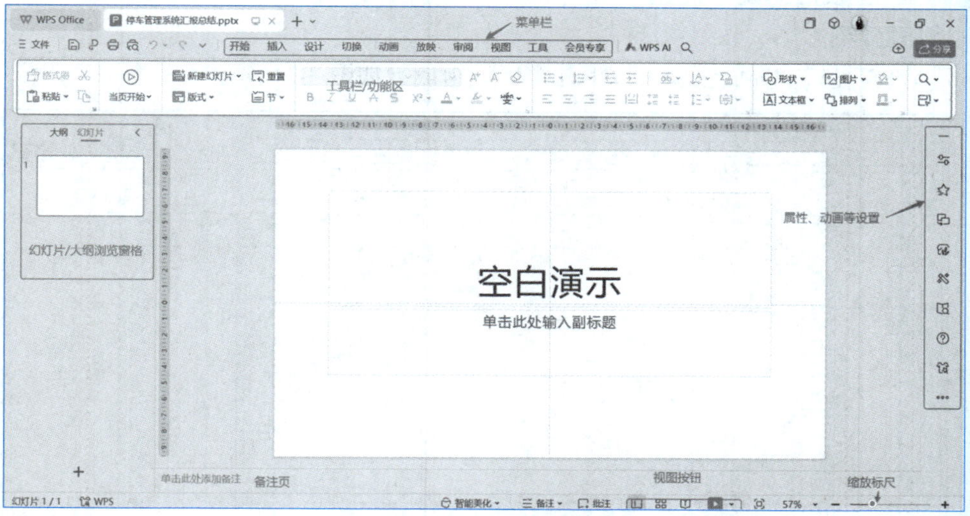

图 3-9　演示稿界面功能介绍

添加幻灯片：在左侧的大纲栏中，右击并选择“新建幻灯片”命令，或使用快捷键【Ctrl+M】。

删除幻灯片：单击要删除的幻灯片，然后右击并选择“删除幻灯片”命令。或者选中后按【Delete】键删除。

复制和移动幻灯片：选择要复制的幻灯片，右击并选择“复制”命令，然后在适当位置右击并选择“粘贴”命令，或者通过快捷键【Ctrl+C】和【Ctrl+V】实现。鼠标拖动幻灯片则可以改变顺序。

幻灯片添加、删除、复制、移动操作如图 3-10 所示。

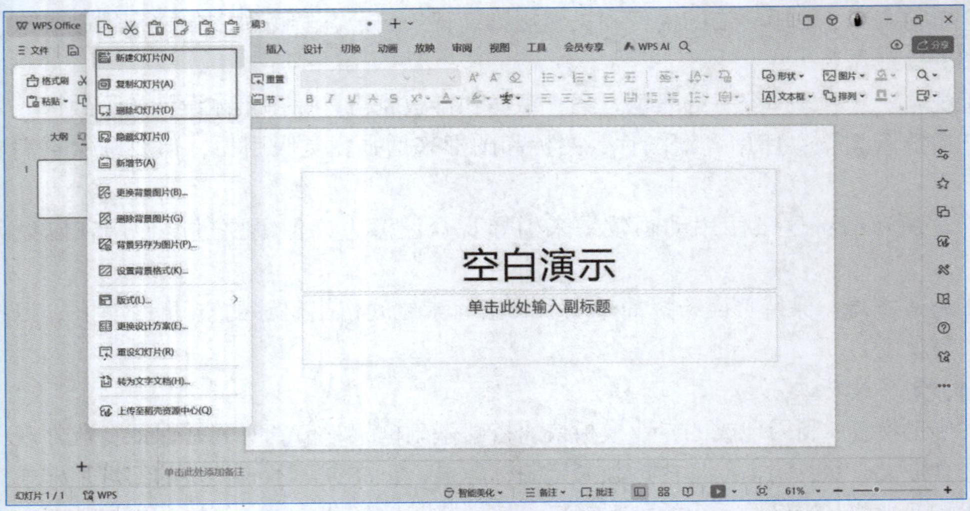

图 3-10　幻灯片添加、删除、复制、移动操作

对演示界面有所了解后，接下来可使用 WPS 现有的模板来快速搭建框架；通过幻灯片母版来设置统一外观，便于全局更改；通过图形、图片、表格等合理布局、排版文字，使页面布局简单明了。同时还可为文稿里的对象添加动画，增加视觉效果。

3.3.3　WPS 表格的基本使用

1. 界面介绍

打开 WPS 表格，界面主要由以下几个区域组成，如图 3-11 所示。

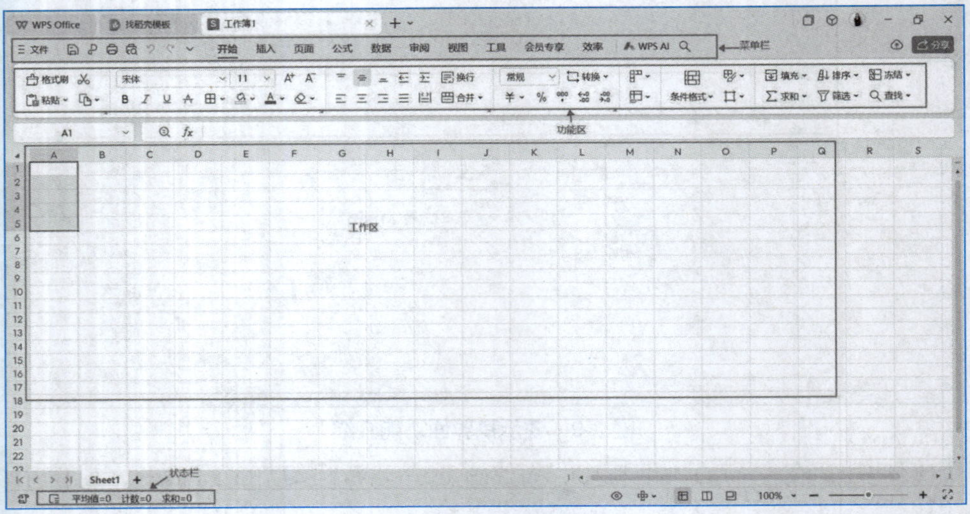

图 3-11　WPS 表格界面

①菜单栏：包括文件、编辑、视图、插入、格式、工具、数据、窗口和帮助等菜单项。

②功能区：菜单栏下方的工具栏，提供各种功能按钮，如字体设置、对齐方式、条件格式等。

③工作区：中间的大区域，即电子表格区域，用于数据输入和处理。

④状态栏：界面底部，用于显示当前工作表的一些状态信息，如平均值、个数、总和等。

2. 数据输入

①单元格输入：单击某个单元格，直接输入数据或文字，然后按【Enter】键确认。

②自动排序：选中数字 1 所在的单元格，在该单元格边框的右下角会出现一个黑色十字，鼠标拖动黑色十字向下填充其他单元格，最后单击“以序列方式填充”即可实现序号的自动排序，如图 3-12 所示。

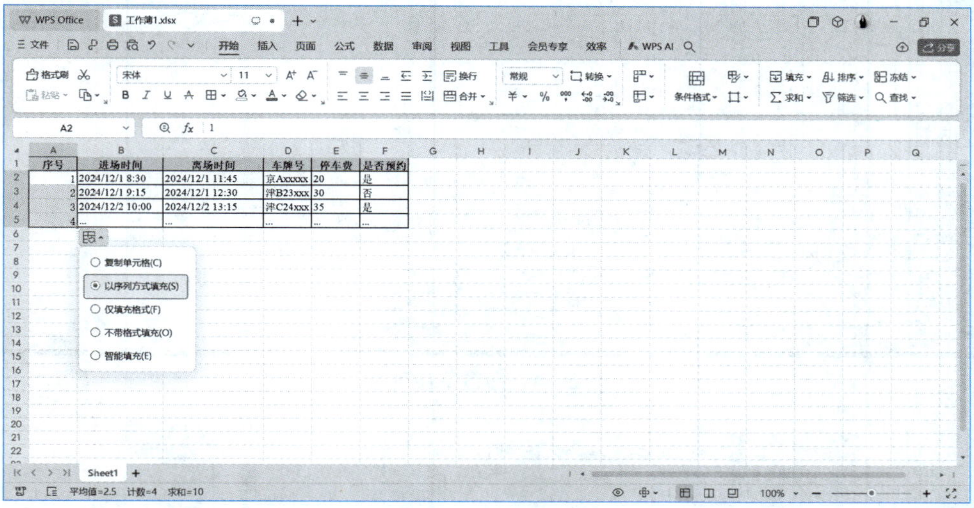

图 3-12　数据输入

3. 数据格式设置

需要确保“进场时间”和“离场时间”列为日期时间格式。“停车费”列为货币格式。“是否预约”列为下拉选项。格式的设置方式为：选中需要设置的列，然后单击图 3-13 所示的位置进行设置。

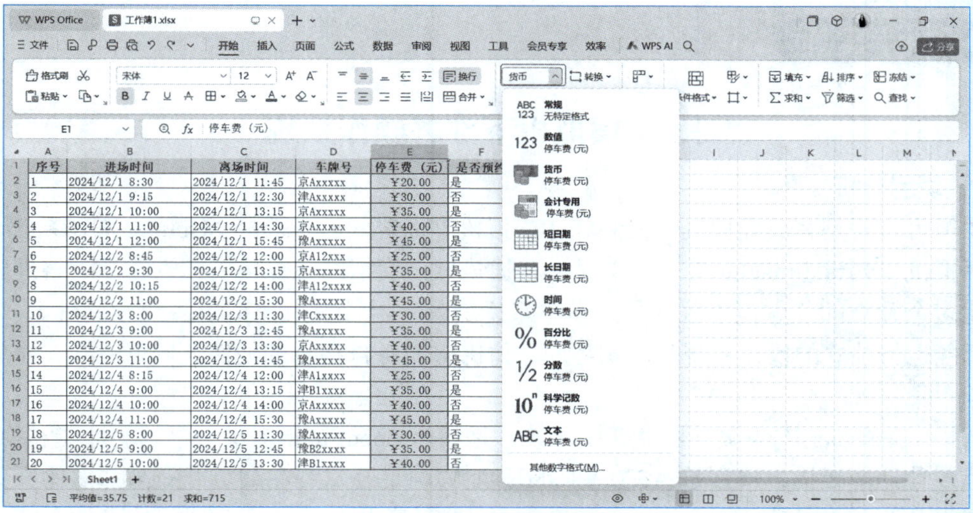

图 3-13　设置数据格式

下拉选项的设置方式如图 3-14 所示，单击“数据”选项卡，单击“下拉列表”，在弹出的对话框中可通过手动添加下拉选项，设置好后单击“确定”按钮即可看到图 3-15 所示的效果，该列可以通过下拉选项设置“是”或“否”。

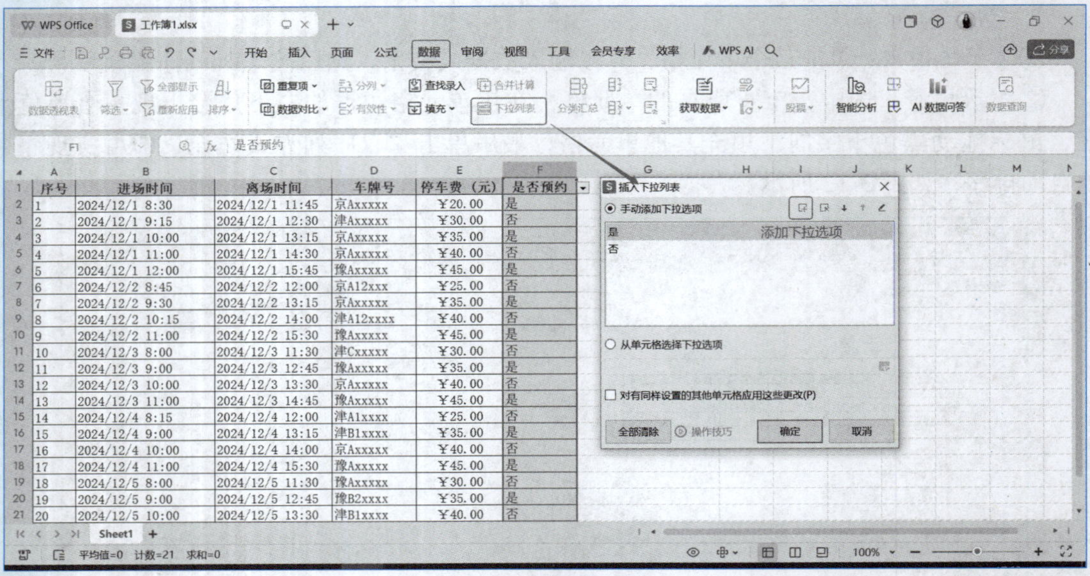

图 3-14　设置下拉列表

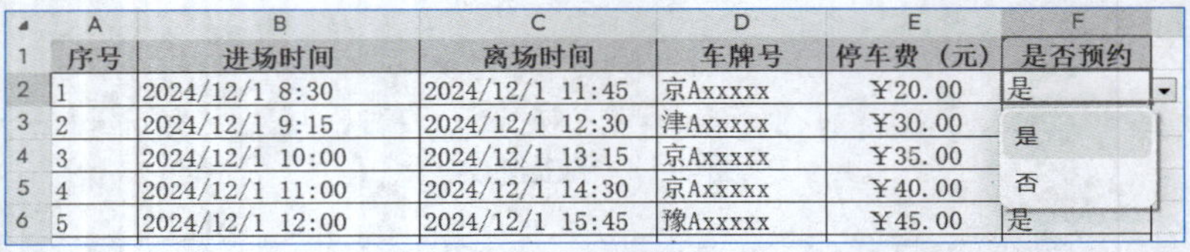

图 3-15　下拉列表效果

接下来可使用公式对以上数据进行分析，如计算停车时长、收入、用户行为分析等。并使用数据透视表来统计每一天停车费总数，最后从数据透视表中生成柱状图。

项目实施

3.4　虚拟机下部署操作系统

1. 项目分析

本项目主要是完成虚拟机的安装和在虚拟机下部署 openEuler 和 Ubuntu 操作系统。

虚拟机（virtual machine，VM）是一种通过软件模拟的计算环境，它在单一物理服务器上创建多个独立的“虚拟”服务器（简单来说就是一台计算机虚拟出多台计算机）。每个虚拟机都能运行独立的操作系统和应用程序，仿佛它们各自在物理硬件上运行一样，避免相互影响。

选择 openEuler 作为服务器端开发环境，是因为 openEuler 提供了卓越的性能和稳定性，并支持多种计算架构，特别是 ARM 和 x86，能够满足开发者在高负载、高并发的服务器端应用开发和测试中的需求。此外，openEuler 内置对容器和云计算等现代技术的支持，使得开发者能够在现代化的开发环境中工作，并且享有活跃社区和企业的技术支持。

选择 Ubuntu 作为图形界面开发环境，是因为 Ubuntu 提供了用户友好的图形界面，非常适合高效进行图形化开发工作。作为最流行的 Linux 发行版之一，Ubuntu 拥有丰富的软件库和开发者资源，能够方便地获取和使用各种开发工具。Ubuntu 提供的全面开发工具支持（如 VS Code、Eclipse 和 Git）能够满足用户在图形界面开发中的各种需求。

完成本项目的实现思路如下：

①在主机上下载并安装虚拟化软件 VMware Workstation。

②创建一个新的虚拟机，并为其分配足够的硬件资源。安装 openEuler 操作系统作为服务端，配置基本的服务环境。

③再创建一台新的虚拟机，用于安装 Ubuntu 操作系统，作为图形化界面。

2. 实现过程

（1）下载并安装虚拟机软件

虚拟机软件选择：选择 VMware Workstation，这是一款功能强大的虚拟化平台，广泛应用于教育和企业环境。

访问 VMware 官方网站，根据个人计算机的操作系统下载合适版本的 VMware Workstation，按照安装向导完成软件的安装过程。

（2）创建并配置虚拟机

参考图 3-16~ 图 3-32 所示步骤，创建一个新的虚拟机，并为其分配相应的硬件资源。

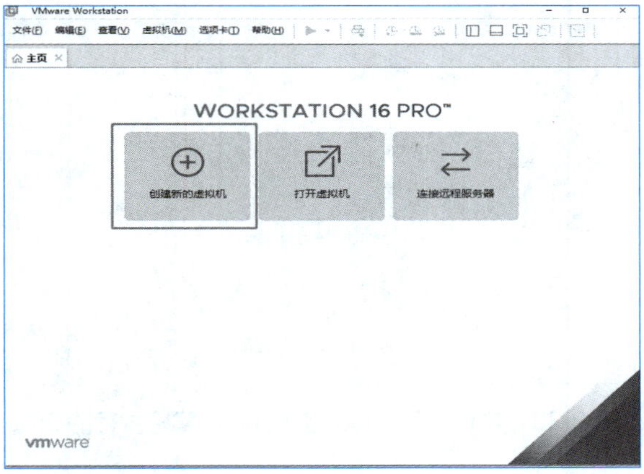

图 3-16　创建新的虚拟机

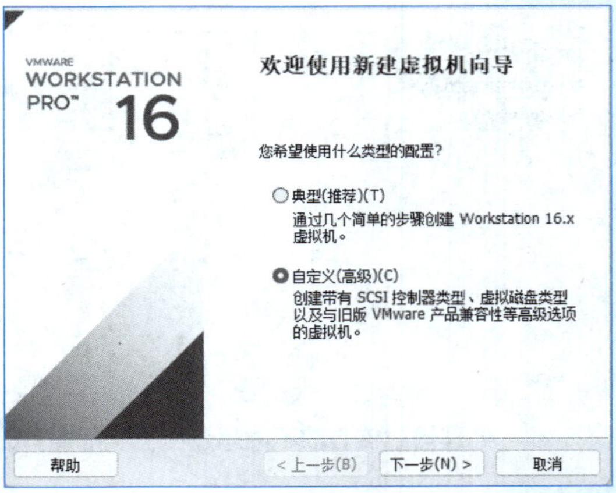

图 3-17　选择自定义安装

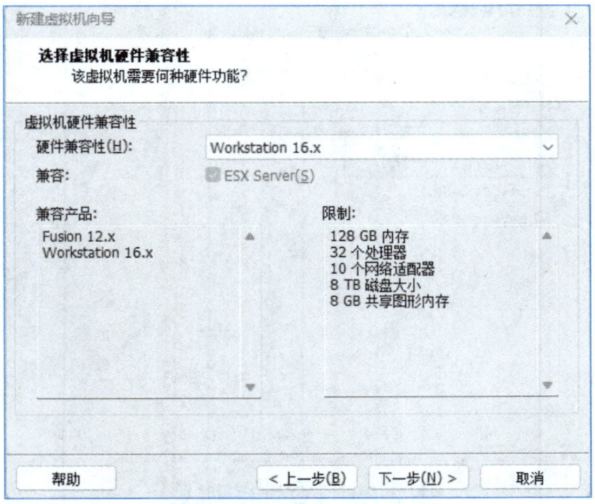

图 3-18　无兼容性要求默认即可

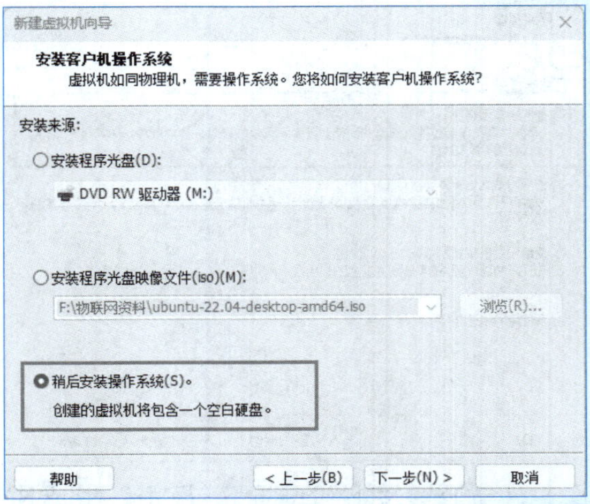

图 3-19　稍后选择镜像文件进行安装

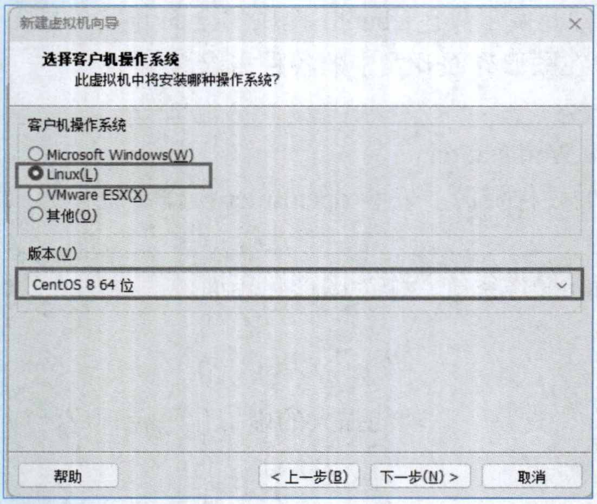

图 3-20　选择 CentOS 64 Linux 系统

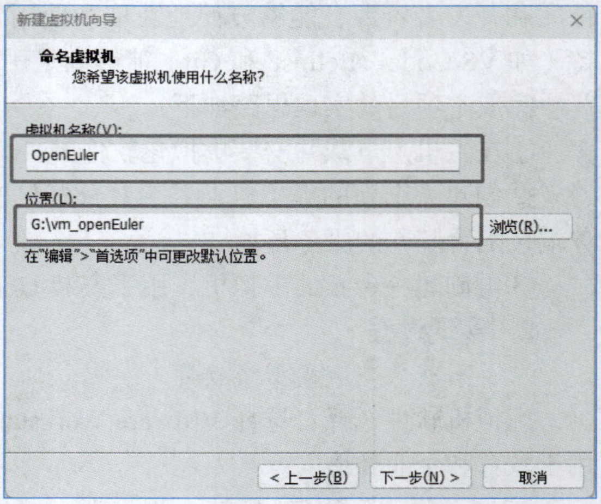

图 3-21　足够大的保存位置（大于 10 GB）

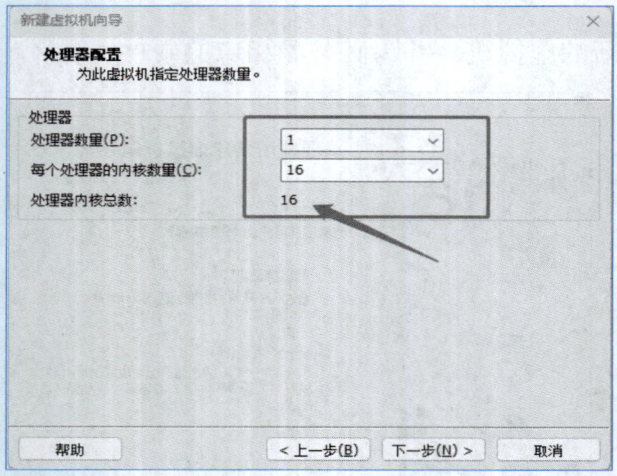

图 3-22　处理器总核心数不能超过主机实际拥有的

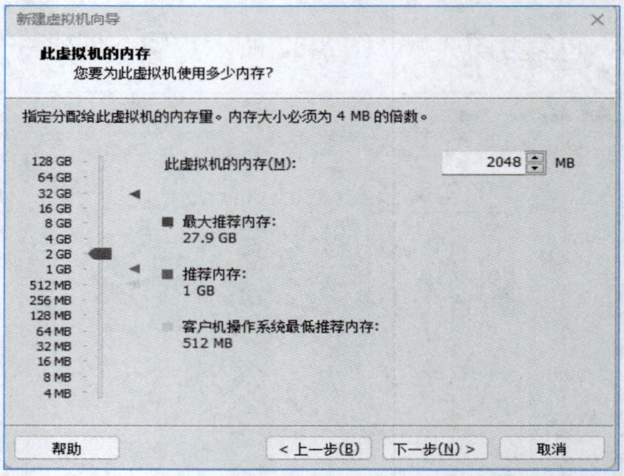

图 3-23　内存大于 2 GB 且不要超过实际内存的 25%

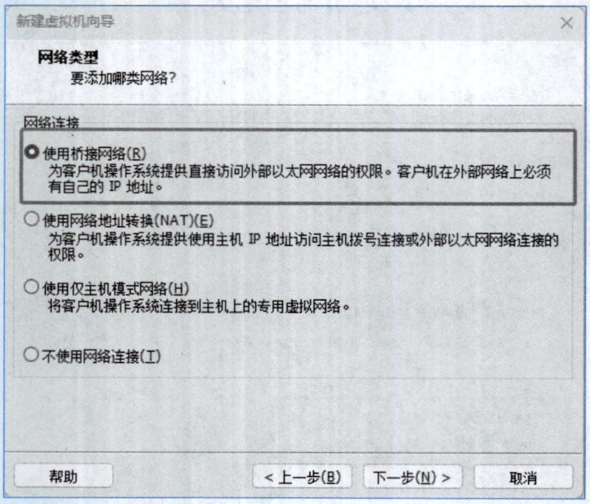

图 3-24　需要连接外网的情况下选择桥接网络或 NAT

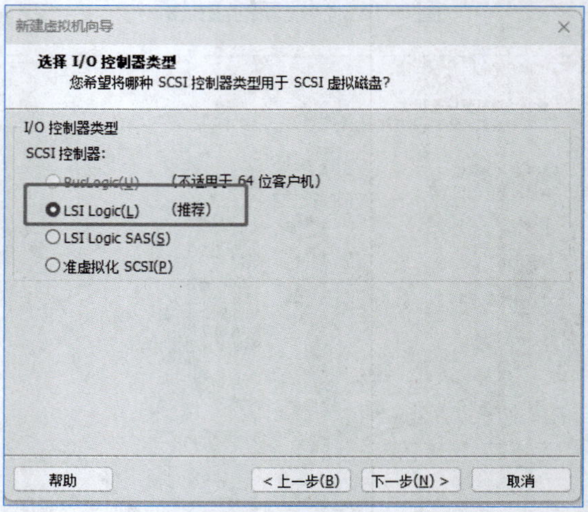

图 3-25　I/O 选择默认

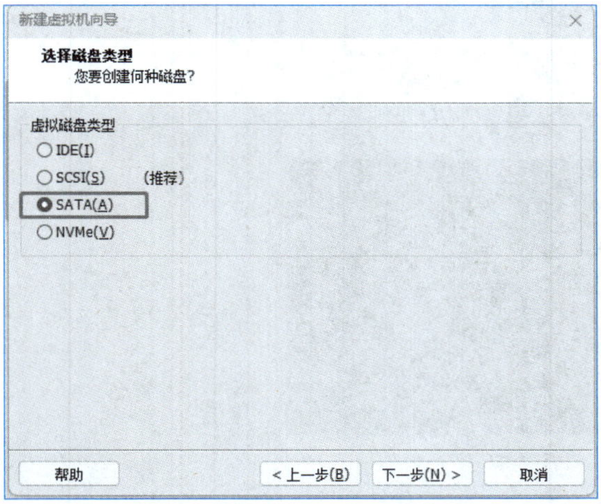

图 3-26　磁盘类型选择默认或者 SATA

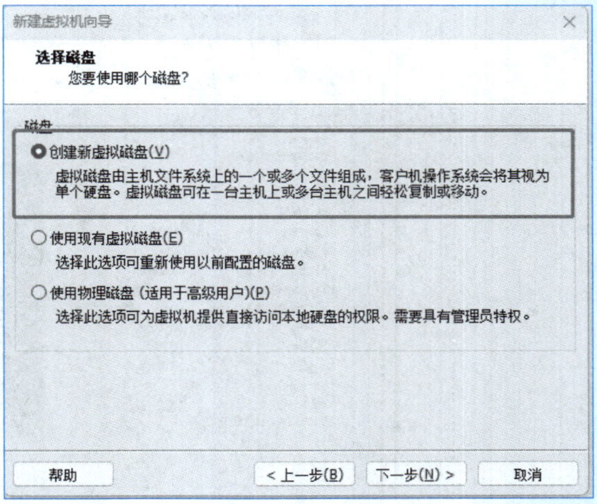

图 3-27　宜选择全新创建

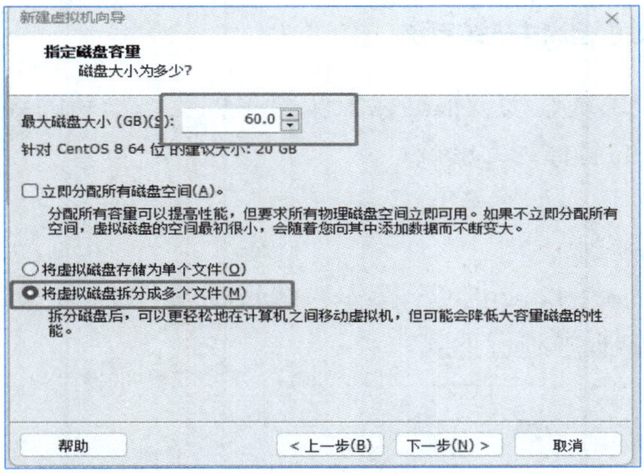

图 3-28　该设置并不会实际占用 60 GB

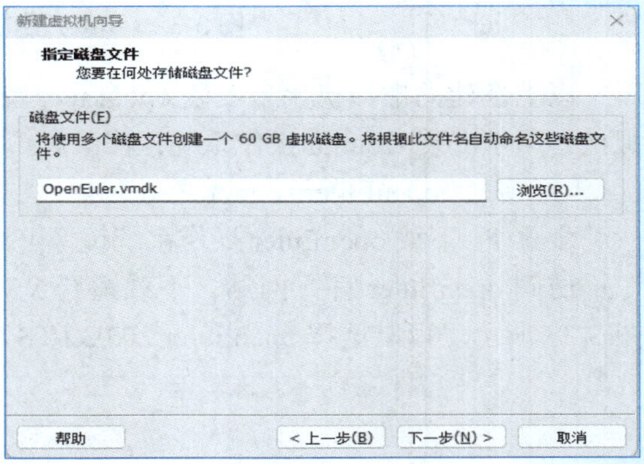

图 3-29　虚拟磁盘文件名默认

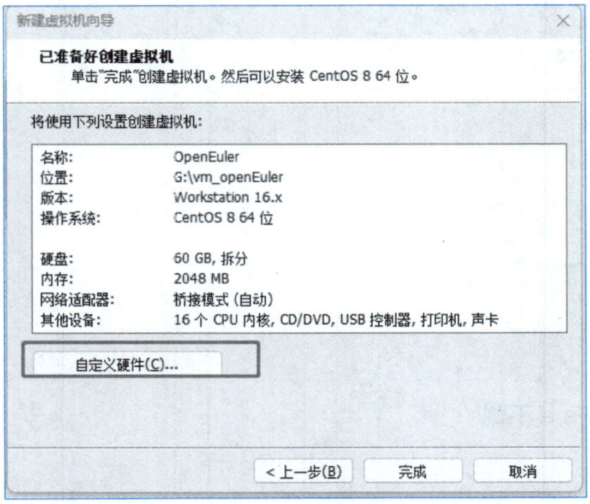

图 3-30　硬件信息概览仍可再次修改

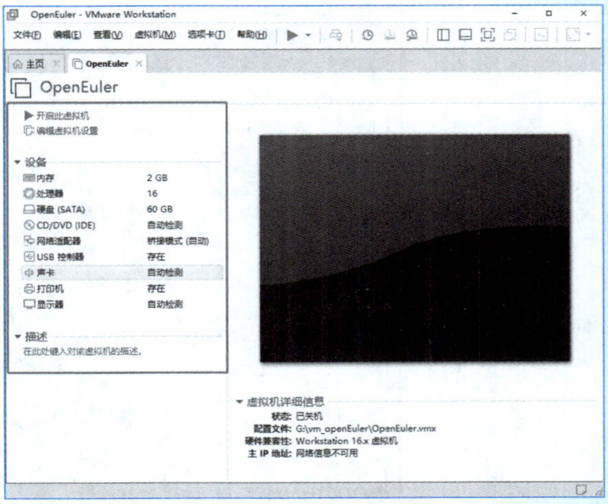

图 3-31　已经准备好一台空白计算机

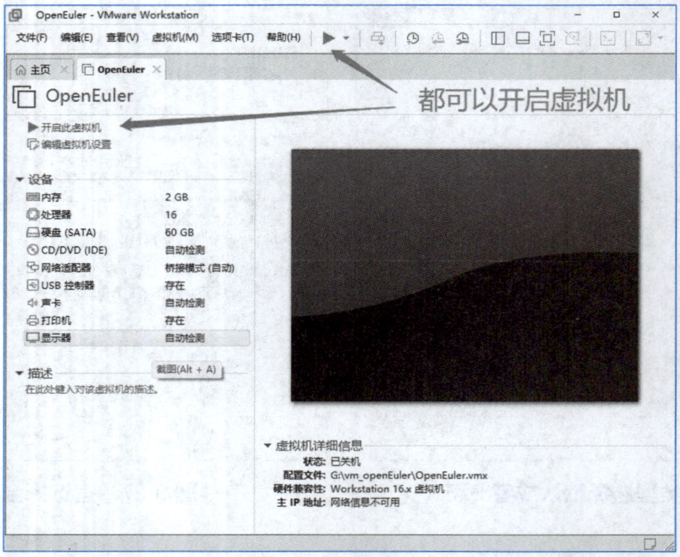

图 3-32　可以开启虚拟机但尚未安装系统

以上新建的虚拟机用来安装 openEuler 操作系统，接着根据以上步骤再创建一个新的虚拟机，用于安装 Ubuntu 操作系统，修改虚拟机的名称为 Ubuntu。

（3）安装 openEuler 操作系统

步骤 1：下载 openEuler 操作系统镜像 ISO。

访问 openEuler 官方网站，下载适合 VMware 的 openEuler 操作系统镜像文件 ISO，如图 3-33 所示。可以选择 openEuler 20.03 LTS SP3 版本进行下载。

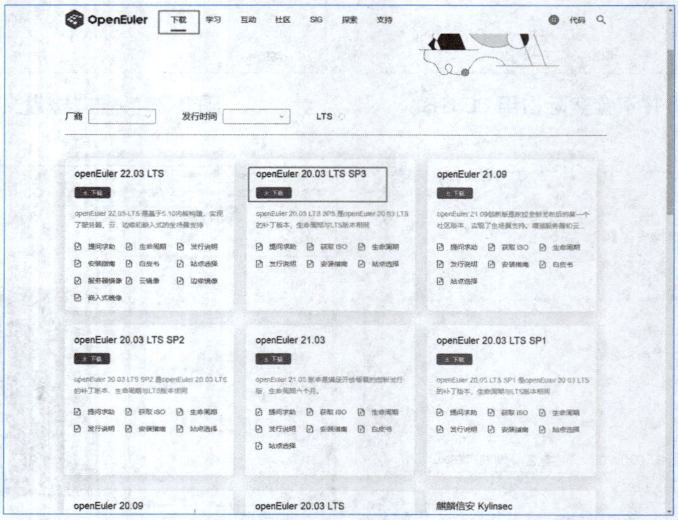

图 3-33　VMware 下载

步骤 2：安装 openEuler 操作系统。

安装 openEuler 操作系统，该操作系统主要是用于服务器端应用开发。安装步骤如图 3-34~图 3-49 所示。

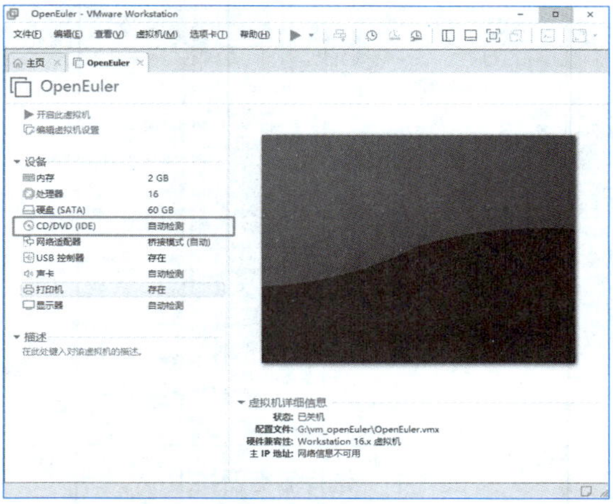

图 3-34　单击虚拟机光驱以加载系统镜像

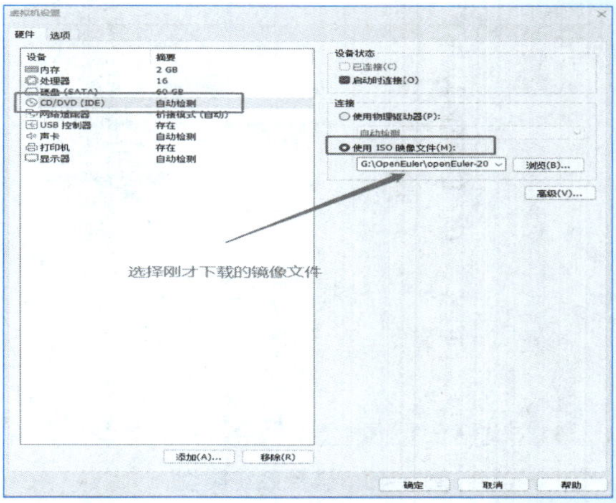

图 3-35　为光驱加载系统镜像文件 ISO

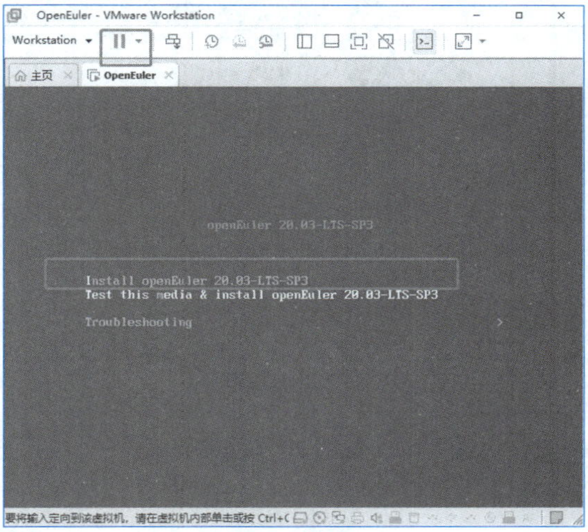

图 3-36　虚拟机开机进入安装选择菜单

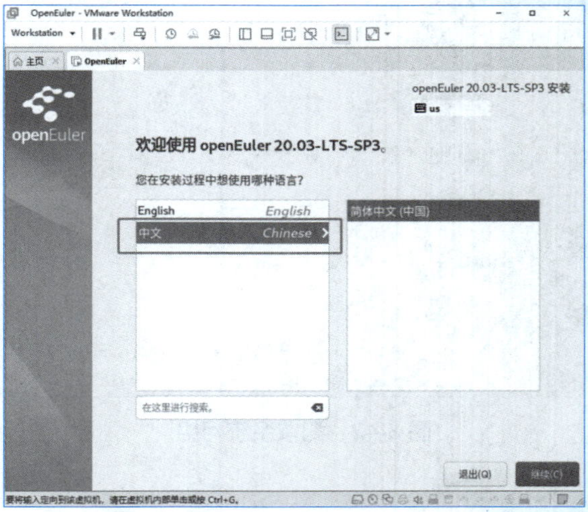

图 3-37　安装语言环境可以选择中文

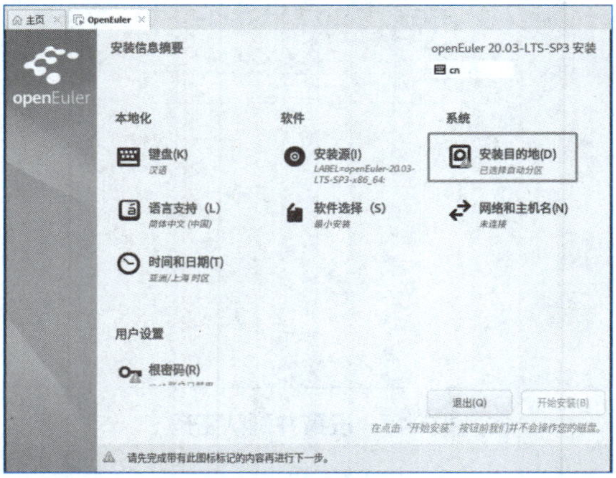

图 3-38　选择安装目的

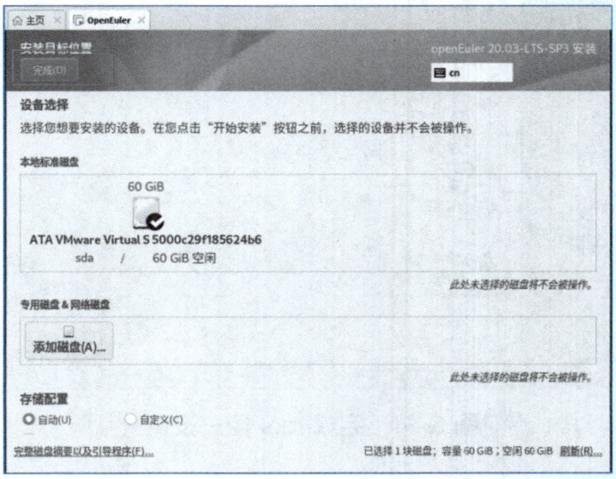

图 3-39　保持默认退出

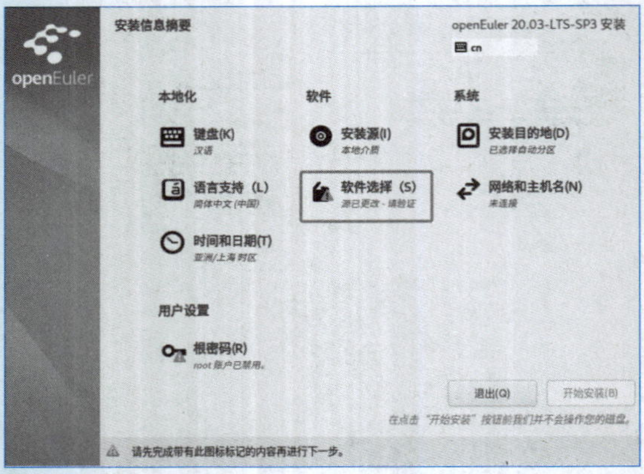

图 3-40 选择系统类型

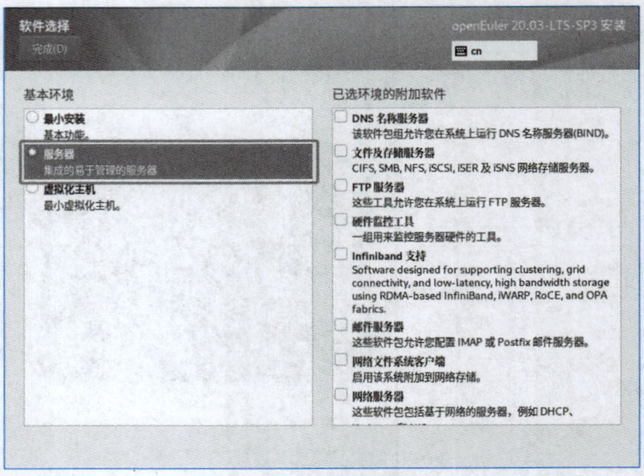

图 3-41 选择服务器类型

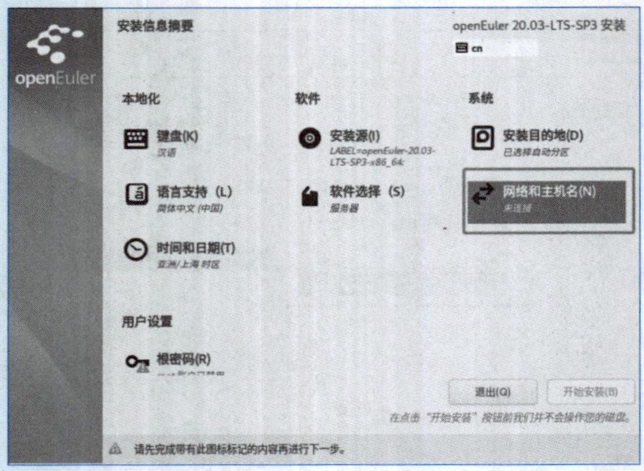

图 3-42 配置系统网络

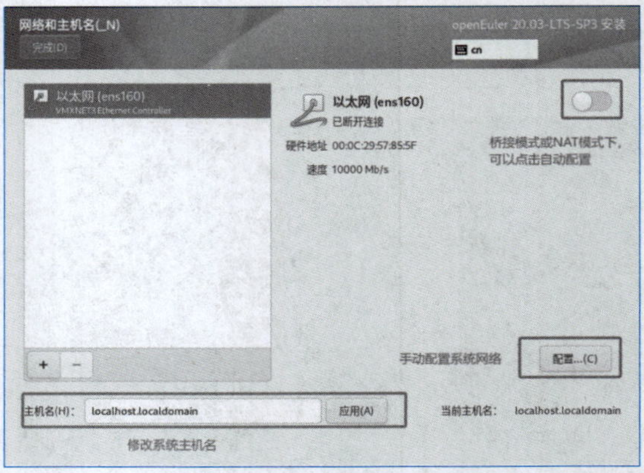

图 3-43 配置 IP 子网掩码等

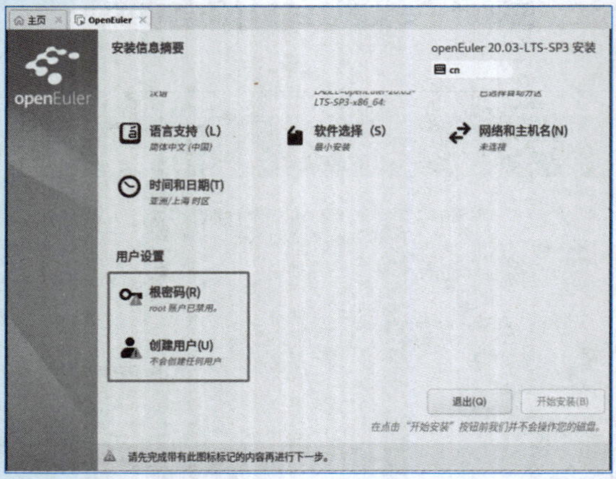

图 3-44 完成 root 用户设置

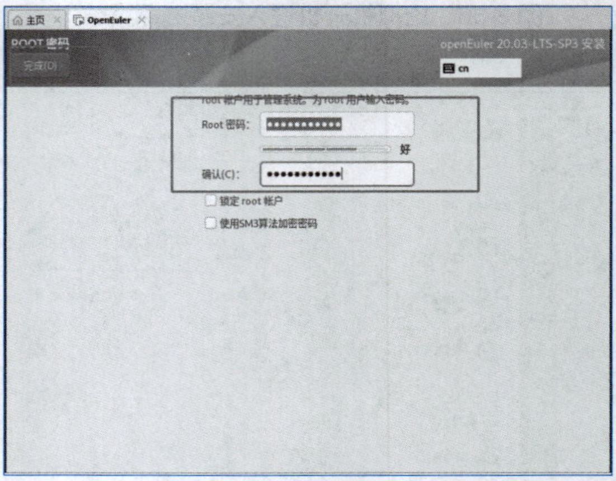

图 3-45 设置并确认密码

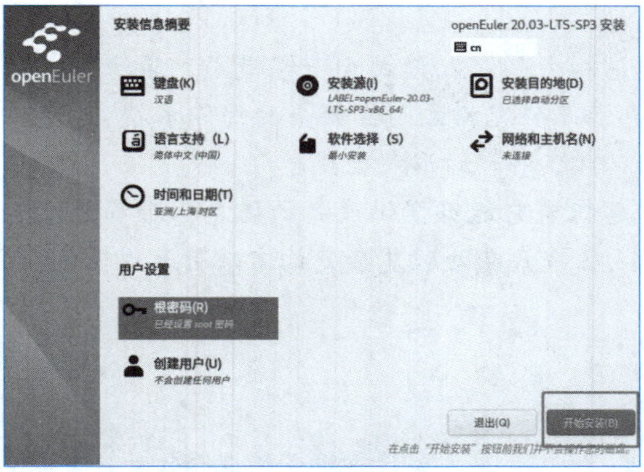

图 3-46　确认无误后开始安装

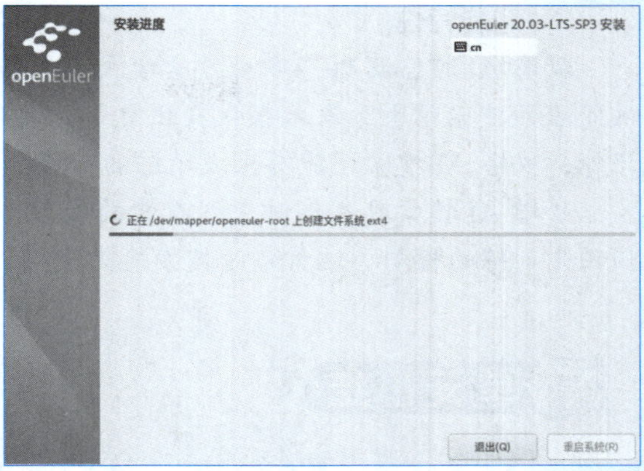

图 3-47　进入安装界面并等待

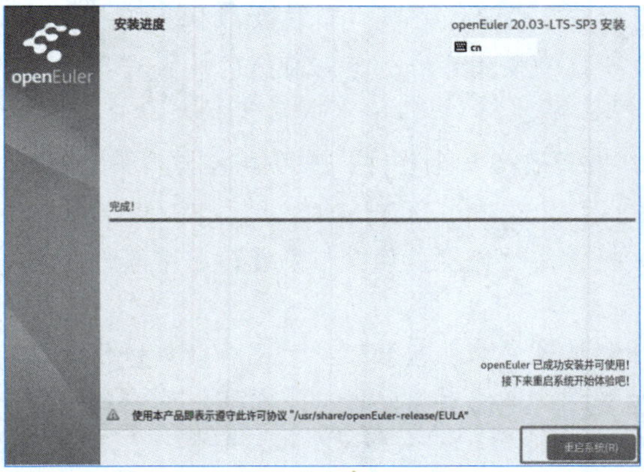

图 3-48　安装完毕重启系统

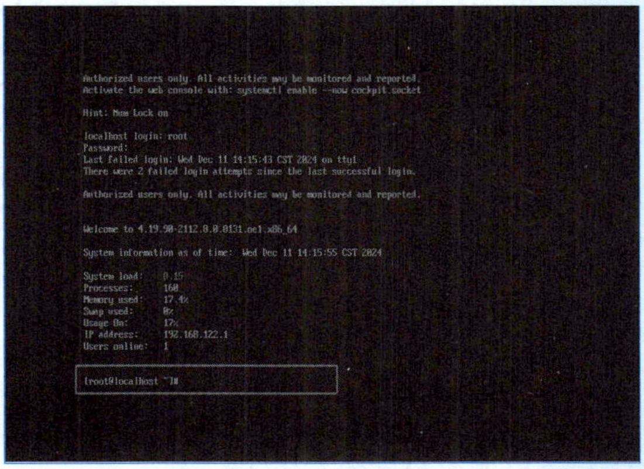

图 3-49　使用指令对服务器进行操作

3. 扩展训练

请参考以上内容及 Ubuntu 官方网站自行安装 Ubuntu 操作系统。可以下载合适版本的 Ubuntu 操作系统镜像文件 ISO，然后创建新的虚拟机并开始安装 Ubuntu。

扩展学习：AI 科普　秘塔 AI 介绍

秘塔 AI 搜索是一款人工智能搜索软件，旨在为用户提供一个更加智能、安全的搜索体验。秘塔 AI 搜索利用自研的大语言模型 MetaLLM 来理解和回答用户的提问，提供结构化、准确的搜索结果。

1. 核心技术与创新特点

秘塔 AI 搜索的核心技术基于大模型 MetaLLM，该模型基于 Transformer 底层架构投入中文语料训练，因此产品更符合中文文本习惯。此外，秘塔 AI 搜索还使用了混合专家模型，使其预训练速度和推理速度更快。这些技术的应用使得秘塔 AI 搜索能够深入理解用户的查询意图，并提供高质量的搜索结果。

秘塔 AI 搜索的一个显著特点是其无广告的界面设计，用户可以直接看到搜索结果，而不被广告干扰。这种清爽的用户体验不仅提升了用户的满意度，也减少了信息过载的问题。秘塔 AI 搜索还支持语义理解、对话和语音搜索，显著提升了搜索效率。

2. 功能特性

秘塔 AI 搜索提供了多种搜索模式，包括简洁模式、深入模式和研究模式。简洁模式提供简短的搜索结果，深入模式提供更详细的信息，而研究模式则提供全面的学术搜索功能。此外，秘塔 AI 搜索还能够生成精练的回答，并以自然语言的形式呈现。

秘塔 AI 搜索具备实时全网搜索的能力，这意味着它能够提供最新的信息，而不是仅依赖预先训练的模型。这种实时搜索能力使得秘塔 AI 搜索在处理复杂查询需求时表现出色。

单元小结

本单元从计算机软件定义与发展入手，探讨了操作系统作为计算机系统核心软件的重要性及其演变历程。重点分析了计算机软件的分类及它们在不同设备上的应用。此外，深入介绍了当前技术背景下，操作系统的发展趋势及其特征，强调其在现代科技及社会发展中的核心作用。而鸿蒙操作系统的出现，作为中国自主研发的操作系统，标志着新的技术进步和产业变化。

①计算机软件的意义：驱动硬件功能实现，提高效率与生产力；推动科技与商业创新，增强沟通协作；提供娱乐与学习资源。

②计算机软件分类：系统软件，管理硬件并提供运行环境，如操作系统；应用软件，用于完成特定任务，直接用户导向。

③操作系统简介与功能：负责硬件资源管理，提供用户交互界面；主要功能包括处理器管理、存储器管理、文件管理、设备管理、作业管理。特征有并发性、共享性、虚拟性、异步性。

④操作系统分类：包括桌面、服务器、移动端、实时、嵌入式、物联网、大型机操作系统。

⑤鸿蒙操作系统：采用分布式架构，硬件互助，资源共享；支持多设备、多场景连接，强调统一操作体验。

⑥ HarmonyOS 与 OpenHarmony：HarmonyOS 聚焦华为生态，设备及合作伙伴间的应用；OpenHarmony 开源社区项目，广泛跨平台应用。

习　题

1. 单选题

（1）计算机软件的主要作用是（　　）。

A. 只指定计算机硬件的运行和指令

B. 提供网络连接

C. 指明计算机硬件如何工作并执行特定任务

D. 提供社交功能

（2）关于计算机软件的描述正确的是（　　）。

A. 它是系统赖以工作的实体

B. 它是指计算机的运行的程序及文档等的集合

C. 位于计算机系统的最外层

D. 分为系统软件和支撑软件两大类

（3）以下关于系统软件的叙述中正确的是（　　）。

A. 系统软件的核心是操作系统

B. 系统软件是与具体硬件逻辑功能无关的软件

C. 系统软件是使用应用软件开发的软件

D. 系统软件并不具体提供人机界面

（4）下列不属于移动端操作系统的是（　　）。

A. HarmonyOS　B. Linux　C. IOS　D. Android

（5）HarmonyOS 操作系统是由以下（　　）公司主导的。

A. 苹果　B. 微软　C. 华为　D. 谷歌

2. 多选题

（1）以下属于计算机软件主要意义的有（　　）.

A. 促进计算机硬件的功能实现　B. 提高效率与生产力

C. 推动科技与商业创新　D. 提供娱乐和学习资源

（2）高级编程语言的特点包括（　　）。

A. 简化了编程过程

B. 提供了更接近人类语言的符号和结构

C. 只允许专业编程人员使用

D. 提高了开发效率和程序的可维护性

（3）操作系统的核心功能包括（　　）。

A. 进程管理　B. 内存管理

C. 文件系统管理　D. 提供娱乐和学习资源

（4）鸿蒙操作系统的技术特性包括（　　）。

A. 硬件互助，资源共享　B. 一次开发，多端部署

C. 统一 OS，弹性部署　D. 仅支持华为设备

3. 判断题

（1）计算机软件只包括应用软件。（　　）

（2）操作系统负责管理硬件资源，并提供常用服务。（　　）

（3）分布式软总线技术能够将不同设备的硬件能力虚拟化，形成一个资源池。（　　）

（4）并行处理是所有操作系统的主要特点。（　　）

（5）高级编程语言首次出现在个人计算机兴起阶段。（　　）

4. 填空题

（1）操作系统的主要功能包括________。

（2）计算机软件是一系列指令、数据或程序，用于指示________如何工作并执行特定任务。

（3）________负责管理硬件资源，并提供基础服务，使其他应用软件能够在其上运行。

（4）设备驱动程序允许________和________通过标准化接口进行通信，而无须了解具体硬件的技术细节。

（5）桌面应用软件是安装在________或者工作站上的软件。

（6）Adobe Photoshop 属于________类型的软件，用于图像处理。

（7）操作系统通过________调度和管理多个任务，提高系统的效率和吞吐量。

（8）________是指操作系统能够同时处理多个程序或任务的能力。

5. 简答题

（1）简述操作系统的特征。

（2）简述鸿蒙操作系统的特点及其优势。

（3）请列举操作系统的主要分类及代表系统。

（4）解释 OpenHarmony 与 HarmonyOS 之间的主要区别。

第4单元
计算机网络技术

你是否好奇，为什么发送一封电子邮件只需几秒？其背后经历了多少层“冒险”？为什么每一次发送邮件它都能精确地抵达目的地？

本单元我们将开启一场“网络时空之旅”，回顾计算机网络从萌芽到如今繁荣的发展历程，揭示这些“隐形丝线”如何编织成各地的网络大网。

我们将探索网络的分类和架构，了解局域网和广域网的独特设计与智慧。网络不仅是技术的集合，更是无处不在的应用支柱。从网上购物到视频通话，网络技术贯穿其中。我们将深入解析 OSI 七层模型和 TCP/IP 四层模型，逐层揭示如何协同让数据畅通无阻。

最后，我们将介绍网络协议与标准，这些规则犹如现代数码世界的“秘籍”，在信息传输中扮演关键角色。了解它们，能够增强我们的技术自信，提升面对国际竞争的能力。

知识路径

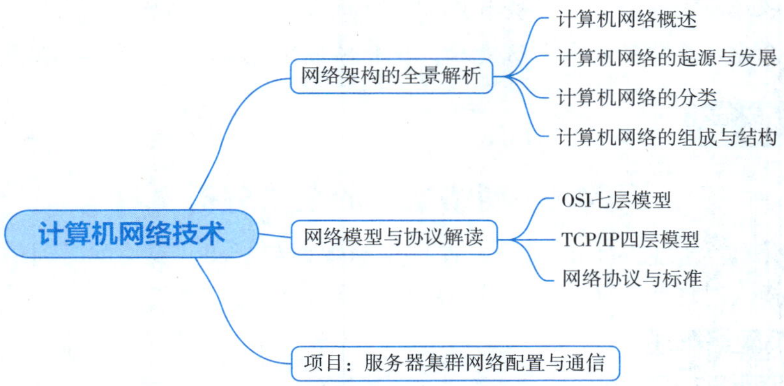

项目引入

随着计算机网络技术的迅猛发展，局域网在企业、学校及家庭中的应用日益广泛。作为计算机网络的重要组成部分，IP 地址配置和局域网通信不仅实用，更是通往高级网络技术的基石，对于构建高效、可靠的网络环境至关重要。某大学计划搭建全新的校园局域网系统，小李自告奋勇担任技术组长，带领团队着手此项目。他们首先面临的挑战是为不同区域的设备分配合适的 IP 地址，并确保所有设备能够顺利通信。

为了实现这一目标，小李和他的团队需要深入学习网络分类、组成结构、OSI 七层模型、TCP/IP 四层模型、网络协议等相关知识，这将有助于他们更好地理解子网掩码、默认网关及 DNS 服务器的设置原理。通过理论学习与实践操作，团队不仅能提升对基本概念的理解，还能增强解决实际问题的能力。这些知识对于确保数据包在整个校园网络中准确无误地传输至关重要，同时也是掌握更复杂网络技术的基础。

学习目标

【知识目标】

◎了解计算机网络的定义和主要特点。

◎理解计算机网络的基本功能。

◎掌握计算机网络的发展历史。

◎熟悉计算机网络的分类方法。

◎了解计算机网络的基本组成。

◎熟悉 OSI 七层模型和 TCP/IP 四层模型。

【技能目标】

◎具备设计、配置和管理各类网络及其设备的能力。

◎能够应用网络协议进行通信方案的设计。

◎掌握为不同设备正确分配静态 IP 地址的方法。

◎通过实际操作如配置虚拟机网络，体验网络管理员的职责范围。

◎能够运用网络诊断工具来监控和保障网络性能。

【素质目标】

◎激发对信息技术和网络通信深厚的兴趣和积极探索精神。

◎遵守网络安全和隐私保护规章制度，积极应对网络安全挑战。

◎掌握信息化社会中的基本网络素养，提升应用信息技术解决实际问题的能力。

知识储备

4.1 网络架构的全景解析

计算机网络作为信息时代的基石，连接全球数据与资源，支持即时通信、协同工作和大规模信息交换，对现代企业和个人的高效运作至关重要。

4.1.1 计算机网络概述

1. 计算机网络与互联网

计算机网络是指将两台或多台计算机通过通信设备和线路连接起来，以实现资源共享、信息传递等目的的系统。计算机网络可以按照覆盖范围分为局域网（local area network，LAN）、城域网（metropolitan area network，MAN）、广域网（wide area network，WAN）等。计算机网络的基本组成包括硬件（如计算机、路由器、交换机、网卡等）和软件（如操作系统、网络协议、应用软件等）。网络架构遵循特定的模型，如 OSI 七层模型或 TCP/IP 四层模型，来确保不同网络之间的兼容性和互操作性。

互联网（internet）是一种特殊的广域网，它是由全球无数个计算机网络相互连接形成的大型网络集合体。互联网使用 TCP/IP 协议族作为其通信基础，能够连接世界上几乎所有的公共网络和个人、企业内部网络。互联网提供的服务非常广泛，包括但不限于电子邮件、文件传输、网页浏览、即时通信等。

2. 计算机网络的特点

计算机网络具有连通性、自主性、可靠性、高效性、多功能性等特点。

①连通性：计算机网络提供了强大的通信手段，使得分散在世界各地的用户能够进行交流与合作。例如，通过互联网，用户可以随时随地访问全球的信息资源，进行远程会议和协作。

②自主性：计算机网络中的每个节点都具有独立性，可以自主地进行通信和数据交换。例如，在电子邮件系统中，每个邮件服务器可以独立处理收发的邮件，并与其他服务器交换邮件数据，从而实现全球范围内的邮件通信。

③可靠性：在一个网络系统中，当一台计算机出现故障时，可以立即由系统中的另一台计算机来代替其完成所承担的任务。例如，在企业内部网络中，如果一台服务器发生故障，备份服务器可以迅速接管，确保业务的连续性。

④高效性：计算机网络能够高效地传输数据和信息。例如，电子邮件（E-mail）使相隔万里的异地用户能够快速、准确地进行通信；文件传输服务（FTP）可以实现文件的实时传递，为用户复制和查找文件提供了有力的工具。

⑤多功能性：现代计算机网络不仅支持文本、语音、图像等多种信息形式的传输，还能够连接不同类型的计算机和操作系统。例如，通过 TCP/IP 协议，不同厂商生产的计算机可以无缝连接和通信。

3. 计算机网络的功能

计算机网络的功能主要体现在数据通信、资源共享、分布式处理、负载均衡、集中管理、综合信息服务六个方面：

①数据通信：这是计算机网络最基本的功能，主要完成计算机网络中各个节点之间的数据传输和交换。例如，两个人通过微信进行文字、语音或视频聊天。

②资源共享：计算机网络使得多台计算机可以共享硬件设备（如打印机、传真机）、软件和数据资源。例如，一个公司内部的员工可以通过局域网共享打印机和文件服务器上的数据。

③分布式处理：多台计算机各自承担同一工作任务的不同部分，从而提高处理效率和可靠性。例如，一个大型的数据处理任务可以被分解成多个小任务，由多台计算机同时处理，最终合并结果。

④负载均衡：通过将负载分散到多个节点上，避免单个节点过载，提高系统的整体性能和稳定性。例如，在一个 Web 服务器集群中，可以根据用户的请求将负载均衡到不同的服务器上，避免某个服务器过载。

⑤集中管理：通过集中管理网络中的所有资源和设备，简化管理过程，提高管理效率。例如，一个企业的 IT 部门可以通过集中管理系统对所有网络设备进行统一配置和管理。

⑥综合信息服务：提供多种信息服务，如电子邮件、文件传输、远程访问等。例如，用户可以通过电子邮件与朋友交流，通过文件传输协议（FTP）下载所需的文件。

4. 计算机网络的应用

计算机网络的应用领域广泛且多样，涵盖了现代生活的各个方面。以下是计算机网络在不同领域的具体应用。

①企业与商业：信息网络通过内部局域网提升企业的管理效率和资源利用率，而电子商务改变了购物习惯，支持在线购物等服务。同时，广域网和互联网的发展让员工能够高效地进行远程办公。

②教育领域：计算机网络促进了教育资源的公平分配，推动了在线课堂和电子图书馆等远程教育形式的发展。此外，通过智慧校园网络则能提升学校的教学质量和管理水平。

③医疗领域：远程医疗利用计算机网络实现远程诊疗和电子病历管理，提高了医疗效率。信息化诊疗通过信息化手段优化患者数据处理和医疗资源管理。

④娱乐与通信：网络游戏实现了多人在线互动，改变了传统娱乐体验。即时通信和社交媒体则通过计算机网络加强了人们之间的通信联系。

⑤科学研究与技术：计算机网络在科学计算领域，如高能物理和气象预报中，发挥了重要作用。P2P 技术支持的分布式计算进一步促进了科学研究和文件共享。

⑥智能家居与物联网：智能家居系统利用计算机网络实现设备的智能控制和自动化，而物联网通过连接各种传感器和设备，实现了数据采集和远程控制功能。

4.1.2 计算机网络的起源与发展

1. 计算机网络的发展历史

计算机网络的发展历史可以追溯到 20 世纪 50 年代，经历了多个重要阶段，逐步演变为现代互联网，如图 4-1 所示。

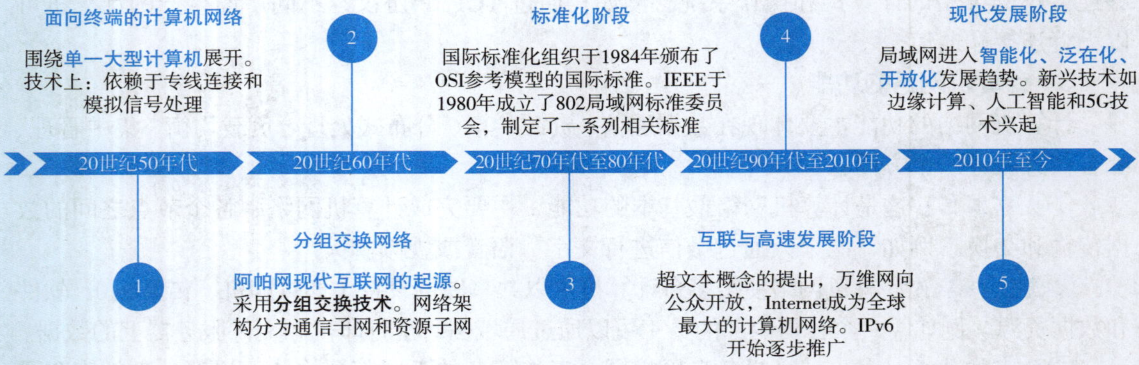

图 4-1 计算机网络的发展

（1）面向终端的计算机网络（20 世纪 50 年代）

20 世纪 50 年代标志着计算机网络发展的起点，当时网络系统主要围绕单一大型计算机构建，通过通信线路连接多个终端设备，形成了初期的远程联机系统，也就是第一代计算机网络。一个具有里程碑意义的项目是美国的半自动地面防空系统（SAGE），它通过连接多个雷达站和控制中心，实现了对北美空域的实时监控，并承担了数据集中处理任务以支持军事防御。面向终端的计算机网络主要特点如下：

①中心计算机：网络以一台大型中心计算机为核心，所有数据处理由它完成。

②专线连接：使用专用通信线路，通常采用模拟信号传输，基础设施复杂且昂贵。

③无自主处理能力的终端：连接的终端设备没有独立的 CPU，只能发送和接收数据，无法进行自主处理。

④前端处理器：为了减轻中心计算机的负担，引入前端处理器（front end processor，FEP）或通信控制器（communication control unit，CCU），管理终端间的通信。

⑤集线器和多路复用器：在终端密集区域通过这些设备汇聚数据，再经高速线路传输至中心计算机。

图 4-2 是面向终端的计算机网络示意图。

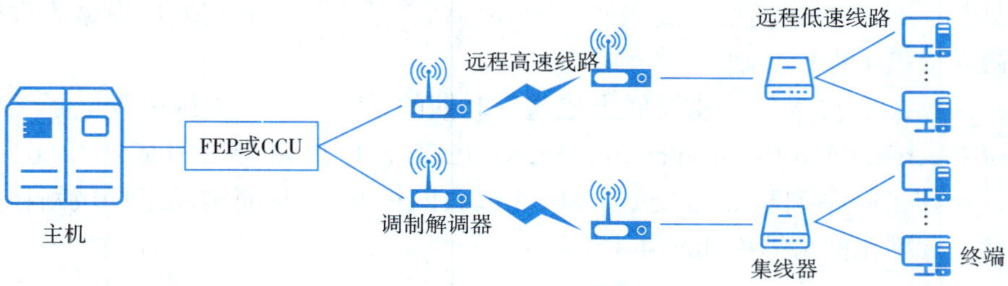

图 4-2　面向终端的计算机网络示意图

（2）分组交换网络（20 世纪 60 年代）

随着计算机技术和通信需求的增长，美国国防部高级研究计划署（ARPA）于 20 世纪 60 年代中期发起了阿帕网（Advanced Research Project Agency Network，ARPANET）项目。该项目旨在通过网络将分布在全国各地的计算机系统连接起来，以实现资源共享和信息交流。1969 年，ARPANET 正式上线，最初连接了四所大学，成为世界上第一个分组交换网络，也是现代互联网的前身。从概念、结构到网络设计，ARPANET 为后续计算机网络的发展奠定了坚实的基础。

ARPANET 采用了分组交换技术，将信息分割成小的数据包在网络中独立传输。相比传统的电路交换，这种方式显著提高了网络资源的利用效率，提供了更高的灵活性和速度。ARPANET 的成功运行彻底革新了计算机网络的概念，它引入了一种新的网络架构，如图 4-3 所示，这种架构将网络分为两大部分：核心的通信子网和外围的资源子网。

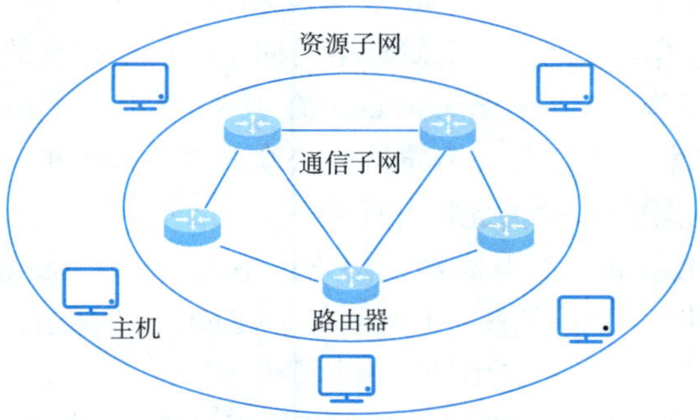

图 4-3　计算机互联网络结构

①通信子网：负责数据的可靠传输，由一系列互联的节点（路由器）组成，这些节点专门处理数据包的转发和路由选择。通信子网的设计确保了即使部分节点或链路失效，信息仍能通过其他路径到达目的地，极大地增强了网络的健壮性和可靠性。

②资源子网：位于网络边缘，包含各种主机（如服务器和个人计算机），它们是用户直接交互和服务提供的场所。资源子网中的设备利用通信子网来共享信息和资源，实现远程访问和分布式计算。

（3）标准化阶段（20 世纪 70 年代至 80 年代）

进入 20 世纪 70 年代，网络技术迅速发展，多终端系统的广泛使用加速了这一进程。1976 年，X.25 协议应运而生，为公共数据网提供了一种标准化的数据包传输方式，尤其适用于长距离通信。与此同时，国际标准化组织（ISO）在 20 世纪 80 年代制定了开放系统互联参考模型（OSI/RM），并于 1984 年正式颁布了 OSI 参考模型的国际标准。该标准提供了一个通用架构，尽管 OSI 模型在商用网络中未得到广泛应用，但其七层模型为理解和设计不同网络协议提供了理论基础。

局域网（LAN）技术的快速发展也是这一时期的显著特征。美国电气电子工程师学会（Institute of Electrical and Electronics Engineers，IEEE）于 1980 年 2 月成立了 802 局域网标准委员会，制定了一系列相关标准（如 802.3 以太网标准），从而推动了局域网在企业和家庭中的普及。标准化网络结构如图 4-4 所示。

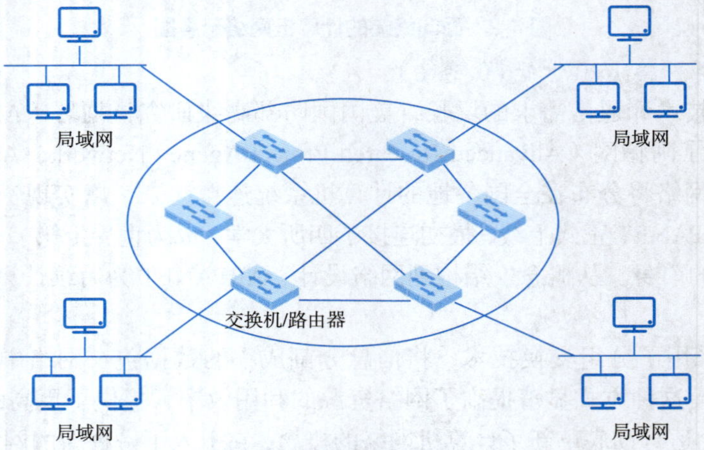

图 4-4　标准化网络结构

（4）互联与高速发展阶段（20 世纪 90 年代至 2010 年）

20 世纪 90 年代标志着互联网从一个研究项目向全球规模扩展的开始。万维网（WWW）的创建者蒂姆·伯纳斯 - 李（Tim Berners-Lee）在 1989 年提出了超文本概念，随后发明了 HTML、HTTP 等关键技术。1991 年，万维网向公众开放，极大地改变了人们访问和共享信息的方式，首次大规模互联网革命由此拉开序幕。

随着局域网技术的成熟和光纤及高性能网络设备的出现，Internet 迅速崛起成为全球最大的计算机网络。1995 年，非常高速主干网服务（vBNS）的推出，提供了高校和研究机构之间的超高速连接，推动了科学研究中的数据共享。

2000 年后，随着 IPv4 地址接近耗尽，IPv6 开始逐步推广，提供了更大容量的地址空间。此外，移动通信技术和智能手机的快速发展，使得人们可以随时随地访问互联网，通过无线网络实现便捷沟通。网络互联和高速网络结构如图 4-5 所示，图中局域网（LAN）接口、主干网接口及主干网之间的接口一般均与路由器相连。

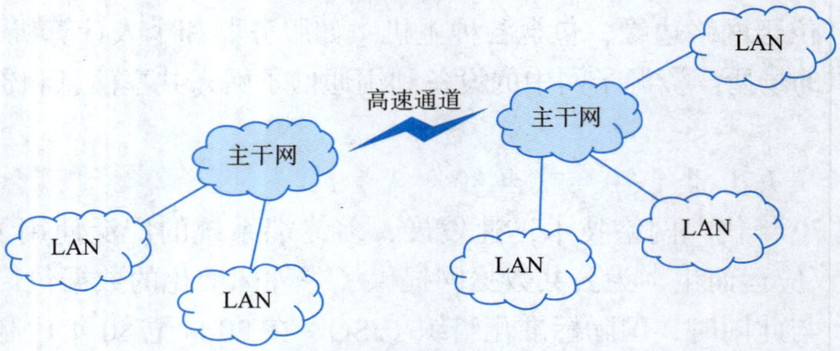

图 4-5　网络互联和高速网络结构

（5）现代发展阶段（2010 年至今）

2010 年后，局域网进入智能化发展阶段，并呈现出泛在化、开放化发展趋势。云计算的普及，各大科技公司如 Amazon（亚马逊）、Google（谷歌）推动了以“大数据”为核心的创新型计算服务。物联网（IoT）技术迅速崛起，将各种物理设备接入互联网，实现全新的网络交互模式。智能化的发展使得网络安全问题愈发重要。随着网络攻击手段日益复杂，网络安全和隐私保护成为全球关注的重中之重，加密技术（如 HTTPS）和安全协议（如 IPv6）的普及被提上日程。

新兴技术如边缘计算、人工智能（AI）和 5G 技术的兴起，以及 6G 网络的研究，都为未来互联网的发展提出了新的可能性。边缘计算使数据处理能力更靠近数据源，减轻了数据中心的负担并提高了实时响应能力。AI 技术在数据分析和网络管理中扮演了重要角色，而 5G 技术则通过提高连接速度和减少延迟，为移动互联网应用带来了革命性的改变。

2. 计算机网络的发展趋势

计算机网络未来的发展趋势可以从多个方面进行探讨，其中人工智能、5G/6G 通信技术、云计算是关键的发展方向。

（1）人工智能技术方向

人工智能在网络安全领域的应用将越来越广泛。随着 AI 技术的不断进步，它在网络安全中的作用包括提高威胁检测、恶意软件检测、身份验证和自动化响应的效率和准确性。AI 技术能够分析大量数据，包括网络流量、用户行为和威胁情报，从而提供主动和智能的安全防护。此外，生成式 AI、大模型和通用人工智能（AGI）等新兴技术也将重塑网络安全产业，推动安全技术的持续创新。

（2）5G/6G 通信技术方向

5G 和 6G 通信技术的发展将为未来的移动互联网提供更快、更稳定的连接。这些新一代通信技术不仅能够支持高带宽和低延迟的应用，还能满足物联网（IoT）设备的大量连接需求。随着 5G/6G 技术的普及，网络基础设施将变得更加灵活和高效，支持更多创新应用的发展。

（3）云计算方向

云计算作为新型计算模式，将继续影响网络基础架构。云计算不仅改变了数据处理和存储的方式，还对网络产生了深远的影响，使得企业和个人用户能够更高效地利用计算资源。

未来网络的发展还将更加以人为本，注重用户体验和个性化服务。未来的网络将能够识别手势和情绪，并根据用户的偏好和健康状况提供定制化的服务。这种以人为本的网络设计将带来更高的用户满意度和更好的管理支持。

4.1.3 计算机网络的分类

计算机网络的分类可以从多个角度进行划分，主要包括按覆盖范围、按拓扑结构、按传输介质、按使用者、按传输方式等分类方法，如图 4-6 所示。

1. 按覆盖范围分类

计算机网络按覆盖范围分类，主要分为局域网、城域网、广域网，如图 4-7 所示。

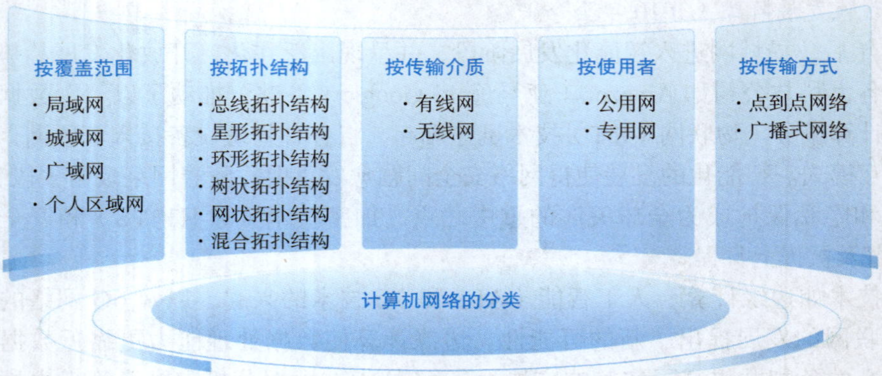

图 4-6 计算机网络分类

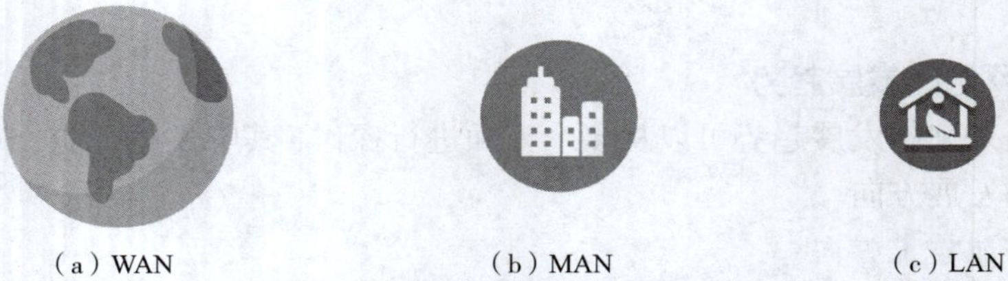

图 4-7 广域网、城域网、局域网

（1）局域网（LAN）

局域网是一种在较小地理区域内使用的计算机网络，通常覆盖范围在几米到几千米之间，广泛应用于企业办公、学校教学、家庭网络等场景，用于实现信息共享、文件传输和协同办公等功能。局域网具有较高的数据传输速率和较低的延迟，传输可靠性高，误码率低，组网成本低且结构简单。但其覆盖范围有限，扩展性较差。

（2）城域网（MAN）

城域网的覆盖范围介于局域网和广域网之间，通常为几千米到几十千米，适用于城市内的网络互联。它采用多种连接技术，包括光纤电缆、微波链路和无线技术，以复杂且多样的传输介质实现设备和网络之间的高效连接，但这也使得信号易受外界因素干扰。城域网的主要优点在于能够连接多个局域网，提供较大的覆盖范围，支持如城市有线电视网络和公共安全系统等应用场景。然而，其组网相对复杂、成本较高，并且安全性较低，这限制了它的普及程度。尽管如此，城域网在促进城市内不同网络间的通信和资源共享方面发挥着重要作用。

（3）广域网（WAN）

广域网的覆盖范围广泛，可跨越多个城市、国家乃至全球，距离通常在几十千米到几千千米之间。它采用复杂的技术实现远距离数据传输，但由于传输距离长，数据速率相对较低，且传输过程中容易出现错误。广域网的主要优点在于其广泛的覆盖范围，非常适合大范围的数据传输需求，如互联网连接、跨国公司通信、远程教育和医疗等领域。然而，广域网也存在传输速率较低和成本较高的缺点，这使得其部署和维护更具挑战性。

2. 按拓扑结构分类

网络拓扑是指计算机网络中各个节点之间连接的方式和布局。它描述了设备（如计算机、路由器和交换机）之间的物理布局以及这些连接的几何形状。网络拓扑结构是网络设计和组织的基础，它决定了网络的性能、可靠性和扩展性。

计算机网络按拓扑结构分类，主要包括星形、环形、总线、树状、网状、混合六种拓扑结构，如图 4-8 所示。

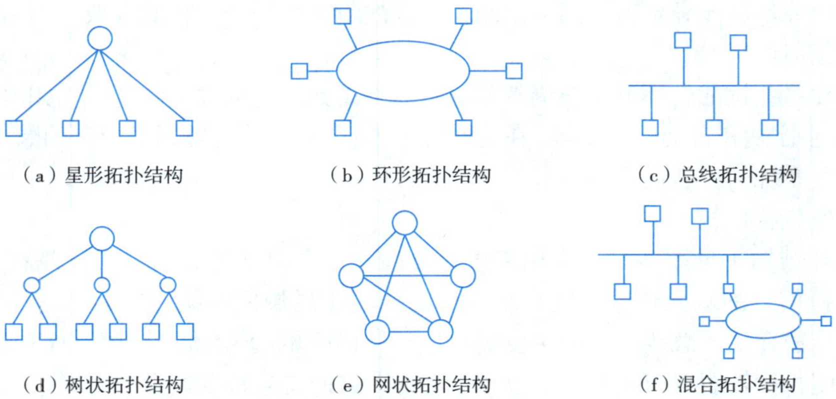

图 4-8　计算机网络的主要拓扑结构

（1）星形拓扑结构

在星形拓扑结构中（见图 4-9），每个节点通过独立的通信线路连接到一个中央节点（通常是交换机或集线器），该中央节点负责数据的转发。这种设计使得网络易于安装和管理，因为所有节点都通过中心节点连接，简化了管理和维护工作。此外，星形拓扑支持故障隔离，即单个节点或其连接出现故障时不会影响整个网络的运行，并且添加新节点也较为容易，可以在不中断网络服务的情况下完成。

然而，星形拓扑也存在明显的缺点，它对中央节点高度依赖，一旦中央节点发生故障，整个网络将无法正常运作，形成单点故障的风险。同时，为了实现各节点与中央节点之间的连接，需要较多的布线和端口资源，这增加了部署成本。

尽管如此，由于其简单性和可靠性，星形拓扑广泛应用于企业内部的局域网中，为用户提供稳定的数据传输服务，确保了高效的工作环境。

（2）环形拓扑结构

在环形拓扑结构中（见图 4-10），每个节点通过点对点的通信线路首尾相连，形成一个闭合的环路。数据在环上按照预定的方向传送，直到到达目标节点。环路上的任何节点都可以请求发送信息，但必须获得传输权（通常通过令牌机制）才能向环路发送信息。一旦某个节点发送信息，该信息会穿越环中的所有接口，直至找到与目的地址匹配的节点并被接收，然后继续流向下一个接口，最终回到发送节点。这种结构支持单向或双向的数据传输。

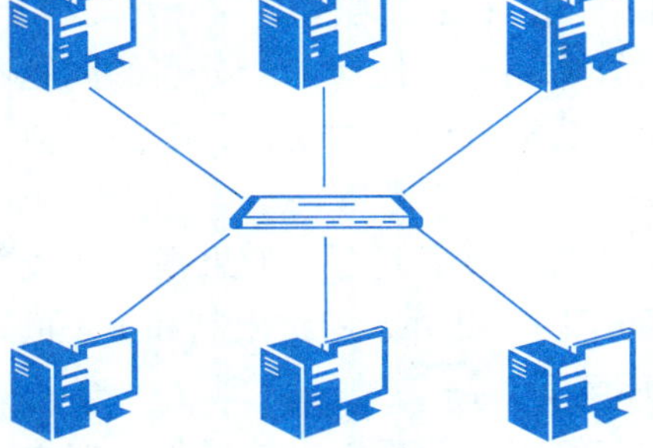

图 4-9　星形拓扑结构

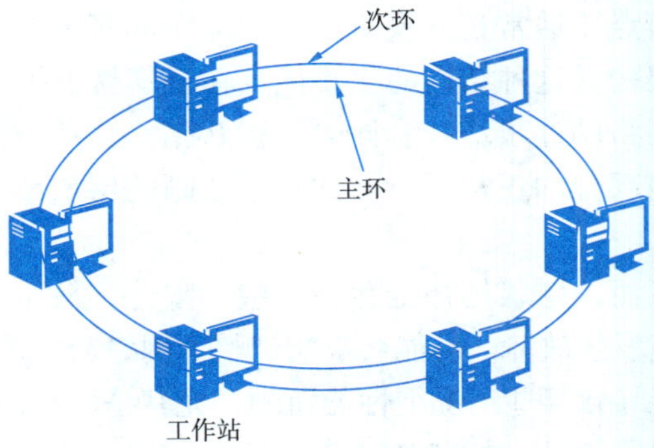

图 4-10　环形拓扑结构

环形网络的主要优点在于其所需的电缆长度较短，相比星形拓扑而言，这可以降低成本。此外，环形拓扑结构简单，建网容易，便于管理。然而，它的缺点也显而易见，任何一个节点或连接的故障都可能导致整个网络中断，并且故障诊断和排除相对复杂，因为问题可能出现在环路的任何位置。

尽管存在这些挑战，环形拓扑仍然适用于需要高数据传输效率的场景，如电信网络、城域网、特定工业控制和自动化系统等。在这些应用中，环形拓扑能够提供稳定的数据传输路径，确保关键任务系统的可靠运行。

（3）总线拓扑结构

总线拓扑结构（见图 4-11）采用单根传输线作为共享通路，所有工作站都连接到这条总线上，支持信息的双向传输。这种结构广泛应用于局域网连接中，通常使用同轴电缆或双绞线作为传输介质。总线拓扑的主要优点包括结构简单、成本低廉、可靠性高和易于扩展。由于所需电缆长度较短，布线和维护也相对容易，这使得它特别适合小型网络和预算有限的情况。

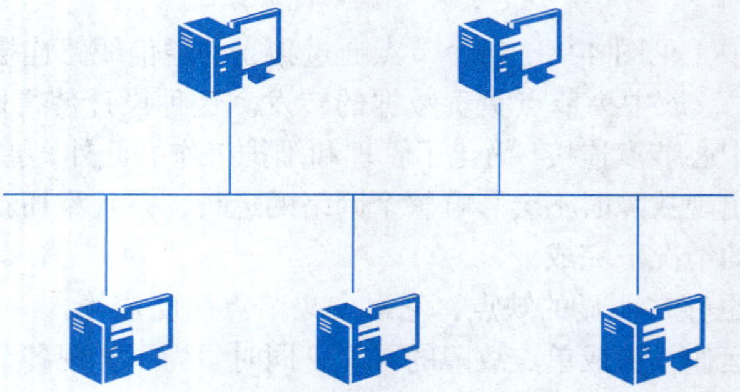

图 4-11　总线拓扑结构

然而，总线拓扑也存在一些明显的缺点。首先，总线上的任何一点故障都会导致整个网络瘫痪，这对网络的稳定性构成威胁。其次，随着网络流量的增加，数据碰撞的可能性增大，可能导致性能下降。此外，故障诊断和定位较为困难，因为问题可能出现在总线的任意位置，增加了维护的复杂性。

尽管如此，总线拓扑在需要频繁通信和共享信息的场景中依然有其应用价值，特别是在小型办公室或工作组环境中，能够提供简单且经济高效的网络解决方案。

（4）树状拓扑结构

树状拓扑结构（见图 4-12）是星形拓扑的扩展形式，具有明显的层次化特征。它由一个根节点（通常是交换机或路由器）和多个通过分支连接的子节点组成，形成类似树状的网络架构。这种结构的主要优点在于其易于扩展性，能够灵活地延伸出多个分支和子分支，方便网络的逐步增长。同时，树状拓扑支持有效的故障隔离，任何单个分支的问题不会影响其他部分的正常运行。此外，清晰的层次结构使得数据查询更加便捷，提高了数据传输效率。

然而，树状拓扑也存在一些局限性。最显著的是单点故障问题，如果根节点或关键分支节点发生故障，可能会影响到整个网络或大范围的子网。此外，层级限制和单一的数据路径可能导致某些情况下性能瓶颈，尤其是在高流量环境下。

尽管如此，树状拓扑非常适合那些对数据传输和管理有较高需求的场景，如大中型企业网络、教育机构中的校园网络、数据中心及大型局域网。在这些环境中，树状拓扑能够提供良好的扩展性和管理便利性，确保高效的数据流通和服务稳定性。

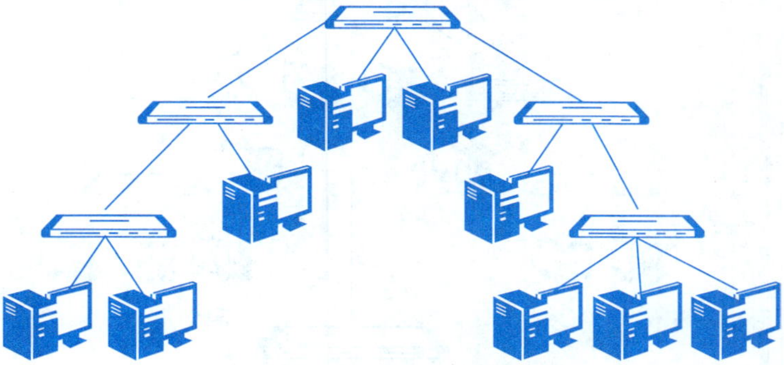

图 4-12　树状拓扑结构

（5）网状拓扑结构

网状拓扑结构中（见图 4-13），每个节点都与其他多个节点直接相连，形成一个复杂的网状网络。这种多路径连接确保了数据传输的高度稳定性和可靠性，即使某些链路或节点出现故障，数据仍可以通过其他路径传输，增强了网络的自我修复能力。因此，单点故障不会影响整体网络的功能，这使得网状拓扑非常适合需要高可靠性和灵活性的大型网络环境。

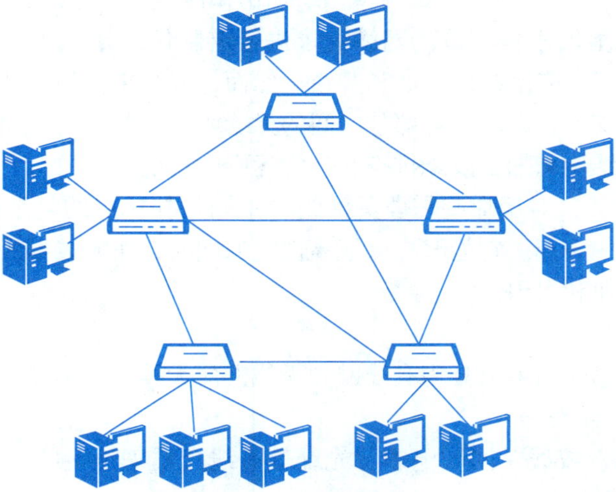

图 4-13　网状拓扑结构

然而，网状拓扑的安装和维护成本较高，因为需要铺设更多的连接线路，并且设计与管理也相对复杂，要求高水平的技术支持来确保网络的有效运行和优化。尽管如此，这些投入换来的是卓越的数据传输性能和强大的容错能力。

网状拓扑广泛应用于关键任务企业网络、军事通信系统、大型数据中心及互联网主干网等场景。在这些环境中，网络的可靠性和灵活性至关重要，网状拓扑能够提供必要的冗余和稳定性，确保关键业务的连续性和数据的安全传输。

（6）混合拓扑结构

混合拓扑结构（见图 4-14）结合了两种或多种基本拓扑的特点，旨在优化网络性能并适应复杂多变的网络需求。这种灵活的设计充分利用了不同拓扑的优点，既能提高效率，又能满足多样化的工作环境要求。例如，在大规模企业网络或数据中心网络中，混合拓扑可以通过集成星形拓扑的易管理性和网状拓扑的高可靠性，来提供一个既稳定又高效的解决方案。

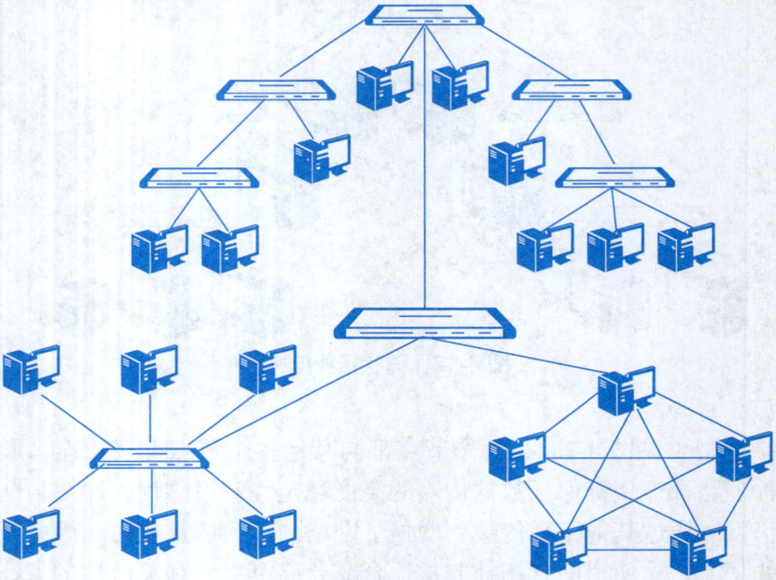

图 4-14　混合拓扑结构

其主要优点在于能够根据具体的网络需求进行定制化设计，从而优化性能，并且具备良好的可扩展性，便于未来网络的扩展和升级。然而，混合拓扑的设计与实施相对复杂，可能需要高水平的技术支持，以确保各部分之间的无缝协作。此外，后期维护和管理也可能面临挑战，因为复杂的结构增加了故障排查和日常运维的难度。

尽管存在这些挑战，对于那些需要灵活组合不同拓扑优点的复杂网络环境来说，混合拓扑仍然是一个理想的选择。它能够在保证高性能的同时，兼顾成本效益，适用于需要高度定制化网络方案的企业和组织。

3. 按传输介质分类

计算机网络按传输介质可以分为有线网和无线网两大类。

（1）有线网

有线网是指采用双绞线、同轴电缆、光纤等有线介质来连接的计算机网络。它们各自具有不同的工作原理和优缺点。

①双绞线如图 4-15 所示，其由两根绝缘的铜线以螺旋方式绞合在一起，用于传输模拟和数字信号。双绞线具有抗干扰能力强、传输距离远、布线方便且成本低的优点，适用于多种场合。尤其是带有屏蔽层的双绞线，能够有效减少电磁干扰，提高数据传输质量。然而，其传输速度和带宽相对较低，并容易受到物理损伤，如拉扯或弯曲，可能导致信号衰减或中断。

②同轴电缆如图 4-16 所示，其由里到外分为四层：中心铜线、塑料绝缘体、网状导电层和电线外皮。电流传导主要通过中心铜线和网状导电层形成的回路进行。同轴电缆具有抗干扰能力强、传输稳定和适用范围广的优点，适用于长距离和高带宽的通信。然而，体积较大、占用空间多，

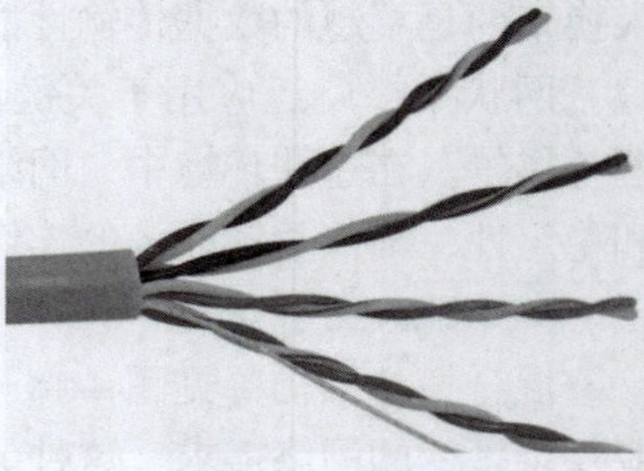

图 4-15　双绞线

导致安装和布线较为复杂，且成本相对较高。

③光纤如图 4-17 所示，其通过光导纤维传输光信号。光信号在光纤内部通过全反射传播，从而实现长距离、高速度的数据传输。光纤具有容量大、衰减小和安全性高的优点，能支持长距离传输且不易被窃听。然而，其制造和安装成本较高，不易分支，同时安装和维护相对复杂，需要专业技术和设备。

图 4-16　同轴电缆

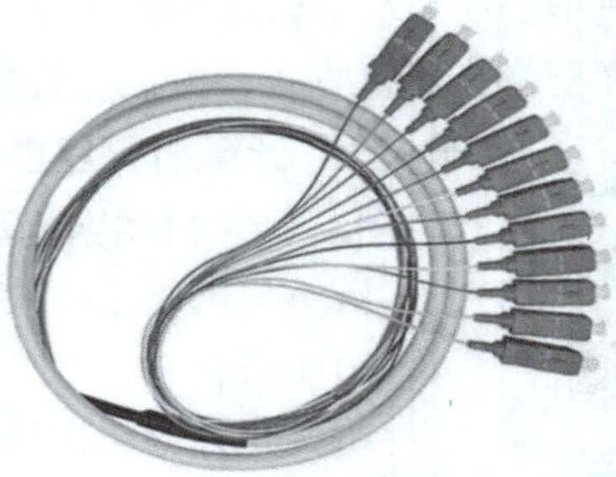

图 4-17　光纤

（2）无线网

无线网络是一种通过无线电波替代传统有线电缆来实现数据传输和网络连接的技术。常见的无线传输技术包括蓝牙、微波、无线电等。

①蓝牙：作为一种短距离无线通信技术，最初由爱立信公司开发，主要用于固定设备、移动设备和楼宇个人域网之间的数据交换，应用于无线耳机、智能手表、手机配对、智能家居设备等。

②微波通信：利用微波频段（频率范围通常在 1~300 GHz 之间）实现视距通信，适用于需要跨越较短距离或点对点通信的应用场景，如城市间通信、地面微波链路通信等。微波通信具有传输距离较远（通常可达几十千米至几百千米）、建设速度快（无须铺设物理线路）等优点，但其抗干扰能力有限，易受恶劣天气影响，且依赖中继站，因此在复杂地理环境中应用受限。

③无线电：是一种更广泛的无线通信方式，涵盖从短波到微波的多种频段，应用场景包括广播和电视（传统的无线电广播和电视信号传输）、移动通信（如蜂窝网络 2G、3G、4G、5G 和未来的 6G 网络）、卫星通信（如卫星电视、卫星导航 GPS）等。

4. 按使用者分类

计算机网络按使用者分类可以分为公用网和专用网。

①公用网：由公共运营商提供的网络，供公共用户使用。这种网络的通信线路是共享给公共用户使用的，通常由网络服务提供商建设。公用网提供分组交换或电路交换服务，如 X.25、帧中继、SMDS 和异步传输模式等。公用网的成本低，但安全性不如专用网。

②专用网：由特定组织或个人拥有和管理的网络，主要用于保护用户数据和通信的安全性。专用网通常不与公共网络共享，只允许特定的用户或计算机进行访问。例如，企业内部的私有网络、军队专用网及涉及国家机密的部门的网络都属于专用网。专用网通常采用加密等安全措施，以确保数据和通信的安全性。

5. 按传输方式分类

计算机网络按传输方式分类，主要有两种类型：点到点网络和广播式网络。

①点到点网络：采用一对一的通信方式，每两个节点之间有一条专用的物理信道。这种

网络架构类似于电话通信，数据从发送方节点直接传输到接收方节点，中间经过的节点数量很少或者没有。点到点网络通常使用交换机、路由器等设备进行数据传输，适用于需要高隐私性和明确故障定位的场景。

②广播式网络：采用一对多的通信方式，所有节点共享一个公共通信信道。这意味着任意一个节点发出的数据包会被网络中的其他所有节点接收。广播式网络适用于局域网和城域网，典型的应用场景包括共享式以太网和无线局域网。这种网络架构允许在网络上发送一条消息而不必指定接收者，类似于公共场所的广播。

4.1.4 计算机网络的组成与结构

视频

计算网络的组成与结构

1. 计算机网络的基本组成

计算机网络主要由硬件、软件、协议三个基本要素构成。

(1) 硬件

硬件是计算机网络的基础，包括计算机系统、网络互联设备和传输介质等。计算机系统包括主机、服务器和终端设备等，它们是数据处理、存储和传输的主要工具。网络互联设备如路由器、交换机和集线器等用于连接不同的计算机系统。传输介质则是数据传输的物理路径，可以是有形的（如双绞线、同轴电缆和光纤）或无形的（如无线信号）。

①计算机系统设备：

- 主机：通常称为服务器，是一台高性能计算机，用于网络管理、运行应用程序、连接一些外围设备，如打印机、调制解调器等。
- 服务器（server）：提供各种网络服务，如文件存储、电子邮件、数据库、应用程序等。高性能计算和存储设备，通常具备冗余和高可靠性。
- 客户端终端（client terminal）：终端设备用于访问网络服务，用户常用的个人设备，可通过网络连接访问信息和资源。如台式机、笔记本电脑、智能手机、平板电脑。这些设备共同形成了一个完整的计算机网络系统，支持用户的各种通信和网络服务需求。

②网络互联设备（见图 4-18）：

- 集线器（hub）：将多个以太网设备连接到一起，使它们像一个网络段一样工作。转发所有接收到的数据帧到所有端口，较简单，不具有智能交换能力。
- 交换机（switch）：将以太网设备连接在一起，并智能地转发数据帧到目标设备。基于 MAC 地址进行帧转发，支持全双工通信，提高网络效率，常用于局域网中。
- 路由器（router）：连接不同的网络段，并根据 IP 地址进行数据包的路由选择。适用于连接局域网和广域网（如互联网），提供网络地址转换、防火墙功能、VPN 等，支持有线和无线连接。
- 中继器（repeater）：增强信号，使其可以传输更长距离。放大和再生网络信号，用于延长网络的物理覆盖范围。
- 网桥（bridge）：将两个局域网连接在一起，转发以太网帧，使它们工作在同一个数据链路层。基于 MAC 地址进行流量转发，常用于扩展网络范围。
- 无线接入点（AP）：为无线设备提供连接有线网络的接口。提供 Wi-Fi 服务，允许无线设备接入局域网，可以独立工作或作为路由器的一部分。
- 调制解调器（modem）：在数字信号和模拟信号之间进行转换，通常各种网络连接中。

类型有 ADSL 调制解调器（通过电话线提供互联网连接）、电缆调制解调器（通过有线电视网络提供互联网连接）、光纤调制解调器（提供高带宽的互联网接入）。

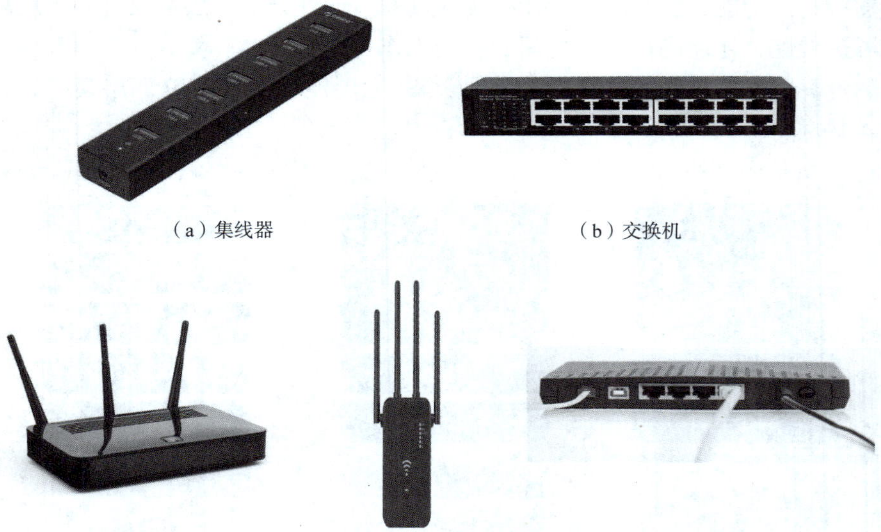

（a）集线器　（b）交换机

（c）路由器　（d）中继器　（e）调制解调器

图 4-18　网络互联设备

（2）软件

软件是计算机网络运行的核心，包括网络操作系统、网络应用软件、网络管理软件。

①网络操作系统（network operating system，NOS）：是管理网络资源、提供网络服务和控制网络活动的基础平台。它负责协调多个用户对共享资源（如文件、打印机）的访问，并支持网络通信。常见的 NOS 包括 Windows Server 系列、Linux 各种发行版、macOS Server 等。NOS 还提供了诸如用户认证、权限管理、数据备份与恢复等功能。

②网络应用软件（network application software）：是为特定目的设计的应用程序，允许用户通过网络进行交互。例如，即时通信工具（如 QQ、微信）、电子邮件客户端（如 Outlook）、Web 浏览器（如 Chrome、Firefox）及协作工具（如 Slack、Microsoft Teams）。它们通常基于客户端 - 服务器或点对点（P2P）架构运作。

③网络管理软件（network management software）：用于监控、配置、维护和优化网络性能及安全性的工具集。这类软件可以帮助管理员识别并解决网络问题，跟踪网络流量模式，管理和部署网络设备（如路由器、交换机），以及确保网络安全策略的有效实施。著名的网络管理软件有 SolarWinds、Cacti、Nagios 等。

（3）网络协议

网络协议是一组规则和标准，定义了数据如何在网络中被封装、寻址、路由、传输和接收。它们保证了不同系统之间的互操作性和数据的正确传递。TCP/IP 协议簇是最广泛使用的网络协议集合，其中包含了许多子协议，如 HTTP 用于 Web 浏览，FTP 用于文件传输，SMTP 用于邮件发送等。

2. 计算机网络的层次结构

计算机网络的体系结构是指计算机网络中各个层次和功能组成的结构体系，它定义了计算机网络中各层次之间的协议和接口，以实现不同类型、不同规模、不同性能的网络通信。现代计算机网络通常采用层次化体系结构，这种分层及其协议的集合称为计算机网络体系结构。

计算机网络体系结构的主要目的是将复杂的网络通信任务分解为相对简单的层次，每个层次负责特定的功能，从而简化设计和实现过程。这种分层方法不仅有助于提高系统的可管理性和可扩展性，还能确保各层之间的协调工作。

常见的计算机网络体系结构主要有三种：OSI 七层模型、TCP/IP 四层模型和五层体系结构，如图 4-19 所示。

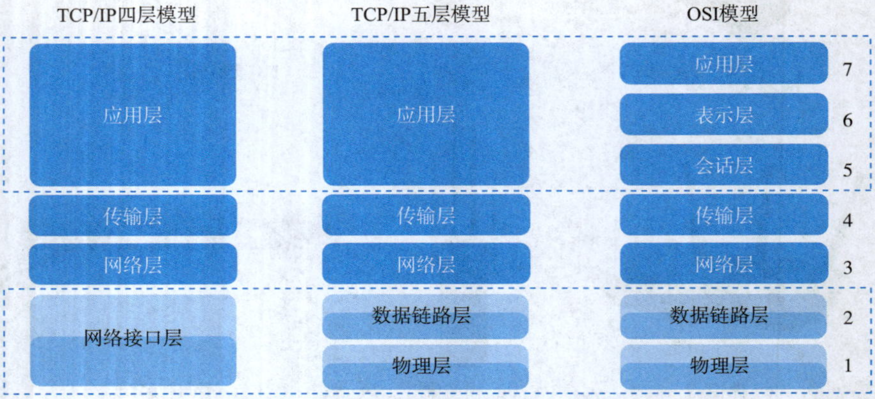

图 4-19 三种网络体系结构模型对比

（1）OSI 七层模型

OSI 七层模型是国际标准化组织（ISO）提出的参考模型，它将计算机网络分为七层：物理层、数据链路层、网络层、传输层、会话层、表示层和应用层。每一层都有其特定的功能和协议，如物理层负责数据的物理传输，而应用层则处理用户的应用需求。

（2）TCP/IP 四层模型

TCP/IP 四层模型是最常用的网络模型，分为应用层、传输层、网络层和网络接口层。应用层包括 HTTP、FTP 等协议，传输层包括 TCP 和 UDP 协议，网络层包括 IP 协议，网络接口层包括以太网协议等。

（3）五层模型

五层模型是介于OSI七层模型和TCP/IP四层模型之间的一种简化模型，通常包括应用层、传输层、网络层、数据链路层和物理层。这种模型在实际应用中较为广泛，因为它既保留了 OSI 模型的层次性，又简化了复杂的协议栈。

3. 计算机网络的工作方式

计算机网络的工作方式可以分为边缘部分和核心部分，如图 4-20 所示。

（1）边缘部分

边缘部分指用户直接使用的主机或端节点，主要用于通信和资源共享，用户通过这些设备进行数据、音频、视频等信息的传送及资源共享。例如，用户的个人计算机或移动设备就是典型的边缘节点。

边缘部分由连接到互联网上的主机及其相关软件组成，如浏览器、电子邮件客户端等，这些主机直接与用户交互，处理用户请求并展示结果。

（2）核心部分

核心部分是指负责数据传输和路由选择的节点，如路由器和交换机等。这些节点通过各种协议和算法，将数据从源节点传输到目标节点，并进行流量控制和错误检测等操作。

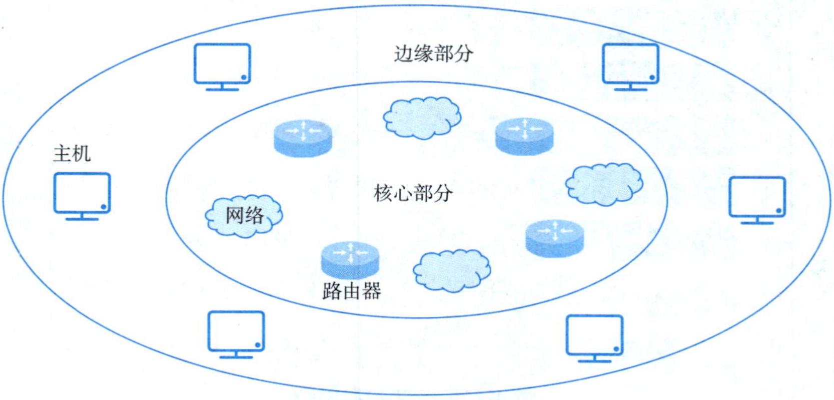

图 4-20　计算机网络的工作方式

核心部分为边缘部分提供连通性和交换服务，确保数据包能够正确地从一个主机传输到另一个主机。

核心部分主要由大量的网络和连接这些网络的路由器组成，这些路由器负责分组交换，选择合适的传输路径以保证网络中的各条线路不会负载过重。

4. 计算机网络的性能指标

计算机网络的性能指标用于衡量和评估网络系统的效率、可靠性及服务质量，主要包括速率、带宽、吞吐量和时延等。

①速率：指单位时间内传输的数据量，通常用比特每秒（bit/s）表示。例如，1 Mbit/s 表示每秒传输 1 Mbit 的数据。

②带宽：指网络在单位时间内能够传输的最大数据量。带宽越大，网络的传输能力越强。

③吞吐量：指实际传输的数据量，它受到网络负载和拥塞等因素的影响。吞吐量通常低于理论上的带宽。

④时延：指数据从源节点传输到目标节点所需的时间。时延越小，网络的响应速度越快。

4.2　网络模型与协议解读

4.2.1　OSI 七层模型

OSI 七层模型，即开放系统互联参考模型，是由国际标准化组织（ISO）提出的一个用于计算机或通信系统间互联的标准体系结构。它将网络通信过程划分为七个层次，每一层都有特定的功能和责任，以实现数据的传输和处理。图 4-21 为 OSI 参考模型。

1. 物理层

物理层是 OSI 模型的最底层，负责底层的数据传输。在这一层，数据以比特（0 和 1）的形式通过实际的物理媒介（如电缆、光纤）进行传输。物理层定义了传输媒介的电气、机械、功能和规程特性，如电压电平、信号频率、传输速率、连接器形状、引脚排列、物理拓扑结构及传输距离等。

常见的协议包括以太网（IEEE 802.3）、Wi-Fi（IEEE 802.11）和蓝牙（IEEE 802.15）。主要设备和组件有网络接口卡、集线器、中继器、调制解调器和线缆（铜缆、光纤）。物理层的特点是它只关注如何通过物理媒介传输数据，而不关心数据的内容。

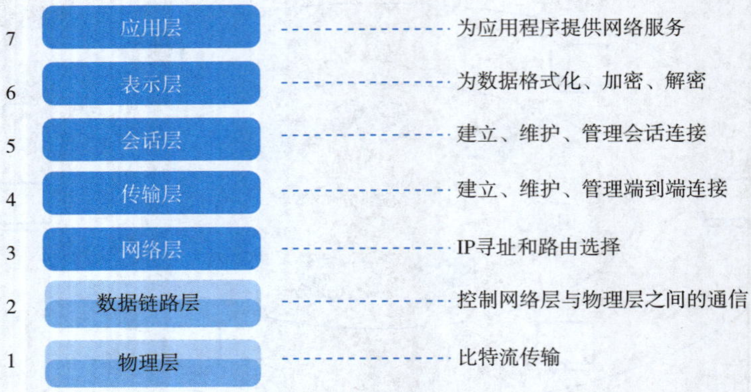

图 4-21 OSI 参考模型

2. 数据链路层

数据链路层负责在邻接节点之间传输数据帧，并提供可靠的数据链路。它确保数据在网络中传输时不出错、无丢失。数据链路层包含两个子层：逻辑链路控制和介质访问控制。逻辑链路控制子层负责帧同步、流控制和错误检测；介质访问控制子层负责控制数据如何在媒介上传输，通过 MAC 地址来识别设备，并决定数据帧在共享介质上的发送时机和接收对象。

常见的协议有以太网协议（IEEE 802.3）、Wi-Fi（IEEE 802.11）、PPP（点对点协议）和 HDLC（高级数据链路控制）。主要设备有交换机和桥接器，这些设备根据 MAC 地址转发数据帧。数据链路层还实现了帧校验序列和错误检测机制，如循环冗余校验。

3. 网络层

网络层主要负责路径选择和数据包的传输，确保数据包可以通过多个网络中转节点（如路由器）到达目的地。它处理逻辑地址（如 IP 地址）、路由、流量控制和分段重组。

关键技术和协议包括 IP（互联网协议）、ICMP、ARP（地址解析协议）和路由协议（如 OSPF、BGP、RIP）。网络层的主要设备是路由器，其作用是根据目的地 IP 地址确定最佳路径，并将数据包转发到下一个网络。网络层的特点是它提供了基于逻辑地址的路由，能够跨越不同的物理网络传输数据。

4. 传输层

传输层确保端到端的数据传输可靠、准确，并控制数据传输的速率。它提供了流量控制、错误检测和修正、数据分段与重组等功能。

传输层的主要协议有 TCP（传输控制协议）和 UDP（用户数据报协议）。TCP 提供连接建立（通过三次握手）、可靠的数据传输（确认机制）、流量控制（滑动窗口）和拥塞控制；而 UDP 是无连接协议，提供快捷但不保证数据可靠性的传输，适用于实时应用如视频流和在线游戏。重要的设备包括防火墙，它不仅保护网络安全，也可执行流量控制。传输层的特点是它提供了数据传输的保证机制，适应不同类型的应用需求。

5. 会话层

会话层负责建立、管理和终止应用程序间的连接会话。它提供会话控制和数据同步功能，确保在对话过程中数据的有序传送，并在连接中断后能够恢复会话。常见协议和服务包括 NetBIOS、RPC（远程过程调用）和 Sockets（套接字）。会话层是在应用程序之间的通信中提供同步的点和恢复机制，必要时能重传数据。它的特点是专注于会话的管理，如登录验证、会话建立及维护，常常通过操作系统和中间件软件实现。

6. 表示层

表示层负责数据格式的翻译、加密和解密、压缩和解压缩等操作。它确保不同系统之间数据的语义一致性。常见技术和标准包括 JPEG（图像压缩）、ASCII（字符编码）、TLS/SSL（传输层安全协议）和 MIME（多用途互联网邮件扩展）。表示层确保数据在传输过程中不会因为系统之间的差异而失真。它的特点是关注数据的表示方式，使不同平台和应用程序能够互操作。例如，当一个应用将字符数据发送到一个不同语言编码的系统时，表示层将进行适当的编码转换。

7. 应用层

应用层直接为最终用户或应用程序提供网络服务，定义了数据通信的接口和协议。它涵盖了所有在网络上进行通信的高层应用，如文件传输、电子邮件、远程登录等。

常见协议包括 HTTP（超文本传输协议）、FTP（文件传输协议）、SMTP（简单邮件传输协议）、DNS（域名系统）、SNMP（简单网络管理协议）和 Telnet。主要设备是用户终端设备，如计算机、智能手机和服务器，运行各类应用软件，如网页浏览器、邮件客户端和 FTP 客户端。应用层的特点是它直接处理应用程序的需求，提供丰富的网络服务和用户接口，使得用户能够方便地获取和传递信息。

场景演绎 七层模型和剧院演出

1. 物理层

物理层就像剧院的舞台和座椅，它决定了舞台的大小、灯光系统和音响设备的布置。这一层确保演员能够在舞台上演出，观众有座位可坐。

2. 数据链路层

数据链路层如同剧院的后台工作人员，他们负责灯光、音响和布景的调度，确保演出过程中一切正常运作。类似的，数据链路层管理数据帧的传输和错误检测。

3. 网络层

网络层好比剧院的安保人员，他们引导观众找到各自的座位。每个观众有固定的位置，这就类似 IP 地址，它决定了数据包的传输路径。

4. 传输层

传输层如同剧院的客服人员，他们确保观众的体验是顺畅和舒适的。如果有任何问题，他们会迅速处理。传输层负责端到端的数据传输和流量控制。

5. 会话层

会话层相当于剧院的导演，他安排和控制演出的进程，确保每一幕戏顺利进行。会话层管理会话的建立、维护和终止。

6. 表示层

表示层好比剧院的翻译人员，他们通过字幕或同声传译确保不同语言的观众能理解演出。表示层负责数据的编码、加密和解密。

7. 应用层

应用层就是演员，他们直接与观众互动，带来精彩的表演。应用层是用户和应用程序之间的接口，提供各种服务，如网页浏览、电子邮件等。

4.2.2 TCP/IP 四层模型

TCP/IP 四层模型起源于 20 世纪 70 年代的美国国防部高级研究计划署（DARPA）的 ARPANET 研究项目，逐步发展成为互联网及大多数局域网的基础通信协议标准。TCP/IP 协议族包括传输控制协议（TCP）和网际协议（IP），其中 TCP 负责数据的可靠传输，而 IP 负责数据包的路由选择。

TCP/IP 四层模型是计算机网络中用于描述数据传输和通信的一种架构，它将网络通信划分为四个层次，每个层次负责不同的功能。这四个层次分别是应用层、传输层、网络层和网络接口层。与 OSI 七层模型相比，TCP/IP 模型更实用和简化。图 4-22 为 TCP/IP 四层模型说明。

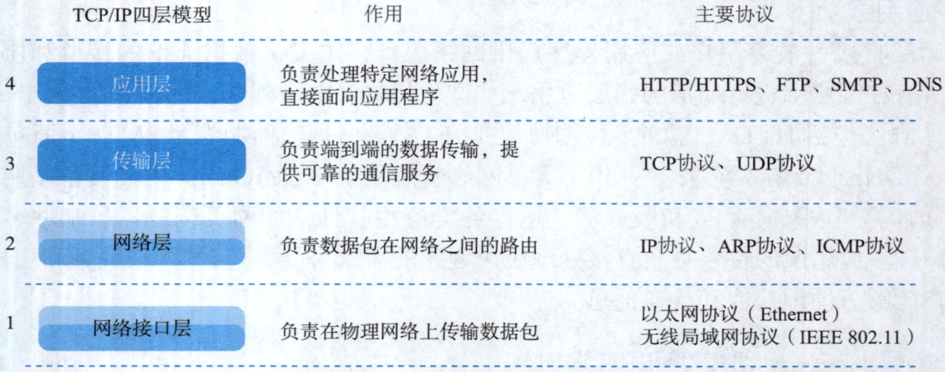

图 4-22　TCP/IP 四层模型

1. 网络接口层

网络接口层是 TCP/IP 模型的最底层，负责在网络链路上传输数据包。它对应 OSI 模型的物理层和数据链路层，主要处理硬件细节和实际的数据传输。网络接口层定义了如何在网络介质上传输比特流，以及如何通过本地网络接口发送和接收数据帧。它使用的技术包括以太网、Wi-Fi、光纤通信和 DSL 等。常见的协议有 ARP（地址解析协议）和 RARP（逆地址解析协议）。主要设备包括网络接口卡（NIC）、交换机、集线器和桥接器。这一层的特点是确保各种设备能够有效、可靠地连接和通信，处理硬件层面的细节和局域网的基本通信。

2. 网络层

网络层负责数据包在网络之间的路由，其核心协议是互联网协议（IP），还有其他辅助协议如 ARP、ICMP 等。主要包含的协议如下：

① IP：负责数据报的寻址和路由。IP 又分为 IPv4 和 IPv6 两个版本。

② ARP：负责将 IP 地址映射到物理地址（MAC 地址）。

③ ICMP：用于传递网络层的控制信息，如网络诊断工具 ping 和 traceroute 所使用的协议就是 ICMP。

TCP/IP 模型的网络层和 OSI 模型的网络层在功能上有许多相似之处，但也存在一些显著的区别，见表 4-1。

表 4-1　TCP/IP 模型的网络层和 OSI 模型的网络层的异同

类　别		TCP/IP 模型	OSI 参考模型
相同点	路由功能	两者都负责数据包的寻址和路由，确保数据从源到目的地的传输	
	逻辑地址管理	都使用 IP 地址系统来标识网络中的设备和目标地址	
	数据包传递	处理数据包的报头信息，确保数据包的正确传输和重组	

续表

类　别		TCP/IP 模型	OSI 参考模型
不同点	协议使用	主要支持 IP 协议	支持多种协议，包括但不限于 IP 协议
	功能范围	主要关注 IP 协议的功能，不涉及其他复杂的网络服务	不仅包括 IP 协议的功能，还涉及其他网络服务，如路由选择、差错控制等
	连接性	仅提供无连接的服务，不支持面向连接的服务	既支持无连接服务，也支持面向连接服务
	协议复杂性	相对简单，主要关注 IP 协议的实现	涉及更多的协议和标准，功能更为复杂
	应用场景	主要用于互联网和局域网，适用于特定的网络环境	是一个通用的网络模型，适用于各种类型的网络，包括但不限于互联网
	协议标准化	基于已有的协议集，如 IP 协议，进行标准化	先有模型，后有协议规范，更注重理论上的标准化

3. 传输层

传输层负责端到端的数据传输，它提供了可靠的通信服务。主要包含的协议如下：

① TCP：提供可靠的、面向连接的通信，确保数据包按序到达，并且没有丢失或重复。

② UDP：提供不可靠的、无连接的数据报服务，适用于需快速传输且对可靠性要求不高的应用，如视频流。

TCP/IP 模型的传输层和 OSI 模型的传输层在功能上的异同见表 4-2。

表 4-2　TCP/IP 模型的传输层和 OSI 模型的传输层的异同

类　别		TCP/IP 模型	OSI 参考模型
相同点	端到端通信	都负责提供端到端的通信服务，确保数据从源主机到目标主机的传输	
	数据完整性和可靠性	都提供机制来保证数据的完整性和可靠性。TCP/IP 和 OSI 的传输层都可以提供连接建立、数据传输、和连接终止	
	流量控制和拥塞控制	都具备流量控制和拥塞控制的机制，来管理网络拥堵和确保高效的数据传输	
	分段和重组	都处理数据的分段和重组，确保长数据串被分块并在接收端正确组装	
不同点	核心协议	主要使用 TCP（传输控制协议）和 UDP（用户数据报协议）两种协议。TCP 提供可靠的、面向连接的服务，而 UDP 提供不可靠的、无连接的服务	设想了多种协议，但其最主要的协议是 TP0~TP4（传输协议），每个协议提供不同级别的服务和可靠性。但在实际应用中，TCP 和 UDP 仍然是最广泛使用的协议
	会话管理	直接管理连接的建立和释放（如 TCP 中的三次握手和四次挥手）	功能较分散，部分功能（如会话管理）可能在会话层处理中
	动态端口管理	有成熟的动态端口分配机制，常用端口号广为人知（如 HTTP 使用 80，HTTPS 使用 443）	使用端口或 TSAP 用于标识传输服务访问点，但没有 TCP/IP 那样的广泛使用的端口号

4. 应用层

应用层是 TCP/IP 模型的顶层，直接为用户提供网络服务和应用接口。它集成了 OSI 模型的会话层、表示层和应用层的功能，支持各种网络应用、程序和协议，提供用户需要的网络服务。

常见协议包括 HTTP（用于网页浏览）、SMTP（用于电子邮件传输）、FTP（用于文件传输）、DNS（用于域名解析）、SSH（安全远程登录）和 Telnet（远程登录）。应用层直接与用户交互的设备有计算机、智能手机和服务器，支持各类应用软件，如网页浏览器、邮件客户端和文件传输软件。应用层的特点是为用户提供丰富多样的网络服务，通过应用协议确保数据的正确传输和可靠解析，为用户带来便捷、高效的互联网体验。

OSI 七层模型与 TCP/IP 四层模型的比较见表 4-3。

表 4-3 OSI 七层模型和 TCP/IP 四层模型的比较

OSI 七层模型	TCP/IP 四层模型	功 能	对应网络协议	对应的典型设备	区域
应用层	应用层	提供网络服务给应用程序	TFTP、FTP、NFS、WAIS	应用程序，如 FTP、SMTP、HTTP	计算机
表示层		数据格式化，加密与解密，数据压缩	Telnet、Rlogin、SNMP、Gopher	编码方式，图像编解码、URL 字段传输编码	
会话层		管理会话及连接建立与终止	SMTP、DNS	建立会话，SESSION 认证、断点续传	
传输层	传输层	可靠数据传输，流量控制，差错检测	TCP、UDP	进程和端口	
网络层	网络层	逻辑寻址、路由选择	IP、ICMP、ARP、RARP、AKP、UUCP	路由器，防火墙、多层交换机	网络
数据链路层	网络接口层	数据帧传输，错误检测与修正	FDDI、Ethernet、Arpanet、PDN、SLIP、PPP	网卡，网桥，交换机	
物理层		设置网络拓扑结构、比特传输、位同步	IEEE 802.1A、IEEE 802.2 到 IEEE 802.11	中继器，集线器，网线、Hub	

4.2.3 网络协议与标准

1. 网络协议的要素

计算机网络协议是用来定义计算机和设备之间如何进行通信的规则和标准。它确保数据能够在不同设备和不同网络之间正确地传输和理解。网络协议定义了数据传输的格式、顺序、错误处理和地址方法等，使各种计算机和网络设备能够协同工作，从而实现无缝通信。

网络协议的要素通常包括以下几个方面：

①语法：定义数据格式和信号的结构，包括数据包的头部、数据载荷和尾部。例如，在数据包中，某个字段可能被定义为数据长度、数据类型或序列号。

②语义：定义数据包中每个部分的含义和功能，解释各个字段的实际使用目的和操作方式。例如，某个字段的值为 1 可能代表的是一种确认信息，而值为 0 可能代表是数据请求。

③时序：规定数据交换的速度、传输顺序和相互协调的时间，包括同步问题和在数据传输间的等待时间。例如，TCP 协议有一种超时重传机制，即在一定时间内如果没有收到确认信息，就会重发数据。

2. 网络协议类型

计算机网络中的协议可以归类为多个层次，每个层次负责特定类型的通信任务。这些层次可以按照 OSI 七层模型或者 TCP/IP 模型进行分类。以下是一些重要的网络协议：

（1）应用层协议

应用层协议主要有 HTTP、HTTPS、FTP、SMTP、POP3、DNS、SSH、DHCP，见表 4-4。

表 4-4 应用层协议介绍

协议类型	描 述
HTTP	用于在 Web 浏览器与 Web 服务器之间传输网页数据的基础协议。它定义了客户端如何向服务器发送请求及服务器如何响应这些请求。HTTP 是无状态协议，每次请求都是独立处理的，因此需要使用 Cookies、Sessions 等机制来维持会话状态。它通常使用端口 80
HTTPS	HTTP 的安全版本，通过 SSL/TLS 加密来保护数据传输的安全性。它确保数据在传输过程中不会被窃取或篡改，广泛用于需要保护敏感数据的网站，如银行和电商网站。HTTPS 通常使用端口 443
FTP	一种标准网络协议，用于在客户端和服务器之间传输文件。它支持用户认证，并可以以主动和被动模式进行文件传输。FTP 通常使用命令端口 21 和数据传输端口 20，在需要大规模文件传输时非常有用
SMTP	专门用于发送电子邮件的协议。它定义了发送端和接收端邮件服务器之间通信的规则，是电子邮件系统的核心。SMTP 通常使用端口 25，但也有安全 SMTP 使用端口 465 或 587，以确保传输加密

续表

协议类型	描　述
POP3	一种电子邮件协议，允许用户从邮件服务器上下载电子邮件到本地计算机，并通常在下载后从服务器上删除这些邮件。它是一种简单有效的协议，特别适合不需要远程管理邮件的离线使用场景。POP3 默认使用端口 110
DNS	一种将域名解析为 IP 地址的系统，使用户能够通过域名访问网站，而无须记住复杂的 IP 地址。DNS 是分布式的，利用全球范围内的 DNS 服务器来高效地解析域名。它通常使用 UDP 端口 53
SSH	一种用于安全远程登录的协议，通过加密数据传输确保远程通信的安全。SSH 不仅用于远程命令行访问，还支持通过 SCP 和 SFTP 进行安全文件传输，比 TELNET 更安全。SSH 通常使用端口 22
DHCP	一种网络管理协议，用于自动分配 IP 地址和其他网络参数，减少了手动配置的需求。它在启动时会为设备分配 IP 地址，从而简化设备接入网络的过程。DHCP 客户端使用 UDP 端口 68，服务器使用 UDP 端口 67

（2）传输层协议

传输层协议主要有 TCP 和 UDP 协议。

① TCP。TCP 是一种面向连接的、可靠的传输层协议，提供数据包的顺序传输和错误检测。它通过建立连接（三次握手），确保数据传输的可靠性和完整性，使用确认机制（ACK）和重传策略来确保数据无误地到达接收方，同时还具备流量控制和拥塞控制功能，以适应网络的传输能力并防止网络拥塞。TCP 对于需要高可靠性和完整性的应用如网页浏览（HTTP/HTTPS）、文件传输（FTP）和电子邮件（SMTP）等非常适用。

TCP 建立连接使用三次握手：

第一次握手（SYN）：客户端发送一个 SYN 标志位设为 1 的报文段，并指明客户端的初始序列号，进入 SYN_SENT 状态。

第二次握手（SYN-ACK）：服务器接收到 SYN 报文段后，发送一个 SYN 标志位和 ACK 标志位都置为 1 的报文段，并指明服务器初始序列号及对客户端 SYN 的确认序列号，进入 SYN_RECEIVED 状态。

第三次握手（ACK）：客户端接收到 SYN-ACK 报文段后，发送一个 ACK 标志位置为 1 的报文段，进入 ESTABLISHED 状态，服务器接收到这个 ACK 报文段后也进入 ESTABLISHED 状态，完成连接建立。

场景演绎

我们可以用一个生活场景来详细演绎 TCP 的三次握手和四次挥手过程。假设这是两个朋友约见面和再见的场景，小明（客户端）和小红（服务器）通过发送消息约定见面，见面后再分别说再见。

三次握手（建立连接）（见图 4-23）：

①第一次握手（小明→小红：发起见面请求）：

小明发短信给小红：“小红，我们见个面吧？”（发送 SYN 请求）

此时，小明在等待回应（进入 SYN_SENT 状态）。

②第二次握手（小红→小明：回应并确认）：

小红收到信息后回复：“好啊，我在家里等你，我们见面吧。”（发送 SYN-ACK 请求）

小红此时在等待小明的确认（进入 SYN_RECEIVED 状态）。

③第三次握手（小明→小红：确认）：

小明收到小红的回复后，再次发短信确认：“好，我现在过来见你。”（发送 ACK 请求）

此时，两人已经确认见面（进入 ESTABLISHED 状态），可以开始实际会面和互动（数据传输）。

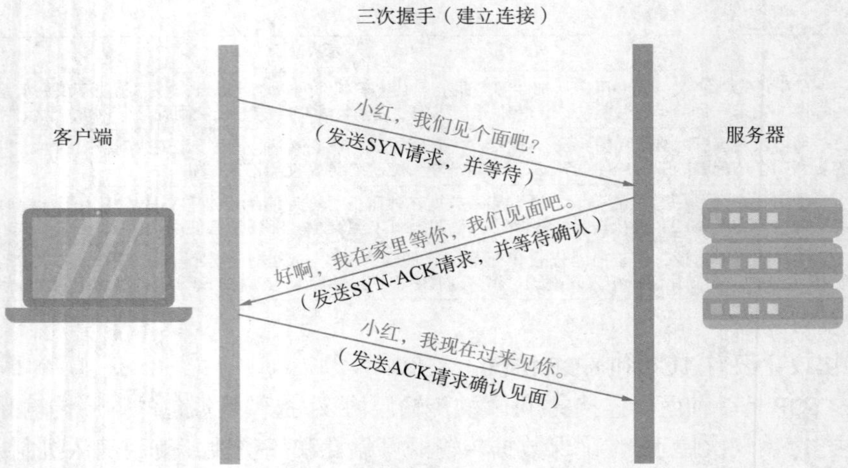

图 4-23　三次握手场景演绎

TCP 终止连接使用四次挥手：

第一次挥手（FIN）：客户端发送一个 FIN 标志位置为 1 的报文段，表示客户端没有更多数据要发送，进入 FIN_WAIT_1 状态。

第二次挥手（ACK）：服务器接收到 FIN 报文段后，发送一个 ACK 标志位为 1 的报文段进行确认，进入 CLOSE_WAIT 状态。客户端收到 ACK 报文段，进入 FIN_WAIT_2 状态。

第三次挥手（FIN）：服务器准备关闭连接时，发送一个 FIN 标志位为 1 的报文段，进入 LAST_ACK 状态，等待客户端的确认。

第四次挥手（ACK）：客户端接收到 FIN 报文段后，发送一个 ACK 报文段进入 TIME_WAIT 状态，等待一段时间以确保服务器接收到 ACK 报文段（通常是两倍的 MSL，最大报文生存时间）。服务器收到 ACK 报文段后，关闭连接进入 CLOSED 状态。客户端在等待时间到期后也进入 CLOSED 状态。

场景演绎　**四次挥手**（终止连接）（见图 4-24）

①第一次挥手（小明：提出离开）：

见面结束后，小明对小红说："小红，该回家了，我要走了。"（发送 FIN 请求）

小红听到后，准备回应（进入 CLOSE_WAIT 状态）。

②第二次挥手（小红：确认知道小明要走）：

小红回应："好的，知道了，我还有些话要说。"（发送 ACK 请求）

小明此时等待小红说完（进入 FIN_WAIT_2 状态）。

③第三次挥手（小红：说完并准备告别）：

小红说完最后的话后："好了，我也说完了，我们可以分别了。"（发送 FIN 请求）

小红准备最后的确认（进入 LAST_ACK 状态）。

④第四次挥手（小明：最终确认分开）：

小明听到后表示："好的，再见！"（发送 ACK 请求）

小红收到确认后离开现场（进入 CLOSED 状态），小明也离开现场（客户端也进入 CLOSED 状态）。

四次挥手（终止连接）

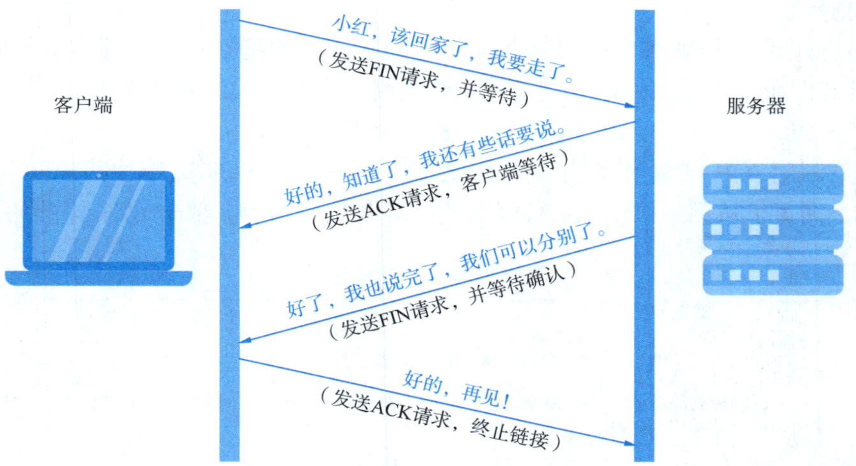

图 4-24　四次挥手场景演绎

② UDP。UDP 是一种面向无连接的传输层协议，强调快速的数据传输，提供不可靠的通信，不保证数据包的顺序和完整性。它不建立连接，发送数据前不需握手，也不提供数据重传机制，这使得通信开销小、延迟低。由于这些特性，UDP 非常适合实时性要求高但对可靠性要求不高的应用，如视频会议、实时音频和视频流（如 VoIP）、在线游戏及 DNS 查询等。UDP 的低延迟和高效性满足了这些应用对快速响应的需求。

（3）网络层协议

网络层协议主要有 IP、ICMP、IGMP、ARP、RARP。

① IP（互联网协议）：TCP/IP 协议栈的核心协议，负责在网络层实现数据包的寻址和路由。它定义了数据包的格式并提供了源地址和目的地址，使数据能够在复杂的网络中传输。IP 协议可以将大型数据报文分片，以适应不同网络的传输单元限制，并在目的地重新组装。常见版本包括 IPv4 和 IPv6，其中 IPv6 是 IPv4 的下一代版本，提供更大的地址空间和更优的路由效率。

② ICMP（互联网控制消息协议）：用于在 IP 网络中发送错误报告和操作信息。它主要帮助网络设备（如路由器和主机）报告数据传输中的错误情况，如网络不可达、路由重定向、超时等。ICMP 常用工具包括 ping 命令，用于测试网络连通性，以及 traceroute 命令，用于诊断网络路径。

③ IGMP（互联网组管理协议）：用于管理主机和路由器之间的多播组成员关系。它允许主机加入或离开一个多播组，从而接收或停止接收多播数据流。IGMP 是多播路由协议的重要组成部分，被广泛应用于视频传输、在线会议等多播通信场景。

④ ARP（地址解析协议）：用于将网络层地址（IP 地址）解析为数据链路层地址（MAC 地址）。在以太网中，设备通过 ARP 请求找到目标 IP 地址对应的 MAC 地址，从而实现局域网内的地址解析和通信。ARP 是局域网内主机与路由器通信的重要工具。

⑤ RARP（反向地址解析协议）：ARP 的反向操作，主要用于无盘工作站等设备启动时，通过已知的 MAC 地址请求其对应的 IP 地址。RARP 可以使网络设备在启动时无须手动配

置 IP 地址，但随着 DHCP 等动态地址分配协议的普及，RARP 已不常用。

3. 网络标准

计算机网络标准是确保全球网络互操作性和一致性的基础。这些标准由不同的国际标准组织制定和发布。以下是一些关键的计算机网络标准及相关的标准组织：

（1）互联网工程任务组（IETF）

IETF 是制定互联网标准的主要机构之一。其发布的标准文档称为 RFC（request for comments），涵盖了从网络协议到最佳运营实践等各方面内容。部分 RFC 标准见表 4-5。

表 4-5　部分 RFC 标准

标　准	描　述
RFC 791	互联网协议（IP），负责在不同主机之间传输数据包
RFC 792	互联网控制消息协议（ICMP），用于在网络设备之间传递控制消息，特别是报告网络连接问题。主要用于网络管理和故障排除
RFC 793	传输控制协议（TCP），提供可靠、面向连接的点对点通信服务
RFC 768	用户数据报协议（UDP），提供快速但不可靠的消息传递服务
RFC 6455	WebSocket Protocol，用于在客户端（如 Web 浏览器）和服务器之间建立全双工通信通道的协议

（2）国际标准化组织（ISO）

ISO 是一个独立的国际非政府组织，其发布的标准涉及各种技术领域。与计算机网络相关的 ISO 标准见表 4-6。

表 4-6　与计算机网络相关的 ISO 标准

标　准	描　述
ISO/IEC 7498-1	开放系统互联（OSI）基本参考模型
ISO/IEC 11801	信息技术 - 综合布线系统，定义了建筑物和结构化布线系统的设计、安装和认证要求。其目的是确保布线系统具有高性能、可靠性和灵活性，以支持不同类型的信息技术和电信服务

（3）电气和电子工程师协会（IEEE）

IEEE 制定了许多局域网（LAN）和城域网（MAN）标准，其中最著名的是 IEEE 802 系列。部分 IEEE 802 系列标准见表 4-7。

表 4-7　部分 IEEE 802 系列标准

标　准	描　述
IEEE 802.3	以太网标准，定义了有线以太网的物理层和数据链路层协议，用于局域网（LAN）中的计算设备之间的数据传输
IEEE 802.11	无线局域网（Wi-Fi）标准，用于在没有物理线缆的情况下实现设备的互联互通
IEEE 802.15	无线个人局域网（WPAN）标准，该标准定义了一系列用于无线个人局域网（WPAN）的协议，适用于短距离无线通信设备

计算机网络标准在实际应用中通过软件和硬件实现。例如，浏览器和服务器遵循 HTTP/HTTPS 标准进行网页数据传输，Wi-Fi 路由器和设备遵循 IEEE 802.11 标准进行无线通信。这些标准确保不同设备和服务之间的互操作性和兼容性，使得全球联网成为可能。

项目实施

4.3　服务器集群网络配置与通信

1. 项目分析

为了提供一个更加贴近实际应用场景的学习环境，利用一台计算机上的三台虚拟机来模拟不同的网络设备，并通过它们进行 IP 配置和局域网通信实验。本项目的实现思路如下：

①准备环境：确保已安装并配置好 VMware 虚拟化软件。准备三台虚拟机，每台虚拟机都将安装 openEuler 操作系统。该步骤可参考“3.4 虚拟机下部署操作系统”，安装后的效果如图 4-25 所示。

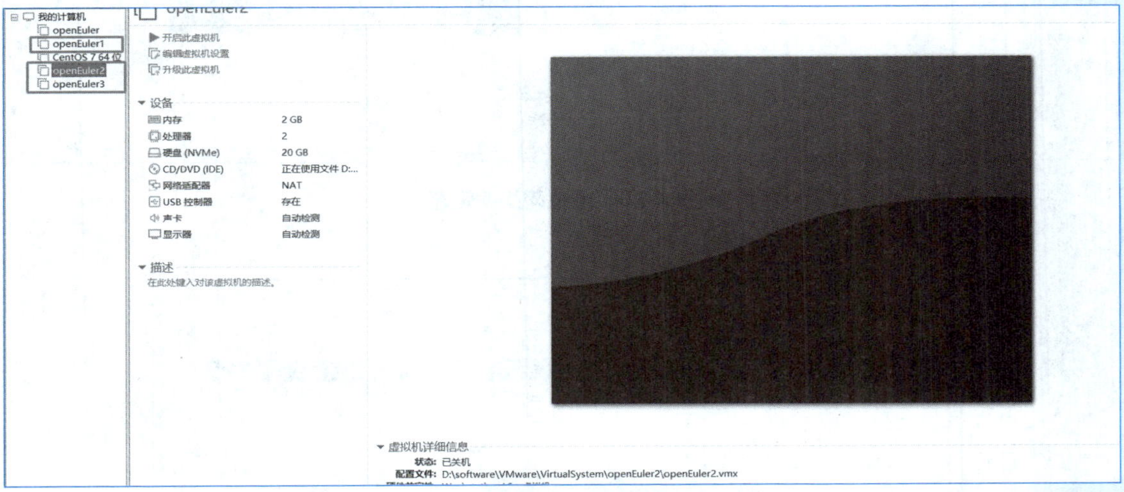

图 4-25　虚拟机上安装三个操作系统

②设置 VMware 虚拟网络：使用 VMware 中的虚拟机设置，将网络适配器设置成 NAT 模式。

③配置虚拟机网络：每台虚拟机启动后，通过命令行工具查看当前的网络配置。确保三台虚拟机处于同一网段。如果不处于同一网段，则需要修改网络配置。

④测试网络连接：使用 ping 命令在任意一台虚拟机上测试与其他两台虚拟机之间的连通性。

2. 实现过程

（1）设置 VMware 虚拟网络 VMnet8

VMnet 是 VMware 虚拟网络中的一个虚拟网络适配器，也可以称为虚拟网卡，在虚拟机软件 VMware 中 VMnet 是 VMware 虚拟化软件中使用的一个虚拟网络概念，用于创建和管理虚拟网络，提供虚拟机与主机机器以及其他虚拟机之间的网络连接。它允许虚拟机实例之间及虚拟机与主机之间进行通信。在 VMware 中，每一个 VMnet 可以简单比喻为一个交换机，连接到了同一个 VMnet 下的设备就都同处于一个子网内。

我们需要设置 VMware 虚拟网络 VMnet8，配置方式如下：

①打开 VMware，单击“编辑”菜单，选择“虚拟网络编辑器”命令，如图 4-26 所示。

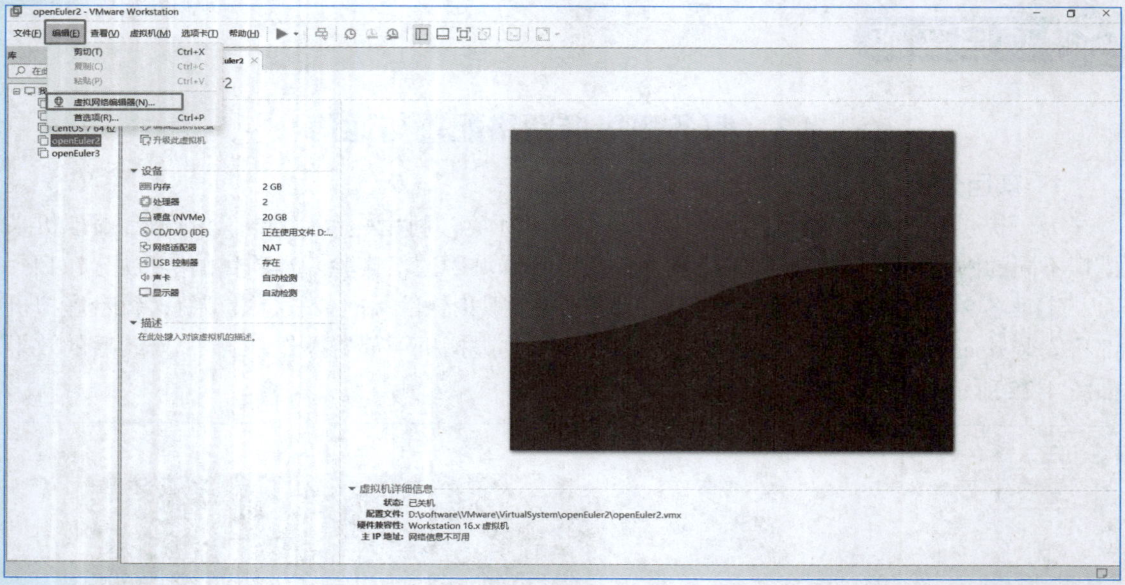

图 4-26 虚拟网络编辑器

②在虚拟网络编辑器界面单击“更改设置”按钮，如图 4-27 所示。

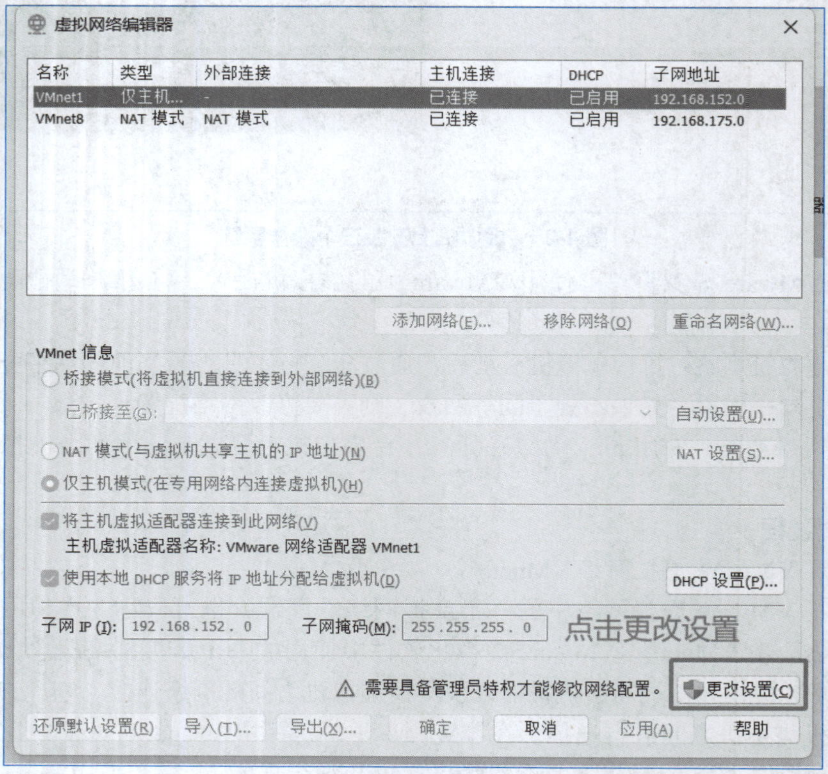

图 4-27 更改设置

③如图 4-28 所示，选择 VMnet8，然后单击“NAT 设置”按钮查看配置信息。会看到图 4-29 所示的 VMnet8 的网络配置信息。

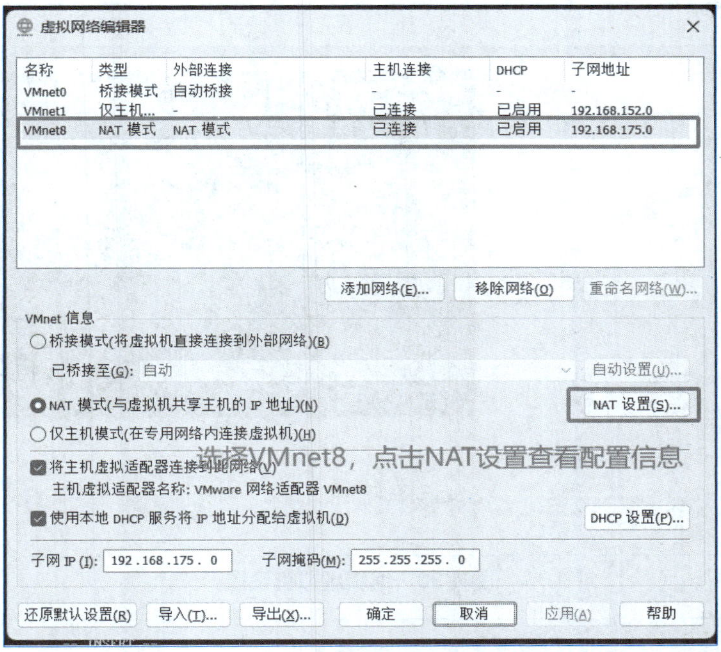

图 4-28　单击“NAT 设置”查看配置信息

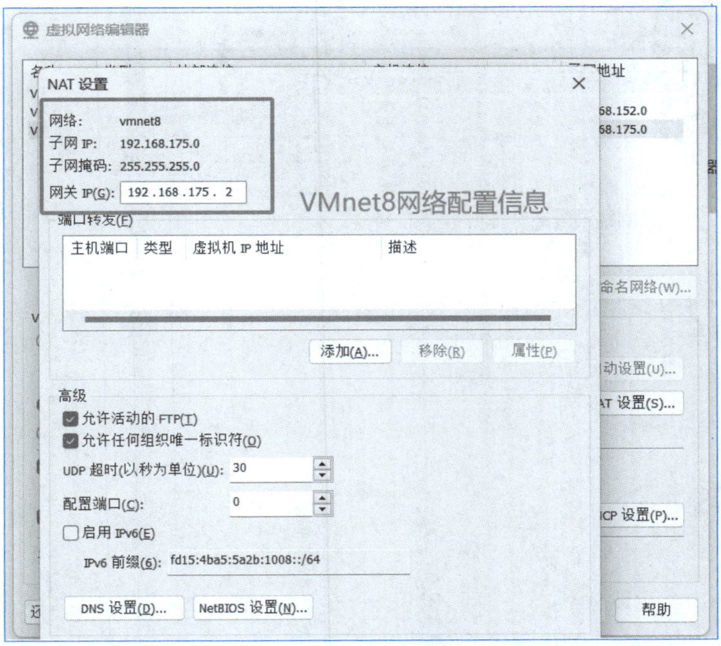

图 4-29　查看 VMnet8 网络配置信息

NAT 模式对应的 VMnet 为 VMnet8，我们查看 VMnet8 网络适配器的配置信息以便之后进行虚拟机的配置。（图 4-29 中使用的是自动配置的 VMnet8 配置，也可以自行修改。）

接下来我们需要将准备的三台虚拟机网络模式都选择 NAT 模式。修改方法如下，先选择任意一个虚拟机，单击“编辑虚拟机设置”（见图 4-30）。然后在弹出对话框中的硬件设备中单击“网络适配器”，在右侧的网络连接中选择“NAT 模式”（见图 4-31）。

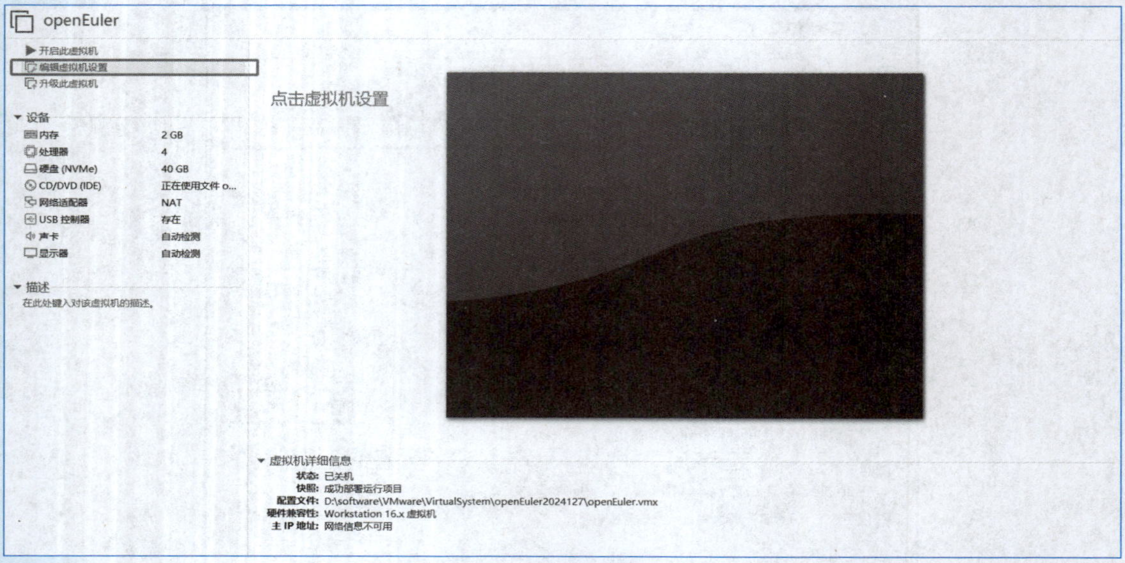

图 4-30　编辑虚拟机设置

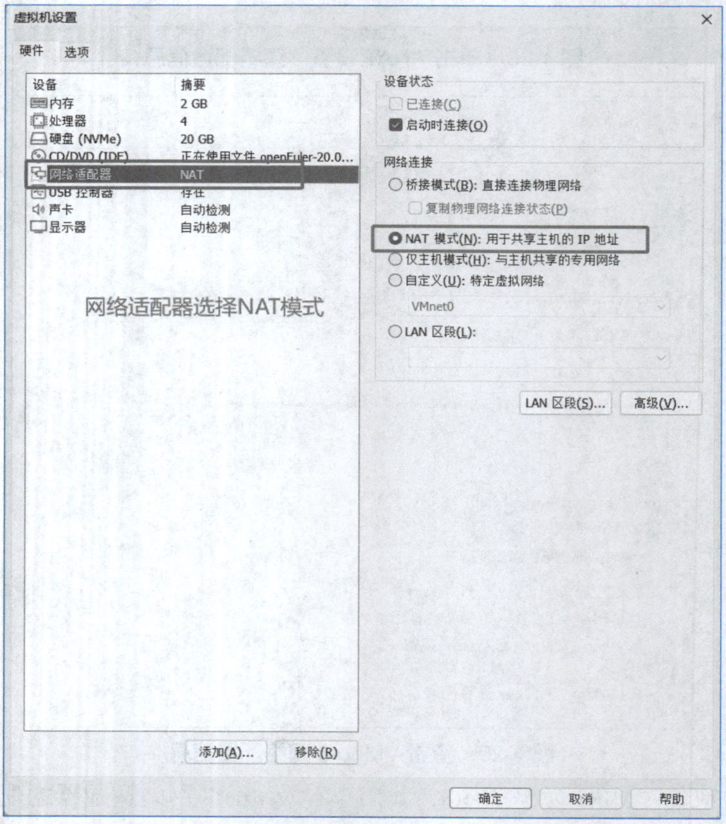

图 4-31　选择 NAT 模式

（2）设置虚拟机网络

打开任意一个虚拟机，按照以下方式设置虚拟机网络。

①输入“ip add”指令查看网络配置，如图 4-32 所示。

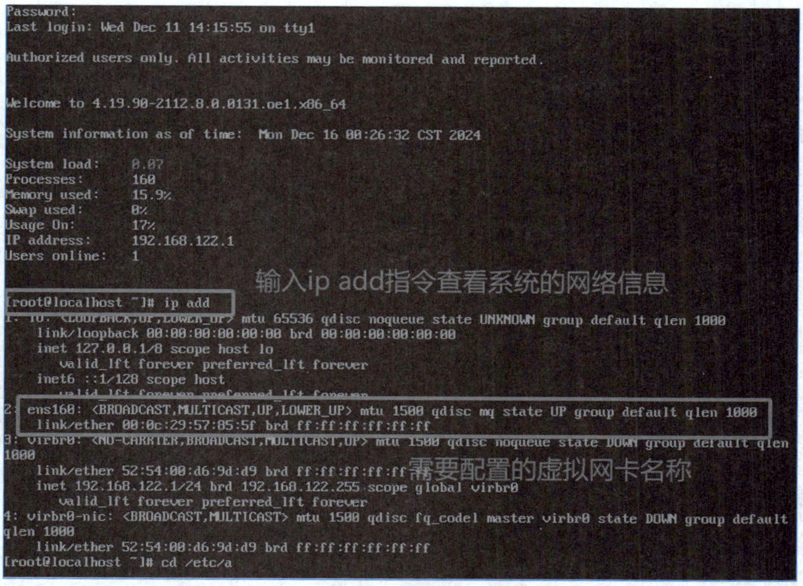

图 4-32　输入指令查看网络配置

②输入“cd /etc/sysconfig/network-scripts/”指令进入系统存放网络配置文件的文件夹输入“ls”指令查看文件夹都有什么文件，如图 4-33 所示。

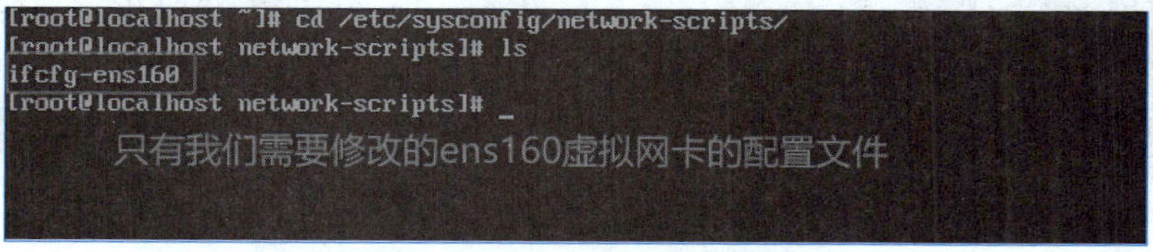

图 4-33　查看系统存放网络配置文件的文件夹

③输入“vi ifcfg-ens160”指令编辑 ifcfg-ens160 文件，如图 4-34 所示。

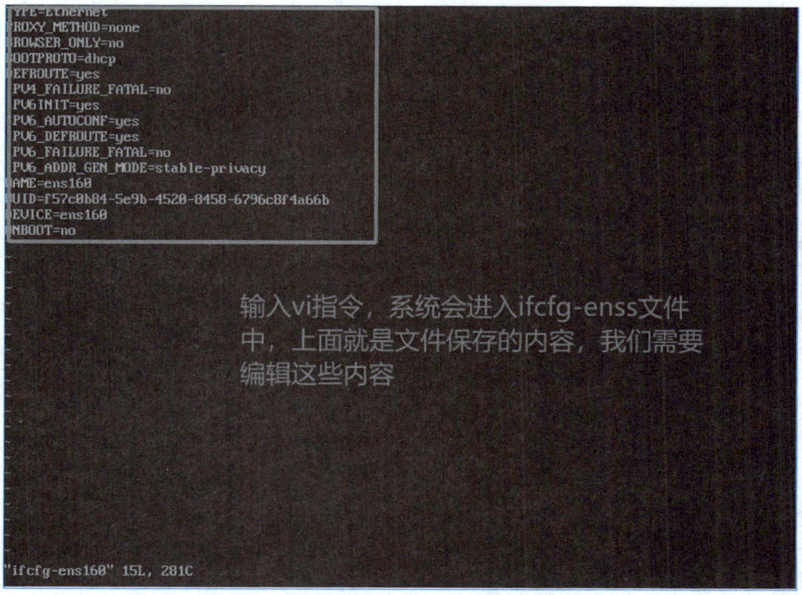

图 4-34　编辑 ifcfg-ens160 文件 -1

按【i】键，进入文件编辑状态，之后通过键盘【↑】、【↓】、【←】、【→】键及【Backspace】键进行编辑。需要修改的内容如图 4-35 所示。

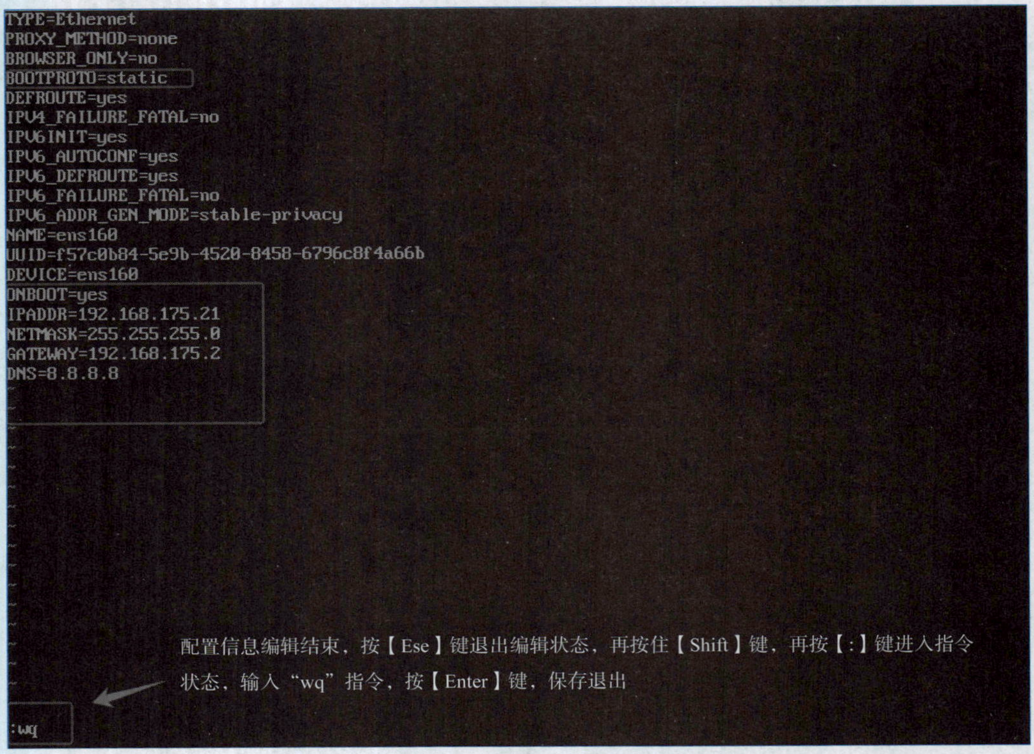

图 4-35　编辑 ifcfg-ens160 文件 -2

我们需要修改的配置项及其描述见表 4-8。

表 4-8　配置项及其描述

配　置　项	配 置 描 述
修改 BOOTPROTE 配置项	dhcp 改成 static，代表着 IP 地址不自动分配，使用固定的 IP 地址
修改 DNBOOT 配置项	NO 改成 YES，代表着系统启动时自动激活这个网络接口 ens160
添加 IPADDR 配置项	该配置项代表 IP 地址，我们根据 VMnet8 的配置信息——子网 IP：192.168.175.0。我们将该配置项设置成 192.168.175.X（最后一位根据自己需求，本项目使用 21）
添加 NETMASK 配置项	该配置项代表子网掩码，我们根据 VMnet8 的配置信息——子网掩码：255.255.255.0。我们将该配置项设置成 255.255.255.0（192.168.175.X 属于 C 类 IP，所以子网掩码是 255.255.255.0，A 类 IP 为 255.0.0.0，B 类 IP 为 255.255.0.0）
添加 GATEWAY 配置项	该配置项代表着网关，我们根据 VMnet8 的配置信息——网络（IP）192.168.175.2。我们将该配置项设置成 192.168.175.2
添加 DNS	该配置项代表着域名解释服务器 IP 地址，我们设置成 8.8.8.8，该地址为通用地址。（DNS 的作用是将域名解释成对应具体的 IP 地址，如 www.baidu.com 域名可能对应 IP 地址为 192.168.175.21）

④配置完成后重启虚拟机，并输入“ip add”指令查看网络配置信息是否生效，如图 4-36 和图 4-37 所示。

⑤配置其他虚拟机：接下来使用相同操作配置其他虚拟机网络，本案例三个虚拟机的 IP 地址分别为 192.168.175.21、192.168.175.22、192.168.175.23。

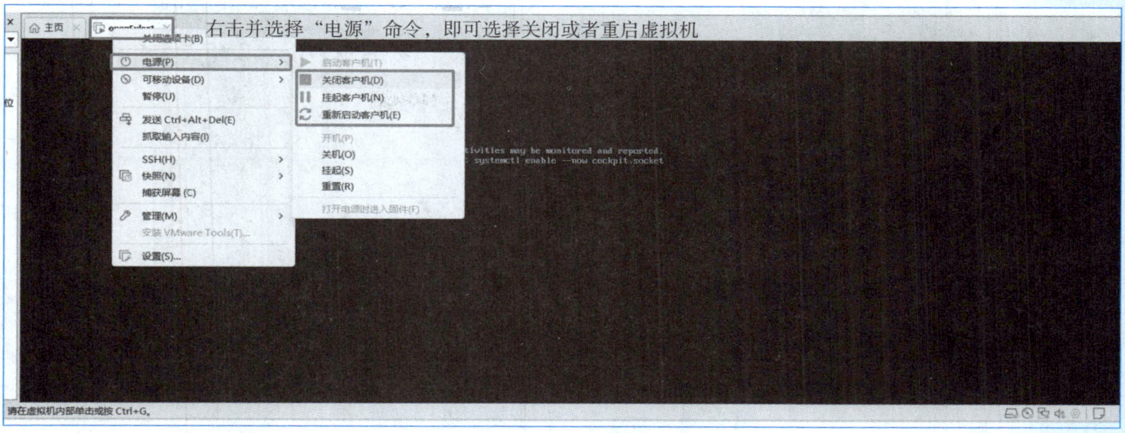

图 4-36　重启虚拟机

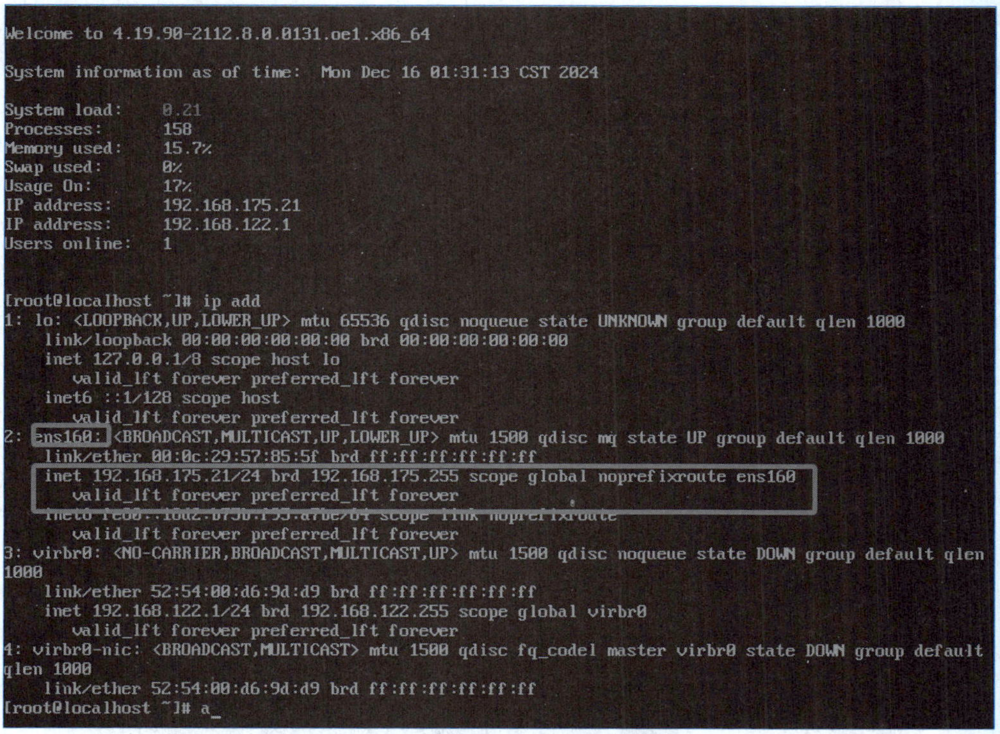

图 4-37　查看网络配置信息是否生效

（3）测试

在任意一台虚拟机上使用指令 ping IP 地址，即可测试通信是否正常：

ping 是一个网络命令，主要用于测试从一台计算机到另一台计算机的网络连接状态。该命令通过发送 ICMP（internet control message protocol，互联网控制消息协议）回声请求消息来验证与另一台 TCP/IP 计算机的 IP 级连接。收到请求的目标计算机会发送 ICMP 回声应答消息作为响应。例如，ping www.baidu.com，如果返回应答消息，即代表该计算机能够与 www.baidu.com 该域名对应的计算机通信。如图 4-38 所示，在 192.168.175.21 虚拟机上使用 ping 命令测试另外两台虚拟机的网络连接状态。

图 4-38　ping 命令测试网络连接状态

在 Windows 宿主机上，我们还可以在系统搜索框输入 CMD 进入命令界面，同样使用 ping 命令查看是否通信三台虚拟机，如图 4-39 所示。查看结果如图 4-40 所示，表示虚拟机网络已连接。

图 4-39　CMD 进入命令界面查看

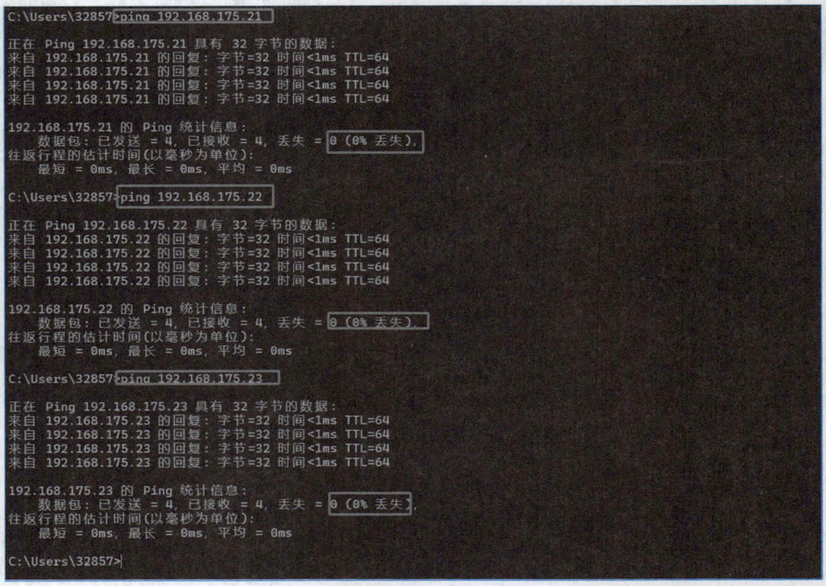

图 4-40　CMD 界面测试结果

扩展学习：AI 科普　5G 与 AI 在计算机网络中的应用：智能汽车

随着 5G 的普及和 AI 的不断进步，两者结合为智能汽车的发展带来了前所未有的机遇。5G 提供了高速、低延迟的数据传输能力，而 AI 则赋予车辆感知环境、做出决策的能力。两者的融合不仅革新了交通出行方式，也为智慧城市建设和自动驾驶技术的进步奠定了基础。以下是 5G 与 AI 在智能汽车方面的应用与发展：

1. 实时数据处理与通信

5G 网络提供了超高速数据传输和低延迟，使得智能汽车能够实时处理大量数据，做出快速反应，这是自动驾驶的关键。

①超低延迟：5G 网络的低延迟（通常小于 10 ms）对自动驾驶至关重要，因为汽车需要在毫秒级别做出决策以保证安全。低延迟通信确保传感器数据、图像处理和控制指令能够在瞬间传输和执行。

②大带宽和高速传输：5G 网络的高带宽允许汽车从多种传感器（如激光雷达、摄像头、雷达）获得高分辨率数据，并实时上传到云端进行复杂计算和决策支持。

2. 边缘计算

边缘计算结合了 5G 和 AI，允许数据在离汽车较近的网络边缘进行处理，从而减少了延迟，提高了响应速度。

①本地 AI 处理：边缘计算设备可以在本地处理一部分数据和 AI 模型，从而降低了对中央云端处理能力的依赖。这在紧急情况下（如突然出现障碍物）尤为重要，因为需要即时反应。

②数据分流：通过边缘计算，智能汽车可以将紧急或高优先级数据在本地处理，同时将其他数据上传到云端进行长期分析和学习。

3. 车联网（V2X）通信

车联网指的是车辆与其他车辆（V2V）、基础设施（V2I）、行人（V2P）乃至云端平台（V2C）之间的互联通信。通过 5G 提供的稳定连接，车辆可以共享路况、天气预报、交通信号灯状态等信息，从而优化交通流量，减少拥堵。

①车辆间通信（V2V）：车辆之间可以通过 5G 网络实时共享信息，如行驶速度、位置和路径规划，避免碰撞和优化交通流量。

②车辆与基础设施通信（V2I）：智能汽车可以与交通信号灯、路侧单元等基础设施通信，获得实时交通信息和路况预警，从而提高行车安全和效率。

③车辆与行人通信（V2P）：通过 V2P 技术，车辆可以提醒行人注意安全，如在行人靠近车辆时发出警报声或闪烁警示灯。这种通信方式不仅提高了行人的安全性，还减少了因未注意到行人而导致的交通事故。

④车辆与云端通信（V2C）：通过 5G 与 AI 技术，智能汽车能够与云端进行高速通信，实现远程监控、软件更新和大数据分析，从而不断优化自动驾驶算法和用户体验。

4. 智能导航与路径规划

AI 结合 5G 技术可以大幅提升智能导航及路径规划的精度和效率，为自动驾驶提供可靠的决策支持。

①动态路径规划：AI 可以实时分析来自 5G 网络传输的交通数据，动态调整导航路径，以避开拥堵和事故区域，提升行车效率。

②高清地图更新：通过 5G 网络，自动驾驶车辆可以获得最新的高清地图数据，确保路径规划的准确性和可靠性。

5. 远程驾驶与监控

5G 和 AI 技术使得远程驾驶与监控成为可能，为自动驾驶汽车提供了额外的安全保障和应急措施。

①远程控制：在紧急情况下，通过5G网络，远程操作员可以立即接管自动驾驶汽车的控制权，进行人工干预或引导车辆到安全区域。

②实时监控：交通管理中心可以通过5G网络对城市中的所有智能汽车进行实时监控，优化交通管理，确保整体交通网络的顺畅运行。

然而，智能汽车的发展也面临一些挑战，如自动驾驶技术的可靠性、数据隐私和安全性问题需要进一步解决。未来，随着5G与AI技术的不断突破，智能汽车将成为更加智能、高效、安全的出行工具，改变我们的生活方式。

单元小结

本单元主要介绍了计算机网络的定义、分类、组成与结构、功能、特点及其发展历史，从而帮助我们认识到计算机网络在现代生活中的重要性。详细探讨了计算机网络的层次结构和工作方式，也深入剖析了网络协议和标准的内容与应用。

①计算机网络的定义：计算机网络是一种将多个计算设备通过有线或无线方式互联在一起的系统，旨在实现资源共享和数据通信，具有连通性、自主性、可靠性、高效性、多功能性。

②计算机网络的功能包括数据通信（节点之间的数据传输和交换）、资源共享（共享硬件设备、软件和数据资源）、分布式处理（多台计算机一起完成任务提高效率）、负载均衡（分散负载，提升性能和稳定性）、集中管理（统一管理网络资源和设备）、综合信息服务（电子邮件、文件传输、远程访问等功能）

③计算机网络的起源与发展：

- 面向终端的计算机网络：以大型中心计算机为核心，连接多个无自主处理能力的终端。代表性项目是SAGE系统。
- 分组交换网络：ARPANET的出现标志着分组交换技术的应用，以提升网络资源利用和传输效率，奠定了现代互联网的基础。
- 标准化阶段：引入X.25协议和OSI模型，为网络通信标准化奠定基础。IEEE 802系列标准推动了局域网技术的发展。
- 互联与高速发展阶段：万维网的普及和高速网络基础设施的发展，使互联网成为全球信息共享的重要平台。IPv6的引入应对了地址空间扩展的需求。
- 现代发展阶段：云计算、物联网和5G技术迅速崛起，推动了网络智能化和泛在化。网络安全和隐私保护日益重要，边缘计算和AI技术为未来网络发展提供了新的可能性。

④计算机网络的分类：

- 按覆盖范围：局域网（LAN）、城域网（MAN）、广域网（WAN）。
- 按拓扑结构：总线、星形、环形、树状、网状、混合。
- 按传输介质：有线网（双绞线、同轴电缆、光纤）、无线网（蓝牙、微波、无线电）。
- 按使用者：公用网、专用网。
- 按传输方式：点到点网络、广播式网络。

⑤计算机网络的组成与结构：

- 硬件：网络互联设备、计算机系统设备。
- 软件：网络操作系统、应用软件、网络管理软件。
- 协议：TCP/IP 协议族等。

⑥计算机网络的层次结构：
- OSI 七层模型：物理层、数据链路层、网络层、传输层、会话层、表示层、应用层。
- TCP/IP 四层模型：应用层、传输层、网络层、网络接口层。
- 五层模型：应用层、传输层、网络层、数据链路层、物理层。

习　题

1. 单选题

（1）计算机网络的主要目的不包括（　　）。

A. 数据通信　B. 资源共享　C. 信息销毁　D. 协同工作

（2）TCP 协议在建立连接时使用的是（　　）。

A. 两次握手　B. 三次握手　C. 四次挥手　D. 一次确认

（3）在网络层，负责数据包的路由和寻址的协议是（　　）。

A. TCP　B. UDP　C. IP　D. FTP

（4）当一台计算机发生故障时，其他计算机可以接管其任务的特性是（　　）。

A. 连通性　B. 自主性　C. 可靠性　D. 高效性

（5）局域网主要应用于（　　）。

A. 整个城市的网络　B. 跨国公司的连接

C. 办公室或校园内部网络　D. 电话通信网络

（6）在 OSI 七层模型中，负责数据物理传输的层是（　　）。

A. 网络层　B. 数据链路层　C. 应用层　D. 物理层

2. 多选题

（1）下列（　　）通常属于应用层协议。

A. HTTP　B. FTP　C. TCP　D. UDP

（2）从覆盖范围来看，计算机网络包括（　　）。

A. 局域网　B. 城域网　C. 广域网　D. 全球网

（3）下列属于 C 类 IP 地址的是（　　）。

A. 193.128.33.96　B. 202.197.48.296　C. 222.197.133.33　D. 190.48.96.7

（4）物理层的功能包括（　　）。

A. 实现按位传输　B. 实现按帧传输　C. 提供透明的比特流　D. 提供差错检验

（5）关于计算机网络，以下说法正确的是（　　）。

A. 网络传输介质分为有线和无线，有线介质主要有同轴电缆、红外线、光缆

B. 网络节点间进行通信所遵从的规则称为协议

C. 局域网中只能有一个服务器，PC 在安装系统软件后也可作为服务器

D. 无论是服务器或客户机，它们组成局域网时，均需各自安装一块网卡

3. 判断题

（1）UDP 协议提供面向连接的可靠数据传输。（　　）

（2）总线拓扑结构由于任何一点故障都会使整个网络瘫痪，因此不适用于大型网络。（　　）

（3）网络层的核心协议是 IP 协议。（　　）

（4）数据链路层实现了数据包的传输路径选择。（　　）

（5）使用交换机可以组建总线网络。（　　）

（6）交换机工作在网络层，并称为二层交换机。（　　）

4. 填空题

（1）城域网往往由许多大型________网组成。

（2）客户端指网络服务________，服务器指网络服务________。

（3）有线网是指采用________、________、________等有线介质来连接的计算机网络。

（4）TCP 协议的三次握手中，第二次握手是由________发送的 SYN-ACK 请求。

（5）TCP/IP 模型中，负责端到端数据传输的是________。

（6）常见的网络互联设备包括路由器、交换机和________。

5. 简答题

（1）简要说明计算机网络的定义及特点。

（2）列举并解释计算机网络的主要功能。

（3）简要说明城域网的特点。

（4）简要说明 TCP/IP 协议的层次。

（5）网络的基本拓扑结构有哪些，简要说明。

第5单元
程序设计基础

本单元我们从程序设计语言的全景开始，了解从机器语言的基础到汇编语言的逻辑，最后到高级语言的灵活与强大。数据结构如同程序的骨架，我们将揭示其基本概念、常见形式，以及如何在实际应用中大显身手。算法则是程序的灵魂，从概念的理解到设计与分析，再到经典应用，无不显示出算法的魅力。

然而，这一切不仅仅关于技术。程序设计的过程也是培养逻辑思维、批判性思维及创新精神的旅程。在求知和探索中，我们可以提升解决实际问题的能力，并深刻理解计算机科学带来的社会变革。

知识路径

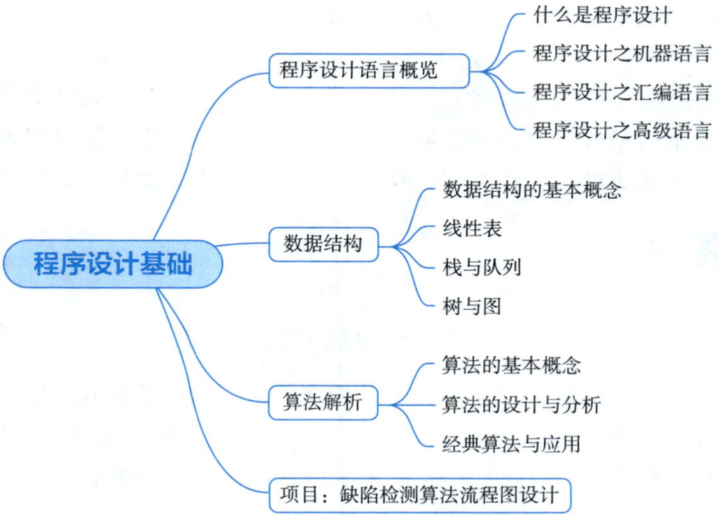

项目引入

李同学是一名人工智能专业的学生，在完成计算机基础课程后，他开始接触程序设计相关内容。为了更好地理解编程语言、数据结构和算法，他决定开发一个简单的缺陷检测系统，专注于瓶盖表面污点的检测。他希望通过该项目深入学习程序设计知识，并将其应用于解决实际的问题。

视频

缺陷检测介绍

对于瓶盖这类工业品，常见的缺陷包括但不限于表面污点或异物残留、形状不规则（如边缘破损）、颜色异常、材料缺陷（如气泡、裂纹）。本项目将重点放在表面污点检测上，设计缺陷检测算法流程图，对瓶盖表面的污点进行检测。通过本项目不仅可以帮助李同学加深对编程的理解，还能让他学习如何利用双层循环、递归和线性表等知识来构建高效的算法。

学习目标

【知识目标】

◎掌握数据结构与算法在程序设计中的意义。
◎了解程序设计的过程。
◎理解不同程序设计方法的原则与应用场景，如结构化编程、面向对象编程等。
◎了解高级语言、汇编语言和机器语言的基本概念。
◎理解数据、数据元素、数据项、数据对象及数据结构之间的关系。
◎熟悉线性表、栈、队列、树、图等基本数据结构的特点。
◎熟悉常见算法如冒泡排序、选择排序、归并排序、二分查找等的原理。
◎熟悉用自然语言、流程图描述算法的基本方法。

【技能目标】

◎熟练使用标准符号和工具，能够清晰地绘制流程图，展示算法执行流程。
◎掌握常见排序和查找算法原理，能够独立实现和优化。
◎熟练掌握线性表、栈、队列、树的基本操作。

【素质目标】

◎提升逻辑推理与分析问题的能力，能够通过严谨的逻辑步骤设计算法。
◎锻炼解决复杂问题的能力，通过数据结构与算法的应用增强解决问题的能力。
◎提升对程序和算法进行优化和创新设计的能力，促进高效软件系统的开发。

知识储备

5.1 程序设计语言概览

程序设计的本质在于理解“程序 = 数据结构 + 算法”。数据结构定义了数据的组织方式，算法决定了如何操作这些数据；程序则是算法的具体实现。优秀的算法确保程序高效运行，而合适的数据结构使算法得以有效执行，两者共同构建出高性能的软件系统。

5.1.1 什么是程序设计

1. 程序与程序设计

程序是指为解决某一问题而采用程序设计语言编写的一系列有序指令的集合。这些指令能够被计算机识别和执行。程序通常由代码、数据和资源文件组成，涉及语法、算法和数据结构。例如，一个简单的加法程序可以指导计算机将从键盘输入的两个数进行相加，并将结果存入变量中，最后显示在屏幕上。

程序设计是指通过编写、测试和维护计算机程序来解决问题或实现特定功能的过程。它包括确定问题的需求、设计算法、选择合适的编程语言、编写代码、调试和维护等步骤。程序设计不仅限于编写代码，还包括对问题进行分析、定义用户需求、描述数据结构和算法等。

例如，要设计一个瓶盖缺陷检测程序，其过程可以这样描述：

①需求分析：明确程序的功能是检测瓶盖上可能出现的缺陷，如裂纹、变形或污点等，并将有缺陷的瓶盖从生产线中移除。

②算法设计：例如，使用循环遍历瓶盖图像的每个像素，检查是否存在异常的颜色。使用递归算法形成污点连通域。

③数据结构选择：选择合适的数据结构来存储图像数据、检测结果，如线性表。

④编程与硬件集成：使用编程语言（如 Python）实现算法。

⑤调试和测试：运行程序并检查其是否按预期工作，修正可能存在的错误。

通过以上流程，我们可以构建一个简单的瓶盖缺陷检测系统。对于复杂的缺陷检测系统，检测算法常使用卷积神经网络等深度学习方法，数据结构也要更复杂，如数组、矩阵或树结构。

场景演绎　程序与程序设计

可以将程序和程序设计类比为一栋房子和建造房子的过程：

程序就像是一栋建成的房子。这是最终的实体，可以直接使用。无论是一个手机应用、一个网页还是一个桌面软件，它们都是程序完成后的产物，能够执行特定的功能。

程序设计则像是建造这栋房子的过程。从一开始的蓝图设计、选材、打地基，到墙体框架的建造、细节的完善和最后的装修，程序设计包括了构思、规划、编码、调试和测试的各个环节。它是一种系统化的方法，确保房子（程序）能符合预期功能和质量标准。

2. 程序设计方法

程序设计方法是指程序开发过程中采用的策略和原则，用以提高程序的可维护性、可扩展性和效率。常见的程序设计方法包括结构化编程、面向对象编程、函数式编程、事件驱动编程、模块化编程。

（1）结构化编程

结构化编程是一种编程范式，核心思想是使用自顶向下和逐步求精的方法，通过顺序、选择和循环等基本结构编写程序。

结构化编程有诸多优点：可以提高程序的可读性，使程序更易于理解和维护；便于调试和修改，简化故障排查过程；可以减少逻辑错误的发生，因为控制流是线性的；可以提高开发效率，通过模块化设计实现代码重复利用，节省开发时间。

结构化编程适用于各种编程语言，如 C 语言、Pascal、Ada 等。不论是大型还是小型程序，结构化编程都是编写高质量程序的基本原则。尽管如此，它也存在一些局限性，如缺乏信息隐藏和封装，并且需要仔细规划程序结构，以避免使用 goto 语句。

知识拓展　什么是 goto 语句

goto 语句是一种编程语言中的控制流语句，它的作用是让程序立即跳到某个特定的代码行，并从那里继续执行下去。这种跳转是无条件的，也就是说，无论当前程序的状态如何，都会直接跳转到指定的位置。

过度使用 goto 语句会使程序的逻辑变得复杂和难以理解，因此不推荐使用。在现代编程实践中，更倾向于使用结构化编程方法，如循环、条件语句等来控制程序流程。

①结构化编程的基本原则：

- 自顶向下，逐步求精：将复杂的问题分解成更小的子问题，从整体程序结构出发，逐步细化到具体模块，确保每个阶段处理的问题都控制在人们容易理解和处理的范围内。
- 模块化设计：将程序分解为多个独立的模块，每个模块完成特定功能，最后组装起来。
- 结构化编码：使用顺序、选择和循环结构进行编码，确保程序结构清晰，使程序易于理解和维护。

②结构化编程的三种基本结构：

一是顺序结构。顺序结构表示程序中的各操作是按照它们出现的先后顺序执行的。在这种结构中，程序的执行流程是线性的，每条语句按照自上而下的顺序依次执行，这种结构的程序设计最为简单，只要按照解决问题的顺序写出相应的语句即可。比如，计算两个数的和，输入 A=10，B=5，C=A+B；然后输出 C 即可，得到结果 15。顺序结构的流程图如图 5-1 所示。

二是选择结构。选择结构允许程序根据某些条件来决定执行哪一部分代码，从而增加了程序的灵活性和复杂性。常见的选择结构包括单分支选择结构、双分支选择结构、多分支选择结构。

单分支选择结构：如果条件为真，则执行特定的代码块。比如，判断一个数是否为正数，输入 A=10，判断 A > 0 是否成立，成立则输出是正数，不成立则结束程序。单分支选择结构的流程图如图 5-2 所示。

双分支选择结构：如果条件为真，则执行第一个代码块；否则，执行第二个代码块。比如，判断一个数是否为正数，条件成立则输出是正数，条件不成立则输出不是正数。双分支选择结构的流程图如图 5-3 所示。

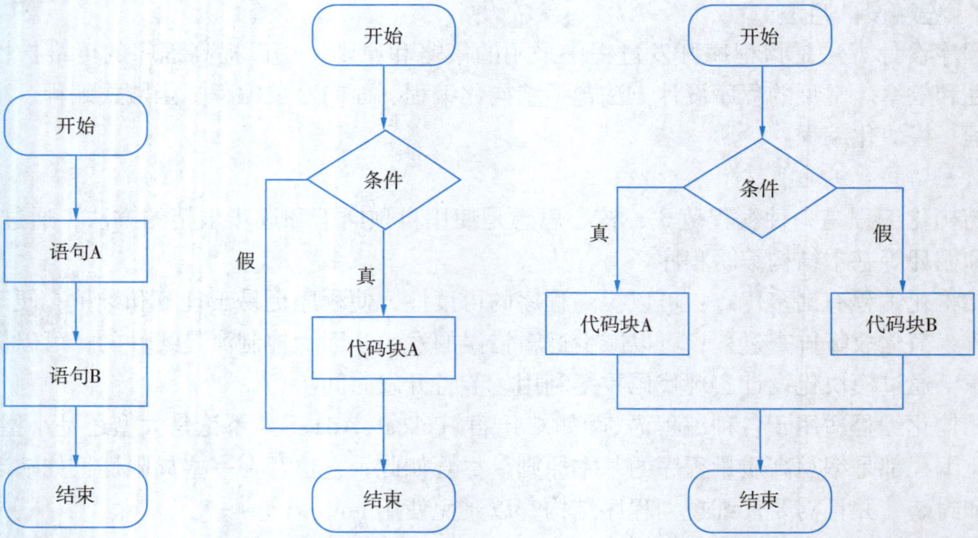

图 5-1 顺序结构　图 5-2 单分支选择结构　图 5-3 双分支选择结构

多分支选择结构：多个条件依次判断，选择执行对应的分支。如果没有条件满足，则执行最后的代码块。比如，评定成绩的等级：90 ≤成绩，评级 A；80 ≤成绩< 90，评级 B；70 ≤成绩< 80，评级 C；60 ≤成绩< 70，评级 D；成绩< 60，评级 E。多分支选择结构的流程图如图 5-4 所示。

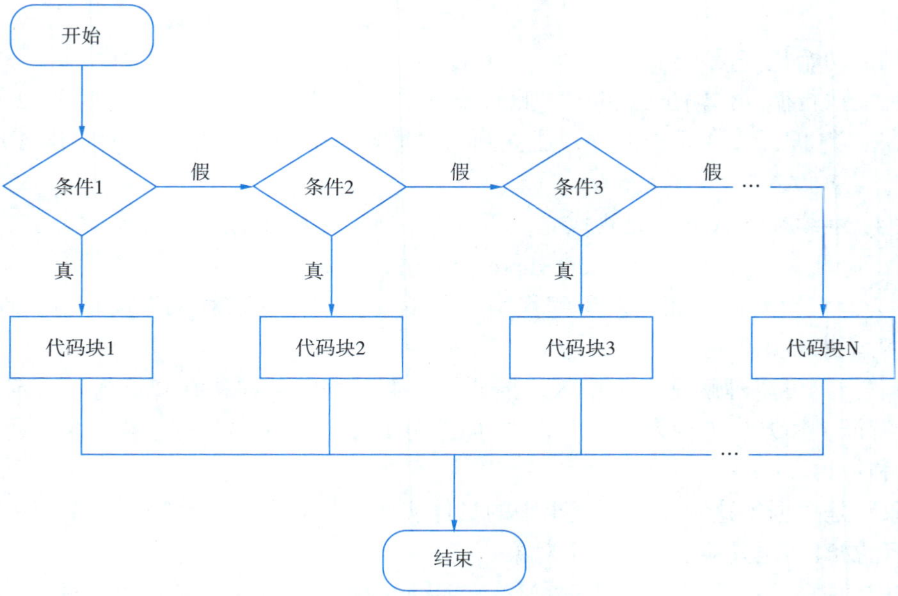

图 5-4 多分支选择结构

三是循环结构。循环结构允许程序重复执行某一段代码，直到满足某个条件为止。循环结构的基本形式主要有两种：当型循环和直到型循环。

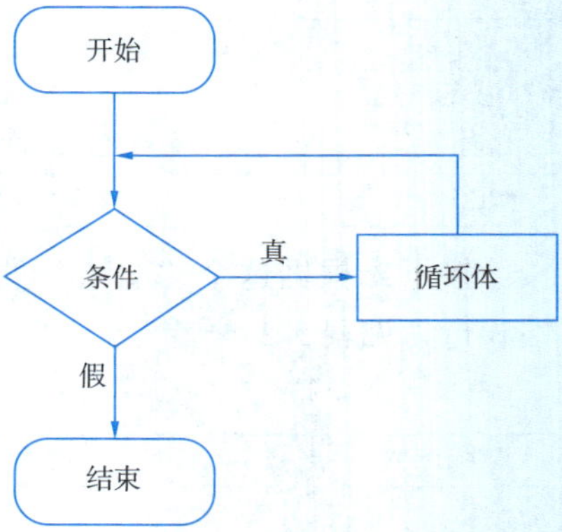

图 5-5 当型循环

当型循环：这种循环首先判断条件是否满足，如果条件为真，则执行循环体内的操作；如果条件为假，则终止循环。当型循环的特点是先判断后执行。当型循环的流程图如图 5-5 所示。

比如，依次输出数字 1、2，当型循环的执行流程如下：

步骤 1：初始化变量 A=1。

步骤 2：判断 A ＜ 3 是否成立，成立则执行循环体输出 A 的值(此时输出 1)，并进行 A++ 操作，此时 A=2。(A++ 表示 A 进行自增，每次增加 1)。

步骤 3：继续判断 A ＜ 3 是否成立，成立则执行循环体输出 A 的值（此时输出 2），并进行 A++ 操作，此时 A=3。

步骤 4：继续判断 A ＜ 3 是否成立，不成立则跳出循环并结束。

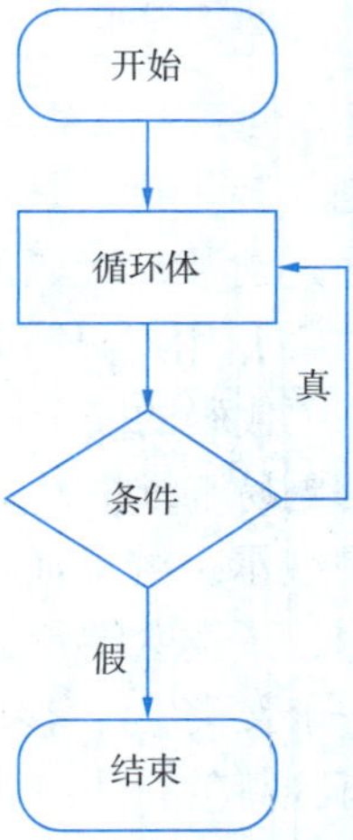

图 5-6 直到型循环

直到型循环：这种循环与当型循环相反，它先执行循环体内的操作，然后再判断条件是否满足。如果条件为真，则继续执行循环体；如果条件为假，则终止循环。直到型循环的特点是先执行后判断。直到型循环的流程图如图 5-6 所示。

比如，依次输出数字 1、2，直到型循环的执行流程如下：

步骤 1：初始化变量 A=1。

步骤 2：执行循环体输出 A 的值（此时输出 1），并进行 A++ 操作，此时 A=2。

步骤 3：判断 A < 3 是否成立，成立则执行循环体输出 A 的值（此时输出 2），并进行 A++ 操作，此时 A=3。

步骤 4：继续判断 A < 3 是否成立，不成立则跳出循环并结束。

（2）面向对象编程（object-oriented programming，OOP）

①什么是面向对象。面向对象编程是一种编程范式，它以对象为核心组织程序结构，并以类和对象来描述事物。

其中“类”可以理解是一个模板，描述了一类事物的共同特性和行为。它定义了事物的属性（特征）和方法（行为）。比如，“动物”可以看成一个类。这个类包含了所有动物的共同特征和行为。

“对象”是根据类这个模板创建出来的具体实例。当我们用“动物”这个模板来描述具体的某只动物时，这只动物就是一个对象。

例如“动物”类，作为一个类，它有一些共同的特性（属性）和行为，见表 5-1。

表 5-1 “动物”类的属性和方法

属性（特征）		方法（行为）	
种类：	狗、猫、兔子等	吃饭：	可以吃食物
名字：	旺财、咪咪、小白等	睡觉：	可以休息
颜色：	白色、黑色、棕色等	叫声：	狗会汪汪叫，猫会喵喵叫

接下来根据这个“动物”类创建具体的对象。比如，你有一只小狗和小猫，它们的属性和行为见表 5-2。

表 5-2 对象的属性和方法

属性和行为	对 象 A	对 象 B
属性	种类：狗 名字：旺财 颜色：棕色	种类：猫 名字：咪咪 颜色：白色
行为	旺财可以吃饭、睡觉、汪汪叫	咪咪可以吃饭、睡觉、喵喵叫

②面向对象的三个特点。

一是封装。封装是指把对象的属性和方法包裹起来，使得对象的内部实现细节对外界隐藏。通过封装，代码的具体实现被隐藏，只暴露必要的接口供外部使用。比如，一台电视机（对象），用户只需会使用遥控器（方法）即可，而无须了解其内部的复杂电路（属性）。封装提高了代码的安全性，使数据只能通过规定的接口访问，从而防止异常修改。同时，封装使代码更易于维护，即使内部实现发生变更，也不会影响外部代码。

二是继承。继承通过在一个新类中使用现有类的特性，以创建一个更特殊的类。在继承过程中，子类会继承父类的所有属性和方法，同时还可以新增自己的属性和方法。比如，动物是一个父类，具有基本特性如运动、呼吸。猫和狗是动物的子类，继承动物的基本特性，同时拥有独特的行为，如“喵喵叫”或“汪汪叫”。继承实现了代码重用，避免了在每个子类中重复实现通用代码，同时提高了扩展性，使子类能够在继承基础上进行扩展。

三是多态性。多态性允许对象在不同场景中以不同的形式表现。多个对象可以通过同一个操作或方法，根据其类型不同而产生不同的效果。比如，定义一个“叫（MakeSound）”接口，不同的动物以各自的方式实现这个接口的 makeSound() 方法。狗实现 makeSound() 方法，发出“汪汪叫”；猫实现 makeSound() 方法，发出“喵喵叫”。多态性增强了代码的灵活性和可扩展性，使代码可以通过相同的接口应用于不同的对象，从而简化实现和维护。

③面向对象的优点。

一是模块化。这意味着可以将程序划分为多个相对独立的模块（或对象），每个模块负责一个特定功能。这种结构使得复杂程序更易于管理和设计。模块化使团队合作更简单，不同人员可以并行开发不同模块。

二是重用性。面向对象非常强调代码重用。通过使用类和对象，能够极大减少重复代码，提高开发效率。比如，一个类定义好后，可以创建无数个实例对象，从而提高代码的复用程度。

三是可维护性。面向对象使得代码更易于理解和维护。由于封装性的实现，各模块可以相对独立地进行调试和修改。如果某个模块需要修改，不会影响其他模块的正常运作。

四是灵活性和扩展性。通过继承和多态，软件系统可以很方便地扩展和修改。在不影响现有代码的情况下，添加新功能更为容易。比如，添加一个新的动物类“企鹅”，可以在不影响现有动物类的情况下实现“游泳”的特性。

④面向过程与面向对象。面向过程也是一种编程范式，它把程序看作一系列步骤或过程，这些过程按顺序执行以完成某个任务。

下面我们通过经营一家餐厅的例子来进一步解释面向过程和面向对象这两种编程范式的区别。

在面向过程的餐厅管理中，你需要手把手地处理餐厅运营中的每一个细节，如图 5-7 所示。

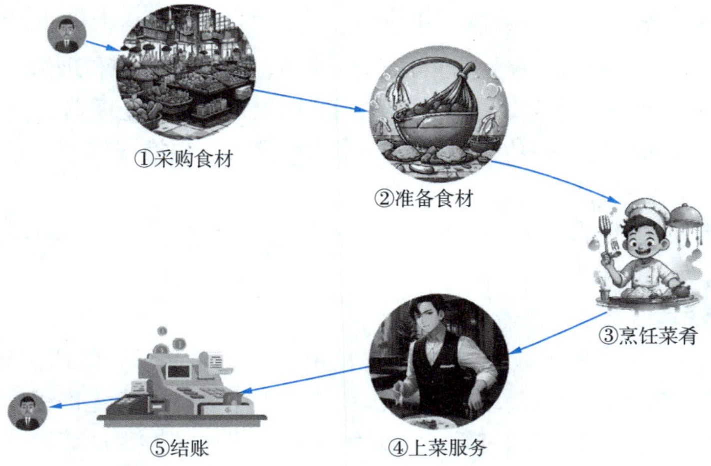

图 5-7　面向过程的餐厅管理

在这种方式下，你要亲自经历每一个步骤，所有操作都是线性、有序的。每一件事情都必须依次完成，不能跳过某一个步骤。这种方式简单明了，非常适合简单的任务。

在面向对象的餐厅管理中，你会雇佣不同身份的员工来处理餐厅的各个环节，每个员工都有自己的职责和任务，如图 5-8 所示。

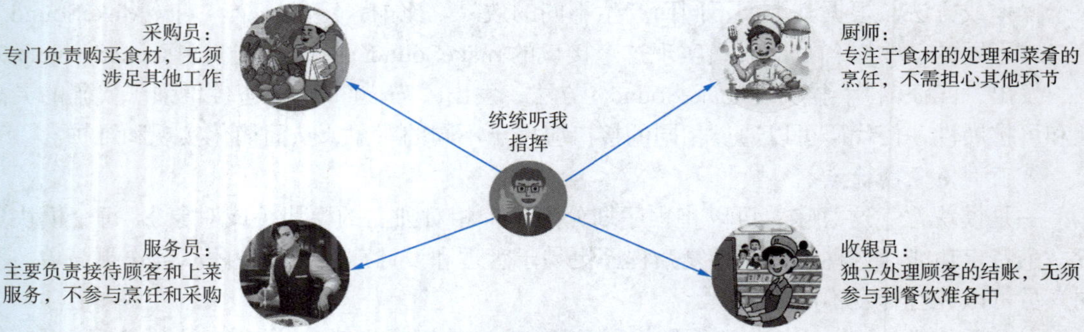

图 5-8　面向对象的餐厅管理

在这种方式下，每个员工（对象）都有自己明确的角色和职责，互不干涉却又紧密协作。这样一来，即使餐厅要增加新菜品，也只需让厨师学习新菜谱，而不影响采购员、服务员和收银员的工作。这种方式更具灵活性和扩展性，非常适合复杂业务环境。

（3）函数式编程

函数式编程是将计算机运算视为数学上的函数计算。在这种范式中，所有操作都是通过“函数”来实现的，而这些函数不依赖外部状态或变量。

比如，一台豆浆自动制作机器，用户选择一种豆浆类型，制作机在内部完成制作流程后提供一杯豆浆。相同的选择每次都会产生相同的豆浆，而这过程完全独立于外部因素。

（4）事件驱动编程

事件驱动编程是一种程序执行流程由事件触发的编程范式。事件可以是用户的操作（如点击按钮）、消息传递、定时器、传感器数据等。当事件发生时，相应的处理代码就会被执行。比如，当按下开灯按钮（事件），灯就会亮起来（响应事件）。

（5）模块化编程

模块化编程是将大的程序分解成多个独立的、可重用的部分（模块）的编程范式。每个模块都是一个相对独立的功能单元，可以单独开发、测试、维护和理解。

比如组装一台计算机。你可以准备好各个独立的模块，如处理器、内存、硬盘、显卡和电源等。每个组件都是独立的功能单元，可以单独升级、更换或修复。最终将这些组件组合起来，组装成一台完整的计算机。

选择适当的程序设计方法通常取决于项目的目标、规模、复杂度和特定需求，正确的方法能显著提升开发效率和软件质量。

3. 程序设计语言

程序设计语言是一种用于描述计算机程序的语言，它定义了一组语法规则和语义规则，用于表示和传达计算机程序的逻辑结构和操作步骤。程序设计语言允许程序员以可读性强的方式编写计算机程序，并且能够通过编译器或解释器将程序转换为计算机能够理解和执行的机器语言指令。

程序设计语言的发展经历了从机器语言、汇编语言到高级语言的演变。机器语言是直接用二进制代码表示的指令来编写程序的方法。汇编语言是一种使用助记符表示机器指令的操作码，并允许使用十进制、十六进制或二进制数表示操作数的编程语言。而高级语言使得编程更加面向人而非机器，简化了开发过程。常见的高级语言包括 C、C++、Java、Python 等。高级语言使得程序员可以专注于逻辑与算法，而不必过多关注底层硬件细节。

程序设计语言的层次性或级别特性明显，可分为低级语言和高级语言。低级语言可分为机器语言与汇编语言，而高级语言则包括各种符号、结构和语法，旨在更便于人类编程和理解。这种层次性使得程序员可以根据不同的需求选择合适的语言进行开发。

常用的程序设计语言包括但不限于以下几种：

① C 语言：结构化式编程语言，适合系统编程。

② Java：面向对象语言，广泛用于企业级应用、Android 开发及 Web 应用开发。

③ Python：以其简洁易读的语法和丰富的标准库而闻名，适合快速开发、数据分析和人工智能领域。

④ JavaScript：用于 Web 开发，支持前端和后端。

⑤ C++：扩展了 C 语言，支持面向对象编程，适合高性能应用。

⑥ Ruby：面向对象语言，语法简洁，常用于 Web 开发。

5.1.2　程序设计之机器语言

机器语言是计算机硬件和软件沟通的基础，是计算机能够直接执行的一种低级编码语言，由一系列二进制数（0 和 1）组成。这种语言是计算机最原始的语言形式，也是第一代计算机语言。机器语言的指令集称为机器码，是 CPU 可直接解读的数据和指令。

机器语言指令由一系列二进制代码组成，每条指令通常包含两个主要部分：操作码和操作数。操作码指示计算机需要执行的具体操作，如加法、减法等；操作数则指定操作的对象，即参与操作的数据本身或其在内存中的地址。

机器语言具有以下特点：

①高效性：与高级语言相比，机器语言由于不需要翻译或解释，程序可以直接被 CPU 执行，因此执行效率高。

②依赖性：机器语言高度依赖特定的计算机硬件和指令系统。不同的计算机型号有不同的机器语言，因此编写在一种计算机上运行的机器语言程序通常不能在另一种计算机上运行。

③复杂性：机器语言难以记忆和阅读，编写和调试程序非常烦琐且容易出错。

④低级性：机器语言是一种低级语言，程序员需要了解详细的硬件结构和指令系统才能编写和理解程序。

在现代计算机系统中，机器语言的角色和重要性发生了显著变化。高级编程语言因其易用性和可读性已成为主流，但机器语言在特定领域仍然发挥着重要作用。例如，在嵌入式系统、硬件驱动开发和操作系统内核编写等领域，机器语言由于其直接性和高效性，仍然是不可或缺的工具。以下是机器语言的一些典型应用场景：

①嵌入式系统：如智能手表、微波炉控制板，这些设备资源有限，通常直接使用机器语言或汇编语言编写程序。

②操作系统内核：虽然操作系统大部分代码使用 C/C++ 等高级语言编写，但底层驱动和关键模块往往采用机器语言或汇编语言以提升效率。

③性能优化：在高性能计算和游戏编程中，关键的性能瓶颈部分可能使用机器语言编写以获得最优性能。

5.1.3 程序设计之汇编语言

汇编语言是介于机器语言和高级编程语言之间的一种编程语言。与晦涩难懂的机器码相比，汇编语言使用更易读的符号和标签来代表机器指令，这使得代码的编写和理解相对简单一些。不过，它依然需要程序员对计算机硬件有较深的了解。

1. 汇编语言的特点

①低级语言：汇编语言是低级编程语言之一，与硬件直接对接，每条指令映射到机器语言中的一条或几条指令。

②符号化表示：汇编语言用符号（助记符）来表示机器指令，如 MOV 表示数据移动、ADD 表示加法运算等。

③高度依赖体系结构：不同的计算机处理器（CPU）有不同的指令集体系结构，因此不同的处理器使用不同的汇编语言。例如，x86 架构和 ARM 架构的汇编语言就不同。

④高效执行：汇编语言编写的程序由于直接控制硬件，通常执行效率较高。

2. 基本要素

汇编语言的基本要素包括：助记符，它们是机器指令的简写；操作数，指令的目标数据；标签，用于标识程序位置以支持跳转；伪指令，用于提供汇编器命令而不是实际指令；注释，以分号开始，用来解释代码；寄存器，用于临时存储数据和指令。这些要素帮助程序员更清晰地编写与硬件直接交互的程序。

（1）指令

汇编语言的核心是指令，每条指令通常包括操作码（如加法 ADD、减法 SUB、数据传输 MOV 等）和操作数（可以是寄存器、内存地址、立即数）。

一个简单的汇编指令示例：

```
MOV AX, 5
```

MOV 表示从源位置移动数据到目标位置。AX 是目标操作数，指的是一个特定的寄存器。5 是源操作数。整个指令的含义是把数值 5 传送到 AX 寄存器中，执行这条指令后，AX 寄存器中的值将变成 5，这是一条基础的赋值操作。

（2）寄存器

寄存器是 CPU 中的高速存储单元，用于存储指令执行过程中的操作数。常见的寄存器见表 5-3。

表 5-3　常见的寄存器

名　称	描　述
通用寄存器	可用于多种用途，如存储临时数据、计数、地址等。例如，AX、BX、CX、DX 等
特殊寄存器	具有特定功能的寄存器，如堆栈指针（SP）、基址指针（BP）等
状态寄存器	存储处理器运行状态的信息，如标志寄存器（FLAGS）

3. 常用指令

汇编语言是直接依赖计算机的指令集，不同类型的处理器有不同的指令集。常见的指令包括数据传输、算术运算、逻辑运算和控制指令。

（1）数据传输指令

数据传输指令用于在寄存器之间、寄存器和内存之间传输数据。常用的指令包括：

① MOV 指令：数据传输指令，将数据从一个位置传输到另一个位置。

```
MOV AX, BX ; 将BX寄存器中的值复制到AX寄存器
MOV AX, [1234h] ; 将内存地址1234h中的值复制到AX寄存器
MOV [1234h], AX ; 将AX寄存器中的值复制到内存地址1234h
```

② XCHG 指令：交换指令，用于交换两个操作数的值。

```
XCHG AX, BX ; 交换AX和BX寄存器中的值
```

（2）算术和逻辑指令

算术和逻辑指令用于执行基本的数学和逻辑运算，如加法、减法、逻辑与、逻辑或等。常用的指令包括：

① ADD 指令：加法指令，用于将两个操作数相加。

```
ADD AX, BX ; AX = AX + BX
```

② SUB 指令：减法指令，用于将一个操作数从另一个操作数中减去。

```
SUB AX, BX ; AX = AX - BX
```

③ AND 指令：与运算指令，用于进行位逻辑与运算。

```
AND AX, BX ; AX = AX & BX
```

④ OR 指令：或运算指令，用于进行位逻辑或运算。

```
OR AX, BX ; AX = AX | BX
```

⑤ XOR 指令：异或运算指令，用于进行位逻辑异或运算。

```
XOR AX, BX ; AX = AX ^ BX
```

（3）控制流指令

控制流指令用于改变程序的执行顺序，如跳转指令、循环指令和调用指令。常用的指令包括：

① JMP 指令：无条件跳转指令，用于跳转到程序中的其他位置。

```
JMP LABEL ; 跳转到LABEL位置继续执行
```

② JZ 指令：条件跳转指令，如果标志寄存器中的零标志（ZF）被设置，则跳转。

```
JZ LABEL ; 如果ZF=1则跳转到LABEL
```

③ CALL 指令：调用指令，用于调用子程序。

```
CALL SUBROUTINE ; 调用子程序SUBROUTINE
```

④ RET 指令：返回指令，用于从子程序返回主程序。

```
RET ; 从子程序返回
```

4. 汇编语言的优缺点

汇编语言具有显著的优点，其中包括高效性、灵活性和对低级硬件的访问能力。由于汇编语言编写的程序直接与硬件交互，执行速度非常快，因此非常适合对性能要求高的应用。程序员可以直接控制硬件，充分发挥硬件的性能，这使得汇编语言特别适用于编写操作系统、驱动程序等需要直接访问硬件的底层软件。

然而，汇编语言也有一些缺点。首先，它的语法相对复杂，编写和调试程序需要较多的时间和经验，这提高了学习和使用的难度。此外，汇编语言的可移植性较差，因为它依赖特定的处理器架构，不同平台需要使用不同的汇编代码。与高级语言相比，汇编语言编写代码的时间更长，整体开发效率较低，进一步限制了其广泛应用。

尽管现代编程通常使用高级编程语言，汇编语言仍然值得学习。它能帮助你更好地理解计算机硬件和软件的交互，深入认识计算机体系结构、寄存器和内存管理等知识。掌握汇编语言可以让你更有效地优化程序性能，尤其是在编写需要高效执行的底层代码时。在操作系统开发、嵌入式系统编程和驱动程序编写等领域，汇编语言依然具有不可替代的作用。

5.1.4 程序设计之高级语言

1. 高级语言介绍

高级语言是指抽象程度高、接近人类自然语言和数学表达的编程语言。它让编程更直观、易懂，相较于汇编语言和机器语言，高级语言不需要直接操作硬件，而是通过编译器或解释器将代码转换为机器能理解的指令。高级语言的特点如图 5-9 所示。

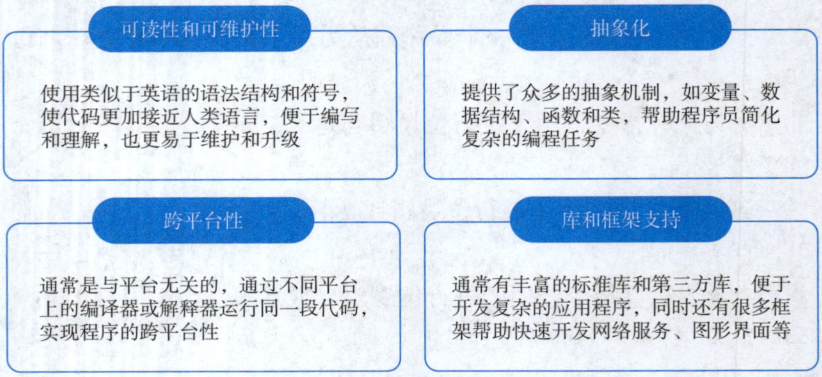

图 5-9　高级语言的特点

2. 高级语言的历史与发展

20 世纪 50—60 年代：第一代高级语言 Fortran 和 Lisp 诞生，前者主要用于科学计算，后者侧重于人工智能研究。

20 世纪 70 年代：出现了 C 语言，其后 C++ 将面向对象编程引入高级语言领域。

20 世纪 90 年代：Java 语言引入了“一次编写，到处运行”的概念，极大地促进了跨平台应用的开发。

进入 21 世纪至今：Python、JavaScript 等语言流行开来，得益于其易用性和强大的生态系统，它们在各种应用领域得到广泛应用。

3. 高级语言的分类

根据编程语言执行方式的不同，可以将高级语言分为解释型语言和编译型语言，它们的主要区别在于代码如何被计算机理解和执行。

（1）解释型语言

解释型语言在运行时逐行读取和执行代码，不需要事先将整个程序转换为机器语言，解释器负责将代码翻译成计算机可以执行的指令。就像一个同声传译员，在会议中实时翻译每句话。

解释型语言具有高度的灵活性，因为代码可以快速测试和修改，无须重新编译即可见效。这种语言具有跨平台的优势，只需适配目标平台的解释器即可运行相应的代码。然而，解释型语言的性能较低，因为每次运行时都需要将代码进行翻译，这使得执行速度较为缓慢。此外，由于错误是直到执行该行代码时才会被发现，解释型语言容易在运行时出现错误。

（2）编译型语言

编译型语言在执行前需要通过编译器将整个程序转换为机器语言（可执行文件）。只有完成编译后，程序才能运行。就像拍摄一部电影的过程，所有的拍摄、剪辑和制作工作必须全部完成，才能最终制作成电影并在影院上映。

编译型语言具有较高的性能，因为程序在执行时是以机器语言运行的，因此速度更快。此外，编译过程中可以提前发现许多语法错误，这有助于提高代码的正确性。然而，编译型语言的开发周期较长，因为每次修改代码后都需要重新编译。此外，生成的可执行文件通常是针对特定平台的，这使得编译型语言的可移植性较差。

4. 高级语言的工作原理

高级语言需要通过编译器或解释器将源代码转换为机器码，其工作过程有以下几个关键步骤：

（1）编写代码

比如，用 Python 语言实现两个数相加，其代码如下：

```
a = 12     # 定义变量a，值为12
b = 4      # 定义变量b，值为4
c=a+b      # 定义变量c，值为a和b的和
print(c)   # 输出变量c，16
```

（2）代码编辑器 / 集成开发环境（IDE）

程序员通常在代码编辑器或 IDE 中进行编码，同时这些工具也提供语法高亮、自动补全、调试等功能，帮助程序员提高写代码的效率和准确性。比如，Visual Studio Code（VS Code，开源、跨平台、支持多种编程语言）、PyCharm（专为 Python 开发设计）、IntelliJ IDEA（支持 Java 及其他多种语言）、WebStorm（专注于 JavaScript 和前端开发）等。

（3）编译或解释

高级语言的源代码需要被转换成机器语言（机器码），才能运行在计算机硬件上。这个过程依赖编译器或解释器，而不同语言可能采用不同的方式：

①编译器（compiler）：将整个源代码一次性翻译成机器码，生成一个可执行文件。典型的编译型语言有 C、C++、Java（Java 先编译成字节码，然后由 JVM 解释执行）。

②解释器（interpreter）：逐行读取源代码，并即时翻译和执行。这意味着每次运行程序时都需要解释器。典型的解释型语言有 Python、JavaScript、Ruby 等。

（4）连接和加载（对于编译型语言）

编译器生成的机器码通常分成多个目标文件。连接器将这些文件和需要的库结合起来，生成最终的可执行文件。加载器再将可执行文件加载到内存中准备执行。

（5）执行

最终的机器码由计算机的中央处理器（CPU）执行。机器码是计算机硬件可以直接理解和执行的二进制指令。

图 5-10 所示为高级语言的工作原理。

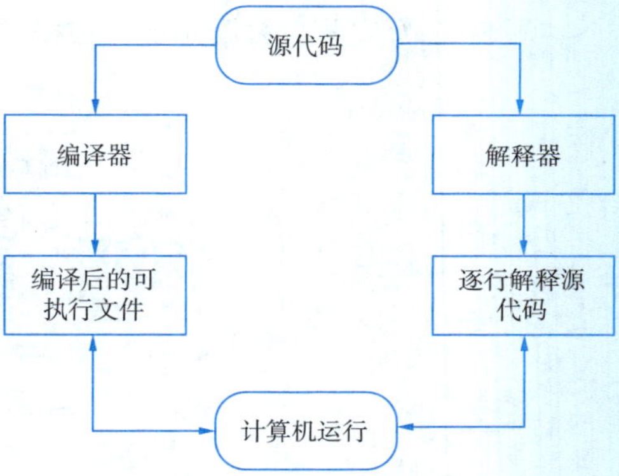

图 5-10　高级语言的工作原理

5.2 数据结构

数据结构是计算机科学中的一个重要概念，用于组织和存储数据，以支持高效的访问和修改。它是算法实现的基础，直接影响程序的性能和效率。选择合适的数据结构可以优化资源使用，简化代码，并加速开发过程。

5.2.1 数据结构的基本概念

1. 什么是数据结构

数据结构描述了数据元素之间的逻辑关系和组织形式。在计算机程序中，数据结构不仅涉及数据的存储方式，还包括数据元素之间的相互关系，以及对这些数据进行操作的方法。

数据结构的核心概念包括数据、数据元素、数据项、数据对象、数据结构。

①数据：能够被计算机识别、存储和处理的符号集合。它可以是数值、字符、图像、声音等。例如，在瓶盖缺陷检测系统中（见图 5-11），所有瓶盖的图像、检测到的缺陷类型（如裂纹、变形、污点）、生产批次编号等信息都可以被视为数据。

一个数据项

缺陷类型	位置坐标(X,Y)	严重程度	图像路径	生产批次编号	检测日期
裂纹	(25,40)	中等	images/defect_001.png	PB20241201	2024-12-10
污点	(80,60)	轻微	images/defect_002.png	PB20241201	2024-12-10
变形	(35,75)	严重	images/defect_003.png	PB20241202	2024-12-11

数据对象

一个数据元素

图 5-11 数据项、数据元素、数据对象

②数据元素：数据的基本单位，在计算机程序中通常作为一个整体进行考虑和处理。一个数据元素可以由若干数据项组成。例如，一个瓶盖的检测结果（如图像、缺陷类型、位置坐标、严重程度等）可以被视为一个数据元素。

③数据项：构成数据元素的不可分割的最小单位，具有独立的含义。例如，在瓶盖检测结果中，“图像路径”“缺陷类型”“位置坐标”“严重程度”等都可以被视为数据项。

④数据对象：一类性质相同的数据元素的集合。例如，所有经过检测的瓶盖记录及其相应的缺陷信息可以被视为一个数据对象。

⑤数据结构：在瓶盖缺陷检测系统中，检测信息的组织形式（如线性表、树形结构等）就是一种数据结构。

图 5-12 为数据、数据元素、数据项、数据对象之间的关系。

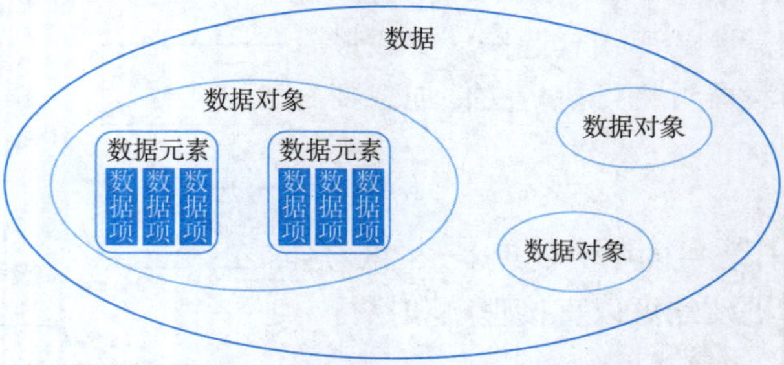

图 5-12 数据结构各元素之间的关系

2. 数据的逻辑结构

数据的逻辑结构是指数据元素之间的逻辑关系，它描述了数据之间的结构化信息，与数据在计算机中的存储位置无关。根据数据元素之间关系的不同特性，数据的逻辑结构可以分为表 5-4 所示的几种主要类型。

表 5-4　数据的逻辑结构分类

类　型	描　述
集合结构	数据元素之间没有任何关系，即每个数据元素仅仅“同属于一个集合”，没有前后顺序或层次关系
线性结构	数据元素之间存在一对一的关系，形成一个有序序列。每个元素（除第一个和最后一个外）都有一个直接前驱和一个直接后继
树形结构	数据元素之间存在层次关系（一对多关系），即每个数据元素最多有一个直接前驱（父节点）和多个直接后继（子节点）。树形结构通常用于表示具有层次关系的数据，如文件系统中的目录结构
图状结构（或网状结构）	数据元素之间存在多对多的关系，即每个数据元素可以有多个前驱和多个后继。图状结构由节点和边构成，反映了复杂的网络关系

表 5-4 中的四种结构对应的图示如图 5-13 所示。

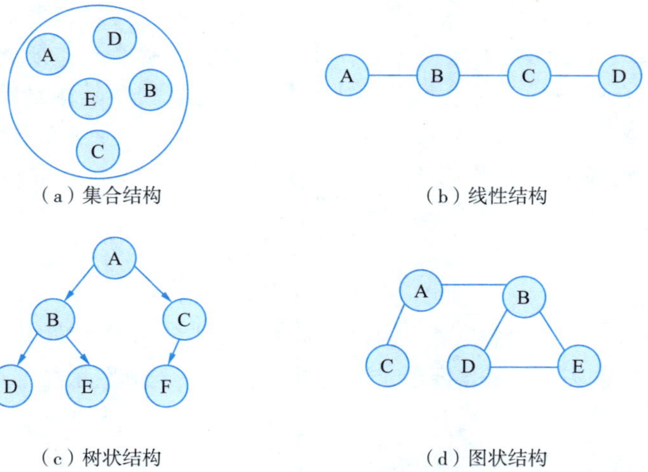

图 5-13　集合、线性、树状、图状结构示意图

3. 数据结构分类

数据结构可以按逻辑结构和存储结构来分类。按照逻辑结构可以分为线性数据结构和非线性数据结构。按照存储结构可以分为顺序存储结构、链式存储结构、索引存储结构、散列存储结构。

（1）按逻辑结构分类

①线性数据结构：适用于顺序访问或处理的数据，元素按线性顺序排列。常见的线性数据结构有线性表、栈、队列。

②非线性结构：是指数据元素之间的关系不按顺序排列，而是形成一种层次或者网状的结构。常见的非线性数据结构包括树和图。

（2）按存储结构分类

①顺序存储结构：这种存储结构将逻辑上相邻的数据元素存储在物理位置相邻的存储单元中。例如，数组就是一种典型的顺序存储结构，它通过下标来访问元素，具有随机存取的特点。

②链式存储结构：链式存储结构通过指针来表示数据元素之间的逻辑关系，不要求逻辑上相邻的元素在物理位置上也相邻。例如，链表就是一种链式存储结构，每个节点包含数据部分和指向下一个节点的指针。

③索引存储结构：索引存储结构除了存储数据元素外，还建立附加的索引表来标识数据元素的地址。这种结构可以提高数据检索的速度，但会占用额外的存储空间。

④散列存储结构：散列存储结构根据数据元素的关键字直接计算出其存储地址，从而实现快速查找、插入和删除操作。然而，如果散列函数设计不当，可能会导致数据冲突。例如，哈希表就是一种散列存储结构。

学习助手　数据的逻辑结构和数据结构分类的逻辑结构

数据的逻辑结构是关于数据元素之间关系的抽象概念，而数据结构分类中的逻辑结构则是将这种抽象概念应用到具体的实现中，用于区分不同的数据结构类型。前者为后者提供了理论基础,而后者是在前者指导下的具体实现形式。当我们在设计或选择数据结构时，首先需要确定的是数据的逻辑结构，即我们希望数据元素之间建立怎样的关系；然后根据这个逻辑结构来选择合适的物理存储方式，也就是数据结构的具体分类。

当我们说“集合、线性、树形和图状结构”时，这是按照具体逻辑结构类型进行的分类，而当我们将逻辑结构简化为“线性和非线性”时，它是一种更高层次的抽象分类方式。比如，集合结构虽然看起来像是简单的“同属一个集合”，但由于其内部元素之间没有顺序或层次关系，通常被归类为非线性结构。

5.2.2 线性表

线性表（linear list）是一种数据结构，它是由 n 个具有相同特性的数据元素组成的有限序列。这些数据元素可以是数字、字母、字符等，它们在逻辑上是线性排列的。线性表具有以下特点：

①有限性：线性表中的元素个数是有限的，即 n 是一个非负整数。

②同构性：线性表中的所有元素具有相同的数据类型。

③有序性：线性表中的元素按照一定的顺序排列，每个元素都有一个确定的位置。

④唯一性：除了第一个元素没有前驱外，其他每个元素都有且只有一个直接前驱；除了最后一个元素没有后继外，其他每个元素都有且只有一个直接后继。

1. 线性表的类型

线性表可以根据存储方式的不同分为两大类：顺序存储结构和链式存储结构。

（1）顺序存储结构

顺序存储结构指把线性表的数据元素顺序地存储在一块连续的内存空间中，通常通过数组来实现。在顺序存储结构中，通过数组索引（即下标）可以快速访问元素。数组的特点是支持随机存取，即可以通过下标直接访问任何一个元素。在某些编程语言中，数组的大小在初始化时需要确定，一旦确定就不能随意更改。顺序存储的结构如图 5-14 所示。

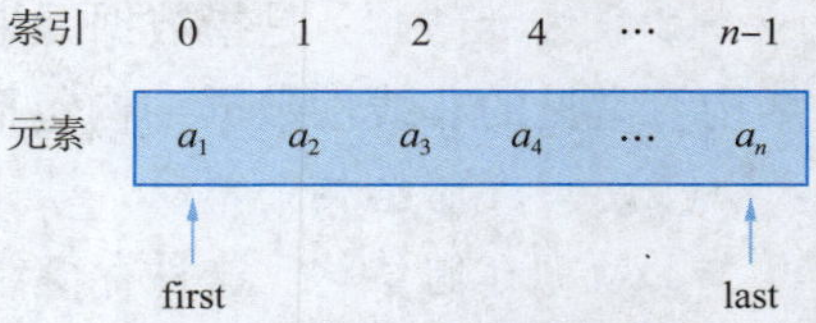

图 5-14　顺序存储的结构

假设有一个长度为 5 的线性表 (5, 3, 8, 6, 2)，使用顺序存储结构时，可以用一个长度为

5 的数组来存储，数组下标分别为 0~4。

```
索引(index)：   0    1    2    3    4
元素(element)： 5    3    8    6    2
```

通过下标可以快速访问任意元素。例如，访问上述线性表的第 3 个元素（下标为 2），可以直接得到 8。

（2）链式存储结构

链式存储结构是通过节点来存储元素，每个节点包含数据和指向下一个节点的指针。链式存储可以动态地分配和释放内存，不需要预先确定大小。在链表中，不要求数据元素在内存中是连续存储的。根据指针的不同，链表又分为单链表、双向链表和循环链表等。

①单链表：每个节点包含数据和一个指向下一个节点的指针。单链表的结构如图 5-15 所示。

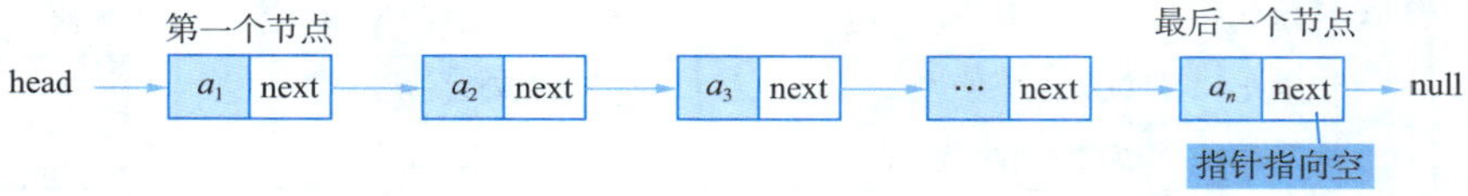

图 5-15　单链表的结构

②双向链表：每个节点包含数据、一个指向下一个节点的指针和一个指向前一个节点的指针。双向链表的结构如图 5-16 所示。

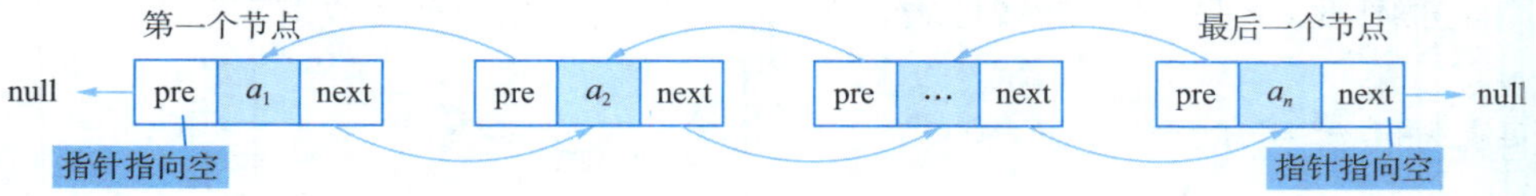

图 5-16　双向链表的结构

③循环链表：又分为单向循环链表和双向循环链表。

单向循环链表与普通的单链表类似，不同的是最后一个节点的指针指向第一个节点，而不是 null。单向循环链表从任何节点开始遍历，都能重新回到该节点，形成一个循环。单向循环链表的插入和删除操作与普通的单链表相似，但需要特别处理头尾节点以维护循环属性。单向循环链表的结构如图 5-17 所示。

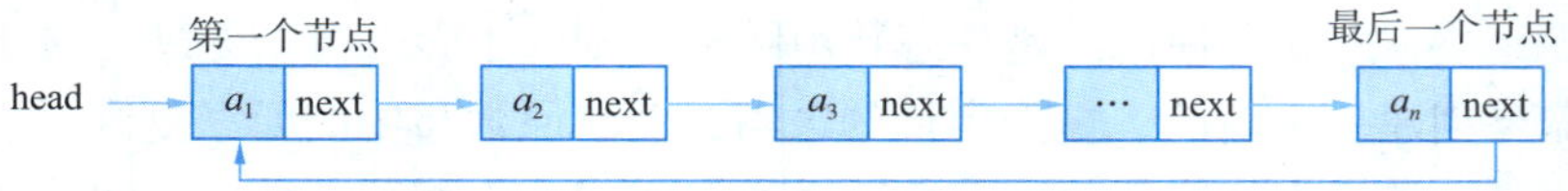

图 5-17　单向循环链表的结构

双向循环链表与普通的双向链表类似，不同的是双向循环链表最后一个节点的后指针指向第一个节点，第一个节点的前指针指向最后一个节点。双向循环链表支持从任何一个节点双向遍历，且所有节点形成循环结构。双向循环链表的插入和删除操作与普通双向链表相似，并且需要调整前后节点的指针以维护循环结构。双向循环链表的结构如图 5-18 所示。

线性表的顺序存储和链式存储的总结对比见表 5-5。

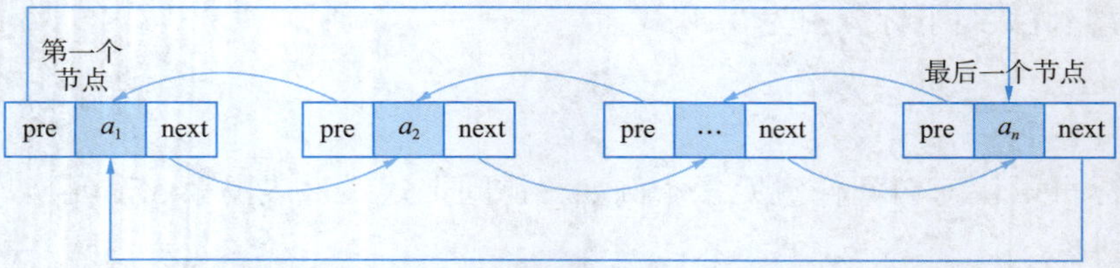

图 5-18　双向循环链表的结构

表 5-5　顺序存储和链式存储对比

特　　性	顺序存储结构	链式存储结构
存储方式	连续内存空间	分散内存块
访问效率	随机访问高效，可以通过索引直接访问任意位置的元素	随机访问低效，无法通过索引直接访问元素，必须从头节点开始遍历
插入 / 删除效率	非末尾位置效率低，在非末尾位置进行插入或删除操作时，可能需要移动大量元素	任意位置高效（假设已定位）。可以在任意位置高效地进行插入和删除操作，只需修改指针
灵活性	固定大小，难以动态调整	动态调整，灵活
应用场景	频繁读取、较少插入和删除操作	频繁插入和删除操作

2. 线性表的基本操作

线性表主要包括以下基本操作：初始化、添加元素、删除元素、查找元素、修改元素等。

（1）初始化

初始化操作是创建一个空的线性表。例如，可以初始化一个空数组或链表。

```
空数组：[]
空链表：Head -> NULL
```

（2）添加元素

添加元素操作是向线性表中插入一个新元素，可以插入表头、表尾或任意位置。在顺序存储结构中，插入操作需要移动部分元素以腾出空间。而在链式存储结构中，插入操作需要调整指针。

例如，在线性表 (5, 3, 8, 6) 的第二个位置插入元素 2。

顺序存储的操作步骤如下：

①确定插入位置：插入位置索引为 1。

②扩展数组空间：如果使用的是动态数组结构，则此步骤会自动处理。对于固定大小的数组，可能需要创建一个新的、更大容量的数组，并将原数组中的元素复制过去。

③移动元素：从插入位置开始，向后移动所有元素，为新元素腾出空间。具体操作是从最后一个元素开始，逐个向后移动一位：

将 6 移动到索引 4 → [5, 3, 8, _, 6]

将 8 移动到索引 3 → [5, 3, _, 8, 6]

将 3 移动到索引 2 → [5, _, 3, 8, 6]

④插入新元素：在腾出的位置（索引为 1）插入新元素 2，插入后的数组为 [5, 2, 3, 8, 6]

⑤更新线性表长度：对于固定大小的数组，需要更新长度。

顺序存储结构添加操作的示意图如图 5-19 所示。

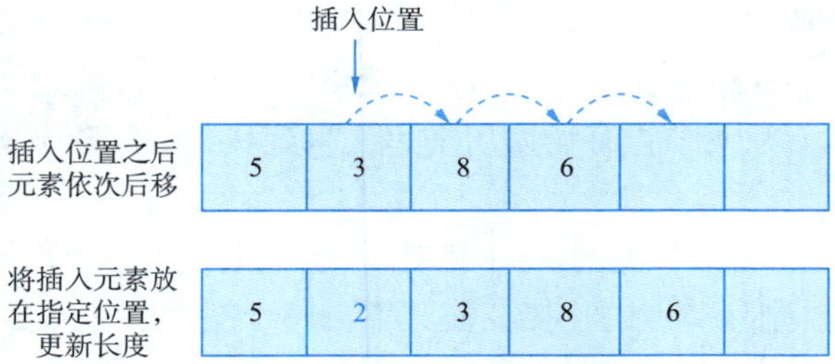

图 5-19　顺序存储结构添加操作的示意图

链式存储的操作步骤如下：

①创建新节点：创建一个新节点 new_node，其数据为要插入的元素 2。

②找到插入位置的前一个节点：从头节点开始遍历链表，直到找到索引 1 之前的节点（即数据为 5 的节点）。

③调整指针：将新节点的 next 指针指向当前插入位置的节点（即数据为 3 的节点）。将插入位置前一个节点的 next 指针指向新节点。

④完成插入：链表变为 5 → 2 → 3 → 8 → 6。

链式存储结构添加操作的示意图如图 5-20 所示。

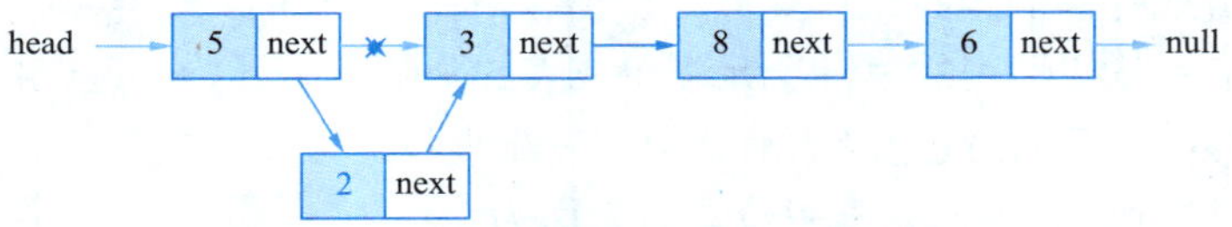

图 5-20　链式存储结构添加操作的示意图

（3）删除元素

删除元素操作是从线性表中移除一个元素，可以删除表头、表尾或任意位置的元素。

在顺序存储结构中，删除操作需要移动部分元素以填补空缺。而在链式存储结构中，删除操作需要调整指针。

例如，从线性表 (5, 3, 8, 6) 中删除第三个元素。

顺序存储的操作步骤如下：

①确定删除位置：删除位置索引为 2。

②移动元素：从删除位置后的第一个元素开始，逐个向前移动一位，以填补删除位置的空缺。将 6 从索引 3 移动到索引 2 → [5, 3, 6, _]。

③更新线性表长度。最终结果：[5, 3, 6]。

顺序存储结构删除操作的示意图如图 5-21 所示。

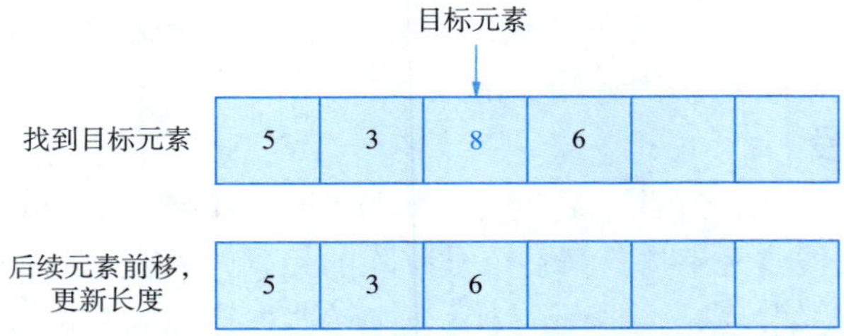

图 5-21　顺序存储结构删除操作的示意图

链式存储的操作步骤如下：

①确定删除位置：删除位置为第三个节点（数据为 8）。

②找到前一个节点：从头节点开始遍历链表，直到找到要删除节点的前一个节点（即数据为 3 的节点）。

③调整指针：修改前一个节点的 next 指针，使其指向要删除节点的下一个节点（即数据为 6 的节点）。断开要删除节点的连接，使其不再属于链表的一部分。

④完成删除：最终结果：链表变为→ 3 → 6。

链式存储结构删除操作的示意图如图 5-22 所示。

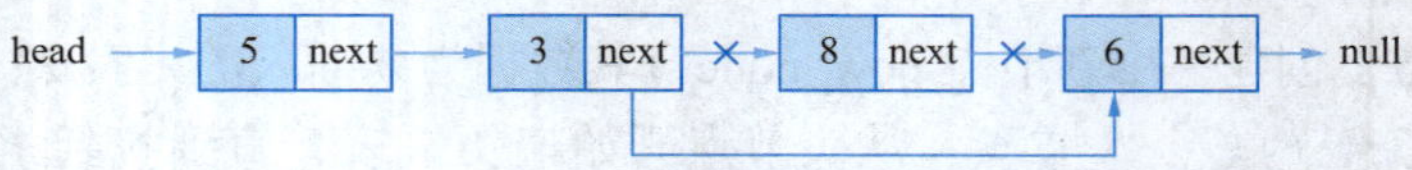

图 5-22　链式存储结构删除操作的示意图

（4）查找元素

查找元素操作是根据一定的条件在线性表中找到符合条件的元素。在顺序存储结构中，可以通过遍历数组找到目标元素。在链式存储结构中，也需要遍历链表来查找。

例如，查找元素 8 在线性表 (5, 3, 8, 6) 中的位置。

顺序存储和链式存储的查找操作类似，步骤如下：

①遍历线性表：从线性表的第一个元素（或表的头节点）开始，逐个检查每个元素是否等于目标值 8。如果等于 8，则记录当前索引并停止查找。

②返回结果：找到 8，返回其索引位置（索引为 2）。

（5）修改元素

修改元素操作是将线性表中的某个元素修改为新的值。例如，修改线性表 (5, 3, 8, 6) 的第三个元素为 10。

顺序存储结构只需通过索引确定位置，然后直接修改即可：

```
修改前：5  3   8  6  2
修改后：5  3  10  6  2
```

链式存储结构需要从头节点开始，逐个遍历每个节点，直到到达索引 2 处的节点，然后进行修改：

```
修改前：Head→5→3→8→6→2→NULL
修改后：Head→5→3→10→6→2→NULL
```

5.2.3　栈与队列

视 频

栈、队列与线性表的区别

栈和队列是线性表的两种特殊形式，它们在线性表的基础上限定了操作端点和访问顺序，这种特定的操作约束，使得栈和队列在特定应用场景中比一般的线性表更具优势和灵活性。

1. 栈

栈（stack）遵循“后进先出（last in first out，LIFO）”的原则。这意味着最后进入栈的元素将是第一个被移除的元素，而最先放入栈的元素最后被删除。栈可以看作一种特殊的线性表，其操作仅限于在一端进行插入和删除操作，这一端被称为栈顶（top），另一端称为栈底（bottom）。栈中的元素是有限的，可以是空的，也可以包含多个元素。栈中元素呈现线性关系，栈顶元素有一个前驱节点，栈底元素有一个后继节点，其他元素既有一个前驱节点，又有一个后继节点。

栈的基本操作包括：

①入栈（push）：将一个元素添加到栈顶。

②出栈（pop）：从栈顶移除一个元素。

③查看栈顶（peek/top）：返回栈顶元素但不移除它。

④判空（isempty）：检查栈是否为空。

⑤获取栈的长度（length）：返回栈中元素的数量。

栈的结构和操作如图 5-23 所示。

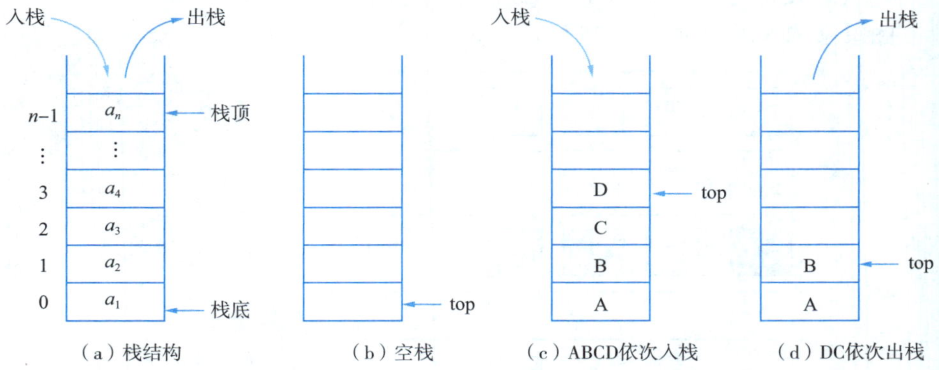

图 5-23　栈的结构和操作

场景演绎　栈和书

将栈比如是一摞书，书一层一层地叠放在一起。后进先出就是指最后放上去的书是最先拿出来的。

①入栈：当要在这摞书上放一本新书时，会把新书放在最上面，也就是压在原先书之上。

②出栈：当要拿书时，总是先拿最上面的一本。

③查看栈顶：不拿走，只是查看最上面那本书是什么。

④检查是否为空：检查书堆是否空了。

栈的实现方式主要有顺序栈和链表栈两种：

①顺序栈：利用一组地址连续的存储单元存放自栈底到栈顶的元素，并附设一个指针指示栈顶元素的位置。

②链表栈：使用链表来实现，每个节点包含数据和指向下一个节点的指针。

2. 队列

队列（queue）遵循“先进先出（first in first out，FIFO）”的原则。这意味着在队列中，最早进入的元素将最先被删除。队列只允许在一端进行插入操作（称为队尾，rear），另一端进行删除操作（称为队头，front）。比如，在排队买电影票时，你按照顺序排在队伍末尾（插入），并从队伍前端一个个买票离开（删除）。第一个来的人最先买到票，后来的依次往前移动。队列的基本结构如图 5-24 所示。

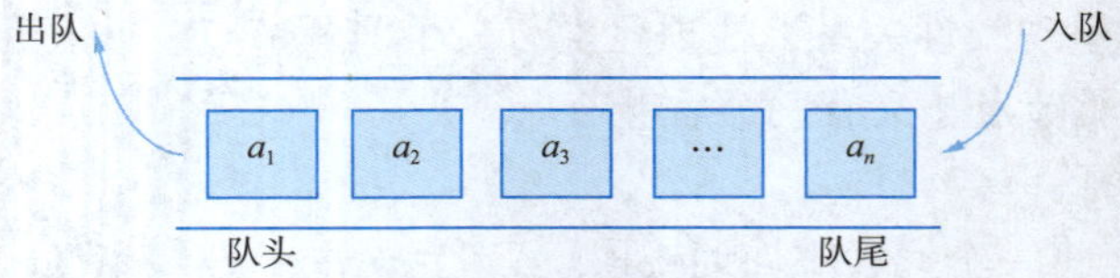

图 5-24　队列的基本结构

队列的基本操作包括：

①入队（enqueue）：将新元素加入队列尾部。

②出队（dequeue）：移除并返回队列头部的元素。

③查看队头（front）：返回队列头部元素但不移除它。

④查看队尾（rear）：返回队列尾部元素但不移除它。

队列的相关操作示意图如图 5-25 所示。

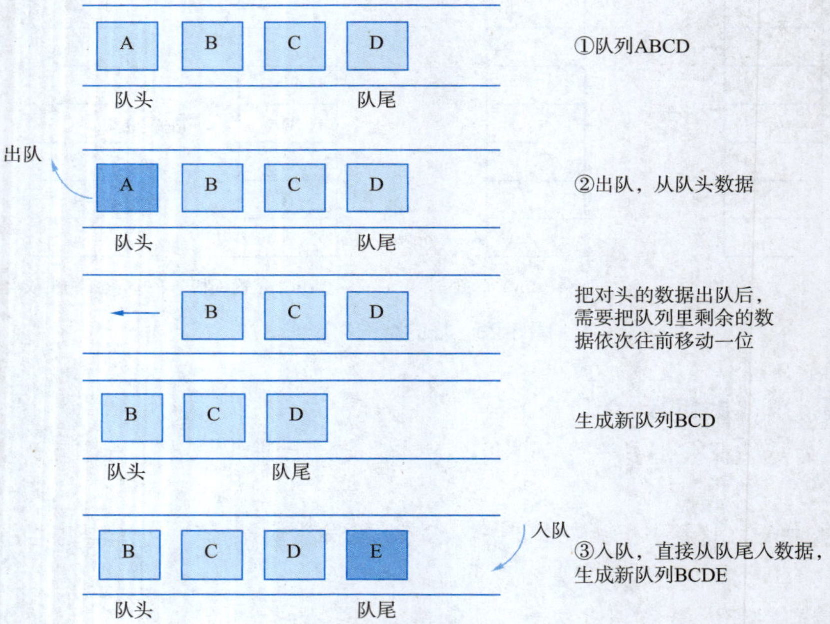

图 5-25　队列的相关操作示意图

队列可以通过多种方式实现，包括使用数组和链表。

①数组实现：数组实现的队列通常称为顺序队列，在插入和删除操作时可能会导致数据移动，从而影响效率。

②链表实现：每个元素是链表的一个节点，能够动态调整大小，非常灵活。

③循环队列：通过循环数组或链表实现，可以有效避免空间浪费。通过数组实现，使用环形结构以优化空间使用，头尾指针循环移动。

5.2.4　树与图

树和图作为非线性逻辑结构，超越了线性表一对一的关系限制，能够高效地表示和处理一对多及多对多的复杂关系网络。无论是层次化的组织结构还是错综复杂的关联网络，树和图都提供了灵活且强大的建模能力。通过这些结构，可以更准确地映射现实世界中的关系，从而实现数据的有效组织与快速检索。

1. 树

树是一种用于表示具有层次关系的数据结构，是 n（$n \geqslant 0$）个具有相同数据类型的数据元素的集合。树由节点（node）组成，每个节点可以有多个子节点，除了根节点（root node）外，其他节点都有一个父节点。树的结构通常被描述为根朝上、叶朝下的形式。树状结构可以用来表示组织结构，如公司内部的部门层级、文件系统中的目录结构等。

（1）树的结构

树的组成包括节点、父节点、子节点、根节点等。树的结构如图 5-26 所示。

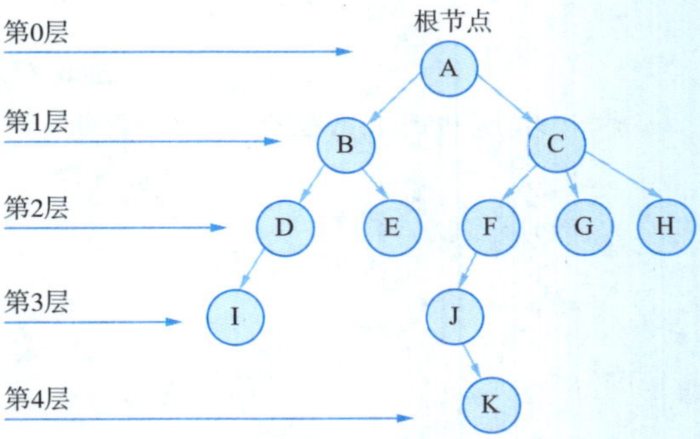

图 5-26　树的结构

①节点（node）：每个节点包含一个值或数据，节点可以有零个（空树）或多个子节点，图 5-26 中的 A、B、C 等都是节点。

②根节点（root）：树的最上层节点称为根节点，图 5-26 中 A 为根节点。一棵树只有一个根节点。

③边（edge）：边连接两个节点，表示节点之间的关系。在树中，每条边连接一个父节点和它的一个子节点。

④父节点（parent）和子节点（child）：如果一个节点包含其他节点，则这个节点称为这些节点的父节点，其包含的节点称为子节点。如图 5-26 中节点 B 为子节点 D、E 的父节点。

⑤叶子节点（leaf）：没有子节点的节点称为叶子节点或终端节点，如图 5-26 中节点 E、G、H、I、K 都是叶子节点。

⑥内部节点（internal node）：既有父节点又有子节点的节点，如图 5-26 中节点 B、C、D、F、J 都是内部节点。

⑦兄弟节点（sibling）：拥有同一个父节点的节点互为兄弟节点，如图 5-26 中节点 B、C 互为兄弟节点，节点 D、E 互为兄弟节点。

⑧路径（path）：指从一个节点到另一个节点所经过的一系列边和节点。路径可以包含一个或多个边，并且路径上的节点按照从起始节点到目标节点的顺序排列。

⑨层（level）：根节点的层级为 0，其子节点的层级为 1，依此类推。

⑩高度（height）：节点的高度是指从该节点到其最远叶子节点之间的边数。如图 5-26 中节点的高度为 C 到叶子节点 K 的路径边数，即高度为 3。对于整棵树而言，树的高度是指到根节点的高度。

⑪ 深度（depth）：一个节点的深度是从根节点到该节点的路径上的边数，如图 5-26 中节点 D 的深度为 2。

（2）二叉树

二叉树是树的一种特殊类型，可以视为树的特定分类。二叉树的每个节点最多拥有两个子节点，并明确区分左子节点和右子节点。这意味着所有的二叉树都符合树的定义，但并不是所有类型的树都能被称为二叉树，因为一般的树对节点的子节点数量没有这样的限制。图 5-27 所示为二叉树的结构。

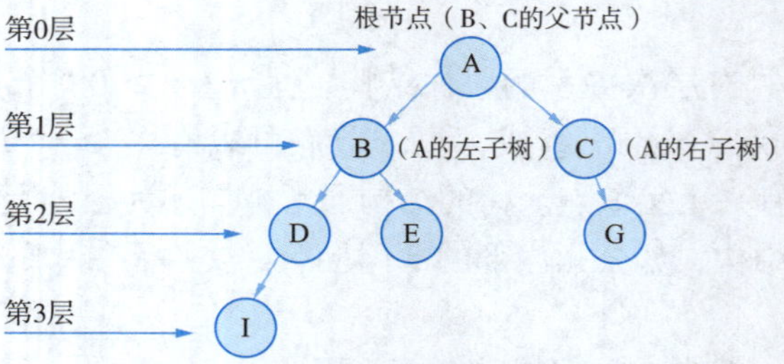

图 5-27　二叉树的结构

二叉树从节点的数量和结构上来划分，有五种基本的形态，如图 5-28 所示。

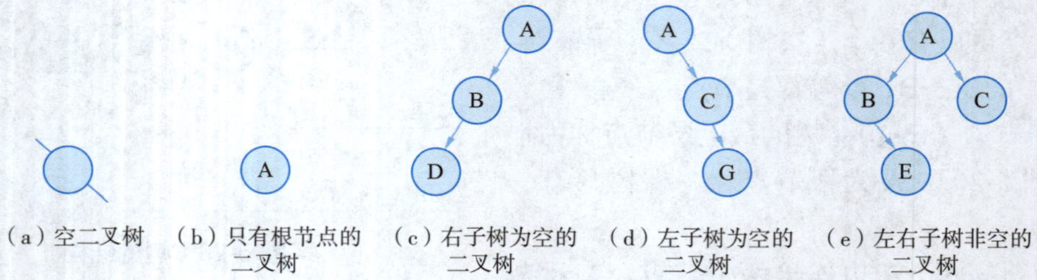

图 5-28　二叉树的五种基本形态

①空二叉树：不包含任何节点的二叉树。

②只有一个节点的二叉树：只有一个根节点，并且没有左子树或右子树的二叉树。

③根节点只有左子树：左子树不为空，右子树为空的二叉树。

④根节点只有右子树：左子树为空，右子树不为空的二叉树。

⑤根节点既有左子树又有右子树：左右子树都不为空的二叉树。

此外，二叉树下还可以细分为很多特定的类型，如完全二叉树、满二叉树和平衡二叉树等。

①完全二叉树：完全二叉树需要遵循满层原则和左对齐原则。满层原则是指从树的根节点开始往下数，除了最后一层，所有的层都必须是满的。这意味着这些层中的每一个节点都有两个子节点。左对齐原则是指最后一层的节点必须尽可能地从左到右依次排列，不留下中间的空隙。

不满足完全二叉树定义的二叉树称为非完全二叉树，即二叉树中某些节点可能缺失，导致节点之间存在间隙。图 5-29 为完全二叉树和非完全二叉树的示意图。

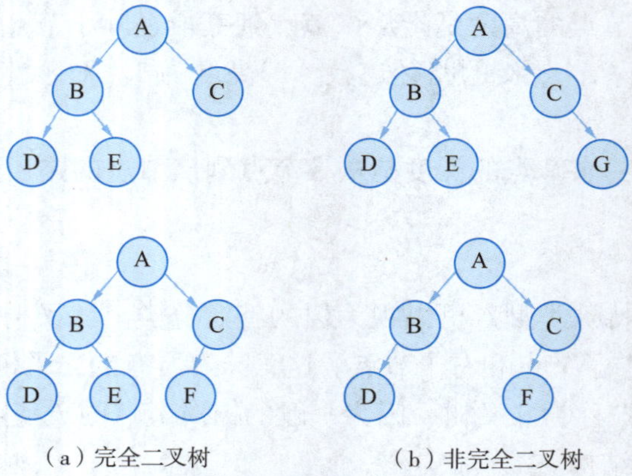

图 5-29　完全二叉树和非完全二叉树

②满二叉树：每一层上的所有节点都有两个子节点，或者所有叶子节点都在最后一层，如图 5-30 所示。如果一棵树的深度为 k，那么满二叉树的节点总数为 2^k-1 个。满二叉树一定是完全二叉树，但完全二叉树不一定是满二叉树。

③平衡二叉树：在平衡二叉树中，每个节点的左右子树的高度差的绝对值不超过 1，这种结构保证了树的形状接近于满二叉树或完全二叉树，从而提高各种操作（如查找、插入和删除）效率。当树中存在至少一个节点，其左右子树的高度差大于 1 时，这样的二叉树称为非平衡二叉树。如图 5-31（b）所示，节点 C 的左子树为空，即高度为 0。C 的右子树的高度为 2（即 C 到 G 的边数），左右子树的高度差为 2，所以是非平衡二叉树。

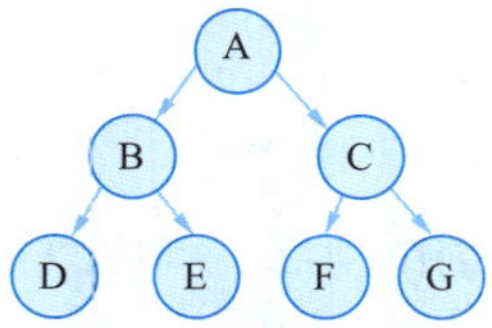

图 5-30　满二叉树

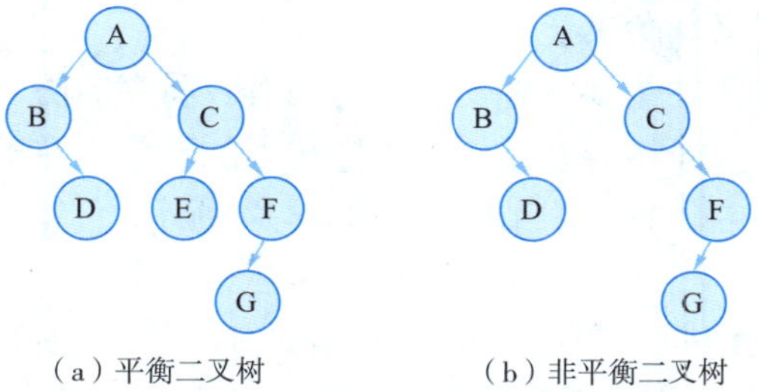

图 5-31　平衡二叉树和非平衡二叉树

（3）二叉树的存储

二叉树的存储方式主要有两种：顺序存储和链式存储。这两种存储方式各有优缺点，适用于不同的场景。

①顺序存储。顺序存储是通过数组来表示二叉树。将根节点存储在数组索引为 0 的位置,然后按照某种规律将子节点存储在数组的其他位置上。这种存储方式适用于完全二叉树，但对于一般的二叉树会浪费一些空间。顺序存储的优点是访问速度快，因为数组的下标可以直接反映节点之间的逻辑关系。图 5-32 所示为二叉树的顺序存储。

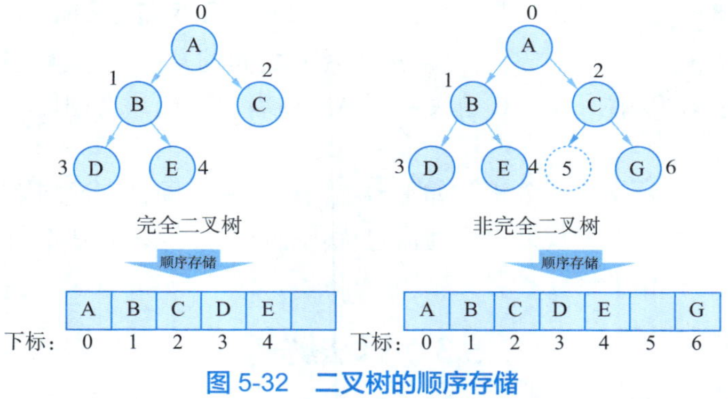

图 5-32　二叉树的顺序存储

②链式存储。链式存储是通过指针或引用来连接每个节点，使用链表来表示二叉树，如图 5-33 所示。每个节点通常包含数据域和左右指针域。链式存储的优点是灵活性高，可以方便地进行插入和删除操作，且不会浪费空间。然而，链式存储的访问速度较慢，因为需要通过指针进行遍历。

对于完全二叉树，顺序存储是一种高效的存储方式；而对于一般的二叉树，链式存储更为合适。选择哪种存储方式取决于具体的应用场景和需求。

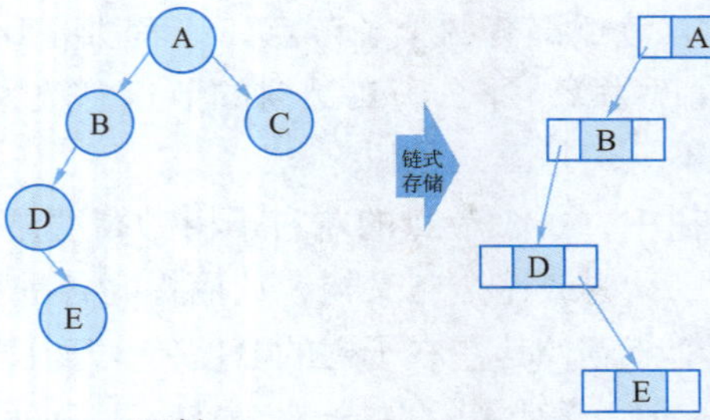

图 5-33　二叉树的链式存储

（4）二叉树的遍历

遍历二叉树主要的遍历方式有三种：前序遍历、中序遍历和后序遍历。前序遍历的顺序是根节点→左子树→右子树；中序遍历的顺序是左子树→根节点→右子树；后序遍历的顺序是左子树→右子树→根节点，如图 5-34 所示。

2. 图

在数据结构中，图是一种复杂且重要的非线性数据结构。图由顶点（vertex）和边（edge）组成，其中顶点是图中的数据元素，边则表示顶点之间的关系。图可以分为有向图和无向图，有向图中的边是有方向的，而无向图中的边没有方向，如图 5-35 所示。

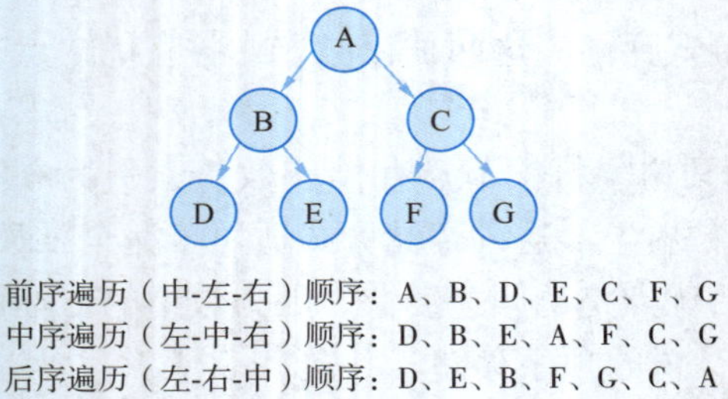

图 5-34　二叉树遍历

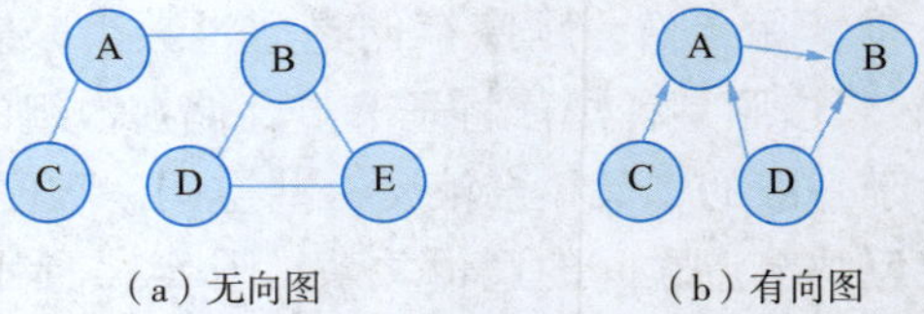

图 5-35　无向图和有向图

类比于社交网络，一个用户是一个顶点，两人之间的友谊关系就是边。朋友之间可能是双向的（无向图，A 关注了 B，B 也关注了 A）或者单向的（有向图，A 关注了 B，但 B 未必关注 A）。

图结构可以用于：社交网络分析，如平台上的用户关系网；交通网络，如城市间的道路网络、航空线路等，用于路径规划、交通流量优化；推荐系统，如基于用户行为构建物品之间的关联图，为用户提供个性化推荐。

5.3　算法解析

5.3.1　算法的基本概念

1. 算法介绍

算法被定义为解决特定问题或执行特定任务的一系列明确、有限且可执行的步骤或规则。算法通常表现为指令的有限序列，这些指令用于将输入数据转换成输出结果。

算法具有以下五个重要特性：

①有穷性：算法必须在执行有穷步之后结束，且每一步都在有穷时间内完成。

②确定性：算法中的每一步骤必须有确切的定义。

③可行性：算法中的所有操作都必须是基本的，能够在有限时间内完成。
④输入：一个算法可以有零个或多个输入，以刻画运算对象的初始情况。
⑤输出：一个算法至少有一个或多个输出，以反映对输入数据加工后的结果。

2. 算法的表示方法

算法可以通过多种方法进行表示，常用的方法如下：
①自然语言：用普通语言描述算法的步骤和逻辑。
②流程图：通过图形符号来描述算法的各个步骤和流程。
③伪代码：介于自然语言和计算机语言之间的代码，用于描述算法的逻辑结构。
④计算机语言：用具体的编程语言编写算法，如 Python、C、Java 等。

比如“计算 *n* 个连续自然数的和”，并分别用自然语言、流程图、伪代码、计算机语言表示。

①用自然语言描述。

具体步骤如下：

步骤 1：输入 *n* 的值。
步骤 2：将变量 sum 赋初值为 0，用于存储累加的结果。
步骤 3：将变量 *i* 赋初值为 1，表示从 1 累加。
步骤 4：计算 sum 加上 *i*，并将结果赋值给 sum。
步骤 5：计算 *i* 加 1，并将结果赋值给 *i*。
步骤 6：如果 $i \leqslant n$，则继续执行步骤 4 和步骤 5；否则执行步骤 7。
步骤 7：输出 sum 的值，计算结束。

②用流程图表示，如图 5-36 所示。

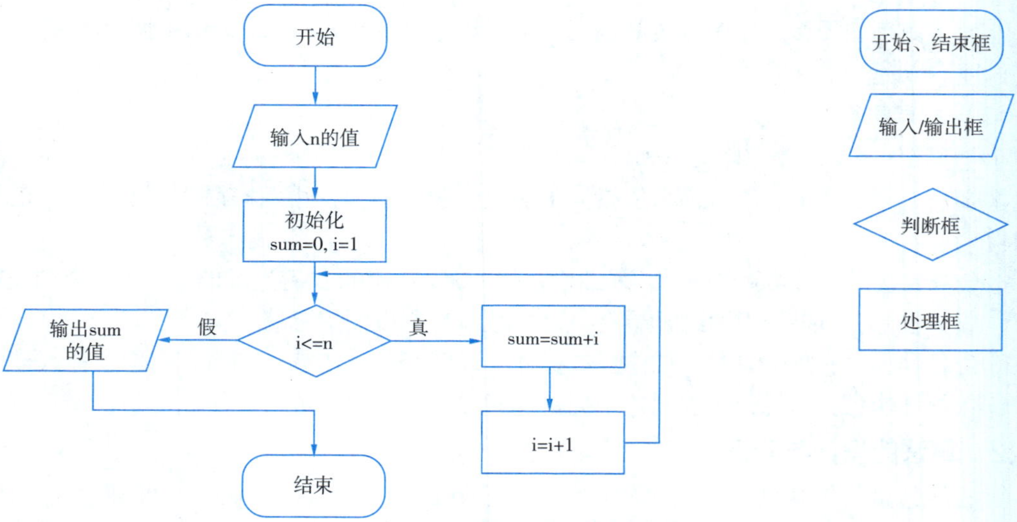

图 5-36　流程图表示计算连续自然数的和

③伪代码表示：

```
开始
    输入 n
    初始化 sum = 0
    初始化 i = 1
    循环 当 i <= n 时
```

```
        sum = sum + i
        i = i + 1
    结束循环
    输出 sum
结束
```

④计算机语言表示，如 Python：

```
# 使用循环计算1到100的和
sum = 0
for i in range(1, 101):  # range(1, 101) 生成从1到100的数字
    sum += i
print("1到100的自然数的和是:", sum)
```

3. 绘制流程图的技巧和注意事项

在绘制流程图时可参考以下技巧和注意事项：

（1）技巧

①明确目标：在开始绘制流程图之前，确定你的目标和范围，这样就不会在中途迷失方向。

②使用标准符号：使用标准的流程图符号，如开始 / 结束符（圆角矩形）、过程步骤（矩形）、判断框（菱形）、输入 / 输出（平行四边形）等，使流程图易于理解。

③分步骤绘制：按照逻辑顺序，将流程图分解为多个简单的部分，一步一步进行绘制。

④保持简洁：避免过于复杂的设计。使用子流程和模块化设计来简化复杂的流程。

⑤逻辑清晰：确保流程图的逻辑流向清晰，从上到下或从左到右，不要有交叉线和混乱的箭头。

⑥利用颜色和图形：使用颜色和不同图形可以帮助突出重点或区分不同类型的操作，但不要过度，以免分散注意力。

（2）注意事项

①一致性：确保流程图符号一致，助于维护和理解。

②正确的箭头方向：所有箭头应指向下一个步骤，避免使用双向箭头或模糊不清的箭头方向。

③检查错误：在完成流程图后，仔细检查整个流程，确保没有遗漏的步骤或错误的逻辑。

④版本控制：如果流程图经常更新，保持版本控制以便追踪修改。

⑤注释和标注：在必要时添加注释或标注，以解释某些步骤的细节，有助于他人理解。

⑥保持可读性：不要让流程图过于拥挤。必要时可以拆分成多个子流程图。

5.3.2 算法的设计与分析

算法设计是为了找到解决问题的最佳方法，确保计算机程序既高效又准确地完成任务。通过精心规划解决问题的步骤，可以优化资源使用、节省时间，并保证结果的正确性。

1. 算法设计的基本原则

算法设计的目标是创建高效、健壮和可维护的算法。设计算法时应遵循以下基本原则：

①正确性：算法必须满足其预期的功能规范，确保对于所有可能的输入都能产生正确的输出。

②效率：算法应以最小的计算资源（时间和空间）执行，确保在合理的时间内完成任务。

③通用性：算法应适用于各种输入，确保其广泛适用性。

④清晰性：算法必须有明确的步骤，确保每一步骤都是清晰且易于理解的。

⑤有效性：算法在有限的时间内完成任务，且执行过程中不引入错误。

⑥可行性：算法的步骤应基于现有的计算能力和资源执行。

⑦确定性：对于相同的输入，算法总能产生相同的输出。

2. 算法设计技术

算法设计技术是解决特定问题的有效方法。常见的算法设计技术包括：

（1）分治策略

将大问题分解为若干规模较小的子问题分别解决，然后将各个子问题的解组合起来，得到原问题的解。快速排序和归并排序都是基于分治策略的经典排序算法。分治策略好比修一条长长的道路，可以先将其分段，然后分别修补各段，最后拼接在一起。

（2）动态规划

通过记录和重用中间结果，以减少问题的重复计算，通常用于解决具有重叠子问题和最优子结构性质的问题，如斐波那契数列的计算。动态规划好比学习一本厚重的教科书。第一次阅读时，你在重要的地方做标记，记录关键概念和解题技巧。复习时，你无须从头再读，只需查阅这些标记就能快速找到重点，避免重复阅读，提升效率。

（3）贪心算法

每一步都选择当前情况下最优的解，以期望通过一系列局部最优选择达到全局最优解，如最小生成树算法。贪心算法好比每天都找最近的停车位，期望总是停在离目的地最近的地方，从而节省时间。

（4）回溯法

核心思想是通过逐步构建解决方案，并在每一步检查当前解是否可行。如果当前解不可行，算法会撤销上一步操作并尝试其他可能性，直到找到目标或满足条件为止。回溯算法通常用于解决排列、组合、选择类问题等。

3. 算法分析方法

算法分析是评估算法性能的重要手段，主要包括以下几个方面：

（1）时间复杂度

衡量算法执行所需的时间，通常使用渐进分析方法，如大 O 表示法。时间复杂度的分析关注算法耗费的时间与输入实例大小和构成之间的关系。在算法分析中，通常会考虑最坏情况、平均情况和最佳情况的时间复杂度。

（2）空间复杂度

衡量算法所需的内存空间，同样使用渐进分析方法。空间复杂度是指算法在运行过程中临时占用内存空间的大小，可以分为固定空间内存和变动空间内存。

（3）正确性分析

验证算法是否满足其预期的功能规范，确保算法的正确性。数学归纳法是一种常用的证明算法正确性的方法，通过证明算法在所有可能的输入情况下都能得到正确的输出来保证算法的正确性。例如，欧几里得算法的正确性可以通过数学归纳法进行证明。

（4）稳定性分析

分析算法在不同输入情况下的表现，包括最好、最坏和平均情况下的性能。稳定性通常指算法在面对变化或噪声的输入数据时，输出结果的一致性。例如，排序算法的稳定性是指排序前后相等元素的相对位置保持不变。

4. 算法设计与分析的步骤

设计和分析算法通常包括图 5-37 所示的五个步骤。

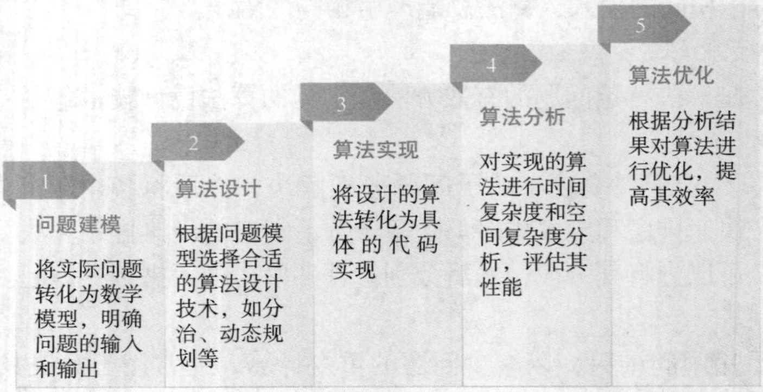

图 5-37 算法设计与分析步骤

下面以寻找数组中的最大值为例，来进行算法设计和分析。

（1）问题建模

描述：有一个数字构成的数组，如 [1, 3, 7, 2, 5]。需要找到这个数组中最大的数字。

输入：一个包含若干整数的数组。

输出：数组中的最大值。

（2）算法设计

描述：设计一个算法来遍历数组中的每一个元素，比较当前元素和已知的最大值，并更新最大值。

步骤：

①初始化一个变量 max_value 为数组的第一个元素。

②逐个检查数组中的每一个元素。

③如果发现某个元素比 max_value 大，则更新 max_value。

④最终 max_value 的值就是数组的最大值。

（3）算法实现

使用 Python 语言实现该算法。

```
# 定义数组
numbers = [1, 3, 7, 2, 5]

# 假设第一个元素为最大值
max_value = numbers[0]

# 通过循环遍历数组中的每一个元素
for num in numbers:
    # 如果当前元素大于max_value，则更新max_value
    if num > max_value:
        max_value = num
```

```
# 打印出结果
print("数组中最大的数字是:", max_value)
```

（4）算法分析

时间复杂度：遍历一次数组，每次比较和可能更新最大值，这样的操作在数组长度为 n 时需要 n 次操作，因此时间复杂度是 $O(n)$。

空间复杂度：这里只使用了一个额外的变量 max_value，所以额外的空间复杂度是 $O(1)$。

（5）算法优化

在这个例子中，该算法已经足够高效，不需要进一步优化。

5.3.3　经典算法与应用

经典算法是计算机科学的基石，它们提供了高效解决问题的方法，并广泛应用于各种领域。排序算法、搜索算法、贪心算法、递归算法、分治算法是常见的经典算法。本节重点介绍排序算法和搜索算法。

视频

经典算法与应用

1. 排序算法

排序算法用于将一组数据按照特定的顺序进行排列，常见的排序算法有冒泡排序、选择排序、归并排序等。

（1）冒泡排序

冒泡排序是一种简单直观的排序算法，它通过重复地比较和交换相邻的元素，直到整个数列有序。冒泡排序的基本步骤如下：

①初始状态：从数列的第一个元素开始，依次比较相邻的两个元素。

②比较与交换：如果前一个元素大于后一个元素，则交换它们的位置。

③遍历数列：重复上述比较和交换过程，直到遍历完整个数列。

④重复遍历：每次遍历后，最大的元素会被“冒泡”到数列的末尾。因此，下一次遍历时，可以忽略已经排好序的部分。

⑤终止条件：当某次遍历中没有发生任何交换时，说明数列已经有序，算法终止。

图 5-38 为冒泡排序的流程示意图。

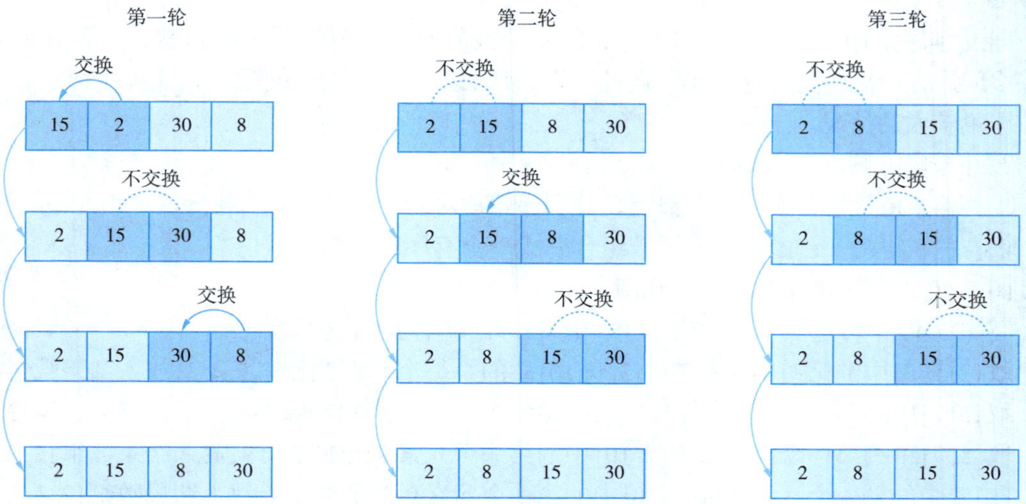

图 5-38　冒泡排序

冒泡排序的标准流程会固定地进行 $n-1$ 轮（n 为数据的长度），除非使用提前终止优化。如果不使用这种优化，即使在前几轮已经排序完成，后续的轮次也会继续执行。

（2）选择排序

选择排序的工作原理是将数组分成已排序和未排序两部分，通过不断从未排序部分中选择最小（或最大）元素并将其置于已排序部分的末尾，从而完成排序。以下是选择排序的步骤：

①初始化：从数组的第一个元素开始，将其视为最小值（或最大值）。

②遍历未排序部分：从未排序部分中找到最小值（或最大值）元素的索引。

③交换：将找到的最小值（或最大值）元素与未排序部分的第一个元素交换位置，将其置于已排序部分的末尾。

④重复上述步骤：对剩余的未排序部分继续执行上述步骤，直到整个数组都排序完毕。

图 5-39 为选择排序的流程示意图。

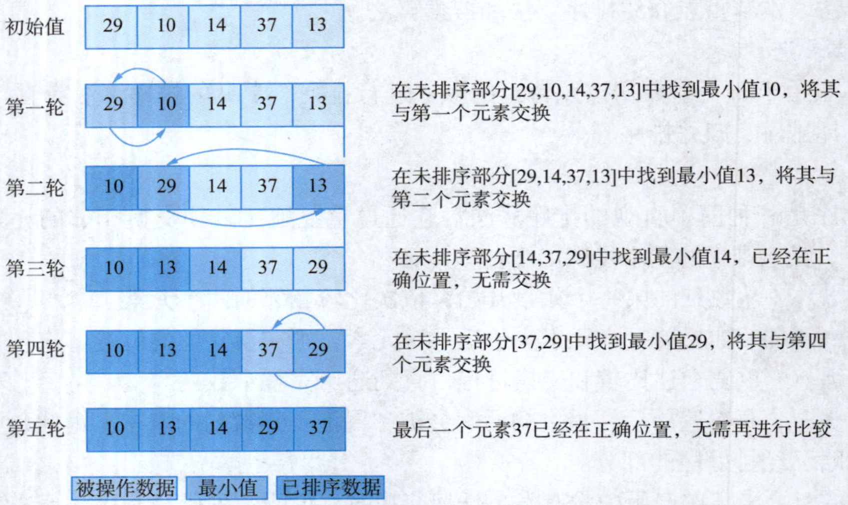

图 5-39 选择排序

（3）归并排序

归并排序采用了分而治之的思想，将一个大的问题分解为若干小问题，然后分别解决这些小问题，最后再合并这些小问题的答案，从而解决原来的大问题。归并排序特别适合处理数据量较大的情况。

归并排序的基本步骤如下：

①分割：将数组分成两个子数组，分别递归地对两个子数组进行排序。

②合并：将两个已经排序的子数组合并成一个有序的数组。

图 5-40 为归并排序的流程示意图。

在图 5-40 中将这两个子数组 [2, 5, 7]、[3, 9, 10] 合并的过程如下：

取 [2, 5, 7] 中的第一个元素 2 和 [3, 9, 10] 中的第一个元素 3 比较，$2<3$，放入结果数组 [2]。

取 [5, 7] 中的第一个元素 5 和 [3, 9, 10] 中的第一个元素 3 比较，$3<5$，放入结果数组 [2, 3]。

取 [5, 7] 中的第一个元素 5 和 [9, 10] 中的第一个元素 9 比较，$5<9$，放入结果数组 [2, 3, 5]。

取 [7] 中的第一个元素 7 和 [9, 10] 中的第一个元素 9 比较，$7<9$，放入结果数组 [2, 3, 5, 7]。

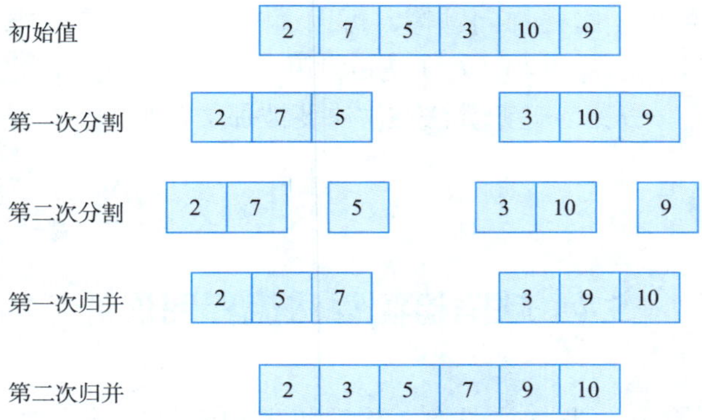

图 5-40　归并排序

取 [9, 10] 中的第一个元素 9，因为左侧已经没有元素，9 和 10 直接放入结果数组 [2, 3, 5, 7, 9, 10]。

2. 查找算法

查找算法也称搜索算法，用于在数据结构中快速定位目标元素，是计算机科学中非常重要的算法类型。常见的查找算法有顺序查找、二分查找等。

①顺序查找：从头到尾依次查找，从数据集的第一个元素开始，依次检查每个元素，直到找到目标元素或遍历完整个数据集。

②二分查找：在一个已排序的数组中，通过不断地将查找范围减半来快速定位目标元素。二分查找的前提是数组必须是有序的。二分查找方式如图 5-41 所示。

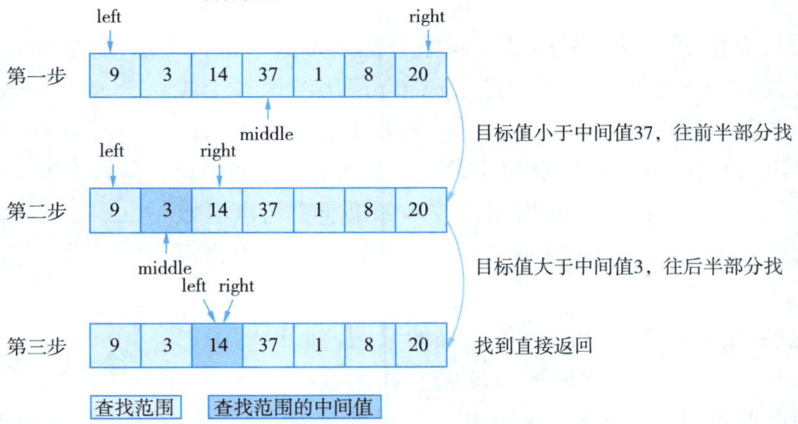

图 5-41　二分查找

3. 递归算法

递推算法是一种在函数定义中使用自身的方法。递归算法通常用来解决具有重复性质的问题，通过将问题分解为更小的子问题，并在解决同类子问题的基础上构建答案。递归的核心思想是通过基于简化问题的解来构建原问题的解。

典型的递归算法涉及两个主要部分：

①基准情况：这是递归结束的条件，当问题简化到特定程度时，直接给出答案。

②递归情况：将问题分解为一个或多个更小的子问题，并调用函数自身来解决这些子问题。

例如，斐波那契数列、爬楼梯问题等，可以通过递归算法有效求解。斐波那契数列是一种典型应用，它定义为：第 0 项（F_0）为 0，第 1 项（F_1）为 1，之后每一项（F_n）等于前两项之和，即 $F_n = F_{n-1} + F_{n-2}$。递归算法在解决斐波那契数列问题中非常常见。

项目实施

5.4 缺陷检测算法流程图设计

1. 项目分析

本项目的目标是给定一张瓶盖图像，构建机器视觉缺陷检测算法，以自动识别瓶盖表面的污点。该算法需要能够区分正常瓶盖和有污点的瓶盖，并标记出缺陷位置以便后续处理。

完成本项目的实现思路如下：

①图像预处理：调整图像大小，转换为灰度图以简化计算。

②特征提取：通过双层循环遍历图像的所有像素点，根据设定的阈值（如颜色）确定哪些像素可能是污点。

③连通域分析：一旦找到疑似污点的起始点，使用递归函数探索所有相连的相似像素，形成一个完整的污点区域。

④结果分析：利用线性表记录所有发现的污点位置及其面积大小。

⑤输出结果：生成带有标记的图像，指出发现的污点位置；或者直接给出是否合格的结论。

（1）算法选择

对于表面污点检测，我们采用基于阈值分割的方法。这种方法简单易行，适用于初步筛选。整个过程分为三个步骤：①双层 for 循环遍历图像每个像素点，并根据颜色范围标记污点像素；②使用基于递归思想的连通区域方法遍历所有污点像素，计算每个污点区域的像素个数（面积）；③将每个污点区域面积与阈值相比较。如果所有污点区域面积均小于阈值，则该瓶盖为正常瓶盖；否则，该瓶盖为包含污点的瓶盖。

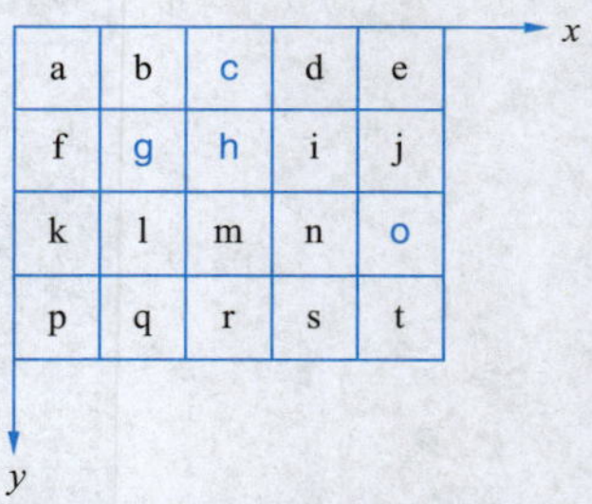

图 5-42 瓶盖二维像素图

比如，我们有图 5-42 所示的瓶盖二维像素图，假设图中彩色字体 c、g、h、o 为污点，我们要做的就是找到这些污点，并判断出这些污点形成的连通区域如 cgh 和 o 的污点面积是否超过阈值，以此来判定瓶盖是否合格。

（2）设定标准

①污点大小阈值。

面积限制：根据行业标准或公司内部规定，设定一个最大允许污点面积。本项目设定不超过 5 mm^2。如果任何单个污点的面积超过了这个限制，则该瓶盖被视为不合格。

②颜色。

对于颜色异常或异物残留，可以通过颜色阈值来识别。例如，正常瓶盖的颜色范围是已知的，任何超出这个范围的颜色变化都可能是污点。

2. 实现过程

步骤 1：标记图像中所有污点像素。

（1）数据准备

收集一组包含干净瓶盖和带污点瓶盖的照片，用于测试算法的有效性。

（2）初始化阈值和线性表

加载瓶盖图片到程序中后需要先初始化阈值和线性表。在初始化阶段，我们需要设置一系列参数和数据结构，以确保后续步骤能够顺利进行。

①初始化阈值。

- 最大污点面积（max_spot_area）：设定为 5 mm^2。
- 颜色阈值（color_threshold）：根据瓶盖的颜色范围设定。

关键参数设置说明：对于颜色阈值，可以通过手动设置和自动设置两种方式获取。对于该项目，考虑到李同学是新生，推荐先采用手动设置的方法，以简化初期开发难度。如果瓶盖的颜色非常一致，如单一色调的白色或黑色瓶盖，可以手动设定一个固定的颜色范围。假设本项目中是白色瓶盖，则可以设定 RGB 颜色范围为（200, 200, 200）~（255, 255, 255），表示允许的白色范围；如果像素不包含在此颜色范围内，则为污点像素。

②初始化线性表。

用于存储所有发现的污点信息，每个污点的信息包括：

位置（position）：污点中心或起始点的坐标，通常是一个二维坐标（x, y），表示该污点在图像中的具体位置。

面积（area）：污点占据的像素数量，以平方毫米为单位。可以通过计算连通域内的像素总数来得出。

连通域二维数组（region）：包含构成每个污点区域的所有像素坐标列表，方便后续更详细的分析或可视化展示。

（3）for 循环遍历

使用双层 for 循环遍历图像中的每一个像素，以查找潜在的污点起点：

外层循环（y 轴）：控制遍历图像的行数，从图像的顶部（y=0）到底部（y=height−1）逐行扫描。具体操作如下：

```
初始化y=0,判断 y < height 是否成立。
如果成立,则进入内层循环;
如果不成立(表示所有行都已扫描完毕),则结束外层循环。
```

内层循环（x 轴）：在每一行中，从左（x=0）到右（x=width−1）逐列扫描。具体操作如下：

```
初始化x=0， 判断x < width 是否成立。
如果成立，检查当前像素：
对于每个像素 （x， y），检查其颜色值是否超过预设阈值。
如果不超标，则增加 x 的值并继续检查下一个像素。
如果超标，则该像素为污点，将其相关信息存储到线性表中。
如果不成立（表示当前一行已扫描完毕），结束内层循环，返回到外层循环并增加 y 的值，然后再
进入内层循环继续下一行的扫描。
```

双层 for 循环查找污点起点的流程图如图 5-43 所示。

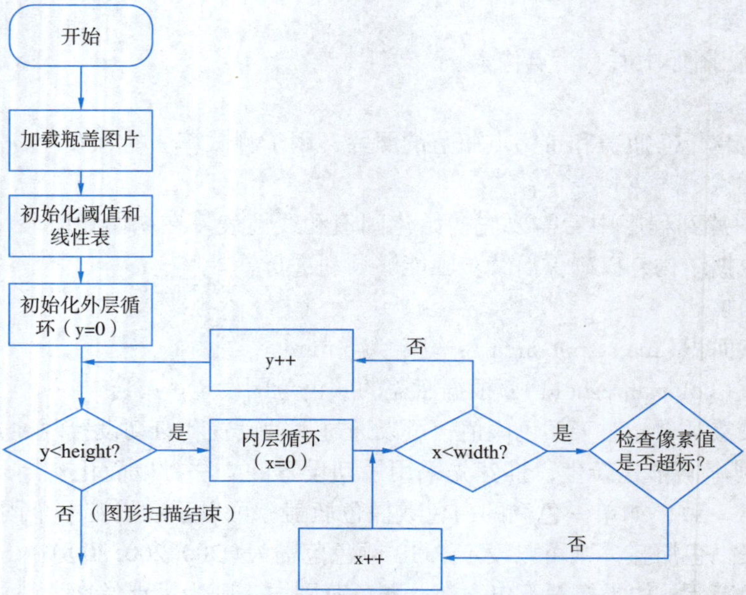

图 5-43　双层 for 循环查找污点起点的流程图

步骤 2：计算图像中所有污点区域的面积，以及所包含的像素。

如何使用递归方法处理连通域呢？当我们在图像中找到一个潜在的污点起点时，需要确定这个污点到底有多大，以及它具体覆盖了哪些像素。为了完成这一任务，我们可以使用递归的方法来探索和标记所有与起点相连的相似像素，形成一个完整的连通域。

下面我们用图示的方式讲解递归形成连通域的过程。图 5-44 所示的瓶盖二维像素图中，通过循环找到了第一个污点像素 c，将它设为污点的起点，并将其信息保存至线性表中。对于选定的起点 c，将它标记为已访问。同样，对于其他非污点像素点，也需要添加一个数据表将已访问过的像素点（如 a、b）坐标存起来，以便后续不会重复访问，提升程序的执行效率。

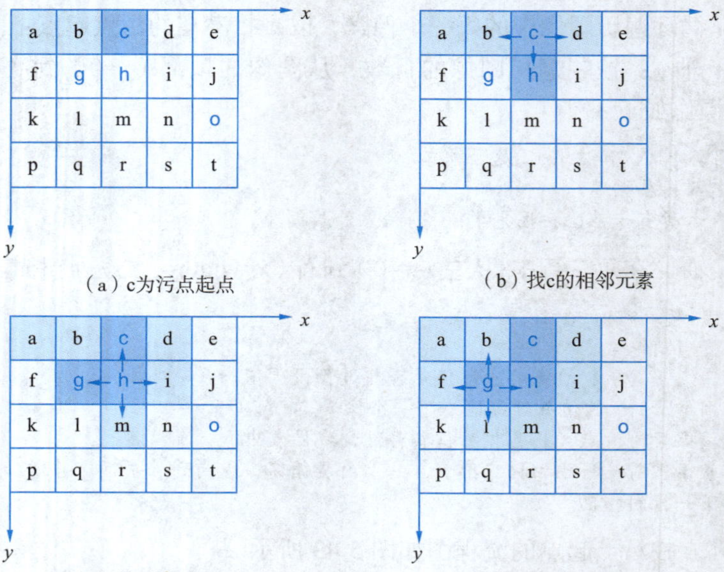

图 5-44　瓶盖二维像素图

接下来递归的查找相邻像素。图 5-44（b）中查找 c 的相邻元素 b、d、h，把未访问过的标记为已访问，判定 h 为一个污点并保存至线性表。然后再查看 h 的相邻元素 c、g、i、m，如图 5-44（c）所示，判定 g 为一个污点并保存至线性表；然后再查看 g 的相邻元素 b、f、h、i，如图 5-44（d）所示，相邻元素中没有超过阈值的则递归调用结束。此时就形成了一个连通域 chg，并在线性表中记录了相关的污点信息。

接下来返回主流程 for 循环中继续扫描下一个像素 d，因为 d 已经被标记为已访问，所以可跳过继续遍历下一个像素 e。依此类推，直到遍历到像素 o，又被视为一个污点的起点，此时再次启动递归，查找 o 的相邻元素。因其相邻元素中没有潜在污点，则递归结束，回到主程序。直到遍历完最后一个像素 t，则表示整个图像扫描完成。

遍历结束后线性表中就有两个连通域：chg 和 o。接下来判断连通域面积是否超过阈值即可确定该瓶盖是否合格。

关于递归形成连通域的流程图如图 5-45 所示。

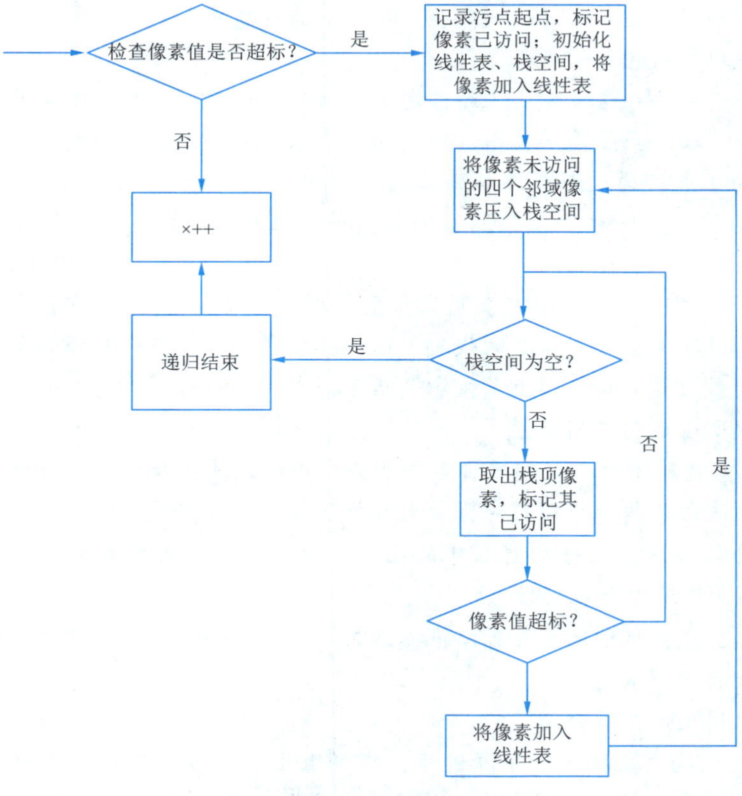

图 5-45　递归形成连通域的流程图

步骤 3：判断瓶盖是否合格

一旦通过上述过程提取并分析了所有潜在污点信息，就可以基于以下逻辑来判断瓶盖是否合格：

通过 for 循环遍历所有连通域数组。如果某个连通域数组面积超出阈值，则退出循环，标记该瓶盖为不合格；如果所有连通域数组面积均小于阈值，则该瓶盖合格。

关于检测瓶盖是否合格的流程图如图 5-46 所示。

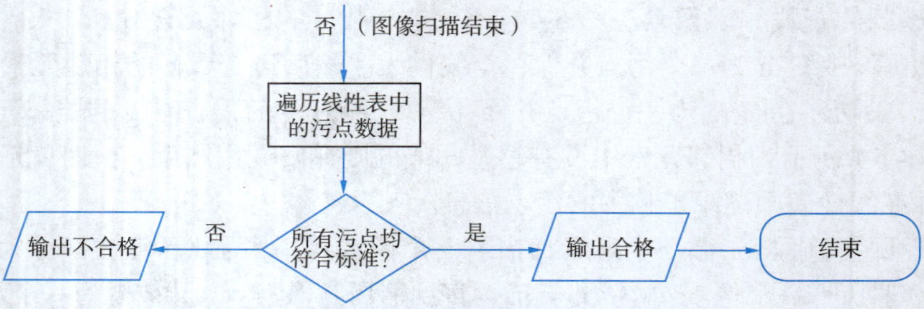

图 5-46　检测瓶盖是否合格的流程图

扩展学习：AI 科普　自动化代码生成

自动化代码生成是指利用 AI 工具自动生成符合特定需求的源代码。这项技术不仅提高了开发效率，减少了人为错误，还降低了开发软件的门槛。近年来，随着自然语言处理、机器学习等技术的快速发展，自动化代码生成已经成为研究热点之一。

（1）自动代码生成的核心技术

①基于模板的方法：这种方法依赖预定义的代码模板库，用户只需填写必要的参数即可生成完整的代码片段。虽然简单易用，但灵活性有限，难以应对复杂的需求变化。

②语法导向生成：通过解析编程语言的文法规则，构建抽象语法树，然后根据用户的意图填充相应的节点。这种方式保证了生成代码的正确性和规范性，同时支持更多样的表达形式。

③深度学习模型：最近的研究表明，大型预训练语言模型（如 GPT 系列）可以在给定自然语言描述的情况下生成高质量的代码。这类模型通过对海量代码库的学习，掌握了丰富的编程知识和模式，能够在不同上下文中灵活运用。

（2）自动代码生成的应用场景

①低代码 / 无代码平台：这些平台允许业务分析师或其他非技术人员通过拖拽组件或编写简单的逻辑表达式来构建应用程序，大大降低了软件开发门槛。

②代码补全和建议：集成到 IDE 中的插件可以根据上下文自动推荐合适的代码片段或 API 调用，提高开发速度和准确性。

③测试用例生成：自动化工具可以根据函数签名和文档自动生成单元测试，确保新功能的质量，并减少回归测试的工作量。

（3）自动代码生成工具介绍

随着自动化代码生成技术的不断进步，市场上出现了多种各具特色的工具和服务，它们旨在帮助开发者更高效地编写代码，并为非专业人员提供了创建复杂软件系统的可能性。以下是几个代表性的代码生成工具：

①通义灵码。作为一款先进的 AI 驱动代码生成工具，通义灵码利用深度学习和自然语言处理技术，能够理解用户的需求描述并自动生成符合要求的源代码；提供实时续写、自然语言生成代码、单元测试生成、代码注释生成、代码优化等功能；支持多种编程语言，包括但不限于 Java、Python、Go、JS/TS、C/C++ 等，还能够根据上下文提供智能代码建议，极大地提升了开发效率和代码质量；支持多种 IDE（如 Visual Studio Code、JetBrains IDEs）的

原生适配。此外，通义灵码内置了丰富的模板库，可以快速响应不同的开发需求。

② GitHub Copilot。由 GitHub 推出的 Copilot 是一个 AI 结对编程工具，可以直接集成到 Visual Studio Code 等编辑器中，通过分析当前文件内容和注释来提供建议的代码行或整个函数。Copilot 使用了大规模预训练模型，经过大量公开可用的代码训练，能够在多种编程语言中生成实用的代码片段。

单元小结

本单元详细介绍了程序设计、数据结构及算法的基本概念、设计与分析方法，以及它们在计算机科学中的应用。通过对这些基础知识的掌握，可以帮助我们构建高效、健壮的软件系统，提升编程技能和开发效率。

①程序设计过程：包括需求分析、系统设计、编码实现、测试与调试、文档撰写、维护与升级六大步骤。

②程序设计方法：涵盖了结构化编程、面向对象编程、函数式编程、事件驱动编程和模块化编程等方法。

③结构化编程原则包括自顶向下、逐步求精、模块化设计和结构化编码。结构化编程的三种基本结构包括顺序结构、选择结构和循环结构。顺序结构按照代码的先后顺序依次执行。选择结构基于条件判断的结果，选择执行不同的代码部分。循环结构重复执行一段代码，直到满足某个特定条件为止。包括“当型循环”（先判断后执行）和“直到型循环”（先执行后判断）。

④面向对象编程是一种将程序设计构建在对象和类上的编程范式。它的核心特性包括封装、继承、多态。数据结构描述数据元素之间的逻辑关系和组织形式，包含数据的存储方式、元素关系及操作方法。

⑤数据的逻辑结构包括集合结构（数据元素没有任何关系）、线性结构（一对一关系）、树形结构（每个元素有一个父节点和多个子节点）、图状结构（网状结构，多对多关系）。

⑥数据结构按逻辑结构分类：线性数据结构，如线性表、栈、队列、串。非线性数据结构，数据元素形成层次或网状结构，如树和图。

⑦数据结构按存储结构分类：顺序存储结构、链式存储结构、索引存储结构、散列存储结构。

⑧线性表由 n 个相同特性的数据元素组成的有限序列。顺序存储结构，数据元素顺序存储在连续内存中。链式存储结构，通过节点和指针存储数据元素，如单链表、双向链表、循环链表。

⑨栈遵循“后进先出”原则。基本操作包括入栈、出栈、查看栈顶、判空、获取栈的长度。实现方式包括顺序栈和链表栈。

⑩队列遵循“先进先出”原则。基本操作有入队、出队、查看队头、查看队尾。实现方式有数组队列、链表队列、循环队列。

⑪ 二叉树每个节点最多有两个子节点。基本类型有空二叉树、满二叉树、完全二叉树、平衡二叉树。存储方式包括顺序存储、链式存储。遍历方式有前序遍历、中序遍历、后序遍历。

⑫ 图由顶点和边组成的非线性数据结构。类型包括有向图（边有方向）、无向图（边无方向）。

习 题

1. 单选题

（1）程序设计的第一步是（　　）。

A. 编写代码　B. 系统设计　C. 需求分析　D. 测试和调试

（2）在面向对象编程中，构造对象的模板称为（　　）。

A. 类　B. 模块　C. 方法　D. 程序

（3）数据结构中，用于表示具有层次关系的数据集合的数据结构是（　　）。

A. 队列　B. 栈　C. 链表　D. 树

（4）在栈中，出栈操作会移除（　　）。

A. 栈底元素　B. 栈顶元素　C. 中间元素　D. 任意元素

（5）以下属于线性数据结构的是（　　）。

A. 数组　B. 队列　C. 树　D. 栈

（6）二分查找的前提条件是（　　）。

A. 数据无序　B. 数据有序　C. 数据量大　D. 数据量小

2. 多选题

（1）面向对象编程的特性包括（　　）。

A. 封装　B. 继承　C. 多态　D. 函数

（2）二叉树的特点包括（　　）。

A. 每个节点最多有两个子节点　B. 每个节点只能有一个子节点

C. 每个节点都只与一个父节点相连　D. 某些节点可以没有子节点

（3）以下属于排序算法的有（　　）。

A. 冒泡排序　B. 选择排序　C. 快速排序　D. 二分查找

3. 判断题

（1）程序设计的最终目标是得到一个可执行的程序。（　　）

（2）在面向对象编程中，函数和方法是完全相同的概念。（　　）

（3）除了根节点以外，每个节点都有一个父节点。（　　）

（4）线性表一定具有顺序结构。（　　）

4. 填空题

（1）数据结构按照逻辑结构可以分为________和________。

（2）数据的逻辑结构中，线性结构是数据元素之间存在________的关系。树形结构的数据元素之间存在________。

（3）栈遵循________的原则。队列遵循________的原则。

（4）二分查找需要前提是数组必须是________。

5. 简答题

（1）程序设计的基本过程有哪些步骤？各阶段的主要任务是什么？

（2）面向对象编程有哪些基本特性？请举例说明。

（3）简要说明算法的基本特征。

（4）说明数列 $A=\{6, 8, 5, 7, 4\}$ 的冒泡排序步骤。

第6单元
数据库

在信息化高速发展的新时代，数据库成为数字世界的核心支柱。数据库不仅是数据的仓库，更是管理、分析和利用数据的重要工具。本单元将带你探索数据库、数据库管理系统和数据库系统的关系及区别，深入了解数据库系统的三级模式结构及其深远意义。我们将探讨不同数据模型在数据存储上的多样化表现，分析各自的优缺点，特别关注最常用的关系型数据库。通过学习 SQL 语言，你将掌握基础的数据操作技能。

然而，数据不仅是技术问题，更是伦理和责任的问题——在设计和使用数据库时，我们要牢牢记住保护用户隐私和数据安全的重要性，践行科技向善的理念，为构建和谐社会贡献力量。

知识路径

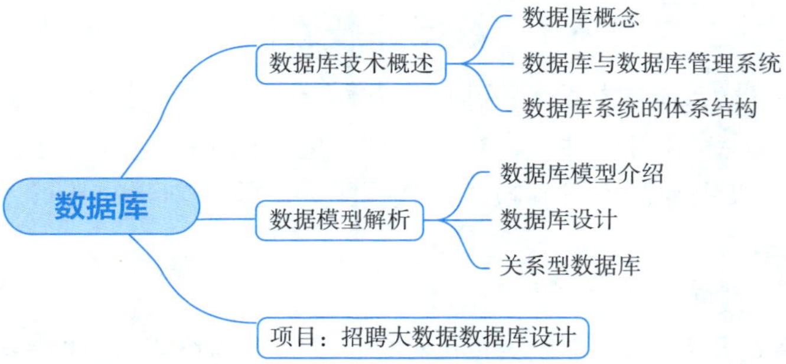

项目引入

某招聘网站致力于为企业客户提供高效便捷的招聘服务，决定组建项目团队设计和实施一个大型数据库系统。该系统用于存储和管理招聘信息，包含公司名称、公司类型、所在城市、职位名称、职位要求、学历要求、工作经验等字段，以帮助企业高效发布和管理招聘信息。

某员工是刚毕业的计算机专业学生，加入了该团队。他针对项目需求，制订了详细的学习和实施计划，以确保能够胜任这项工作，并成功完成项目。首先他需要学习数据库基本概念、体系结构和 SQL 语句；接着进行需求分析，构建 E-R 图明确实体关系；然后将 E-R 图转化为关系模型，设计表结构；最后使用 MySQL 创建数据库和表，编写 SQL 脚本进行数据操作测试，确保系统功能实现与优化。通过这份详尽的计划，该员工不仅能够系统地学习数据库相关知识，还能参与到项目的实施，为团队做出积极的贡献。

学习目标

【知识目标】

◎理解数据库的基本概念、作用和特点。

◎熟悉数据库、数据库管理系统和数据库系统的关系及区别。

◎熟悉常见数据模型（层次模型、网状模型、关系模型、面向对象模型）及其优缺点。

◎理解关系型数据库的结构和常用操作。

◎能够按照数据库设计过程进行数据库的需求分析、概念设计和逻辑设计。

【技能目标】

◎能够绘制实体关系图（E-R 图）。

◎能够使用 SQL 进行数据查询、插入、更新和删除等基本操作。

【素质目标】

◎增强对数据安全和隐私保护的责任感，重视数据伦理。

◎结合实际问题，提高创新思维和动手实践能力。

◎注重数据库技术对社会发展的贡献，提升服务社会的意识。

◎强化职业诚信与专业责任感，树立良好职业道德。

知识储备

6.1 数据库技术概述

数据库是现代信息系统的核心，承担着高效存储、管理和检索海量数据的重任，确保数据的一致性、安全性和高可用性。在企业管理、电子商务、金融服务、科学研究中，数据库的应用无处不在，其重要性不可或缺，是数据驱动决策和创新的基石。

6.1.1 数据库概念

1. 数据与信息

视 频

数据库概念

数据是对客观事物记录下来的可以鉴别的符号，这些符号可以是文字、数字、语音、图像、视频等多种形式。数据本身通常是原始的、未经处理的素材，没有经过加工和解释。例如，一条招聘信息中的职位名称、职位要求、薪酬、工作经验等都是数据。

信息是对数据进行处理后的结果，赋予数据具体的含义。信息是数据的有序和有组织的表现形式，帮助用户了解事实、做出判断和执行决策。例如，将招聘信息中的各项数据整合起来，形成一个结构化的职位描述。职位概述如下所示：

该职位为“软件工程师”，位于北京市海淀区，要求应聘者具备 3 年以上相关工作经验，且至少拥有本科学历。月薪范围为 10 000~15 000 元，负责软件产品的设计、开发和测试工作。

2. 数据库的定义与特点

数据库（database，DB）是一个按照数据结构来组织、存储和管理数据的系统。它通常被描述为一个长期存储在计算机内、有组织的、可共享的大量数据的集合。数据库中的数据按特定的数据模型进行组织、描述和存储，具有较小的冗余度、较高的数据独立性和易扩展性。

数据库的主要特性使其在数据存储、管理和检索方面非常高效和可靠。图 6-1 是数据库的几个关键特性。

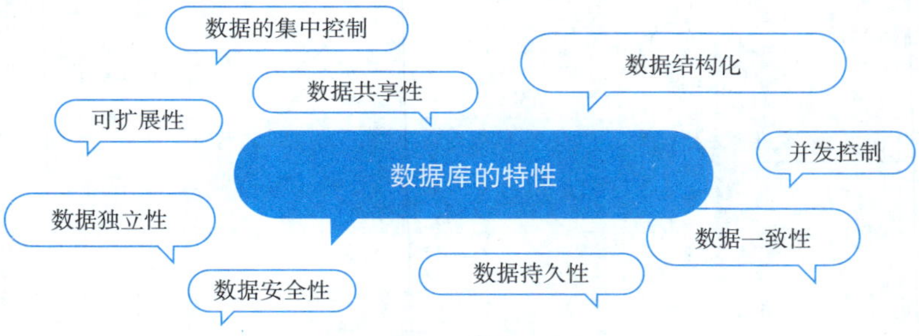

图 6-1　数据库的特性

①数据的集中控制：数据库系统集中存储数据，避免数据冗余和不一致。这种集中控制确保了统一的数据视图和管理策略。

②数据结构化：数据库按照特定的数据模型（如关系模型）组织和存储数据，以便于高效的存储和检索。

③数据独立性：支持物理和逻辑上的数据独立性，使得对数据存储方式的改变不会影响应用程序。这包括逻辑数据独立性（结构改变不影响应用）和物理数据独立性（存储方式改变不影响结构）。

④数据共享性：数据库允许多个用户和应用程序同时访问和使用相同的数据，从而提高了数据利用率。

⑤数据一致性：数据库通过事务机制确保数据的一致性，即对于并发操作，能够保证数据库状态的一致性，确保数据的准确可靠。

⑥数据安全性：通过权限控制、加密等机制保护数据不被未授权的访问和篡改，确保数据的机密性和完整性。

⑦数据持久性：数据一旦被提交到数据库即具有持久性，确保在系统或硬件故障时数据不会丢失，事务管理提供了故障恢复的能力。

⑧并发控制：数据库管理系统通过并发控制机制（如锁机制、时间戳）来处理多用户同时操作数据，避免因并发访问引起的数据冲突。

⑨可扩展性：数据库设计允许其在不影响现有系统性能的情况下扩展数据量和用户数量，以适应不断增长的需求。

3. 数据库的分类

数据库可以根据不同的标准进行分类，见表 6-1。

表 6-1　数据库类型

分　类	数据库类型	描　述
按数据模型分类	关系数据库	使用关系模型来组建数据库，数据以表格形式存储，并通过 SQL 进行操作，如 MySQL、Oracle、openGauss
	非关系数据库（NoSQL）	处理半结构化或非结构化数据，适用于大规模数据存储和高并发访问，包括键值数据库（如 Redis）、文档数据库（如 MongoDB）、列存储数据库（如 HBase）和图数据库（如 Neo4j）
按数据的存储路径分类	集中式数据库	数据库存储于单一位置或服务器
	分布式数据库	数据库存储于多个地理位置或服务器，有助于提高可用性和容错性

续表

分　类	数据库类型	描　述
按数据库的用途和应用分类	事务型数据库	用于处理大量细小事务，注重一致性、完整性和隔离性，如银行金融系统
	分析型数据库	用于数据分析和商业智能，注重快速查询和报表生成，如数据仓库、OLAP 系统
按数据库的访问方式分类	文件系统数据库	数据存储在文件系统中，访问通过文件读写，适用于小型或简单应用
	内存数据库	数据存储在内存中，访问速度快但数据易丢失，适用于需要快速读写的场景，如缓存
按数据库的规模分类	单机数据库	运行在单个计算机系统上
	云数据库	运行在云服务提供商的平台上，具有高扩展性和弹性，如 Amazon RDS、Google Cloud Spanner、Azure SQL Database

4. 数据库技术的发展

数据库技术的发展历程可以追溯到 20 世纪 50 年代，当时计算机科学开始发展，人们开始寻求更有效和有序的数据存储与访问方法。早期的数据管理主要依赖人工管理和文件系统，数据存储在文件中，由程序员完成管理和维护。数据库技术的发展经历了图 6-2 所示的几个重要阶段。

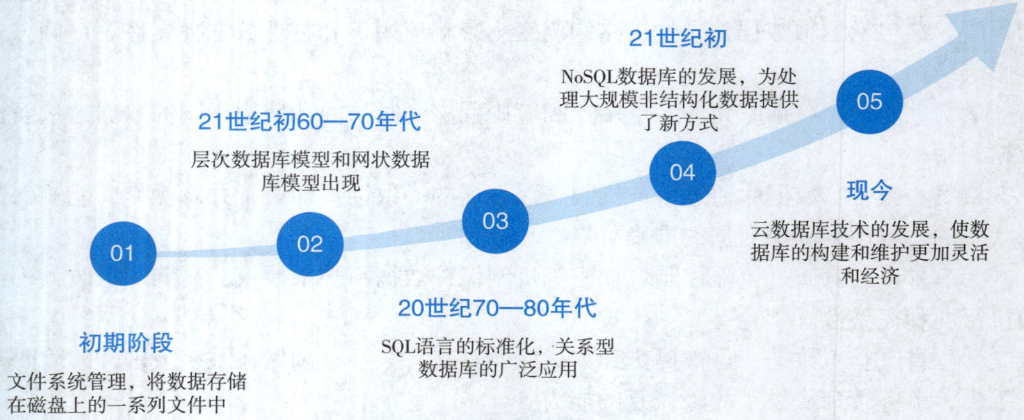

图 6-2　数据库的发展

（1）初期阶段：文件系统（20 世纪 50—60 年代）

文件系统是将数据存储在磁盘上的一系列文件中，每个文件包含相关的数据记录。文件系统存在明显的缺点，如数据冗余、数据不一致、缺乏数据抽象和管理能力。

（2）层次数据库和网状数据库（20 世纪 60—70 年代）

层次数据模型采用树状结构来组织数据，各层次之间形成严格的父子关系。虽然层次模型一定程度上解决了文件系统的数据管理问题，但其树状结构限制了数据的灵活性和复杂关系的处理能力。

网状数据模型使用复杂的图结构，其中数据通过多对多的关系进行组织。虽然这种模型提高了数据的灵活性，但其复杂的结构和操作使得用户难以掌握和使用。

（3）关系型数据库（20 世纪 70—80 年代）

1970 年，IBM 的 Edgar Frank Codd 提出了关系模型，用二维表格表示数据。随着 SQL 的标准化，关系型数据库（如 IBM 的 DB2、Oracle、MySQL）迅速普及，成为企业级数据管理的主流选择。

（4）非关系型数据库（NoSQL）和大数据（21 世纪初至今）

为应对互联网时代的海量非结构化数据，NoSQL 数据库应运而生，具有扩展性和高可用性。大数据技术如 Hadoop 和 Spark 支持海量数据存储与分布式计算，适用于大规模数据分析应用。

（5）云数据库（近年来）

云数据库随着云计算技术的发展而兴起，成为现代企业的数据存储和管理的主要方式。云数据库提供高扩展性、弹性和经济高效的解决方案，用户无须自行构建和维护数据库系统。

6.1.2 数据库与数据库管理系统

1. 数据库管理系统

数据库管理系统（database management system，DBMS）是一种位于用户与操作系统之间的一层数据管理软件，用于科学地组织和存储数据、高效地获取和维护数据。常见的 DBMS 包括关系型数据库管理系统（如 OpenGauss、MySQL、Oracle、SQL Server）和非关系型数据库管理系统（如 MongoDB、Redis）。DBMS 的主要功能如下：

①数据定义功能：允许用户定义数据库的结构，包括表的结构、字段的类型、表之间的关系等。

②数据存储和检索功能：提供高效的数据存储、查询和检索功能，支持多种查询语言（如 SQL）。

③数据更新功能：允许用户添加、更新和删除数据库中的数据。

④数据安全和完整性：提供安全机制保护数据的隐私和完整性，防止未经授权的访问和数据损坏。

⑤数据备份和恢复功能：提供数据备份和恢复机制，防止数据丢失。

⑥并发控制：支持多个用户同时访问和操作数据库，并确保数据的一致性和隔离性。

2. 数据库系统

数据库系统（database system，DBS）是由数据库及其管理软件（即 DBMS）、相关工具、应用程序、数据库管理员（database administrator，DBA）和用户组成的整体系统。它不仅包括数据库本身，还包括用于管理和操作数据库的软件系统，以及支持这些操作的硬件和网络资源。数据库系统的主要特点是数据结构化、数据共享性高、冗余度低且易于扩充，以及数据独立性高。

数据库系统组成如图 6-3 所示。

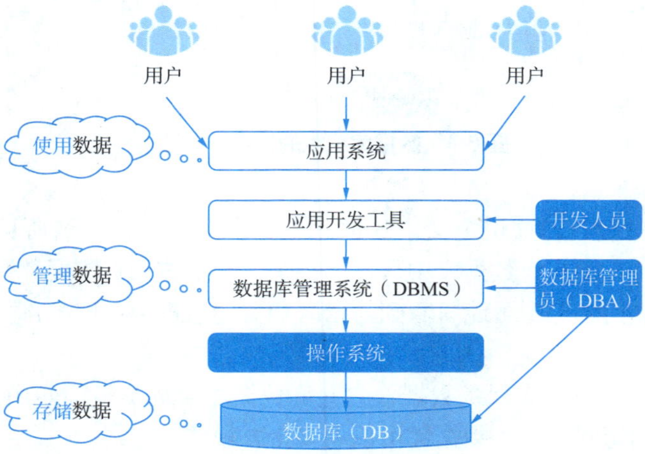

图 6-3 数据库系统组成

总的来说，数据库是数据的集合，数据库管理系统是用于操作和管理这些数据的软件，而数据库系统则是包括了数据库、DBMS 和其他相关组件的整体系统。

知识拓展 **数据库系统人员组成**

①数据库管理员（DBA）：数据库系统的核心人员，负责数据库系统的安装配置、安全管理、性能监控与优化，确保系统稳定运行，需具备深厚技术和实践经验。

②数据库设计师：负责确定数据类型和结构，与用户沟通需求，设计满足需求的数据库，并在实施前完成相关工作。

③系统分析员：负责应用系统的需求分析和规范说明，与用户和数据库管理员一起确定系统的硬件配置，并参与数据库系统的概要设计。

④应用程序员：负责编写与数据库交互的应用程序代码，这些应用程序通过高级语言（如 COBOL、C、Java 等）开发，并与 DBMS 进行交互。

⑤最终用户：通过应用系统的用户接口访问数据库，进行数据查询、更新和生成报告等操作。

⑥运维工程师：负责日常维护、监控和优化数据库系统，确保系统的稳定性和安全性。

6.1.3 数据库系统的体系结构

数据库系统的体系结构主要用于组织和管理数据，以提高数据管理的效率和安全性。它通过采用独特的体系结构来实现这一目标，包括三级模式结构和两层映射，这些结构共同确保了数据的逻辑独立性和物理独立性。三级模式结构由外模式、概念模式和内模式组成，分别对应不同层次的用户视图，从而满足不同用户的需求。数据库系统的三级模式结构如图 6-4 所示。

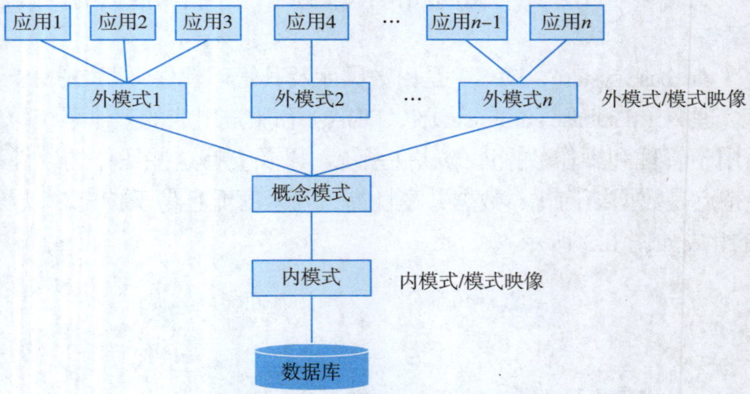

图 6-4 数据库系统的三级模式结构

1. 外模式

外模式也称用户视图，这层定义了数据库中每个用户或用户组所见的数据视图。每个外模式描述了一个特定用户对数据库中数据的视角，包括该用户需要使用的数据及这些数据的表现形式。比如，招聘部门可能只看到与招聘相关的数据，而财务部门可能只看到与财务相关的数据。

外模式提供了一种机制来保护数据，它允许数据库管理员给不同用户定制不同的视图，以限制用户对数据的访问。一个数据库可以有多个外模式。

2. 概念模式

概念模式是整个数据库的全局视图，它描述了所有的数据实体、属性、关系及数据完整性约束规则。它独立于任何具体的应用程序和物理存储，提供了一个统一的数据模型，使所有外模式基于同样的概念模式。一个数据库只有一个概念模式。

概念模式确保数据的一致性和完整性，并提供逻辑数据的独立性，即应用程序无须关心数据的物理存储方式。概念模式可以描述一个公司数据库中的客户、订单、产品等实体，以及它们之间的关系和属性。

3. 内模式

内模式也称物理模式，描述了数据在存储设备上的物理存储结构，包括文件的存储格式、索引的组织方式、数据块和存储分配等。它允许数据库管理员优化存储和访问，提高系统性能和效率。内模式定义了数据如何在计算机存储介质上实际组织和存储。一个数据库只有一个内模式。

总的来说，外模式是面向用户的视图，定义不同用户的特定数据视角；概念模式是全局视图，描述数据库的逻辑结构和整体数据模型；内模式是物理视图，描述数据的物理存储方式和细节。通过这种三级模式结构，逻辑数据层次与物理数据层次有了清晰的分离，从而简化了数据管理和维护工作，提升了数据库系统的灵活性和扩展性。

6.2　数据模型解析

数据模型是数据库系统设计的基石，提供了一种抽象的方式来定义和组织数据。在数据库系统中，数据模型不仅决定了数据的结构和存储方式，还影响着数据的访问效率和管理能力。从概念模型的业务需求捕获，到逻辑模型的数据结构设计，再到物理模型的实现与优化，数据模型贯穿了数据库系统设计的各个阶段，确保数据存储与使用的高效性和一致性。

6.2.1　数据模型介绍

1. 信息处理的三个层次

在数据库技术中，信息处理的过程通常被描述为经过“三个世界”的转换：现实世界、信息世界和数据世界。每个世界代表了从用户需求到实际数据存储之间逐步抽象和具体化的一个阶段，确保最终构建的信息系统能够准确反映业务需求并高效运作。

①现实世界：现实世界是我们周围的真实环境，包含了所有实际存在的对象、事件及其复杂的相互作用。对此，数据库使用“实体模型”用于识别和定义现实中重要的对象（称为实体，如公司、职位）及其属性（如公司类型、地址），还有这些实体之间存在的关系。

②信息世界：信息世界是对现实世界的首次抽象，它将现实中的实体、属性和关系转换为信息系统可以处理的形式。对此，数据库使用“概念模型”进行表示，常见的有实体联系（entity relationship，E-R）模型，帮助直观地展示实体及其之间的关系。

③数据世界：数据世界是信息世界的进一步抽象，将信息世界中的概念转变为计算机可以处理的数据结构和格式。在这一层次，使用“数据模型”来表达，常见的数据模型包括关系模型、面向对象模型等。这些模型定义了如何在数据库系统中实际存储、检索和操作数据。

图 6-5 为数据库技术领域的“三个世界”及与之对应的“三个模型”之间的关系。

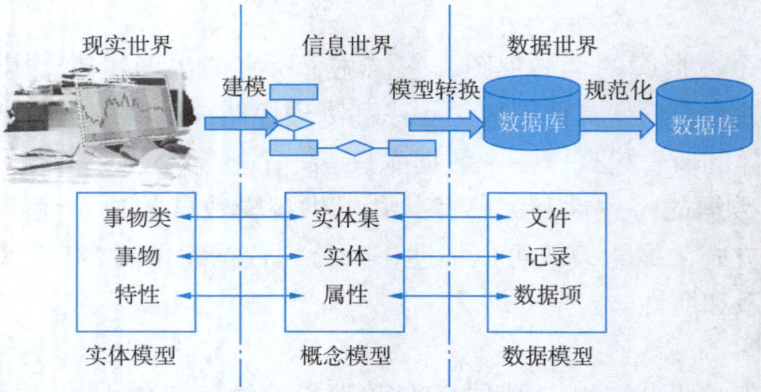

图 6-5 “三个世界”及“三个模型”之间的关系

2. 数据模型

数据模型是对现实世界数据特征的抽象表示，是一种用于描述数据的结构、关系、约束和操作的抽象工具。它提供了一种统一的方式来定义和组织数据，使得数据能够被有效地存储、检索和管理。数据模型通过描述现实世界数据及其相互关系，帮助数据库设计者和用户理解和使用数据库。

数据模型的核心在于如何结构化和操纵数据，包括数据的添加、删除、显示、维护、打印、查找、选择、排序和更新等操作。

数据模型通常由三个主要部分组成：数据结构、数据操作和数据完整性约束。

①数据结构：描述了数据在数据库中的组织和表示方式。它规定了数据的组成成分、数据项的类型和数据项之间的关系。在数据库语境下的数据结构更侧重于如何高效地组织和管理大量数据，这不同于计算机科学中的数据结构。在关系模型中，以表格形式存储数据，包括表、字段（列）、记录（行）、键（主键、外键）等关系模型的元素。在层次模型中，它表现为树形结构；在网状模型中，它表现为图形结构；在面向对象模型中，它为对象和类。

②数据操作：指的是对数据结构中的数据进行创建、读取、更新和删除（CRUD）等操作的规则和方法。包括查询（SELECT）、插入（INSERT）、更新（UPDATE）、删除（DELETE）等操作。具体的操作可通过 SQL 语句在关系模型中实现。

③数据完整性约束：指用来保证数据的准确性、一致性和完整性的规则和条件。包括业务规则（如一个人必须有一个合法的身份证号）、数据的完整性约束（如主键约束、外键约束、唯一性约束、非空约束等）。

3. 数据模型分类

数据库数据模型的分类可以从多个角度进行划分，根据不同的分类标准，可以分为以下几类：

（1）按照数据模型的层次分类

按照数据模型的层次可以将数据模型可以分为概念模型、逻辑模型和物理模型三大类。概念模型用于捕获高层次需求，逻辑模型用于设计具体的数据结构，而物理模型用于实施和优化数据库系统。

①概念模型。概念模型也称信息模型。概念模型是面向用户的，按照用户的视角对数据和信息进行建模，主要用于数据库设计。它不依赖具体的数据库管理系统，通常使用简单的符号来表示信息，如 E-R 图。概念模型的主要目的是描述现实世界中事物的概念化结构，

帮助设计人员在设计的初始阶段集中精力分析数据及其关系，而不涉及具体的计算机技术细节。

②逻辑模型。逻辑模型是面向计算机系统的，用于数据库管理系统的实现。它在概念模型的基础上进一步细化，定义了数据结构、数据操作和完整性约束条件。常见的逻辑模型包括层次模型、网状模型、关系模型和面向对象模型等。

③物理模型。物理模型是数据建模中最底层的模型，关注的是数据库在具体数据库管理系统上的实现细节。物理模型定义了数据如何在物理存储介质上存储，包括文件结构、索引方法、存储位置等，是最终在数据库管理系统上实施和配置数据库的直接依据。

（2）按照数据模型的类型分类

根据组织和表示数据的方式可以将数据模型分为层次模型、网状模型、关系模型、面向对象模型、文档模型、键值对模型等。下面重点介绍前四种。

①层次模型。数据以树形结构组织，每个节点表示一个记录，具有严格的上下级关系。层次模型在不同领域有不同的应用。比如：

- 文件系统：文件夹和子文件夹（目录和子目录）形成了一个层次化的结构。
- 公司组织结构：不同级别的管理层和员工之间存在层级关系。

层次模型的优点是结构简单、清晰，易于理解和操作，查询效率高。然而，它也存在一些缺点，如不能表示多对多的关系，难以实现对复杂数据关系的描述。

在招聘大数据数据库系统中，地区、公司和岗位之间的层次结构如图 6-6 所示。

②网状模型。网状模型用于表示和组织数据及其之间的复杂关系。网状模型是对层次模型的扩展，它允许任意节点之间有多重关系，而不仅仅是单一的层次关系。由于其复杂的关系表达能力，网状模型适用于那些需要表示复杂多对多关系的应用。

在招聘大数据数据库系统中，公司和岗位之间存在多对多的关系，表示一个公司可以提供多种职位，而一个职位也可以被多家公司提供，用网状模型表示如图 6-7 所示。

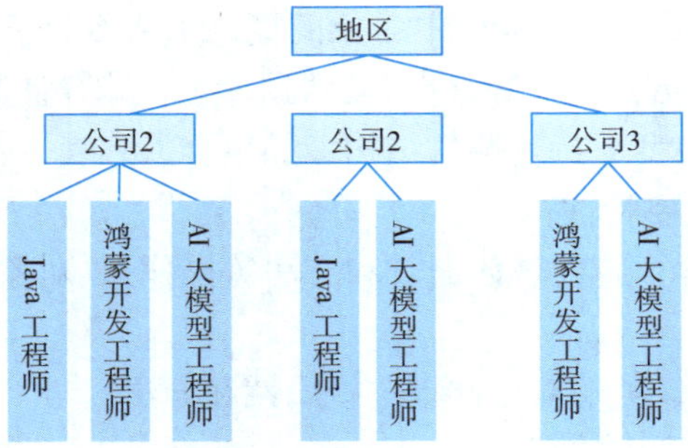

图 6-6　层次数据模型

图 6-7　网状模型

③关系模型。由于网状模型的复杂性和维护难度较高，因此关系模型应运而生，通过表格形式和强大的 SQL 语言，提供了更灵活、高效且易于使用的数据管理方式，克服了网状模型的复杂性问题。

关系模型是最常用的数据模型，核心概念是将数据组织成二维表格的形式，每个表格称为一个关系，由行（元组）和列（属性）组成，表中的行和列定义了具体的数据条目和其特征。以下是关系模型的关键概念：

- 关系：它对应于数据库中的表格，每个关系有一个唯一的名字。

- 关系模式：定义关系的结构，包括关系的名称和每个属性的名称及其类型。
- 元组：关系中的一行数据，代表单个数据项。
- 属性：关系中的列，代表数据项的特征。每个属性有一个名称，称为属性名。
- 域：每个属性的取值范围，即属性可以接收的值的集合。
- 主键（primary key）：表中的一个或多个属性组成的一个标识，用于唯一地标识表中的每一个元组。主键的值必须唯一，且不能为NULL。
- 外键（foreign key）：一个表中的一个或多个属性，其值需要参考另一个表的主关键字。这用来实现表之间的引用完整性。
- 关系操作：在关系数据库中，可以执行的基本操作，包括选择、投影、连接、笛卡儿积、并、差和交。

图6-8为关系型模型的二维表结构。

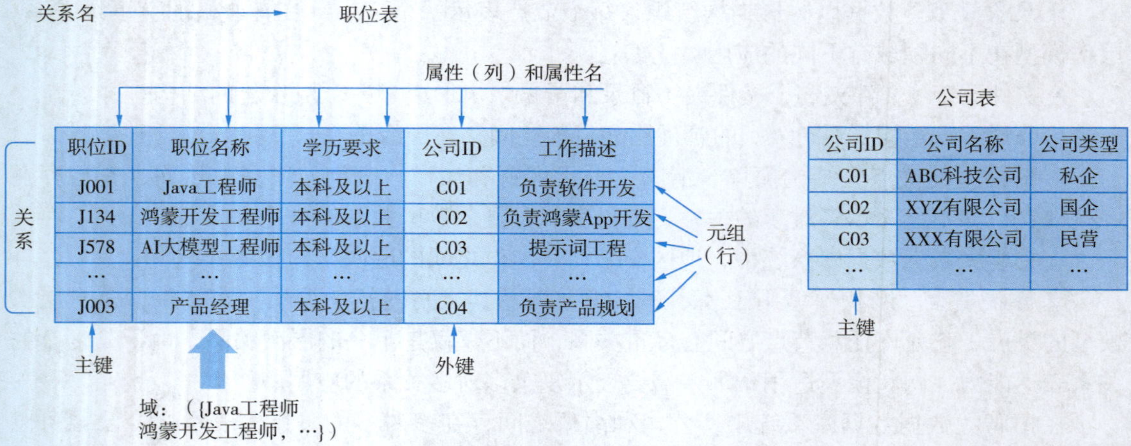

图6-8 关系模型二维表

④面向对象模型。面向对象数据模型是将面向对象编程中对象的概念引入数据库系统的一种模型。其核心思想是将数据和处理数据的方法封装在一起，使数据库不仅能存储数据，还能够存储与数据相关的操作。面向对象数据模型支持复杂的结构，如集合、列表、数组、对象嵌套等。面向对象数据模型具有以下几个主要特性：

- 对象：面向对象数据库的基本单位，包含了属性（数据）和方法（操作）。对象通过类定义，类是对象的具体类型或形式。
- 类：一个类定义了一组属性和方法，所有该类的对象共享这些属性和方法。
- 属性：对象的数据特征，类似于关系数据库中的字段。
- 方法：对象可以执行的操作或行为，通常与对象的属性相关联。
- 对象标识（OID）：每个对象都有唯一的对象标识，用来唯一标注对象。
- 继承：类可以从一个或多个其他类中继承属性和方法。
- 封装：对象将属性和方法封装在一起，外部不能直接访问对象的属性，必须通过对象的方法来操作这些属性。
- 多态性：同一方法在不同对象中可能有不同的实现。通过多态性，可以在不改变代码结构的情况下，实现对象的多种行为。

• 持久性和共享：面向对象数据库管理系统支持对象的持久化存储，即对象可以在程序终止后仍然存在，并且可以在多个程序之间共享。

面向对象数据模型提供了更自然的、贴近现实的数据表示方式，适用于那些需要处理复杂数据及其关系的应用场景，如计算机辅助设计、办公自动化、工程数据管理等。然而，与关系模型相比，面向对象数据模型在标准化和普及程度上还需改进和推广。

6.2.2　数据库设计

数据库设计是指将数据作为中心，在遵循一定原则和规范的基础上，系统地构建数据模型的过程。其目的是创建一个能够高效、安全地存储、组织和管理数据的数据库系统。在进行数据库设计时应遵循一致性、标准化、原子性、完整性等原则。

1. 数据库设计过程

数据库设计就是从现实世界到信息世界再到数据世界的过程，通常将这三个过程细分为需求分析、概念设计、逻辑设计、物理设计、数据库实施、运行与维护六个阶段，如图 6-9 所示。

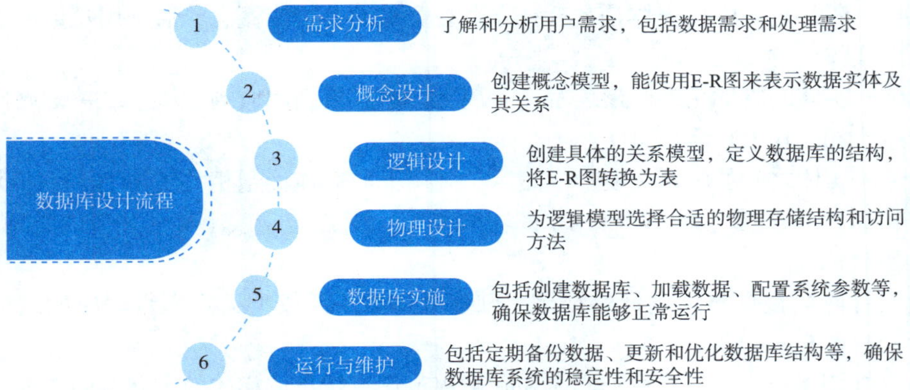

图 6-9　数据库设计流程

（1）需求分析

在这个阶段，需要明确数据库的使用目的，与业务人员和最终用户进行沟通，了解他们的需求和期望。收集业务流程、数据需求和功能需求。记录和整理需求，形成需求规格说明书。比如，在招聘大数据数据库系统的需求阶段，需要记录公司名称、地址、行业、规模等信息；记录职位名称、学历要求、工作经验、职位要求等信息。

（2）概念设计

概念设计是将需求分析的结果抽象为概念模型，通常是 E-R 图。主要任务有：

①识别实体和实体间的联系。

②定义实体的属性。

③创建 E-R 图，表示实体、属性和关系。

④确定实体间的关系类型（一对一、一对多、多对多）。

比如，在招聘大数据数据库系统中的实体有公司和职位：

①实体：

• 公司（Company）
• 职位（Job）

②属性：

- 公司：公司 ID、公司名称、公司地址、公司类型。
- 职位：职位 ID、职位名称、学历要求、工作经验、职位要求。

③关系：

公司和职位之间存在多对多（M：N）关系。

将上面的实体、属性和关系组成用 E-R 图表示，如图 6-10 所示。

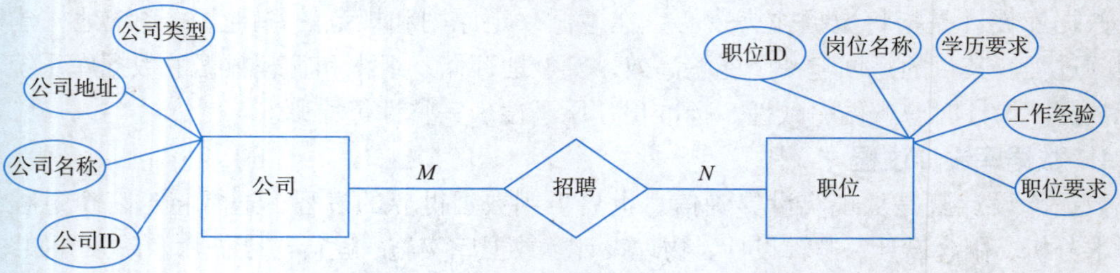

图 6-10　公司、职位实体关系 E-R 图

①实体：在 E-R 图中，实体是具有独立存在意义的事物或概念，通常用矩形框表示，并在框内写上实体名称。

②属性：实体的属性用椭圆形表示，并用无向边连接到相应的实体上。关键属性可以用下画线表示，如公司 ID、职位 ID。

③关系：实体之间的联系用菱形框表示，并用无向边连接到相关实体上。关系类型包括一对一（1∶1）、一对多（1∶N）和多对多（M∶N），并在连接线上标注相应的类型。

（3）逻辑设计

逻辑设计阶段根据概念设计的结果，创建具体的关系模型，定义数据库的结构。主要步骤包括：

①将 E-R 图转换为表：将每个实体和联系规范化，转化成相应的表和表中的列。

②确定主键（primary key）：为每个表选择一个列作为主键，确定主键时要遵循几个原则，主键必须在表中唯一标识每一行记录，保证无重复。主键的值应尽量保持不变，主键列不允许为空值。

③确定外键（foreign key）：定义表与表之间的关系，使用外键来引用其他表的主键，从而建立联系。

④规范化：通过规范化过程来消除数据冗余和不一致性。

对于图 6-10 的 E-R 模型，逻辑设计可以将其表示为关系表，公司表和职位表分别见表 6-2 和表 6-3。

需要注意的是，在表 6-2 和表 6-3 中的主键自增是指，当插入新记录时，如果未指定主键值，数据库会自动为该主键生成一个唯一的递增值。

表 6-2　公司表 Company

字 段 名	数 据 类 型	描　述
CompanyID	INT	主键，自增，公司唯一标识
CompanyName	VARCHAR(1000)	公司名称
CompanyAddress	VARCHAR(1000)	公司地址
CompanyType	VARCHAR(1000)	公司类型

表 6-3　职位表 Job

字段名	数据类型	描述
JobID	INT	主键，自增，职位唯一标识
JobTitle	VARCHAR(255)	职位名称
EducationReq	VARCHAR(255)	学历要求
ExperienceReq	VARCHAR(255)	工作经验
JobDescription	TEXT	职位要求

由于公司和职位之间存在多对多关系，故需要创建一个关联表如招聘记录表来存储两者之间的关系。在招聘记录表中需要设置招聘记录 ID（作为主键），以及公司 ID 和职位 ID 作为外键来关联公司表和职位表。招聘记录表的字段及其描述见表 6-4。

表 6-4　招聘记录表（CompanyJob）

字段名	数据类型	描述
RecordID	INT	主键，招聘记录唯一标识
CompanyID	INT	外键，关联公司表
JobID	INT	外键，关联职位表

常见表字段的类型说明见表 6-5。

表 6-5　常见表字段的类型说明

分类	类型	说明
数值类型	INT	标准整数，如 10，1200
	FLOAT	单精度浮点数，用于表示小数，以约 7 位有效数字表示数值。这并不仅仅限于小数位，而是整体有效数字，如 12.13
	DECIMAL(M,D)	定点数，用于精确的数值计算，如货币。M 是总位数，D 是小数点后的位数
字符串类型	CHAR(N)	固定长度字符串，最大长度为 N 个字符。如公司名称
	VARCHAR(N)	可变长度字符串，最大长度为 N 个字符
	TEXT	大文本字符串，用于存储长文本。如职位要求
日期和时间类型	DATE	日期，格式为 YYYY-MM-DD，表示年月日
	TIME	时间，格式为 HH:MM:SS，表示时分秒
	DATETIME	日期和时间组合，格式为 YYYY-MM-DD HH:MM:SS
布尔值	BOOLEAN	如是否激活、是否删除

（4）物理设计

数据库物理设计是在逻辑设计基础上进行的，其主要目标是对数据库内部物理结构进行调整并选择合理的存取路径，以提高数据库访问速度及有效利用存储空间。在现代关系数据库中已大量屏蔽了内部物理结构，因此留给用户参与物理设计的余地并不多。

（5）数据库实施

在数据库实施阶段，依据逻辑设计和物理设计，创建实际的数据库。这包括创建数据库、加载数据、配置系统参数及进行必要的测试，以确保数据库能够正常运行。

在此阶段，需要使用关系型数据库管理系统编写 SQL 语句，来完成上述任务。

6.2.3　关系型数据库

1. 关系型数据库介绍

关系型数据库是一种基于关系模型的数据库管理系统，它使用结构化的方式存储数据。

在这个模型中，数据以表格的形式组织，每个表格由行和列组成，其中行代表记录，列则定义了这些记录的数据类型和属性。

关系型数据库的主要特点包括：

①表结构：数据以二维表的形式存储，每张表都有唯一的名称，并且包含多个字段，每个字段都有特定的数据类型。

② ACID 特性：关系型数据库支持事务处理，并遵循 ACID 原则，确保数据操作的可靠性和一致性。

③ SQL 支持：关系型数据库广泛使用 SQL 进行数据管理和操作，这使得数据查询变得简单且高效。

④数据完整性：通过主键、外键等机制，关系型数据库能够确保数据的准确性和一致性，减少数据冗余和不一致问题

知识拓展 ACID 原则

ACID 原则是数据库事务处理的核心概念，确保数据库操作的可靠性和一致性。ACID 代表原子性（atomicity）、一致性（consistency）、隔离性（isolation）和持久性（durability）这四个特性。

①原子性：事务被视为一个不可分割的单元，要么全部完成，要么完全不执行。这意味着如果事务中的任何操作失败，则整个事务将回滚，以确保数据库状态的一致性。

②一致性：事务执行后，数据库必须保持一致状态。这依赖预定义的规则和约束，以确保在事务开始时和结束时数据库的状态都是合法的。

③隔离性：事务与其他事务隔离执行，防止并发事务之间的干扰。不同的隔离级别（如读取未提交、读取已提交、可重复读取和可序列化）提供了不同程度的隔离程度。

④持久性：一旦事务提交，其更改将永久保存在数据库中，即使系统发生故障也不会丢失。

知识拓展 SQL 介绍

（1）SQL 相关概念

SQL（structured query language，结构化查询语言）是一种用于访问和管理关系型数据库的标准编程语言。它是由 IBM 在 20 世纪 70 年代开发的，并逐渐成为数据库管理的标准语言。1992 年，SQL-92 标准的发布进一步提升了 SQL 的功能和标准化水平，SQL 标准化提升了不同数据库系统的兼容性和互操作性，降低了学习成本，提高了生产力，推动了数据库技术的普及与发展，增强了数据共享与跨平台处理能力。如今，SQL 被包括 IBM、Oracle、Microsoft 等在内的几乎所有关系型数据库系统支持。

SQL 的主要功能是对数据库中的数据进行查询、插入、更新、删除，以及数据库结构的创建和管理。SQL 语言具有如下几个特点：

①综合统一：SQL 集数据定义语言（DDL）、数据操纵语言（DML）和数据控制语言（DCL）于一体，能够独立完成数据库生命周期中的全部活动，包括定义关系模式、插入数据、查询、更新、维护、重构及安全性控制等。

②高度非过程化：SQL 是一种高度非过程化的语言，用户只需提出“做什么”，而无须指定“怎么做”。系统会自动选择存取路径并执行操作，从而简化了编程复杂性，提高了数据的独立性。

③面向集合的操作方式：SQL 支持对元组集合进行操作，不仅可以对单个记录进行操作，

还可以对一组记录进行插入、删除和更新等操作。

④以同一种语法结构提供多种使用方式：SQL 既可以独立地用于联机交互，也可以嵌入到高级语言（如 C、C++、Java）程序中，供程序员设计程序时使用。

⑤简洁易学：尽管 SQL 功能强大，但其语法设计简洁明了，易于学习和使用。SQL 语句通常只需使用少量动词即可完成核心功能。

（2）SQL 基本操作

SQL 的基本操作分为以下几大类：数据定义、数据查询、数据操纵和数据控制。下面对数据定义和数据查询语句做简单介绍。

①数据定义语言（DDL）。DDL 用于定义和管理数据库中的对象，常见操作有创建、修改、删除、清空操作。

- 创建表（CREATE TABLE）。

使用 SQL 语句创建一个职位表，包含公司 ID、公司名称、公司地址、公司类型四个字段。其中公司 ID 为主键，公司名称不能为空。SQL 语句写法如下：

```
CREATE TABLE Company (
CompanyID INT PRIMARY KEY,                   -- 主键，公司唯一标识
CompanyName VARCHAR(255) NOT NULL,           -- 公司名称，不允许为空
CompanyAddress VARCHAR(255),                 -- 公司地址
CompanyType VARCHAR(100),                    -- 公司类型
) ;
```

- 修改表（ALTER TABLE）。

修改字段类型，比如，将公司表中的 CompanyType 列的长度由 100 个字符增加到 255 个字符：

```
ALTER TABLE Company MODIFY CompanyType VARCHAR(255);
```

修改字段名，比如，将 CompanyType 列重命名为 Type：

```
ALTER TABLE Company CHANGE COLUMN CompanyType Type VARCHAR(50);
```

添加新列，比如，添加一个 Industry 列保存公司的所属行业：

```
ALTER TABLE Company ADD COLUMN Industry VARCHAR(100);
```

删除列，比如，删除 CompanyAddress 列：

```
ALTER TABLE Company DROP COLUMN CompanyAddress;
```

- 删除表（DROP TABLE）。

比如，删除公司表：

```
DROP TABLE Company;
```

这条命令将直接删除 Company 表以及其中的所有数据和结构定义。在执行这条命令时，请非常谨慎，因为这是一个不可逆的操作，删除后数据无法恢复。

- 清空表（TRUNCATE TABLE）。

比如，清空 Company 表：

```
TRUNCATE TABLE Company;
```

当清空一个表时，这个表中的所有数据都会被删除，但表的结构、列、索引和约束等仍然保留。清空表通常比逐行删除更快、更高效，因为它不产生大量的日志数据。

②数据操作语言（DML）。DML 用于在数据库中查询、插入、更新和删除数据的 SQL 子集。DML 用于操作数据库表中的数据，但不会改变表的结构和模式。以下是 DML 的几种基本操作：

- 查询数据（SELECT）。

SELECT 语句用于从一个或多个表中查询数据，并可以通过 WHERE 子句过滤结果，使用 ORDER BY 进行排序，或者使用 JOIN 连接多个表的数据。

比如，从 Company 表中提取 CompanyName 和 CompanyAddress 这两列的数据：

```
SELECT CompanyName, CompanyAddress FROM Company
```

- 插入数据（INSERT INTO）。

INSERT 语句用于向表中插入新行。可以插入一个或多个值。比如，插入一条公司信息，公司 ID 为 1，名称为“ABC 教育科技有限公司”，公司地址为“深圳市 xx 区”，公司类型为“私企”：

```
INSERT INTO Company (Company ID, CompanyName, CompanyAddress, CompanyType)
VALUES (1, 'ABC科技有限公司', '深圳市xx区', '私企');
```

- 更新数据（UPDATE）。

UPDATE 语句用于修改表中现有的行。通常与 SET 子句和 WHERE 子句一起使用以指定要更新的列和值及其条件。比如，将 CompanyName 为“ABC 科技有限公司”的公司名称修改为“AAA 科技有限公司”：

```
UPDATE CompanySET CompanyName = 'AAA科技有限公司'
WHERE CompanyName = 'ABC科技有限公司';
```

- 删除数据（DELETE）。

DELETE 语句用于删除表中符合条件的行。使用 WHERE 子句指定要删除的行，如果不加 WHERE 子句则会删除表中的所有行。比如，删除 CompanyAddress 为“深圳市 ×× 区”的公司信息：

```
DELETE FROM Company WHERE CompanyAddress = '深圳市xx区';
```

3. 常用关系型数据库介绍

目前常用的关系型数据库系统包括 GaussDB、MySQL、Oracle、SQL Server、PostgreSQL 等。这些数据库广泛应用于各种规模的企业和项目中，因其强大的数据存储、检索和安全性而受到青睐。

GaussDB 是华为自主研发的一款企业级分布式数据库管理系统，其核心基于 PostgreSQL 开发，并通过技术创新和优化形成了独特的数据库产品体系。GaussDB 支持高并发、大数据量处理，具备高可用性、分布式架构及强大的扩展能力，能够满足金融、电信、制造业等行业的高性能数据处理需求。此外，GaussDB 与华为开源的 openGauss 密切相关，两者共享代码基线并内核统一演进，openGauss 作为 GaussDB 的基础生态，为 GaussDB 提供了强大的技术支撑和社区资源。

PostgreSQL 在处理复杂查询和大数据集方面表现更优秀，尤其是在并发处理方面。尽管以前 PostgreSQL 的读取性能较慢，但经过改进后，现在可以更有效地写入大量数据。PostgreSQL 适用于处理大量复杂数据的应用场景，如数据仓库、科学计算、金融、地理信息系统等。它也适合需要高级功能和复杂查询支持的场景。

MySQL 是最受欢迎的开源关系型数据库管理系统，以处理速度快、可靠性高和适应性强等特点备受关注。它被广泛应用于 Web 开发、内容管理系统及电子商务平台等领域。

Oracle 数据库以其高效率、高可靠性及对高吞吐量的支持，成为大型和复杂数据应用场景的首选。它适用于企业级应用、金融服务和政府部门等需要严密数据管理和高并发处理的场景。

SQL Server 由微软开发的企业级数据库管理系统，深度集成在微软产品生态中，提供强大的数据分析、报告和商业智能功能。它在 Windows 环境下性能尤为突出，适合各种规模的企业应用。

项目实施

6.3　招聘大数据数据库设计

1. 项目分析

招聘大数据数据库设计的过程遵循一系列系统化的步骤，旨在确保数据的有效管理和高效利用。这一过程涵盖了需求分析、数据建模、数据库设计，以及最终的测试等多个环节。完成本项目的实现思路如下：

①明确用户需求，确定数据库系统功能和数据处理；

②创建概念模型，构建 E-R 图明确实体关系；

③将 E-R 图转化为关系模型，设计数据库表结构；

④数据库实施，使用 MySQL 创建数据库和表，并编写 SQL 进行数据操作测试。

2. 实现过程

步骤 1：需求分析与数据爬取和处理。

了解用户的需求，确定数据库系统需要实现的功能和数据内容。比如，数据内容如下：

城市：如北京、上海、深圳。

职位名称：如软件工程师、产品经理。

公司名称：如阿里巴巴、腾讯。

发布时间：如 2024-11-23。

上班地址：如深圳 - 福田区。

工作经验：如 2 年以上、3 年以上等。

学历要求：如本科及以上、硕士及以上等。

公司类型：如民营公司、合资。

职位要求：如负责软件开发和维护。

然后收集相关数据并进行清洗和预处理，使其适合存入数据库（此过程在实际项目中大多是直接与招聘网站的 API 对接，然后通过代码将提取到的数据存储到设计好的数据库中，由于此内容不是本书重点，故不赘述）。

步骤 2：概念设计。

在该项目中根据需求将上面的数据表设计成三个实体：

①实体：

- 公司（Company）
- 职位（Job）
- 招聘记录（CompanyJob）

这里招聘记录虽然是通过公司和职位的多对多关系而来，但招聘记录本身也可作为一个实体存在，所以，在招聘记录表中还可以添加该表额外的字段，如招聘发布日期。

②每个实体对应的属性：

- 公司：公司 ID、公司名称、公司地址、公司类型。
- 职位：职位 ID、职位名称、学历要求、工作经验、职位要求。
- 招聘信息：招聘信息 ID、发布日期、公司 ID、职位 ID。

③关系：

- 公司和职位之间的多对多（M:N）关系：这种关系通过中间表招聘记录表来关联。一个公司可以发布多个职位，一个职位也可以被多个公司发布。
- 公司和招聘记录之间的一对多（1:N）关系：一个公司可以有多个招聘记录，但每条招聘记录只对应一个公司。这种关系通过招聘记录表中的公司 ID 来表示。

将上面的实体、属性和关系组成用 E-R 图表示，如图 6-11 所示。

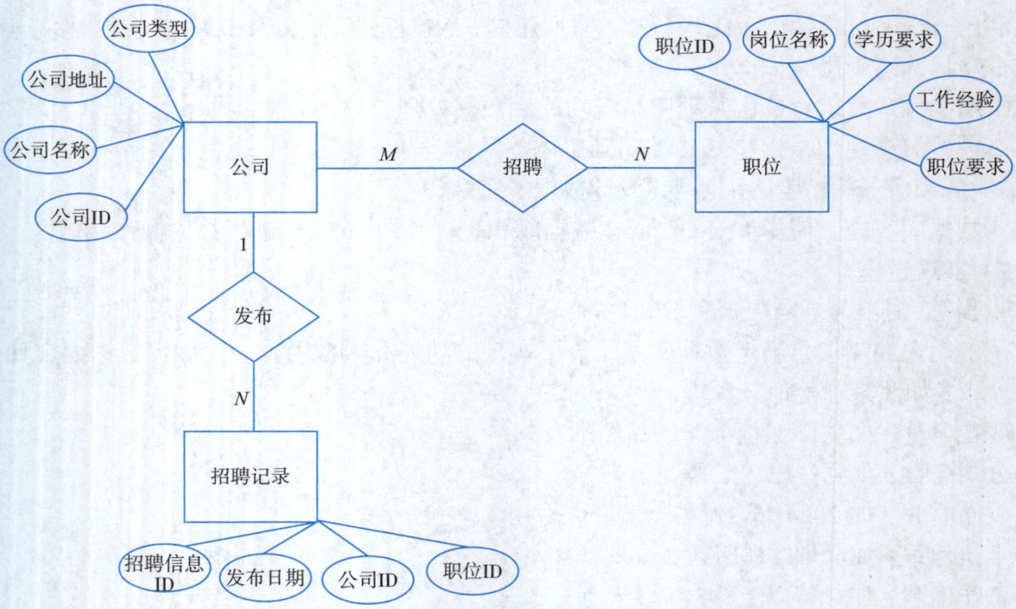

图 6-11　公司、职位、招聘记录实体关系 E-R 图

步骤 3：逻辑设计。

在“6.2.3 数据库设计”小节中，我们已经实现了公司和职位表的设计，接下来只需完善招聘记录表，并为其添加一些额外的字段，见表 6-6。

表 6-6　招聘记录表（CompanyJob）

字　段　名	数据类型	描　　述
RecordID	INT	主键，招聘记录唯一标识
CompanyID	INT	外键，关联公司表
JobID	INT	外键，关联职位表
PublicDate	DATE	招聘记录发布时间

设计完表结构后，接下来就可以到数据库管理系统中创建数据库和表，并导入招聘数据，进行简单的增删改查操作。

步骤 4：物理设计。

因在关系数据库中已大量屏蔽了内部物理结构，留给用户参与物理设计的余地并不多。所以本项目中我们不做物理设计，接下来可直接进行数据库的实施操作。

步骤 5：数据库实施和测试操作。

数据库实施测试阶段我们使用 MySQL 数据库，关于 MySQL 数据库的下载安装过程请参考对应的手册，这里只讲解数据库操作。

（1）创建数据库

首次连接到 MySQL 服务器时，默认情况下会看到两个或更多的数据库（见图 6-12），这些通常是系统数据库，是 MySQL 系统的一部分，确保其正常运行。

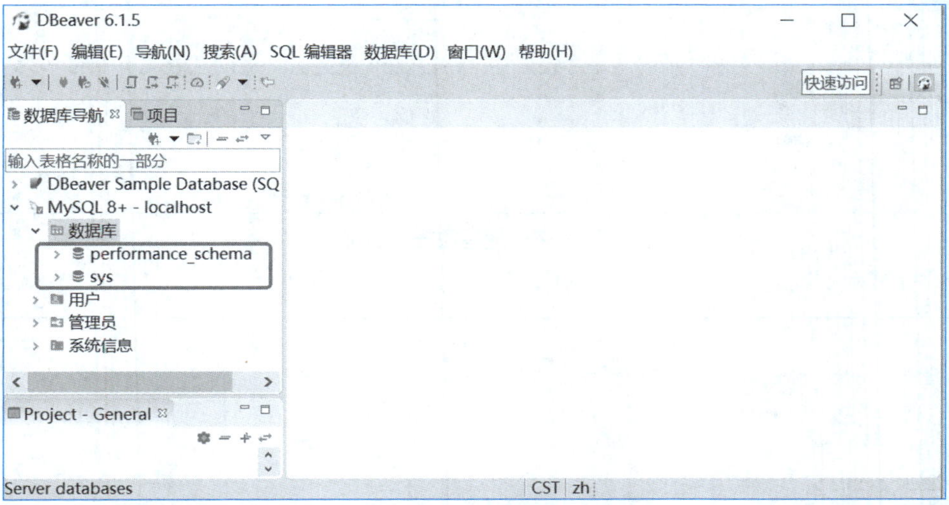

图 6-12　MySQL 客户端界面

用户不应该在这两个数据库中创建或修改表。若要创建自己的表，需先创建一个新的数据库，然后在该数据库中操作。创建数据库的方法如图 6-13 所示，选中左侧的“数据库”然后右击并选择“新建 数据库”命令。然后在弹出的对话框中填写数据库的名称，如图 6-14 所示。

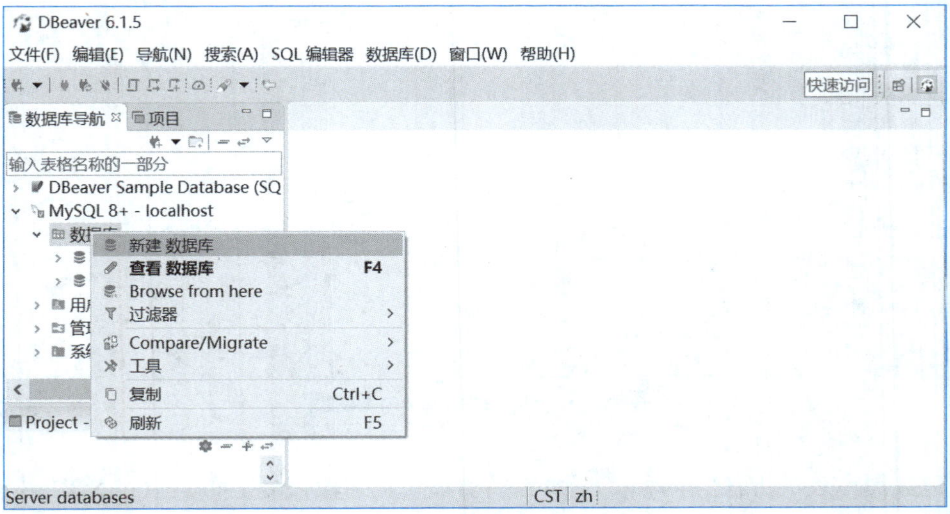

图 6-13　新建数据库

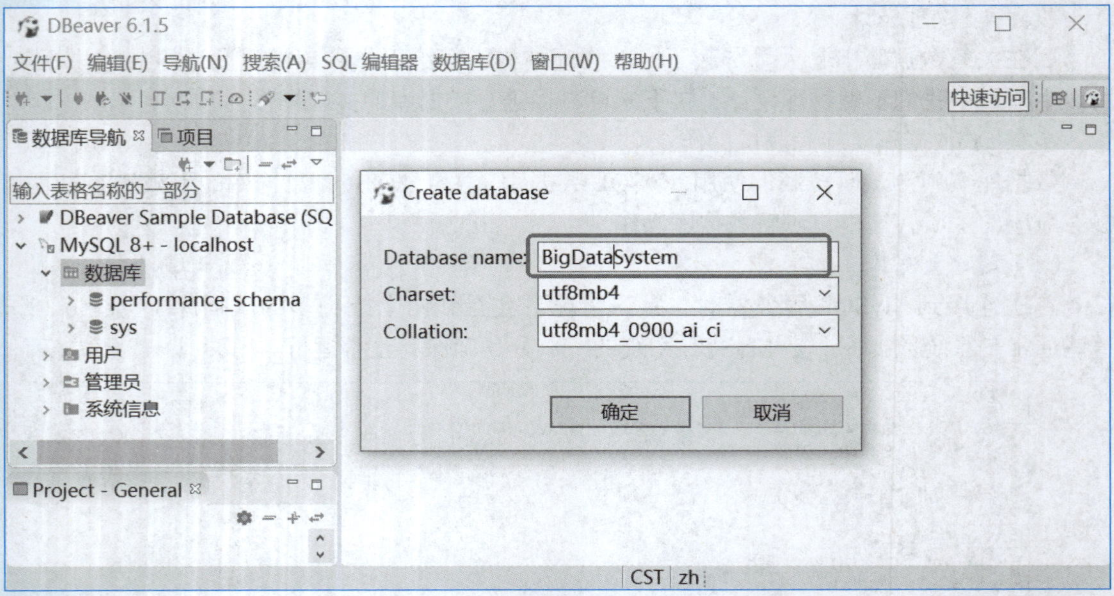

图 6-14 填写数据库名称

创建完成后该 BigDataSystem 数据库下的结构如图 6-15 所示。

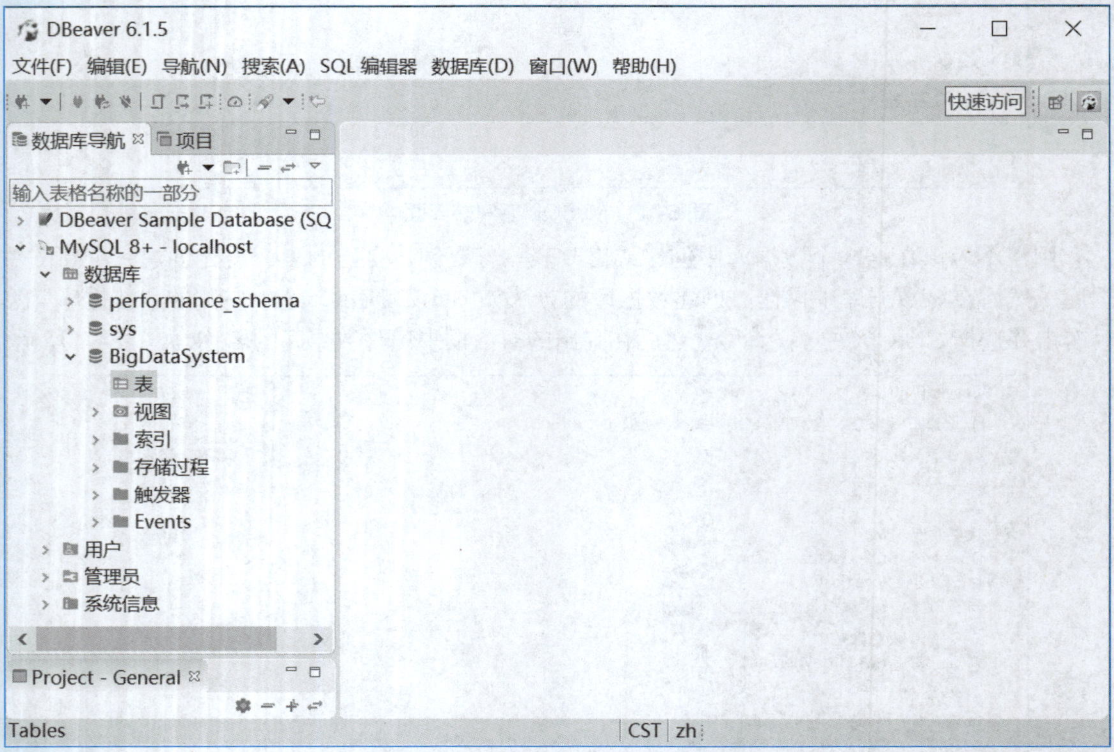

图 6-15 BigDataSystem 数据库

（2）创建数据库表

创建数据库表的方法有两种，一种是手动添加表字段，另一种是通过 SQL 语句生成。初学者可以先用手动的方式创建，下面以公司表 Company 为例来说明。

选中“表”，然后右击并选择“新建 表”命令，如图 6-16 所示。

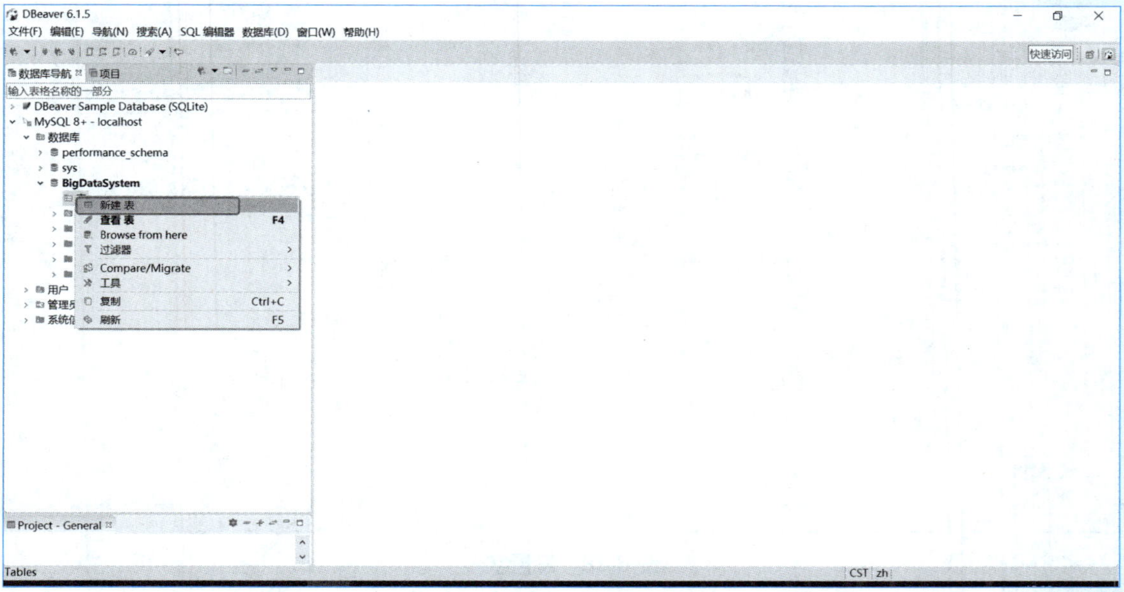

图 6-16　新建表

新建表后的界面如图 6-17 所示。修改表名为 Company，在下方的空白区域右击并选择“新建 列”命令来创建表字段。

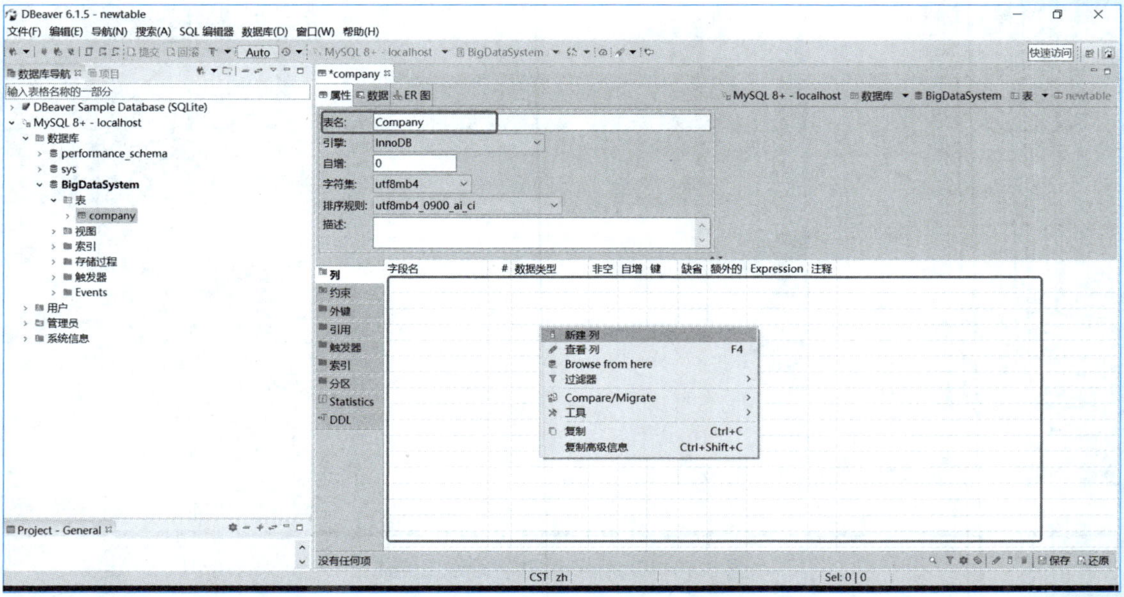

图 6-17　新建列

在弹出的对话框中填写字段名，如图 6-18 所示，以公司 ID 为例，字段名为 CompanyID，修改数据类型为 INT，勾选“非空”“自增”。然后单击“确定”按钮。

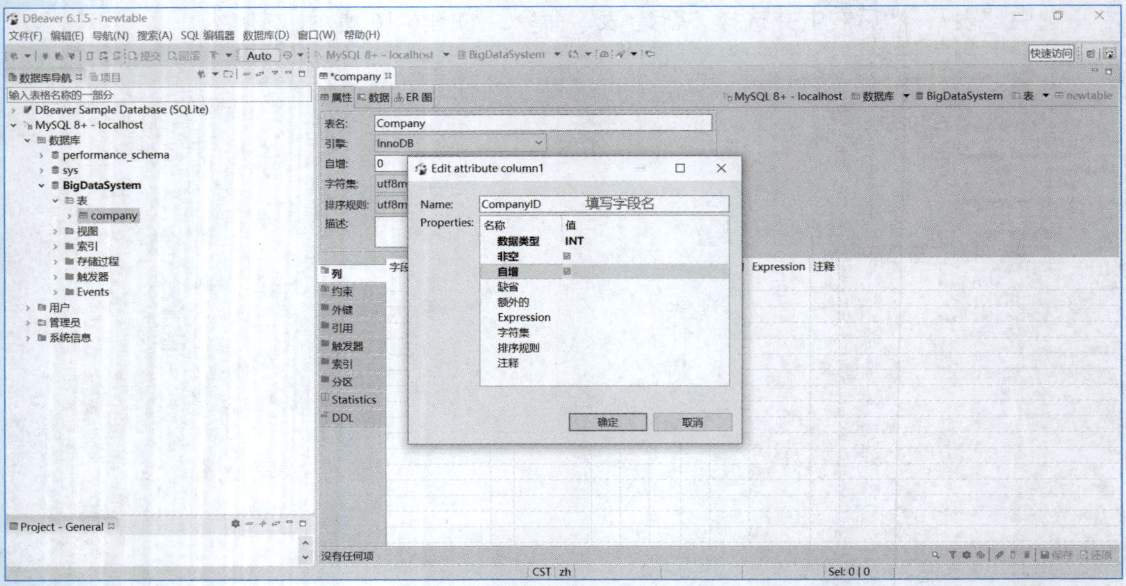

图 6-18　设置字段

此时 CompanyID 字段已创建好，如图 6-19 所示。但它作为 Company 表的主键，还需要为其设置主键约束。

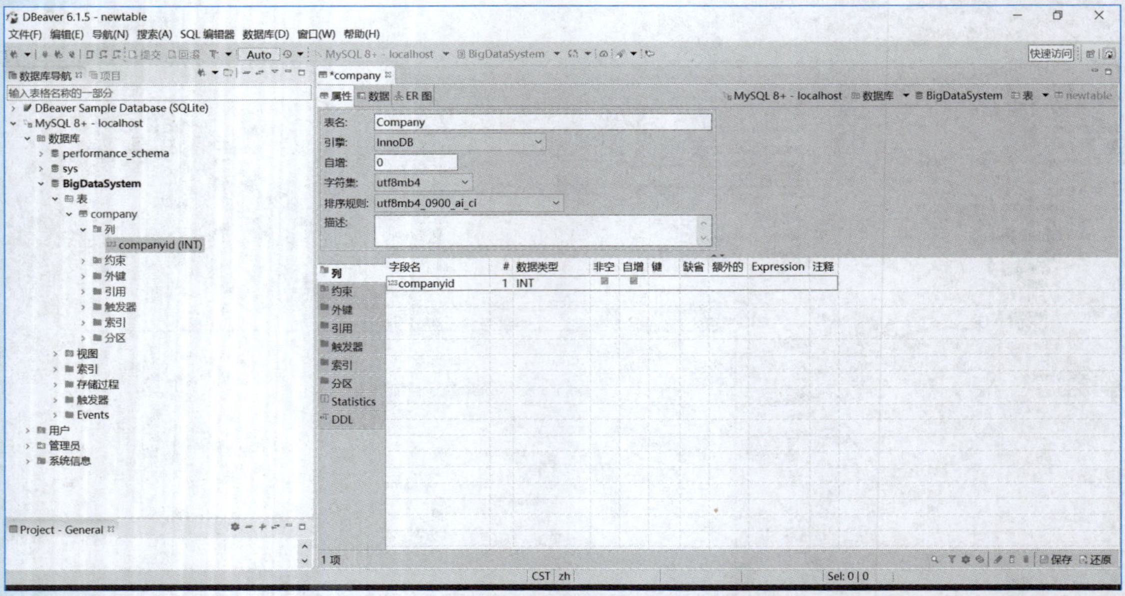

图 6-19　CompanyID 字段设置完成

设置主键约束的方法是，单击左侧的“约束”，然后在右侧的空白区域右击并选择“新建 约束”命令，会弹出图 6-20 所示的对话框，在字段中勾选 companyid，最后单击“确定”按钮。

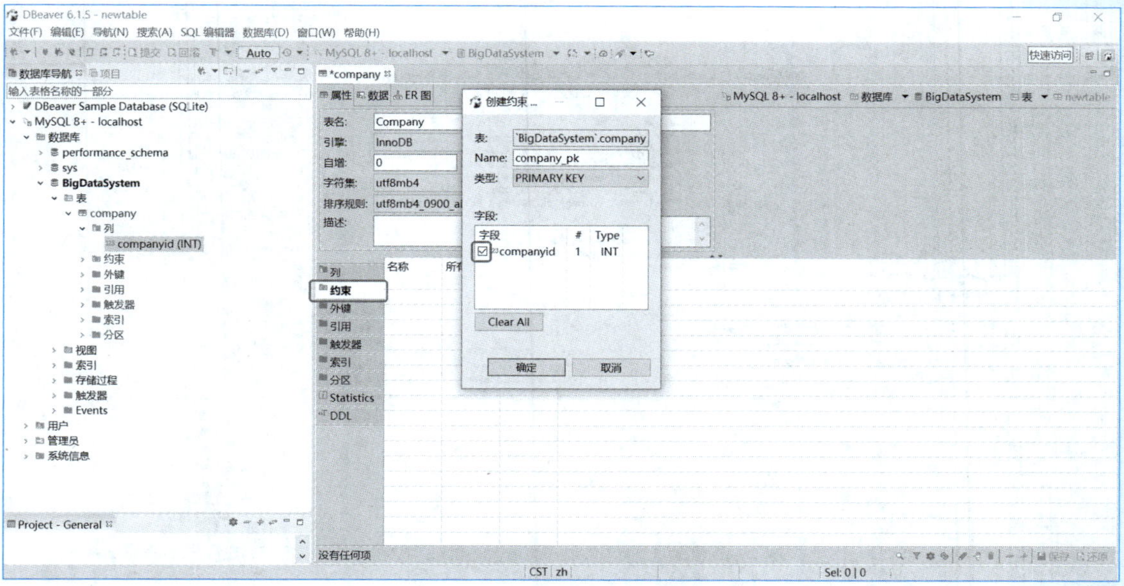

图 6-20　设置主键约束

至此，companyid 字段的设置完成，接下来按照同样的方法添加 CompanyName、CompanyAddress、CompanyType 即可。设置后的效果如图 6-21 所示。

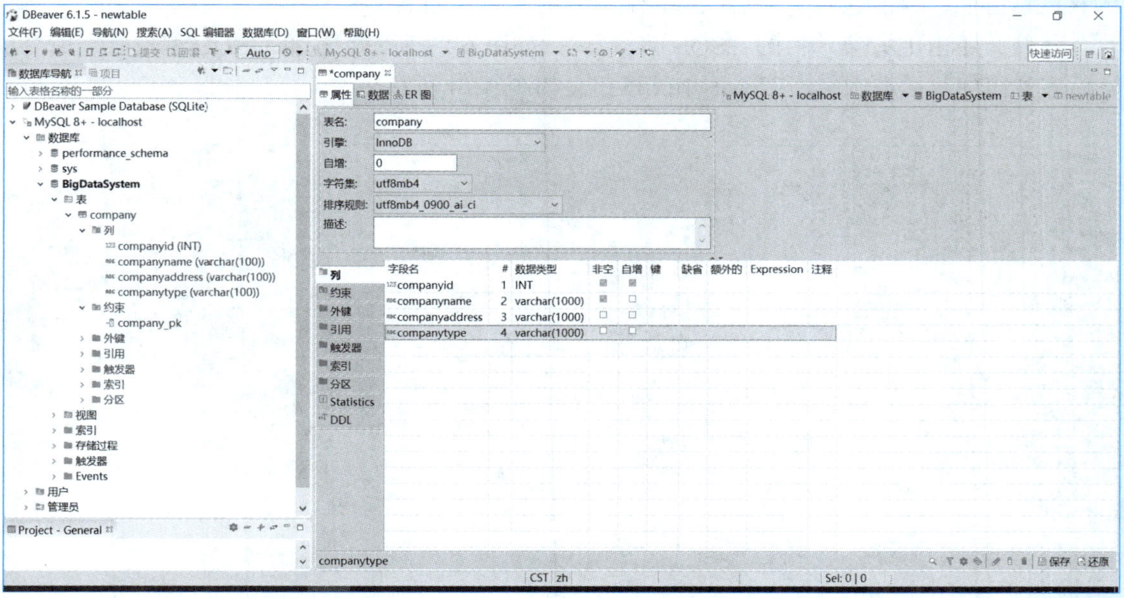

图 6-21　添加 CompanyName、CompanyAddress、CompanyType 字段

然后在当前界面使用快捷键【Ctrl+S】保存，或单击右下角的“保存”按钮，会弹出图 6-22 所示的建表 SQL 语句对话框，单击“执行”按钮即可。至此，company 表创建完成。

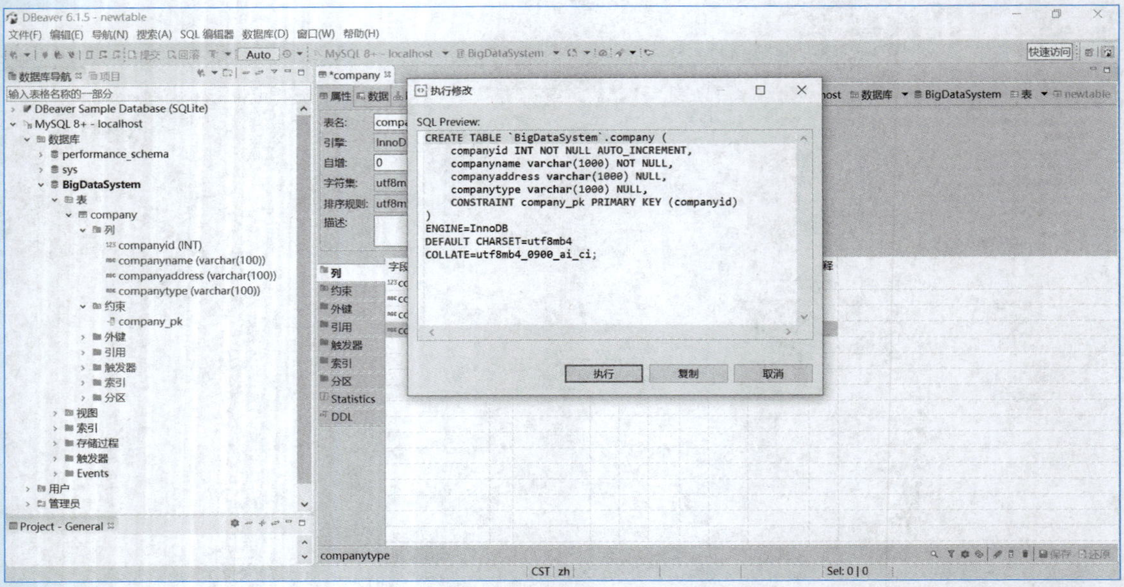

图 6-22 执行建表 SQL

接下来按照同样的方式创建职位表和招聘记录表。不再赘述。

（3）表中插入数据

创建完成的三个表中目前还未有任何招聘相关的数据，接下来通过 SQL 语句的 INSERT INTO 操作向表中插入数据。打开 SQL 编辑界面的方式如下：

首先，单击上方菜单栏的“SQL 编辑器”，如图 6-23 所示，选择“SQL 编辑器”命令。然后在弹出的对话框中单击 New Script 按钮，如图 6-24 所示。

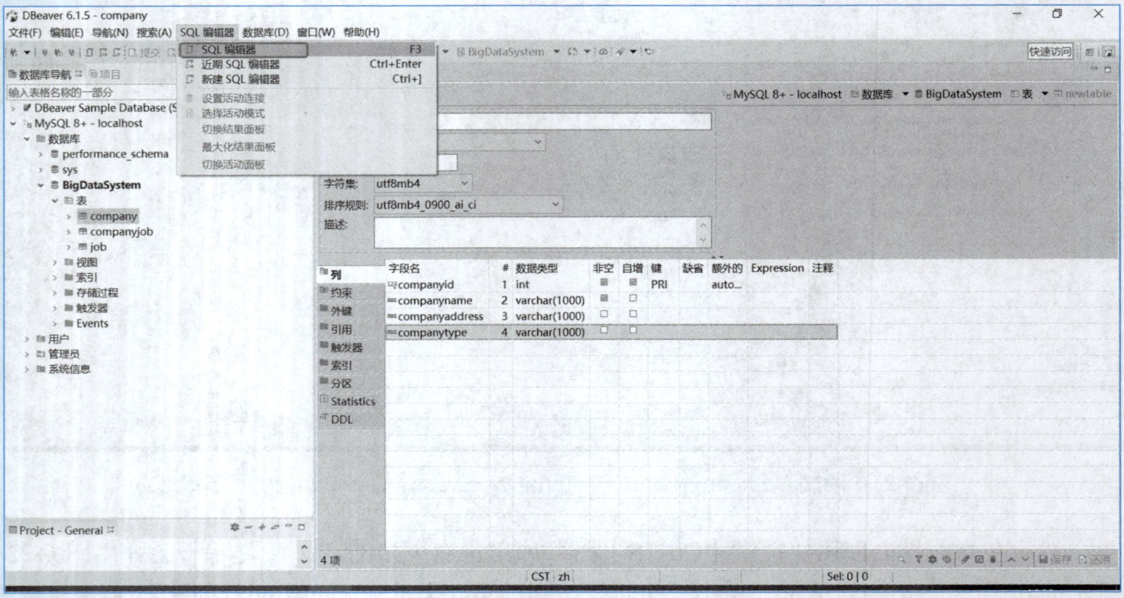

图 6-23 选择“SQL 编辑器”

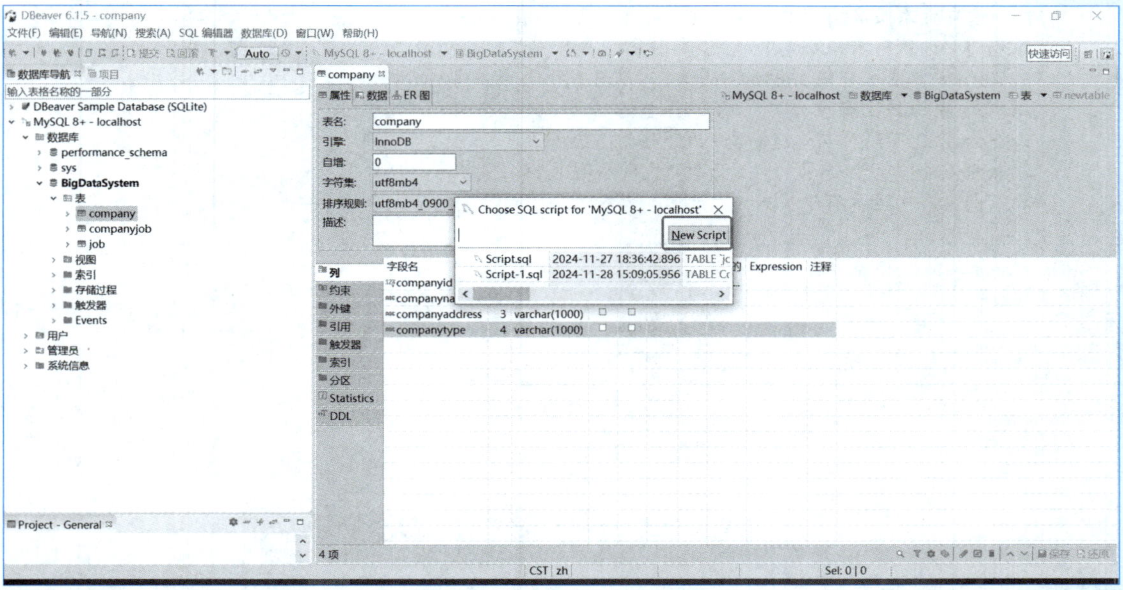

图 6-24　单击“New Script”

打开的 SQL 编辑界面如图 6-25 所示。这里需要注意，要确保当前连接的数据库管理系统是 MySQL，并且数据库是 BigDataSystem。

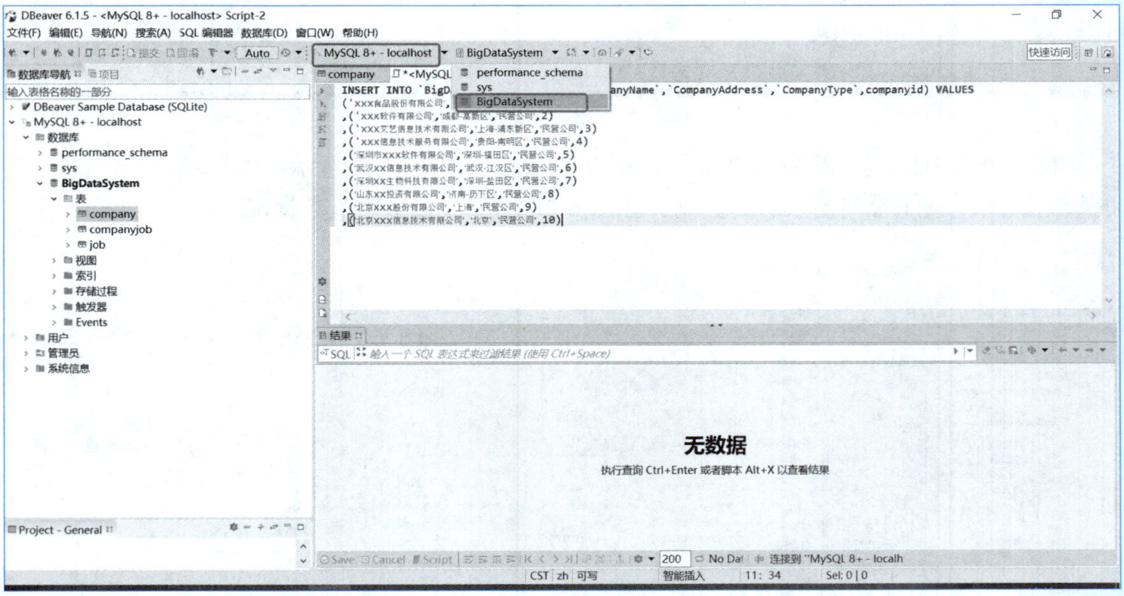

图 6-25　SQL 编辑界面

将下面的 INSERT INTO 语句复制到 SQL 编辑界面，然后在空白区域右击并选择“执行”→“执行 SQL 语句”命令，如图 6-26 所示。

```
    INSERT INTO 'BigDataSystem'.company ('CompanyName','CompanyAddress',
'CompanyType',companyid) VALUES
    ('xxx食品股份有限公司','青岛-即墨区','合资',1),
    ('xxx软件有限公司','成都-高新区','民营公司',2),
    ('xxx艾艺信息技术有限公司','上海-浦东新区','民营公司',3),
```

```
('xxx信息技术服务有限公司','贵阳-南明区','民营公司',4),
('深圳市xxx软件有限公司','深圳-福田区','民营公司',5),
('武汉xx信息技术有限公司','武汉-江汉区','民营公司',6),
('深圳xx生物科技有限公司','深圳-盐田区','民营公司',7),
('山东xx投资有限公司','济南-历下区','民营公司',8),
('北京xxx股份有限公司','上海','民营公司',9),
('北京xxx信息技术有限公司','北京','民营公司',10)
```

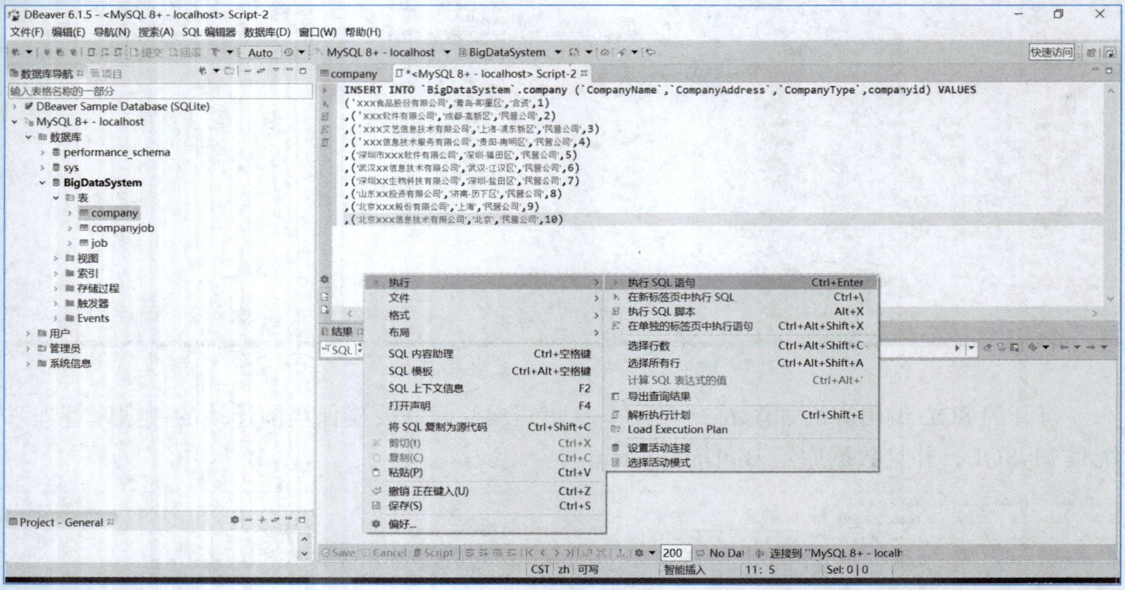

图 6-26　执行 SQL 语句

在左侧空白区域鼠标右击并选择“刷新”命令，如图 6-27 所示。然后单击 company 表的数据试图，就能看到插入后的数据，如图 6-28 所示，表示插入数据成功。

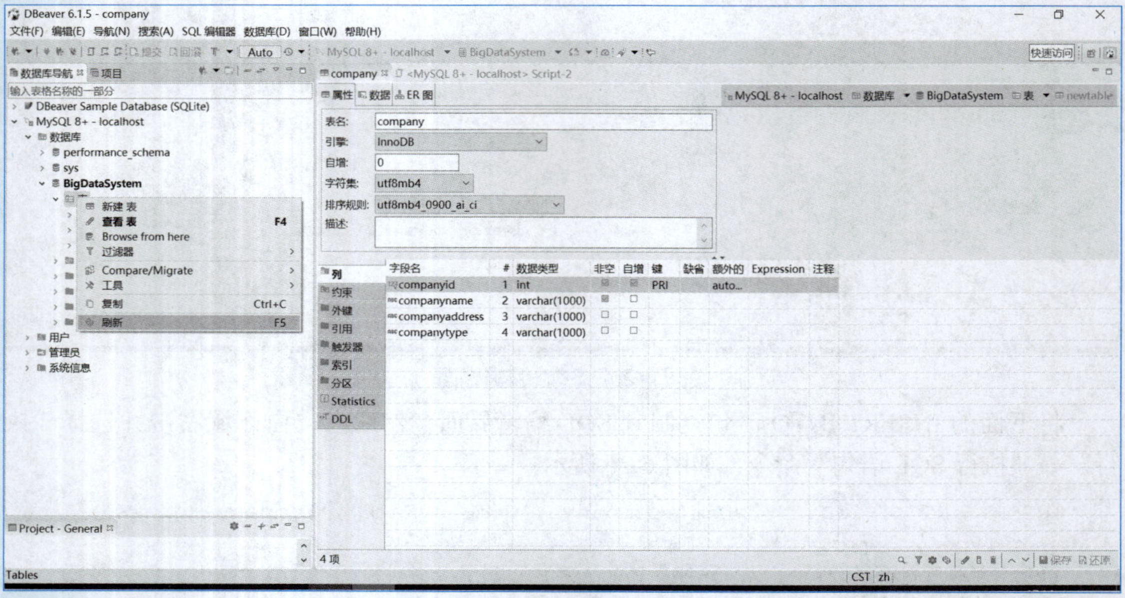

图 6-27　数据刷新

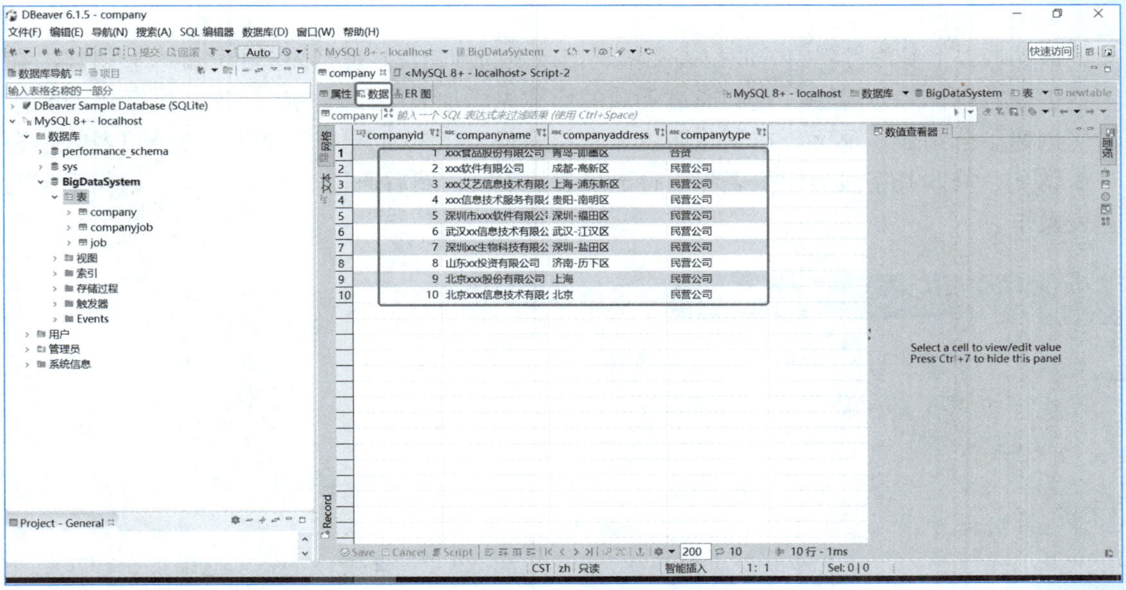

图 6-28　数据视图

（4）SQL 查询操作

接下来进行简单的查询操作，从 Company 表中提取 CompanyName 和 CompanyAddress 这两列的数据，并且公司地址要包含“上海”。SQL 语句如下：

```
SELECT CompanyName, CompanyAddress
FROM company
WHERE CompanyAddress LIKE '%上海%';
```

查询后的效果如图 6-29 所示。

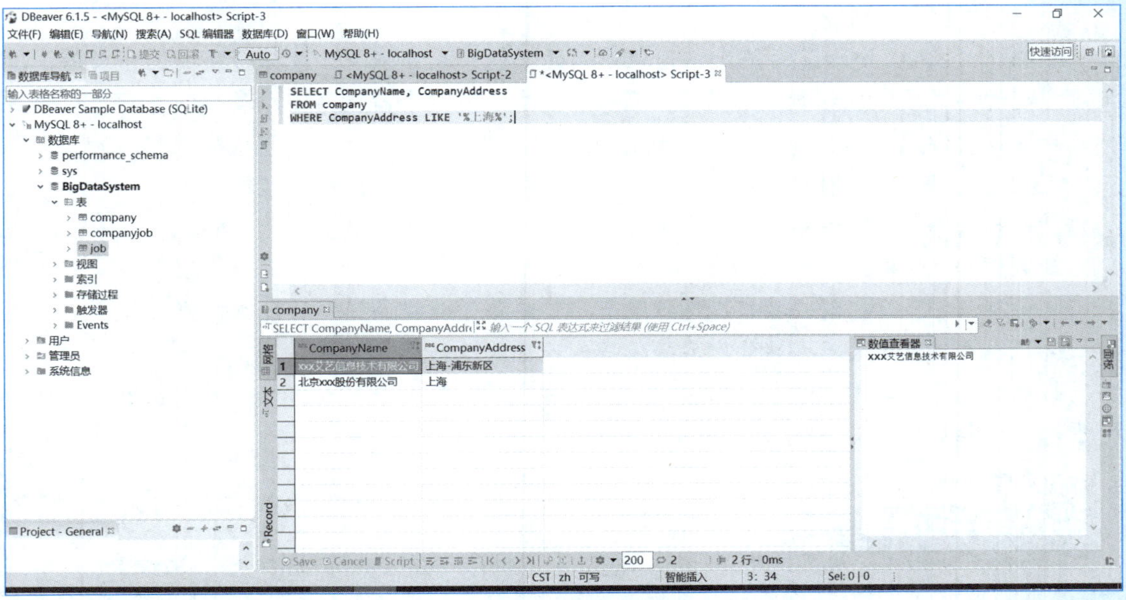

图 6-29　查询操作

至此，关于招聘大数据数据库设计案例的实施过程全部完成。

3. 扩展训练

请参考以上操作过程完善职位表和招聘记录表的创建，并进行简单的增删改查操作。在上述创建数据库表步骤中，我们通过手动的形式先添加表字段，然后保存并执行建表 SQL 语句创建了公司表。那么，在创建职位表和招聘记录表的时候，也可以参考公司表的建表 SQL 语句，修改其字段为职位表和招聘记录表的字段，然后通过直接执行 SQL 语句来实现建表操作。

扩展学习：AI 科普　数据要素与数据工厂

在人工智能（AI）领域中，“数据要素”和“数据工厂”的概念尤为重要，因为它们直接关系到 AI 系统的性能和应用效果。

1. 数据要素

数据要素是指那些以电子形式存在的、通过计算的方式参与到生产经营活动并发挥重要价值的数据资源。在数字经济中，数据要素的角色可与传统的生产要素（如劳动力、资本和土地）相提并论。它是推动数字经济发展的核心引擎，是赋能行业数字化转型和智能化升级的重要支撑，也是国家基础性战略资源。

数据要素可以分为结构化数据（如数据库中的表格数据）和非结构化数据（如文本、图片、视频等）。这些数据通过采集、加工、存储、流通和分析等环节，能够转化为有价值的信息和知识，从而支持决策、优化资源配置和提升生产效率。比如：

①电商推荐系统：用户的浏览历史、购买记录、评价信息等都是重要的数据要素。这些信息可以帮助算法理解用户的偏好，从而做出个性化的商品推荐。

②自动驾驶汽车：车辆传感器收集的道路状况、行人位置、交通信号等实时数据是自动驾驶系统的关键数据要素，用于做出安全驾驶决策。

2. 数据工厂

数据工厂在 AI 中扮演的是数据处理中心的角色，负责将原始数据转换成适合训练机器学习模型的形式。这包括数据的收集、清洗、转换、集成和存储等多个步骤。数据工厂的目标是为数据科学家和工程师提供高质量的数据集，以加速模型开发和迭代的过程。

①数据集成：从不同的数据源收集数据，如社交媒体、数据库、文件系统等。

②数据清洗：去除噪声和错误，填补缺失值，确保数据的质量。

③数据转换：根据模型的需求，对数据进行标准化、归一化或编码等处理。

④特征工程：创建新的特征或选择最有用的特征，以提高模型的预测能力。

⑤数据存储：高效地存储处理后的数据，以便快速访问和使用。

将数据要素通过数据工厂的“加工”，之后就可以将其导入或插入数据库表中，以供进一步的分析和应用。

单元小结

本单元详细介绍了数据和信息的区别及其基本概念，数据库的定义、特性、分类，以及产生和发展历史；对数据库管理系统（DBMS）和数据库系统（DBS）进行了阐述，分析了数据库系统的三级模式结构；详细介绍了不同类型的数据模型及其具体应用，讲述了数据库设计的流程与原则，包括需求分析、概念设计、逻辑设计以及物理设计；最后重点介绍了关系型数据库、SQL 的相关概念和基本操作。

数据、数据库、数据库管理系统、数据库系统的联系：数据是最基本的元素，存储在数据库中。数据库（DB）通过数据库管理系统（DBMS）来管理，DBMS 为数据库提供统一的创建、操作和管理接口。数据库系统（DBS）集成了数据库、DBMS、应用程序、用户和硬件 / 网络资源，形成一个完整的、用于数据管理和处理的系统。

数据库的特点有：数据的集中控制、数据结构化、数据独立性、数据共享性、数据一致性、数据安全性、数据持久性、并发控制、可扩展性。

数据库的分类：

- 依据数据模型分类：关系数据库、非关系数据库。
- 依据存储路径分类：集中式数据库、分布式数据库。
- 依据用途分类：事务型数据库、分析型数据库。
- 依据访问方式分类：文件系统数据库、内存数据库。
- 依据规模分类：单机数据库、云数据库。

数据库三级模式结构：

- 外模式：用户视图，定义用户所见数据视图。
- 概念模式：全局视图，描述所有数据实体和关系。
- 内模式：物理模式，描述数据的物理存储结构。

数据模型解析：

- 层次模型：树形结构，有父子关系，适合简单、单一层次关系。
- 网状模型：允许多对多关系，适合复杂数据联系。
- 关系模型：二维表格，使用 SQL 操作，支持 ACID 特性。
- 面向对象模型：将数据和操作方法封装在一起，适用于复杂应用场景。
- 关系数据库：数据组织结构清晰，数据独立性高，支持 ACID 特性，有高效管理能力。

数据库设计过程：

- 需求分析：明确数据库使用目的和功能需求。
- 概念设计：创建独立于具体 DBMS 的数据模型（E-R 模型）。
- 逻辑设计：创建具体的关系模型和结构。
- 物理设计：明确数据库系统的概念和外部架构。
- 数据库实施：生成与 DBMS 语言一致的 DDL 语句。

习　题

1. 单选题

（1）数据是对客观事物记录下来的可以鉴别的符号，这些符号不包括（　　）。

A. 文字　　B. 数字　　C. 视频　　D. 纸张

（2）以下（　　）不是数据库系统的特点。

A. 高冗余度　B. 高数据独立性　C. 数据结构化　D. 易扩展性

（3）关系型数据库中，一个表的行称为（　　）。

A. 属性　B. 元组　C. 关系　D. 列

（4）下列（　　）属于集中式数据库。

A. 分散在多个地理位置的数据库　B. 存储于单一位置或服务器的数据库

C. 支持分布式计算的数据库　D. 云计算平台上的数据库

（5）用于数据分析和商业智能的是（　　）。

A. 事务型数据库　B. 文件系统数据库

C. 分布式数据库　D. 分析型数据库

2. 多选题

（1）数据库管理系统的功能包括（　　）。

A. 数据定义　B. 数据操纵　C. 数据库运行管理　D. 数据的组织

（2）数据库管理系统的主要功能包括（　　）。

A. 提供数据备份和恢复功能　B. 支持物理数据独立性和逻辑数据独立性

C. 数据定义功能　D. 自动生成代码

（3）在数据模型中，常见的数据模型有（　　）。

A. 网络模型　B. 关系模型　C. 网状模型　D. 层次模型

（4）关于 SQL 基本操作，以下描述正确的是（　　）。

A. SELECT 语句用于查询数据　B. INSERT 语句用于插入数据

C. DELETE 语句用于删除数据　D. UPDATE 语句用于修改表名

3. 判断题

（1）数据和信息是完全相同的概念，都代表处理后的有序数据。（　　）

（2）数据库系统的集成性可以有效降低数据冗余，提高数据一致性。（　　）

（3）NoSQL 数据库不适合处理大规模数据存储和高并发访问。（　　）

（4）事务型数据库主要用于数据分析和商业智能。（　　）

（5）物理模式（内模式）描述了数据的物理存储结构。（　　）

4. 填空题

（1）在关系模型中，数据以表格形式存储，每个表中的一行称为________，每列称为________。

（2）数据库是一个按照________来组织、存储和管理数据的系统。

（3）关系数据库使用________表示数据，数据以表格形式存储，并通过________语言进行操作。

（4）数据定义语言（DDL）主要用于定义和管理数据库中的________。

5. 简答题

（1）什么是数据库？它有哪些关键特性？

（2）请解释关系型数据库的特点。

（3）什么是数据库系统？数据库系统的组成部分有哪些？

（4）请简述在 SQL 中如何使用 SELECT 语句进行数据查询，并举一个简单的例子。

（5）请简要介绍数据库设计步骤。

第7单元
软件工程

本单元将揭开软件工程的起源与发展，了解这门学科如何从无到有，为现代社会的方方面面提供了坚实的技术支持；接着探讨软件开发生命周期，从需求分析到维护升级，每个阶段都如同软件成长的足迹，带我们走遍软件诞生与蜕变的全过程。

在软件工程的方法与工具部分，我们将探索那些让开发过程高效又有序的法宝，感受技术进步的脉搏。而软件工程生命周期模型则为我们提供了全面的视角，将不同的发展理念和实践方法融会贯通。

然而，软件工程不仅是技术的堆砌，更是价值观和责任意识的体现。在开发过程中，诚信、合作与社会责任感无处不在。我们不仅追求代码的完美，更关注如何通过软件来惠及大众，推动社会进步。熟练掌握软件工程，为的是在技术与伦理的交汇中，成为对社会有益的工程师。让我们在这段旅程中，发现软件工程不仅有理性的严谨，更有温暖的人文关怀。

知识路径

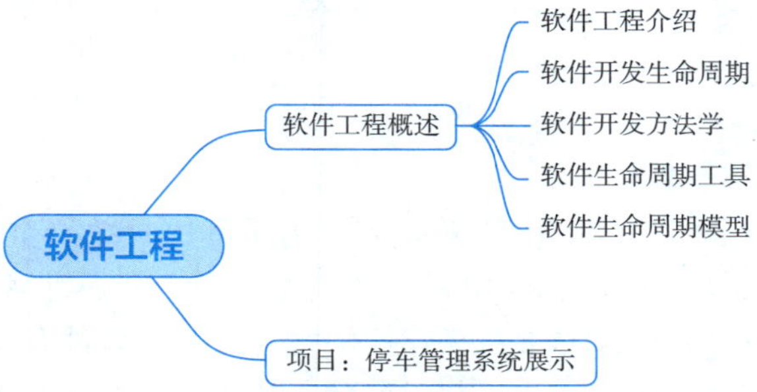

项目引入

某公司最近承接了一个停车管理系统的开发项目，旨在通过数字化手段优化停车场资源管理，提高运营效率，改善用户体验，并为管理者提供实时数据支持。该系统的开发覆盖了软件开发生命周期的各个阶段，包括需求分析、系统设计、编码、测试以及系统部署和维护。

在项目的初期，重点将放在用户需求分析、功能分析和原型设计上。准确捕捉用户需求是系统成功的关键，细致的功能分析有助于明确各项功能以满足不同用户需求，而精心设计的原型则可以可视化这些需求，使团队成员和利益相关者能预览系统界面和交互流程，提前发现潜在问题，提高项目的成功率。停车管理系统的实施还需要深入理解软件工程原理，熟悉各阶段所需的工具及方法，并选择合适的生命周期模型来指导开发过程。

学习目标

【知识目标】

◎理解软件工程的起源与发展历史，了解其不同阶段的演变及重要方法论。

◎掌握软件开发生命周期的基本概念及各个阶段的具体工作内容。

◎了解常见的软件开发方法学及其优缺点和适用场景。

◎掌握不同软件生命周期模型的特性及其适用性。

【技能目标】

◎能够应用软件工程的系统化和规范化方法进行软件项目的管理。

◎能够使用需求管理工具、建模工具、原型设计工具和测试工具等软件工程辅助工具。

◎能够根据项目需求选择适当的软件开发方法和生命周期模型。

【素质目标】

◎提高工程项目管理能力，具备系统规划和组织开发流程的能力。

◎提升持续学习能力，能够适应技术和需求变化，不断更新知识和技能。

◎增强问题解决能力，特别是在软件开发过程中面对风险和变化时的灵活应对和调整能力。

知识储备

7.1 软件工程概述

软件工程应用系统化、规范化的方法管理软件开发流程，它确保软件的质量、可靠性和可维护性，提高开发效率，降低项目成本与风险，在信息技术领域占据核心地位，是成功交付软件产品的关键。

7.1.1 软件工程介绍

1. 软件工程的起源与发展

软件工程的概念起源于20世纪60年代末。为了解决日益严重的“软件危机”，即软件开发成本高昂、质量难以保证、维护困难等问题，1968年，北大西洋公约组织（North Atlantic Treaty Organization，NATO）在联邦德国举行的关于软件开发的会议上首次提出了软件工程术语，标志着软件工程作为一门学科的正式出现。在会议上，科学家们讨论了如何通过系统化、严格约束和可量化的方法来提高软件开发的效率和质量，从而应对软件危机。随后，软件工程逐渐发展成为一个独立的领域，并在70年代开始应用于实际的软件开发中。

20世纪70年代，解决软件危机的早期方法之一是提出结构化编程，强调分步的、模块化的设计。这一时期瀑布模型被广泛采用，首次将软件开发过程系统地划分为需求分析、设计、编码、测试、维护等阶段。

20世纪80年代，面向对象编程（OOP）的概念开始兴起，强调通过对象的封装、继承和多态性来提高软件的可维护性和重用性。这个时期还出现了大量的软件开发工具和环境以提高开发效率，如IDE（集成开发环境）。

20世纪90年代，敏捷开发和UML：随着软件项目的规模和复杂性增加，传统的瀑布模型暴露出一些问题。敏捷开发方法（如Scrum和XP）开始流行，提倡通过短周期的迭代开发和频繁的客户反馈来提高适应性和灵活性。统一建模语言（UML）也在这一时期得到广泛应用，成为描述和设计软件系统的标准语言。

进入 21 世纪至今，为了进一步提高开发和交付的效率，DevOps 理念融合开发与运维，强调通过自动化和持续集成 / 持续交付（CI/CD）来缩短发布周期。微服务架构也开始兴起，通过将系统划分为小的、独立部署的服务，以提高系统的可扩展性和灵活性。

2. 软件工程的定义与要素

软件工程是指采用工程化的理论、原理和方法来进行软件开发和维护的学科。其目标是通过系统化、规范化和可量化的方法，提升软件系统的质量、生产效率、易维护性和可控性。

软件工程包含三个基本要素：过程、方法和工具，其层次结构及关系如图 7-1 所示。

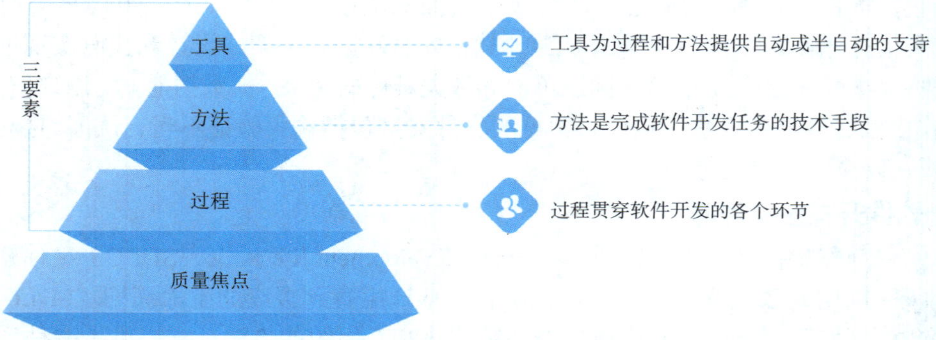

图 7-1　软件工程层次图

①过程：支持软件生命周期的所有活动，包括项目计划与估算、需求分析、设计、编码、测试和维护等。过程定义了方法使用的顺序、要求交付的文档资料，以及质量保证和适应变化所需的管理。

②方法：指软件开发的流程和规范，如结构化设计、面向对象设计等。这些方法为软件开发提供了“如何做”的技术指导。

③工具：用于辅助软件开发的各种软件，如版本控制工具、建模工具等。工具支持软件开发方法的实施，并提供自动或半自动的支撑环境。

将上述三个要素结合起来，可以形成一个高效和可靠的软件开发实践，帮助团队成功交付高质量的软件产品。

3. 软件工程的目标

软件工程的目标是提高软件开发的质量、效率和可靠性，确保软件开发项目能够按照预定的时间表、预算和质量标准完成。具体目标包括：

①提高软件质量：确保开发出的软件高效、可靠、可维护并满足用户需求。

②控制开发成本与时间：通过系统化和规范化的方法降低开发成本，确保项目按时交付。

③提高生产率：通过复用现有软件组件、采用先进工具和方法，提高开发效率。

④易于维护和扩展：软件系统应便于后期维护和功能扩展，保证使用寿命。

4. 软件工程的基本原则

软件工程的原则是在软件开发过程中需要遵循的一些基本准则，以确保开发出的软件具有高质量、可靠性、可维护性和用户满意度。以下是一些重要的软件工程原则：

①选择适宜的开发模型：软件开发过程中，需求的定义往往是易变的，因此，必须采用适宜的开发模型来灵活管理和控制这些变化，确保软件产品能够满足用户的期望。

②采用合适的设计方法：在软件设计中，通常要考虑软件的模块化、抽象与信息隐蔽、局部化、一致性及适应性等特征。合适的设计方法有助于这些特征的实现，以实现软件工程的目标。

③提供高质量的工程支持：在软件工程中，软件工具与环境对软件过程的支持颇为重要。软件工程项目的质量与开销直接取决于对软件工程所提供的支撑质量和效用。

④重视开发过程的管理：软件工程的管理，直接影响可用资源的有效利用，生产满足目标的软件产品，提高软件组织的生产能力等问题。因此，仅当软件过程予以有效管理时才能实现有效的软件工程。

5. 软件安全

软件安全是一个复杂的问题，涉及多个层面的缺陷和威胁。根据 MITRE 公司发布的 2023 版软件安全缺陷清单（CWE Top25），软件安全缺陷包括架构设计和代码实现过程中的缺陷、瑕疵、漏洞和错误等。这些问题可能导致灾难性的后果，如数据泄露、用户信任受损、业务运作中断，甚至引发法律责任。常见的软件安全包括输入验证不当、认证与授权漏洞、数据泄露、安全配置错误等。

7.1.2 软件开发生命周期

视频

软件开发生命周期

软件开发生命周期（software development life cycle，SDLC）又称软件生存周期或系统开发生命周期，是软件从产生直到报废的生命周期。SDLC 是一种开发高质量软件产品所遵循的结构化和有组织的方法，它提供了一种系统化的过程，以确保软件开发满足客户要求，并在预定的时间和预算内完成。按照常见的流程步骤来划分，SDLC 通常包含问题定义、可行性分析、总体描述、系统设计、编码、调试和测试、验收与运行、维护等阶段。

生命周期的每一个阶段都有确定的任务，并产生一定规格的文档（资料），提交给下一个阶段作为继续工作的依据。软件工程要求每一阶段工作的开始只能必须是建立在前一个阶段结果“正确”前提上的延续；因此，每一阶段都是按“活动—结果—审核—再活动—直至结果正确”循环往复进展的。

典型的 SDLC 分为图 7-2 所示的六个阶段。

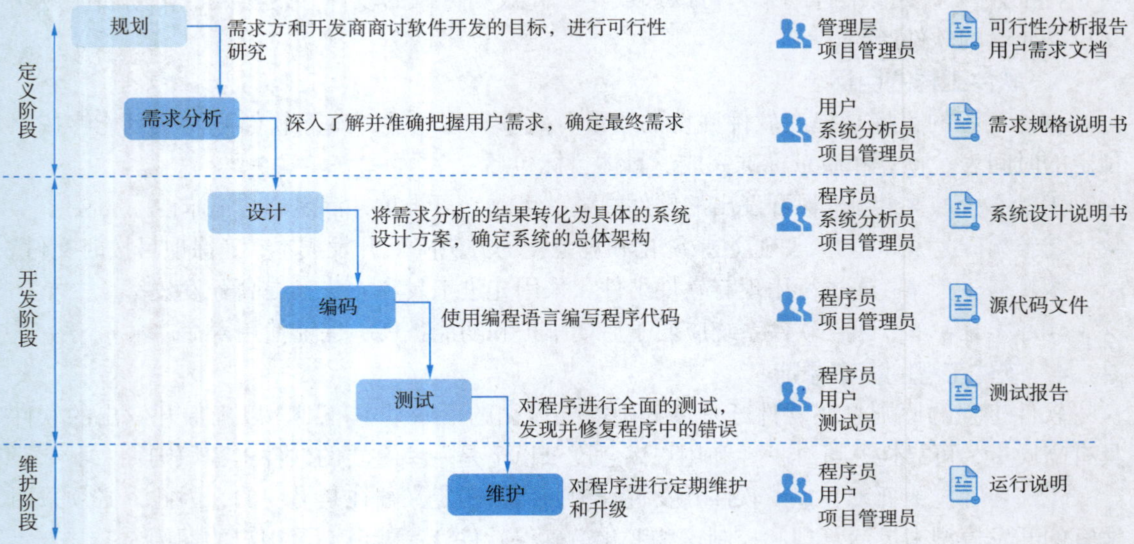

图 7-2 软件开发生命周期

1. 需求分析

需求分析是软件开发过程的第一步，目的是明确用户的需求和期望。在这个阶段，开发团队与客户或用户进行深入沟通，收集并记录需求信息，形成需求规格说明书。这一步骤至关重要，因为它直接影响到后续开发工作的方向和范围。

软件需求分析阶段的完整流程如图 7-3 所示。

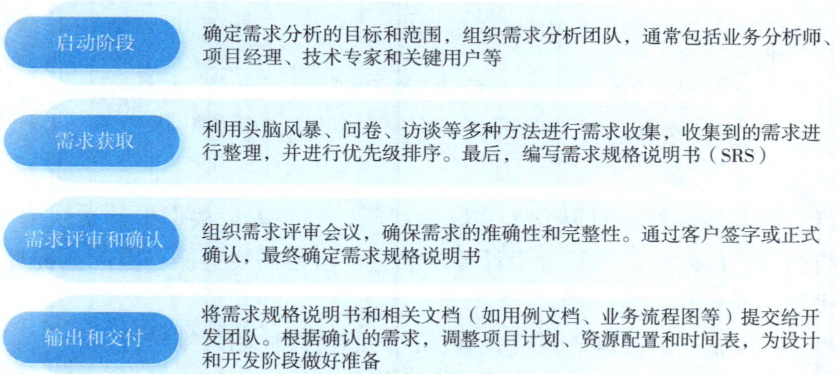

图 7-3　软件需求分析的完整流程

例如，在停车管理系统这个项目中，需求分析阶段需要进行：

①用户需求调研：了解访客对于停车的需求，比如是否需要提前预约车位、支付方式偏好等。

②确定功能需求：明确系统应该具备哪些核心功能，如车位预订、支付集成、车位状态更新等。

③非功能性需求：包括系统的性能要求（响应时间）、安全性要求（数据保护）等。

④输出结果：需求规格说明书，详细描述了系统应提供的所有功能和服务。使用用例图，描绘了不同类型的用户与系统交互的方式。

2. 设计

设计阶段是将需求转化为一个可以实现的技术解决方案的过程。这一阶段包括概要设计和详细设计两个主要部分。

（1）概要设计

概要设计阶段重点在于确定系统的整体架构和组件接口，包括表 7-1 所示内容。

表 7-1　概要设计阶段主要内容及其描述

内　容	描　述
系统架构设计	确定系统架构，选择适用于项目的系统架构（如分层架构等）
模块化设计	在系统架构内进一步将组件划分为模块，确保系统的可扩展性
接口设计	定义各组件和模块之间的接口，包括数据格式、通信协议、接口标准等。编写接口规范文档，详细记录接口的输入、输出和调用方式
数据库设计	设计数据库的总体架构，确定数据库的种类（如关系型数据库或 NoSQL 数据库）。使用实体关系图（ERD）建模，定义数据实体、属性及关系
技术选型	选择适合项目需求的技术栈，包括编程语言、框架、开发工具和第三方库等

（2）详细设计

详细设计阶段是在概要设计的基础上进一步细化每个组件和模块的内部逻辑和实现细

节，包括表 7-2 所示内容。

表 7-2　详细设计阶段主要内容及其描述

内　容	描　述
模块内设计	定义各模块中的类，包括类的属性、方法及其具体实现。确定每个方法的具体实现逻辑、算法及流程
流程设计	详细描绘业务流程，使用流程图或活动图表明各个业务操作的流程和交互。根据需求文档中的用例，逐一详细设计每个用例的实现流程
用户界面设计（UI/UX 设计）	设计用户界面原型，制作低保真或高保真原型。设计用户交互流程，设计具体的 UI 元素（如按钮、表单、图标等）
性能设计	明确系统的性能需求，如响应时间、并发用户数等
设计文档编写	编写详细设计文档，包括系统架构、详细类和方法设计、数据模型、接口定义、UI 设计等

3. 编码

编码实现阶段是将系统设计转化为实际的代码。开发人员根据设计文档编写程序代码，并进行初步的调试，以确保代码符合设计要求。这一阶段需要遵循一定的编程规范和技术标准，以保证代码的质量和可维护性。

①代码规范：遵循一定的编码规范，确保代码的可读性和可维护性。

②模块化设计：将程序分成多个模块，每个模块负责一个特定的功能，便于后续的调试和维护。

③注释：在代码中添加必要的注释，说明代码的功能和逻辑。

4. 测试

测试阶段是确保软件质量的关键环节。测试人员会对软件进行全面的测试，包括单元测试、集成测试、系统测试和验收测试等，以发现并修复潜在的缺陷。测试阶段的目标是确保软件能够满足需求规格说明书中的所有功能和性能要求。

①单元测试：对每个模块进行单独测试，确保每个模块的功能正确。

②集成测试：将各个模块集成在一起进行测试，确保模块之间的接口正确。

③系统测试：对整个系统进行测试，确保系统能够满足需求分析中的所有功能和性能要求。

④验收测试：验证软件系统是否满足商业需求和用户需求，确保软件在实际环境中可以正常运作。

测试通过后，需要将软件安装到生产环境中，并进行必要的配置和调整，以便用户可以正常使用。部署阶段包括制订详细的部署计划和应急预案，以确保软件上线过程顺利进行。

5. 维护和升级

在这个阶段，开发团队需要持续监控软件的运行状态，及时处理用户反馈的问题，并根据业务需求进行必要的更新和优化。维护工作通常包括以下几个方面：

①错误修复：及时修复软件中的错误和漏洞。

②功能增强：根据用户的需求和市场的发展，对软件进行功能增强和改进。

③性能优化：根据用户的反馈和使用情况，对软件进行性能优化和调整。

SDLC 是一个循环过程，当软件需要进行大幅度的修改或重大功能更新时，可能会重新进入需求分析阶段，开始新一轮的生命周期。严格遵循 SDLC，有助于提高软件开发的效率和质量。

7.1.3　软件开发方法学

软件开发方法是指在软件开发过程中，采用一定的规范和方法来组织和管理开发活动，以提高开发效率和质量。常见的方法有结构化方法、面向对象方法、敏捷开发方法、原型法。

1. 结构化方法

结构化方法是一种传统的软件开发方法，它通过系统化、分阶段的策略来提高开发效率、减少错误并促进团队协作。这种方法强调自顶向下、逐层分解的思想，将复杂问题分解为若干简单问题，逐步求解这些简单问题，最终完成整个系统的开发。

结构化方法的核心组成包括三个主要部分（见图 7-4）：结构化分析（SA）、结构化设计（SD）和结构化程序设计（SP）。这些部分共同构成了一个系统化的开发流程，用于指导软件从需求分析到最终实现的全过程。

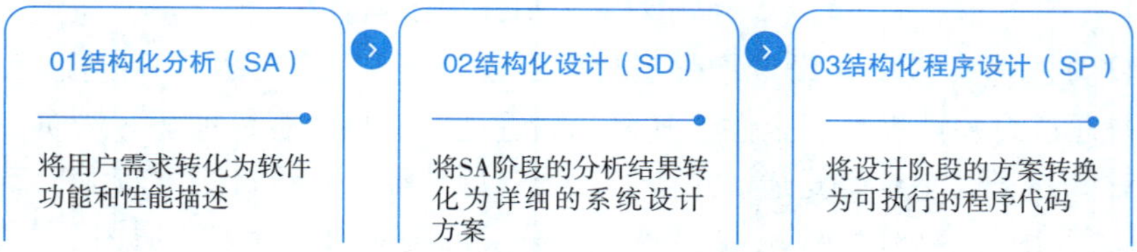

图 7-4　结构化方法各阶段描述

①结构化分析（SA）：主要任务是将用户的需求转化为软件的功能和性能描述。它采用自顶向下的方式，通过数据流图、数据字典等工具，对系统的输入、输出和处理过程进行详细分析，以确保需求被准确地理解和记录下来。

②结构化设计（SD）：它以结构化分析阶段的成果为基础，将需求和功能说明转化为详细的系统设计方案。该阶段的目的是确保设计出的系统结构合理，能够高效地实现系统功能，并为后续的程序开发提供详细的指导。

③结构化程序设计（SP）：主要任务是将设计阶段的结果转化为可执行的程序代码。该阶段强调清晰的控制结构、模块化设计和数据抽象，以提高程序的可靠性和效率。

结构化开发方法通过将复杂问题分解为更小、更易管理的子问题，提供清晰的目标和有序的流程。它强调阶段性的划分，从需求分析到设计和实现，每个步骤任务明确，有助于项目管理和控制。这种方法促进了文档规范化，提高了项目的透明度和可追溯性，并通过早期规划和审查机制减少了错误，提升了系统的可靠性。

然而，结构化开发也有其局限性。详细的规划和文档编制延长了开发周期，用户需等待较长时间才能看到实际系统。对需求变化的响应速度较慢，修改过程烦琐，缺乏灵活性，限制了系统的扩展性和新功能的快速集成。此外，有时过于关注功能实现可能导致数据结构设计不够优化。

2. 面向对象方法

面向对象方法（OOM）是一种以对象为中心的软件开发方法，强调通过对象的概念进行系统分析、设计和实现。在面向对象开发中，对象是基本的构建单元，它们具有属性和行为。面向对象方法结合了一系列特性，如封装、继承和多态，能够更好地建模现实世界，并提高软件的可维护性和可重用性。面向对象方法在软件生命周期中的应用主要包括图 7-5 所示的五个阶段。

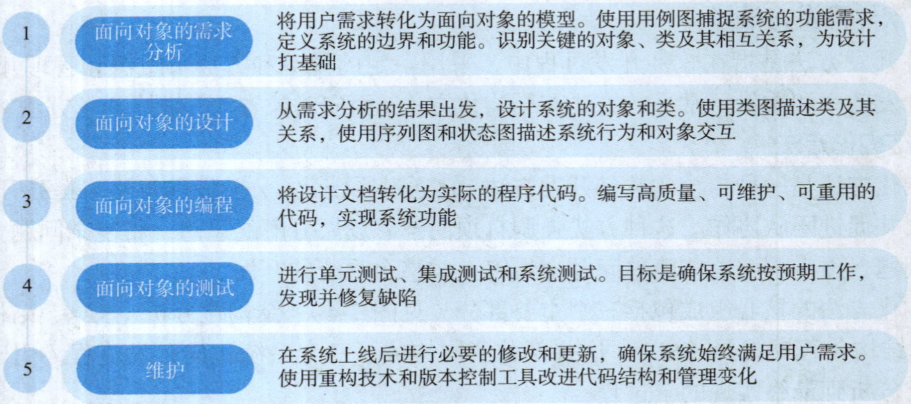

图 7-5　面向对象方法各阶段及其描述

面向对象方法通过模块化设计增强了代码的清晰度和可维护性，利用继承和多态实现代码复用，并通过封装性提高安全性。其概念贴近现实世界，容易理解。然而，对简单项目来说，面向对象方法可能显得复杂，并增加系统资源消耗。其设计难度较大，需要高技术水平和经验,且容易因过度设计导致不必要的复杂化。面向对象设计方法适用于大型复杂系统，如企业应用和图形界面。它便于团队协作，适合金融系统等需要长期维护的项目，以及需要模拟现实的项目，如游戏开发。

3. 敏捷开发方法

敏捷开发方法是一种以用户需求为中心，强调快速响应变化和迭代开发的软件工程方法。它通过短周期的迭代来不断调整和优化项目，确保软件产品的质量和满足用户需求。敏捷方法论诞生于 20 世纪 90 年代末期，2001 年由 17 位软件开发领域的专家共同签署的《敏捷宣言》标志着敏捷开发方法的正式确立。敏捷开发的核心理念包括客户满意、欢迎变化、频繁交付、合作、激励个体、面对面交流、工作软件、可持续开发、技术卓越、简洁和自组织团队。敏捷模型的四大核心观念如图 7-6 所示。

图 7-6　敏捷模型的四大核心观念

常见的敏捷开发框架包括：

① Scrum：一种迭代增量的开发框架，强调团队合作、问责、持续改进。以短时间周期（通常是 2~4 周的冲刺）进行开发。它包括需求规划、Sprint 规划、日常站会、评审和回顾等关键环节。

②看板：通过可视化的任务板来进行工作流管理，以实现持续交付并减少开发周期。

敏捷开发流程通常包括以下几个环节，其开发流程如图 7-7 所示。

①项目启动：在项目开始时，确定项目的高层次目标和愿景。这包括了解客户的需求、定义项目的范围，以及识别关键的利益相关者。

②产品待办事项列表创建：产品负责人负责收集用户故事，这些故事描述了系统需要实现的功能。它们被记录在产品待办事项列表中，这是一个优先级排序的任务列表。

③迭代规划：团队从产品待办事项列表中选择一定数量的工作项来完成一个短期的迭代，通常称为 sprint，其长度一般为 1~4 周。在迭代规划会议上，团队讨论并承诺完成哪些用户故事，并将它们分解成更小的任务。

④每日站会：团队成员每天举行简短的会议（通常不超过 15 min），分享各自前一天的工作进展、当天的计划及遇到的障碍。这是保持沟通畅通和快速解决问题的方式。

⑤持续集成与测试：在整个迭代过程中，代码应该经常集成到主分支中，并进行自动化测试，确保新功能不会破坏现有的系统稳定性。

⑥评审：在每个迭代结束时，团队展示他们在这个迭代期间完成的工作给利益相关者。这是一个获得反馈的机会，以便调整接下来的工作方向。

⑦回顾：团队内部举行一次会议，评估过去迭代中的成功之处和可以改进的地方。通过这种方式，团队能够不断学习和优化工作方式。

⑧重复迭代：根据评审和回顾的结果更新产品待办事项列表，然后开始下一个迭代周期。这个过程是循环往复的，直到所有的需求都被满足或者项目终止。

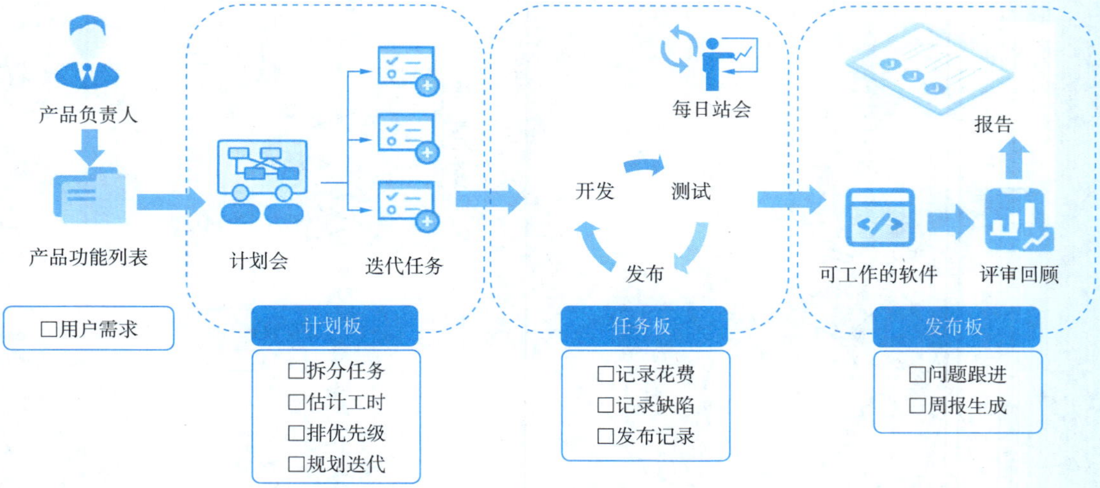

图 7-7　敏捷开发流程

敏捷模型对团队的自组织能力和经验水平要求较高。需要客户或利益相关者的持续参与，否则难以确保开发方向的正确性。可能在文档和合同上不够详尽，增加后期维护难度。

4. 原型法

原型法又称快速原型法，是一种在需求不完全明确的情况下，通过快速构建一个可执行的系统模型，以便更好地理解用户需求并进行调整的方法。其核心思想是通过快速迭代和用户反馈逐步完善系统设计，从而提高开发效率和用户满意度。

原型法的基本思想是在整个系统开发之前，尽快构造出一个原型。这个原型可以是系统某个重要方面或功能的简化模型，旨在通过实际展示来验证和澄清需求。原型法通常包括以下几个阶段：

①需求收集和分析：通过与用户交流，初步了解和收集需求。在这一阶段，需求不需要非常详尽。

②快速设计：基于收集到的初步需求，进行快速的设计，以构思出原型的基本框架和主要功能。

③构建原型：根据快速设计的方案，迅速构建一个原型系统。这个原型可能只是一个简单的模型，但能够展示关键功能和用户界面。

④初始用户评估：让用户实际使用原型，收集他们的反馈和具体建议。从用户体验中了解系统的优缺点和功能需求是否满足。

⑤完善原型：根据用户的反馈，进行迭代调整和优化原型。这个过程可能会进行多次，直到原型能够较好地反映用户需求。

⑥最终产品实施和维护：当原型获得最终确认并满足需求后，进入正式的系统开发和实施阶段。包括全面的设计、编码、测试和部署等工作。

原型法开发过程如图 7-8 所示。

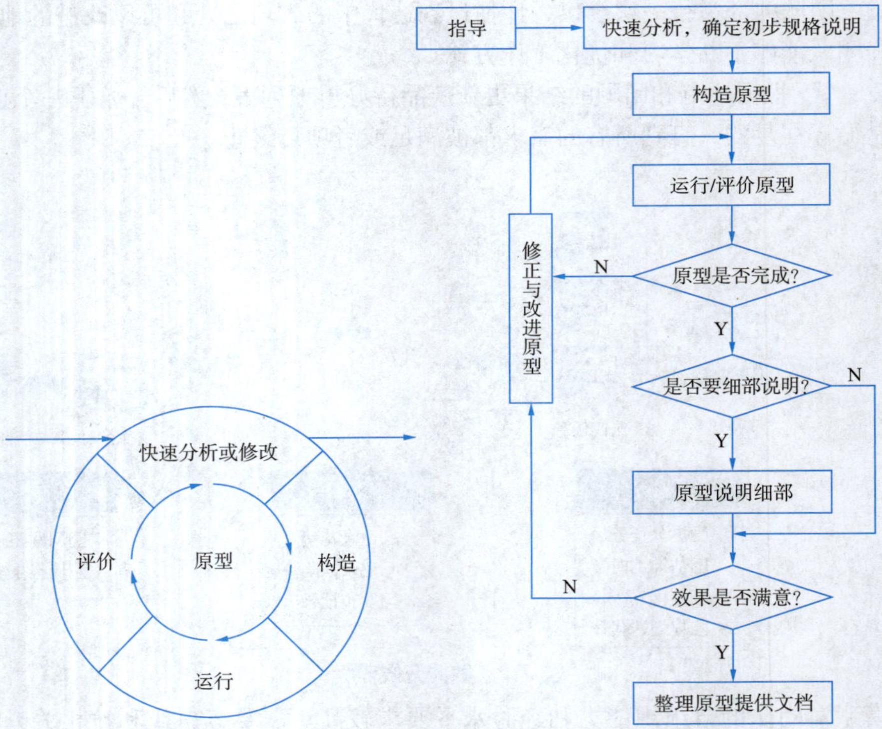

（a）原型开发模型　　（b）模型细化过程

图 7-8　原型法开发过程

原型法有多种分类方式，常见有抛弃式原型和进化式原型。抛弃式原型主要用于需求分析阶段，通过构建一个临时的原型来帮助确定用户需求，然后在需求明确后丢弃该原型。进化式原型则是在原型的基础上逐步增加和完善功能，最终形成一个完整的系统。

这种方法通过原型展示初步功能，实现开发人员与用户之间的有效沟通，从而获取宝贵的用户反馈。通过反复调整原型，不断改进系统，使得最终的产品更契合用户需求，提升了开发效率和用户满意度。在需求不完全明确或容易变动的项目中，原型法特别有用。

7.1.4 软件生命周期工具

1. 软件生命周期各阶段所需软件工具介绍

软件生命周期由多个阶段组成，每个阶段都有不同的目标和任务。为了确保项目的成功，各阶段需要使用合适的工具。以下是 SDLC 各阶段常用工具的详细介绍：

（1）软件需求分析阶段

常用的工具包括需求管理工具、建模工具、需求跟踪工具。这些工具可以帮助团队更有效地收集、分析和管理需求，从而保证项目的顺利进行。

①需求管理工具。需求管理工具可以帮助团队跟踪需求、变更和问题。其中：

- JIRA 支持敏捷开发的看板和 Scrum 板，生成各种报告和图表。
- 禅道（ZenTao）用于需求管理、任务管理、缺陷跟踪、项目管理，特别针对敏捷开发设计，功能全面且灵活，适用于大型和中型项目的需求和任务管理。

②建模工具。建模工具帮助分析和展示系统的功能需求和架构设计，通过各种图表（如 UML 图）直观地描述系统的结构和行为。常用的建模工具有 ProcessOn、PowerDesigner、Microsoft Visio，其描述见表 7-3。

表 7-3　常用的建模工具

工　具	描　述
ProcessOn	在线协作绘图，支持多种图表类型，可以制作流程图、思维导图、UML 图、E-R 图等，应用于业务流程建模、系统设计和需求分析
PowerDesigner	支持复杂企业级应用，支持数据建模、业务建模、UML 建模
Microsoft Visio	用于创建各种类型的图表，包括流程图、UML 图、网络图等，其功能全面，支持大量模板和图形元素，广泛应用于企业环境，适用于复杂系统建模，详细设计图表制作，架构图和数据流图绘制

③需求跟踪工具。需求跟踪工具用于建立和显示需求追踪关系，确保需求的一致性和完整性。这些工具通常具有结构化管理和层次化管理的功能，可以有效地分类、检索和分析需求。

- Tapd：适用于敏捷开发，集成度高，包括需求跟踪、任务管理、版本控制、报表分析等功能，适用于全生命周期的需求管理和跟踪。
- Teambition：界面友好，功能强大，包括任务管理、需求跟踪、团队协作、甘特图等功能，适用于综合项目管理，从需求到任务的全流程管理。

（2）系统设计阶段

这一阶段的工具主要涵盖建模与架构设计、用户界面原型设计、代码生成、版本控制、协作管理、文档编制等多个方面。以下是主要工具类型及其用途：

①原型和界面设计工具。用于创建交互式原型，展示用户界面和业务逻辑，验证设计思路，提高用户体验。常用工具有 Sketch、墨刀、蓝湖、Axure RP，其描述见表 7-4。

表 7-4　原型和界面设计介绍

工　具	描　述
Sketch	专注于界面设计，生态系统丰富，用于 UI/UX 设计、高保真原型制作
墨刀（MockingBot）	易用性强，专注于移动端和 Web 端的原型设计，用于原型设计、交互设计、团队协作
蓝湖（Lanhu）	支持多团队协作，提升设计到开发的工作效率，用于设计稿标注、切图、视觉协作
Axure RP	原型设计工具，特别适合需求分析阶段，它允许分析人员创建交互式原型和流程图，从而使需求变得更加直观和易理解

②架构设计工具。用于描述和设计系统架构，包括网络拓扑图、组件图等。常用工具有 Microsoft Visio。

③版本控制工具。管理设计和代码的不同版本，支持团队协作下的项目管理。常用工具有 Git、SVN，其描述见表 7-5。

表 7-5　版本控制工具介绍

工　具	描　述
Git	具有高效、灵活和强大的功能，支持离线工作、分支管理强大、性能高
Subversion (SVN)	一个集中式版本控制系统，适用于需要更严格版本控制的团队，它的操作逻辑简单、具有严格的目录版本控制、广泛支持

（3）编码与测试阶段

在编码阶段，使用合适的工具可以大幅提升编码效率和代码质量。常用的工具类型包括代码编辑器和集成开发环境（IDE）、版本控制工具、调试工具、持续集成 / 持续交付（CI/CD）工具、静态代码分析工具、包管理和依赖管理工具等。

在软件测试阶段，使用适当的工具可以大大提高测试效率和覆盖范围，确保软件质量。以下是一些常用的测试工具，按照它们的类型和具体用途进行分类，包括单元测试工具、集成测试工具、功能测试工具、性能测试工具、持续集成 / 持续交付（CI/CD）集成工具、测试管理工具等，其描述见表 7-6。

表 7-6　软件测试工具

工　具	描　述
单元测试工具	用于测试代码的基本单元（函数、方法）是否按预期运行，通常由开发人员编写和维护，主要工具如 JUnit、Pytest
集成测试工具	用于测试模块之间的接口和交互，确保集成后的系统按预期运行，主要工具如 JUnit
功能测试工具	用于测试软件功能是否符合需求规格说明书，主要工具如 Selenium
性能测试工具	用于测试系统在高负载或特定条件下的性能和稳定性，主要工具如 Apache JMeter、LoadRunner
持续集成 / 持续交付（CI/CD）集成工具	在 CI/CD 流程中集成测试，确保每次代码变更都经过严格的测试，主要工具如 Jenkins
测试管理工具	用于管理测试过程中的测试用例、测试执行、缺陷跟踪等，确保测试过程的规范和高效，主要工具如禅道

2. 软件生命周期中的图表工具

在软件开发生命周期中，图表和模型是帮助开发团队理清需求、设计结构、实现功能和维护系统的关键。工具 Visio、StarUML 等可用于创建这些图表。

软件生命周期的每个阶段都依赖特定的图表来确保信息的准确传递和任务的顺利完成。常见的图表和模型包括数据流图、数据字典、流程图、思维导图、UML 图和 E-R 图等。

- 数据流图：用于描述系统中的数据流动情况，展示数据在系统内各部分之间的传输与处理过程。属于系统分析和设计工具。
- 数据字典：详细记录和定义数据库中的数据元素，如表、字段、数据类型、约束等。确保团队对数据的理解一致。属于文档工具。
- 流程图：使用标准符号表示系统或过程中的步骤和决策点，描述算法或业务流程。属于过程表示工具。

• 思维导图：通过树形结构展示思想、概念及其相互关系，帮助组织和分类信息，促进头脑风暴和计划制订。属于脑图工具。

• UML 图：用于可视化、描述、构架和记录软件系统的各个方面。包括多种图表，如类图、用例图、序列图、状态图、活动图等。属于统一建模语言工具。

• E-R 图：用来描述数据库的结构，通过实体、关系和属性来表示现实世界中的数据对象及其关联。属于数据建模工具。

接下来重点介绍数据流图和 UML 图。

(1) 数据流图

数据流图（data flow diagram，DFD）是结构化分析与设计方法中用于描述系统如何处理和传输信息的图形工具。它对系统中的数据流程进行建模，显示数据在系统内各部分之间的传输情况。数据流图由四种基本元素构成：过程、数据流、数据存储和外部实体。

• 过程：表示数据的处理或转换过程，内部可以包含动词性的描述标识。例如，在停车管理系统中，一个过程可能是“停车位预订处理”。过程可使用椭圆形或圆角矩形符号表示。

• 数据流：表示数据在系统中传输的路径，箭头指向数据流的方向。例如，用户向系统发送“查询车位请求”。数据流可使用箭头（→）符号表示。

• 数据存储：表示数据存储位置，如数据库或文件。例如，系统中的“停车位信息数据库”。数据存储可使用双杠（=）符号表示。

• 外部实体：表示系统外部的对象或参与者。例如，系统的用户、支付网关（用于处理在线支付）。外部实体可使用矩形符号表示。

数据流图通常具有多个层次，包括从高层次的概括图到低层次的详细图。

①上下文图（顶层 DFD）：这是最高层级的图，展示系统的总貌及其与外部实体的交互。在该项目中，顶层 DFD 的外部实体包括用户、支付网关。过程为停车管理系统（标记为 0，表示这是顶层）。数据流有查询车位、返回车位列表、处理支付请求、支付确认。顶层 DFD 如图 7-9 所示。

图 7-9 顶层 DFD

②一级数据流图（Level-1 DFD）：展示顶层 DFD 中每个处理过程的内部细节，描述具体的子系统或功能模块内的数据流动。我们将停车管理系统进一步分解为几个子过程，如查询车位（1.0）、支付处理（2.0）。涉及的数据存储有车位表、预订表。一级 DFD 如图 7-10 所示。

③二级数据流图（Level-2 DFD）：进一步细化一级 DFD 中的特定处理过程，展示更详细的子功能模块。比如查找查询车位（1.0）。

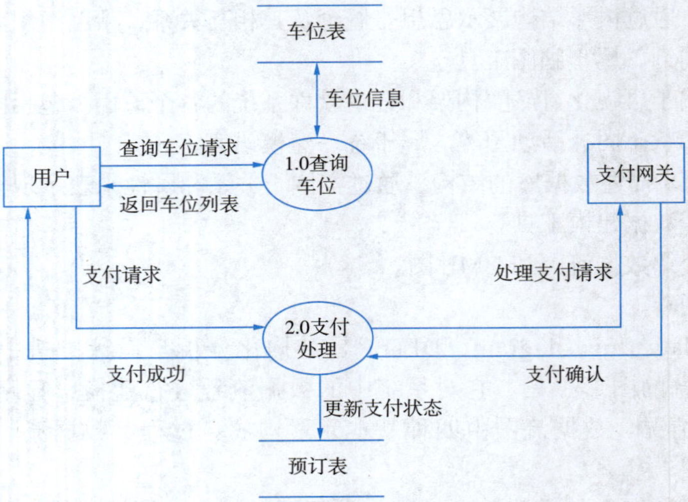

图 7-10　一级 DFD

（2）UML 图

统一建模语言（unified modeling language，UML）是一种通用的、面向对象的建模语言，它提供了一套标准化的图形表示法来描述软件密集系统。常用的 UML 图类型有九种，它们可以用于系统分析和设计中不同的目的。下面以软件生命周期为维度，各阶段所需的 UML 图类型及其特点见表 7-7。

表 7-7　生命周期各阶段 UML 图类型描述

生命周期阶段	UML 图类型	特　点
需求分析	用例图	展示系统的功能需求和外部参与者（用户和其他系统）之间的交互
系统设计	类图	定义系统的静态结构，包括类、属性、操作之间的关系（如继承、关联、聚合、组合等）。类图是面向对象设计的核心
	对象图	主要用于验证类图的准确性和描述特定场景下对象的状态
详细设计	序列图	展示对象之间如何通过消息传递进行交互，强调消息传递的时间顺序
	协作图	类似于序列图，但侧重于对象之间的协作关系而非时间顺序
	状态图	展示对象或系统在不同状态下的行为和状态转变
编码阶段	组件图	展示系统的物理组件及组件之间的关系。帮助开发人员理解和计划系统的物理实现，包括代码模块和库
测试阶段	活动图	展示系统内的控制流和业务流程。用于建模业务逻辑、工作流程和操作的工作过程，有助于测试用例的设计和流程的验证
部署阶段	部署图	展示硬件节点及其运行的软件组件之间的关系

UML 图还可以根据它们描述系统的静态结构还是动态行为来分类。静态图和动态图的区别在于它们关注的系统方面不同。

①静态图：用于描述系统的结构和组成部分，主要关心系统的静态方面，即系统在没有时间运行的情况下的组成部分和关系。常见的静态图包括用例图、类图、对象图、组件图、部署图。

②动态图：用于描述系统的动态行为和交互，即系统在运行过程中随着时间的变化。常见的动态图包括序列图、协作图、活动图、状态图。

图 7-11~ 图 7-19 分别为在停车管理系统中这九种图的效果示意。

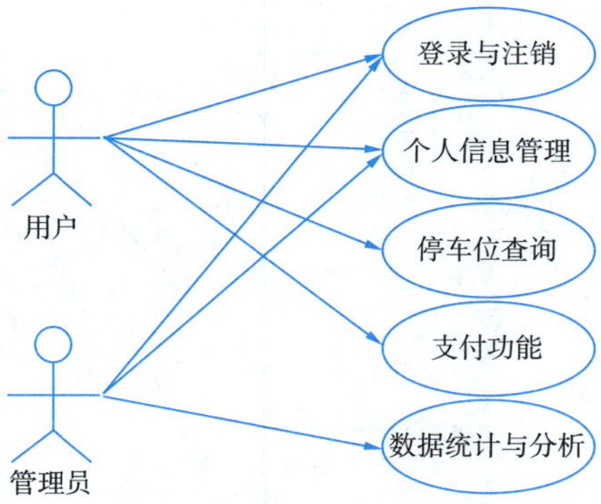

图 7-11　用例图

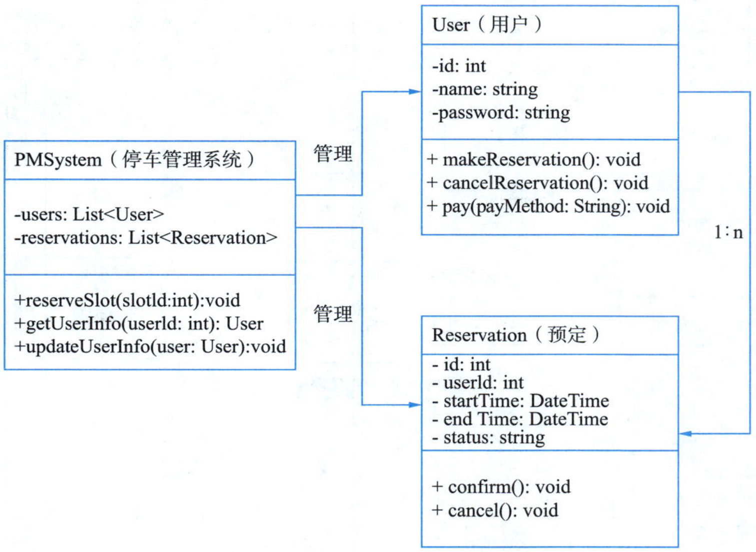

图 7-12　类图

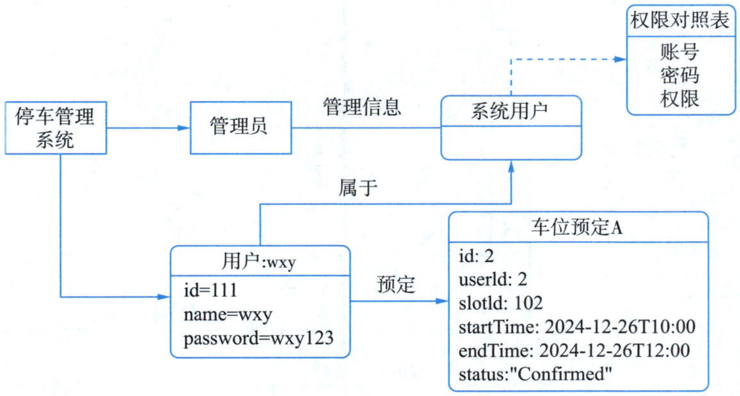

图 7-13　对象图

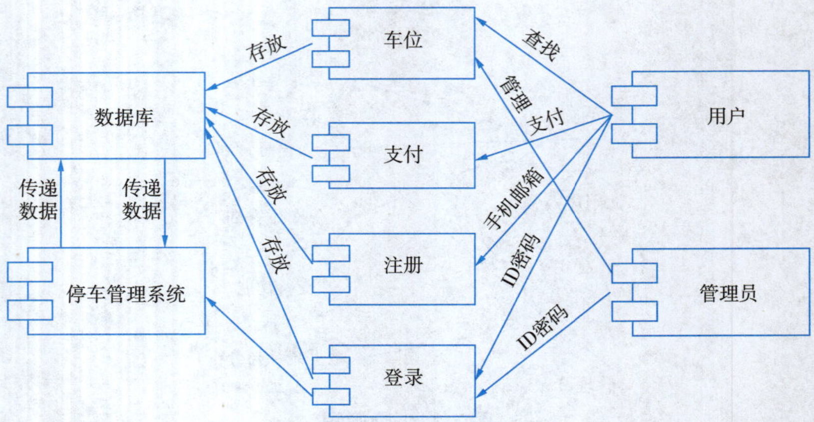

图 7-14　组件图

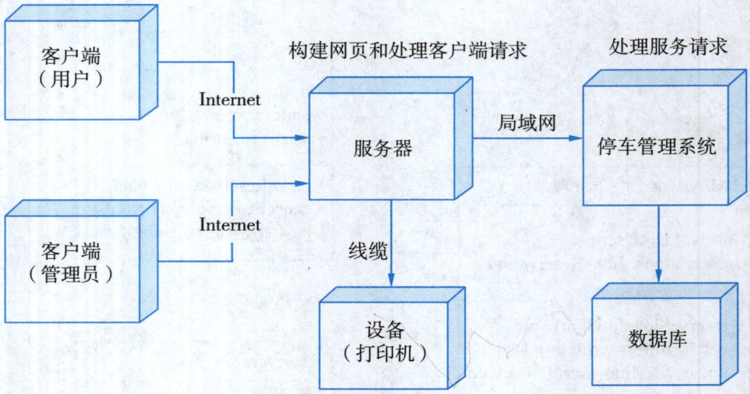

图 7-15　部署图

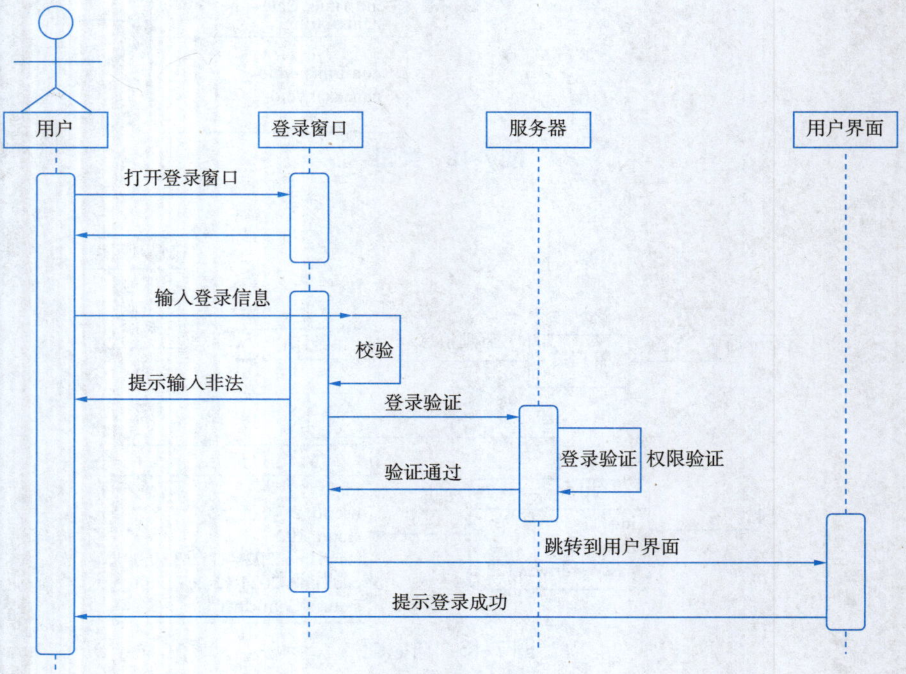

图 7-16　序列图

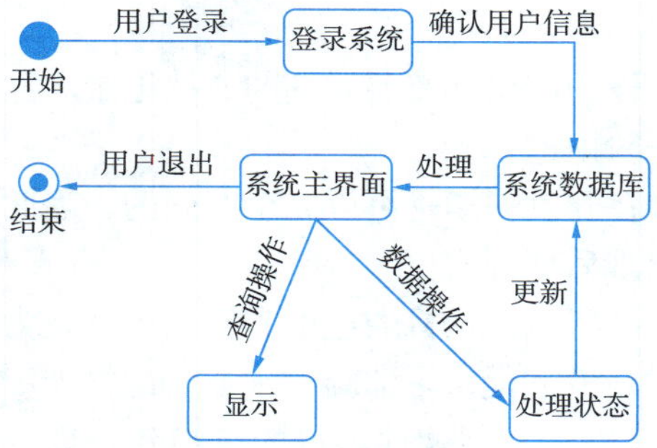

图 7-17　状态图

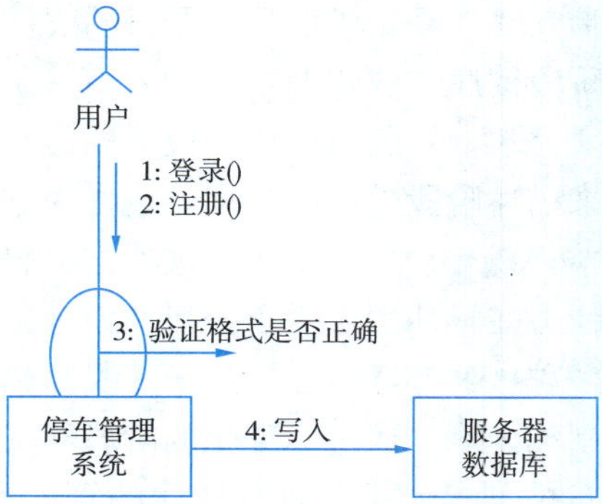

图 7-18　协作图

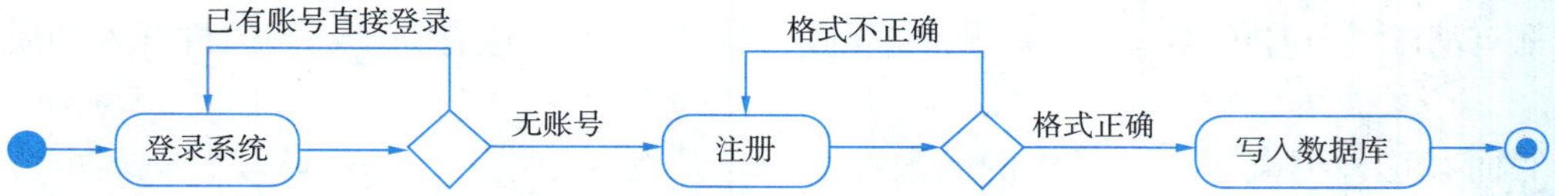

图 7-19　活动图

7.1.5　软件生命周期模型

软件生命周期模型是指导软件开发全过程的重要框架，它帮助开发者系统地规划、设计、实现和维护软件，确保项目的顺利进行和高质量交付。常见的软件生命周期模型有瀑布模型、V 模型、喷泉模型、增量模型、螺旋模型。

1. 瀑布模型

瀑布模型是最早且传统的系统开发生命周期模型之一，也是结构化方法的代表。这种模型具有如下特点：

①分阶段流程：瀑布模型的开发过程被分解为若干独立的阶段，如需求分析、系统设计、编码、测试、部署和维护，如图 7-20 所示。每个阶段都有明确的开始和结束点，只有在一个阶段完成之后才能进入下一个阶段。

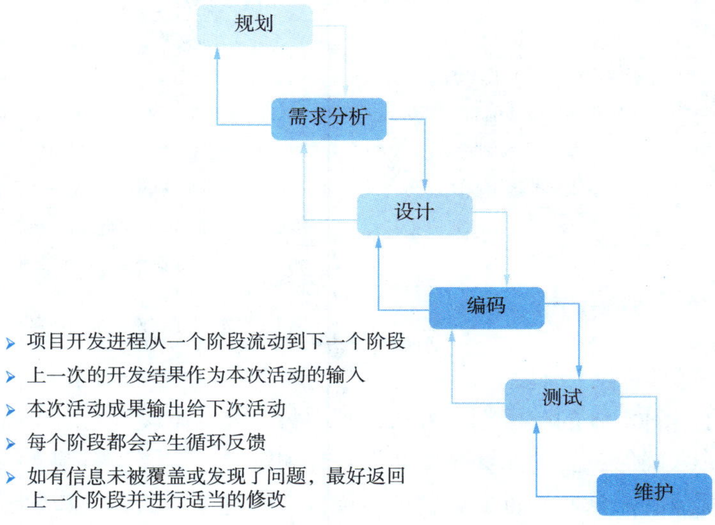

图 7-20　瀑布模型

②顺序性：瀑布模型强调严格的线性顺序流程，这种方法使得项目管理更为简单，因为在一个阶段彻底完成之前不会进入下一阶段。

③文档驱动：瀑布模型重视文档化，每个阶段的产出都需要详细的文档记录。这些文档不仅用来描述阶段过程的成果，还作为进入下一阶段的基础。

④前期规划和明确需求：这种方法假设需求在开发初期是可以完全明确的，因此，大量时间和精力在早期用于需求分析和设计，以防出现后期的变更。

⑤可控性和可预测性：由于其线性和结构化的特点，项目的进度和质量可以较为容易地进行控制和预测。通过标准化的阶段和文档，瀑布模型提供了清晰的项目管理框架。

瀑布模型提供了一种程序化的管理流程，适用于大型软件项目的组织和管理。其过程简单易懂，对于需求明确且稳定的项目来说，易于理解和实施。通过严格的阶段划分，每个阶段都有清晰的开始和结束点，以及相应的质量控制措施，这有助于提高软件开发的质量和效率。

然而，这种模型也存在显著的局限性。一旦开发流程进入下一个阶段，就很难再回到前一个阶段进行修改，因此它对需求变化的适应能力较差。由于用户只有在项目完全结束后才能看到可用的软件产品，因此整个开发周期可能显得相当长。此外，如果在早期阶段出现了需求遗漏或错误，这些问题可能会导致后期较大的返工风险，从而增加项目的整体风险。

瀑布模型适用于需求明确、变化较少的项目，如企业管理系统、人事系统等。此外，在硬件开发和工程项目中也有广泛应用。

2. V 模型

V 模型（V-model）是一种基于瀑布模型的扩展版本，它通过将开发过程与测试过程相结合，强调验证和确认以确保软件的质量。在该模型中，开发和测试活动分别放置在一个 V 字形的两边，开发阶段与相应的测试阶段对称对应。

表 7-8 是 V 模型的主要阶段和活动。

表 7-8　V 模型的主要阶段和活动

阶　段	开 发 活 动	测 试 活 动
需求分析	收集和分析客户需求，形成需求规格说明书	创建需求测试计划，确保需求是明确的、可测试的
系统设计	将总体需求转化为系统级别的架构设计	制订系统测试计划，确保系统设计符合需求
详细设计	进一步细化系统设计，形成详细设计文档	制订集成测试计划，确保模块之间的接口和协作正常
编码与单元测试	进行编码，开发软件的各个模块	进行单元测试，确保各个模块的功能正确且符合详细设计
集成测试	—	测试集成后的模块，检查模块间接口和交互是否正确
系统测试	—	测试整个系统，确保系统功能、性能和安全等满足需求规格说明书
验收测试	—	由用户进行测试，确保系统在实际环境中满足用户需求

图 7-21 为 V 模型的各个阶段。

V 模型提供了一种清晰的阶段划分方法，其中每个开发阶段都与一个特定的测试阶段相对应，这种对应关系确保了问题能够在早期被发现和解决。该模型强调文档和过程控制的重要性，使得它非常适合需求明确且变更较少的项目。通过详尽的验证和确认步骤，V 模型能够有效提高软件的质量，保证最终产品的可靠性。

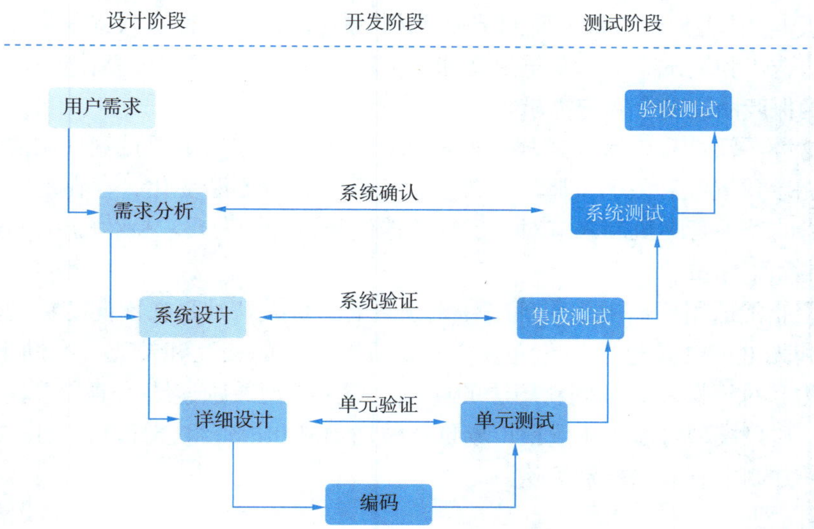

图 7-21　V 模型

但是，V 模型对需求变化不够敏感，一旦项目需求发生变动，调整起来相对困难，因此不太适合那些需求频繁变化的项目。此外，采用 V 模型需要在项目的初期就投入大量的精力编写需求和设计文档，这导致前期投入较大。V 模型适合那些需求相对稳定、项目周期较长、需要高度可靠性和严谨过程控制的软件开发项目。

3. 喷泉模型

喷泉模型是一种用于面向对象软件开发的增量式和迭代式模型，相比瀑布模型有更高的灵活性和适应性，允许在项目的各个阶段之间进行多次反复和重叠。这种模型以用户需求为动力，以对象作为驱动，克服了瀑布模型不支持软件重用和多项开发活动集成的局限性。以下是喷泉模型的特点：

①增量式开发：喷泉模型强调增量式开发，每个增量都是一个可工作的系统，包含一部分功能。开发过程被分成多个增量，每个增量在逐步添加新功能和改进。

②迭代式循环：开发过程中，各个阶段（如需求分析、设计、实现和测试）不断迭代循环，没有严格的顺序。可以在任何时候返回之前的阶段进行修改和完善。

③面向对象方法：喷泉模型通常与面向对象的系统开发相关，强调对象和类以及它们之间的关系，通过复用和继承提高开发效率。

④持续集成：新功能和改进不断集成到已有的系统中，保持系统始终可用并能够逐步交付。

⑤高适应性：模型允许随着项目的进展进行调整，能够更灵活地应对需求的变化和新发现的问题。

图 7-22 为喷泉模型的各个阶段。

喷泉模型以其改进的灵活性著称，能够根据需求变化和项目实际情况随时调整，增强了对需求变更的适应能力。该模型通过生成可交付增量，即每个增量都是一

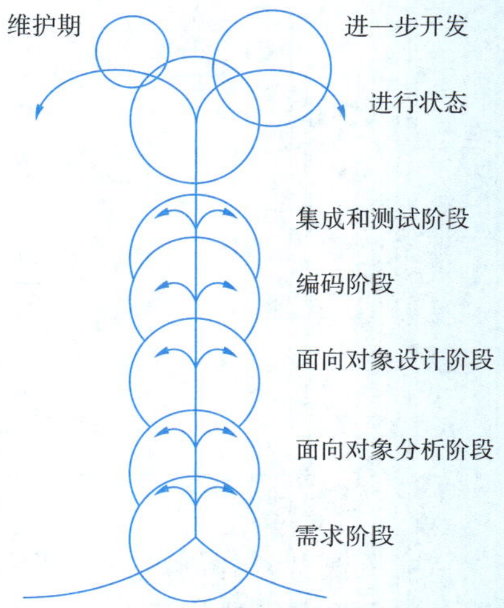

图 7-22　喷泉模型的各个阶段

个可工作的版本，让客户可以提前看到部分成果并提供反馈，从而有效提高最终产品的质量。同时，不断的迭代和测试有助于及早发现和解决问题，降低了项目的整体风险，并促进了客户参与度，确保产品更贴合客户需求。

然而，这种灵活性也带来了挑战。增量和迭代的方式增加了项目管理和协调的复杂性，管理不当可能导致混乱和效率下降。此外，由于需求可以不断变化，存在范围蔓延的风险，需要有强有力的需求管理机制来应对。反复的迭代和增量开发要求持续的资源投入，可能会增加项目成本和工作量。

喷泉模型非常适用于需求不明确或变化频繁的项目，特别是在面向对象的软件开发中。它强调迭代和无缝的开发过程，允许各个开发阶段之间的交互和补充，有助于逐步澄清需求和适应变化。对于快速验证创新想法的项目，喷泉模型鼓励连续反馈和迭代，促进创新。在金融领域，喷泉模型可以用于股票市场价格波动预测和投资组合管理，帮助投资者更好地理解市场波动并制定有效的投资策略。

4. 增量模型

增量模型强调在多个迭代或阶段中逐步增加功能特性，而不是一次性完成整个系统的开发。每个增量都是一个可交付的软件产品，具有部分系统的功能，经过多次增量开发后，最终构建出一个完整的软件系统。

表 7-9 是增量模型的一些关键特点和阶段。

表 7-9　增量模型的一些关键特点和阶段

阶　段	特　点
初始计划和分析	进行项目的整体规划和需求分析，确定系统的总体架构及关键需求
划分增量	按照优先级将项目分解成多个可管理的增量，每个增量包含一部分功能
增量开发	各个增量依次进行详细设计、编码和测试。 每个增量在完成后都会交付和验证，以确保其功能满足需求。 反馈环节很重要，根据用户和测试反馈进行调整和优化
迭代交付	每个增量交付之后，可以在最终系统中进行集成，并逐步增加系统的整体功能
最终集成和测试	所有增量完成后，进行最终的系统集成和全面测试，以保证整个系统的功能和性能

图 7-23 为增量模型的阶段过程。

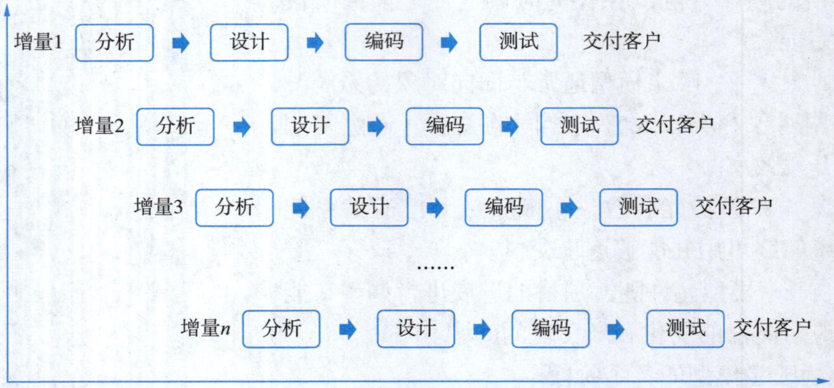

图 7-23　增量模型的阶段过程

增量模型允许用户在早期阶段看到实际的软件并提供反馈，这有助于及时调整和改进需求。由于项目被分解成多个较小的部分，每个增量的独立性降低了整体风险，即使某个部分失败也不会危及整个项目。分阶段交付的方式还使得项目进度和成本更容易管理和预测。然而，这种方法要求对需求进行精准的分割和优先级划分，以避免功能间的过度耦合。此外，各个增量之间的接口和集成问题可能会增加项目的复杂性。增量模型适用于需求可能变化的项目或者希望通过逐步开发来降低风险的项目。

5. 螺旋模型

螺旋模型结合了瀑布模型的系统化和迭代开发模型的灵活性，提出了一种更加注重风险管理的开发框架。Barry Boehm 在 1986 年提出螺旋模型，旨在更好地处理大型和复杂项目中的不确定性和风险。

螺旋模型的核心思想是通过逐渐递增的方式开发软件，每一轮迭代包括以下四个主要活动：

①确定目标：定义特定迭代的目标、需求和约束。

②风险评估与规避：分析识别的风险，制定降低或消除这些风险的策略。

③开发和测试：进行设计、编码和测试工作。

④计划下一阶段：回顾和评价当前阶段的成果，规划下一阶段的工作。

这些活动形成了一圈螺旋，从项目启动开始，逐渐循环直到项目完成。每阶段结束后，项目会进行一次评审，确保目标达成并确认继续进行的正确性。这种方法强调对项目的早期风险评估和规避，通过逐步深化来逐步降低不确定性。图 7-24 为螺旋模型的阶段图。

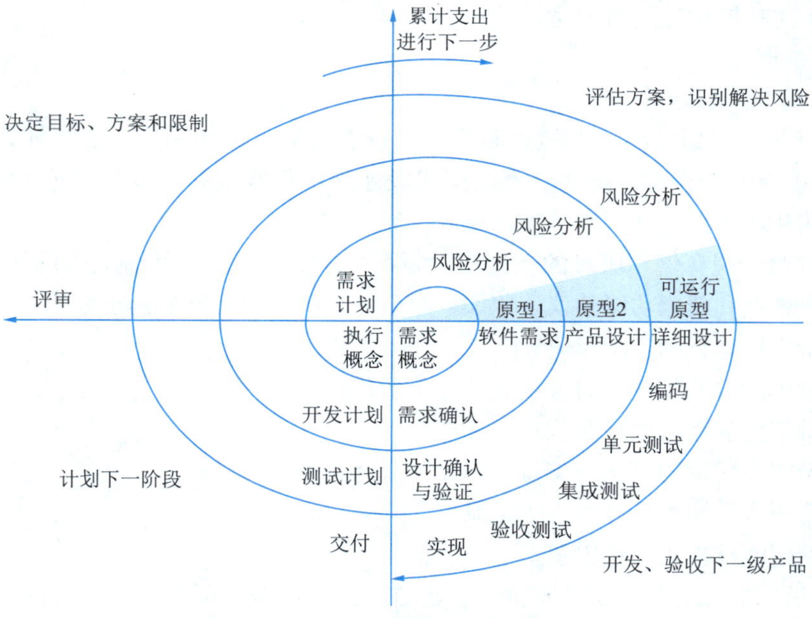

图 7-24　螺旋模型的阶段图

螺旋模型高度重视风险管理和应对措施，提供了较高的灵活性以根据反馈即时调整项目方向。它特别适合大型和复杂项目，尤其是在风险管理方面表现突出。然而，这种模型的管理和控制较为复杂，通常需要专家级别的风险分析和管理能力。由于强调详细的规划和评估，螺旋模型可能会导致大量的文档工作，并且项目的生命周期往往更长，成本也相对较高。因此，螺旋模型最适用于那些涉及高风险和复杂需求的项目，在这些项目中，其风险管理的优势可以得到充分发挥。

项目实施

7.2 停车管理系统展示

1. 项目分析

停车管理系统分为用户前台和管理后台两类，前台面向广大停车场用户，提供停车相关服务，基于使用的便利性，用户前台通过移动端 App 呈现。后台则面向停车场管理员，提供停车位管理、车辆管理、收费管理等功能，管理后台可通过 Web 端呈现。在本项目中主要实现用户前台的需求分析，并使用原型设计工具墨刀设计一个高保真原型图。完成本项目的实现思路如下：

①在需求分析阶段，需要与用户进行访谈或问卷调查，以明确他们的需求和期望。比如，用户希望通过系统解决哪些问题（如找车位难、支付烦琐等）。

②将用户的需求描述转换为系统的功能描述。比如，用户希望能够方便地查询停车场的实时车位信息，那么对应的功能描述为：系统应具备实时车位展示功能，显示总车位数、已占用车位数和空余车位数。

③根据功能描述确定具体的系统模块，如该停车管理 App 包含了登录注册、车位查询和预订、支付、历史记录、帮助与反馈等功能，每个功能应分属于哪些系统模块。

④根据上述功能描述进行原型设计。

2. 实现过程

步骤 1：用户需求分析。

通过用户调研规划编制访谈指南和问卷调查表，重点关注用户痛点（如找车位难、支付烦琐等），确保问题覆盖全面。选择具有代表性的用户群体进行访谈或问卷调查，以保证数据的广泛性和代表性。

收集用户对于现有停车服务的意见和对新系统功能的期望。识别共性问题和特殊需求，整理出关键改进点和新增功能建议。比如，对于该系统用户可能的需求如下：

①用户希望快速找到空闲车位；

②用户希望能够看到停车时长信息和停车费用；

③用户希望能够提前预订车位；

④用户希望支付流程简化，支持多种支付方式；

⑤用户希望方便地查看停车历史记录；

⑥用户希望能够提供反馈渠道。

在需求调研阶段，还需要初步确定导航结构，用户需求可以为导航栏的设计提供初步方向。App 的导航是指用户在应用内移动和访问不同功能或信息的方式。它通过菜单、按钮和其他交互元素，帮助用户理解应用结构，快速找到所需功能。

在此阶段可以根据用户的高频需求和使用场景，大致规划出主要的导航模块。例如，在停车管理系统中，用户可能会频繁使用“查找车位”“支付”等功能，因此可以初步设定“首页”“预订”“支付”“我的”四个导航模块。

步骤 2：系统功能分析。

根据用户需求描述，将需求转化为系统功能。系统的部分功能描述见表 7-10。

表 7-10　系统的部分功能描述

用户需求描述	功能描述	功能模块
用户希望快速找到空闲车位	实时展示当前停车场的总车位数、已占用车位数和空余车位数	实时车位信息展示
	快捷入口，支持检索和各个停车场列表查看，便于快速查找空余车位	车位查找
	快捷入口，可以查看车位信息，并导航至选定车位	去停车
用户希望能够看到停车时长信息和卡内余额	显示用户的停车时长信息及卡内余额，确保用户了解费用情况	停车时长与余额
用户希望能够提前预订车位	支持在线预订车位，用户可以提前选择并锁定车位，确保到达时有车位可用	在线预订
用户希望支付流程简化，支持多种支付方式	提供多种支付方式（如移动支付、信用卡等），简化支付流程，支持一键支付和自动扣费设置	多种支付方式
用户希望方便地查看停车历史记录	提供停车历史记录查询功能，用户可以查看过去的停车地点、时间和费用明细	历史记录查询
用户希望能够提供反馈渠道	提供帮助文档、常见问题解答及用户反馈渠道，便于用户提出意见和解决问题	帮助与反馈

接下来细化导航菜单与功能分配：当具体的功能描述逐步明确后，可以根据功能的重要性和使用频率进一步细化导航菜单，并将各个功能合理地分配到对应的导航模块中。此时应确保每个功能都能被用户轻松找到，同时避免导航栏过于复杂或冗长。系统的导航菜单与功能分配见表 7-11。

表 7-11　导航菜单与功能分配

导航模块	功能模块	描述
首页	实时车位信息展示	显示当前停车场的总车位数、已占用车位数和空余车位数
	去停车	快捷入口，可以查看车位信息，并导航至选定车位
	车位查找	快捷入口，支持检索和各个停车场列表查看，便于快速查找空余车位
	停车时长与费用	显示用户的停车时长信息及停车费
	活动与优惠	展示最新的停车优惠活动
预订	在线预订	用户可以选择并锁定特定时间的车位，确保到达时有车位可用
	车位详情	查看具体车位的详细信息，包括价格、类型
	取消预订	允许用户在必要时取消预订
支付	多种支付方式	支持多种支付方式，如微信支付、支付宝、银行卡等
	费用明细	显示本次停车的具体费用明细
	自动扣费设置	用户可以设置自动扣费选项，简化支付流程
	支付历史	查看近期的支付记录
我的	个人信息管理	编辑和管理用户的个人信息
	账户设置	修改密码、绑定手机号码等
	优惠券管理	查看和使用已有的停车优惠券
	历史记录查询	查看过去的停车记录和费用明细
	帮助与反馈	提供帮助文档、常见问题解答及用户反馈渠道
	通知设置	管理接收通知的方式和内容

步骤 3：UI 原型设计。

原型图是 App 或网站的一个简化、初步的设计版本，用来展示页面布局和基本功能。它就像是建造房子前的草图，帮助设计师、开发者和用户理解最终产品的大致样子和操作流程。

在设计系统原型图之前，首先需要进行结构设计，将内容合理划分为易于理解和导航的层级，明确每个层级的具体内容及它们之间的跳转关系。这样可以确保信息组织清晰，用户能够轻松找到所需功能和信息。我们以首页模块为例，使用思维导图来绘制结构图。

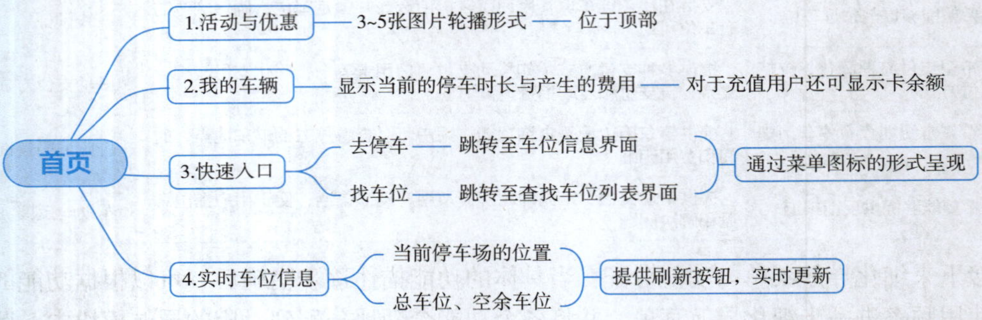

接下来依据首页的结构图，使用墨刀原型工具来设计首页的高保真原型图。墨刀是一款专为设计师和产品经理打造的在线原型设计工具，广泛应用于 UI/UX 设计、产品规划和团队协作。它提供了从草图到高保真原型的完整设计流程支持，帮助用户快速创建交互式原型，并进行实时预览和分享。

进入墨刀官网，单击“进入工作区”按钮，并使用账号登录或注册新账号。

（1）工具介绍

①工作区首页介绍：登录成功后，会显示图 7-25 所示的界面。

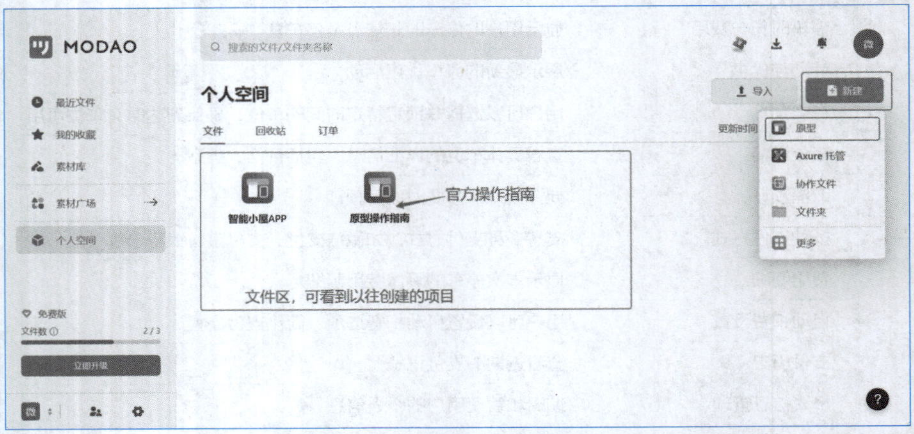

图 7-25　墨刀工作区首页

②新建原型：单击图 7-25 中的“新建”按钮，选择“原型”，进入图 7-26 所示的新建原型界面。官方提供了 App、小程序、Web 网站等的原型模型。在新建时可以选择官方提供的原型然后修改，也可以新建空白原型。本项目选择新建空白原型，然后单击“确定”按钮。

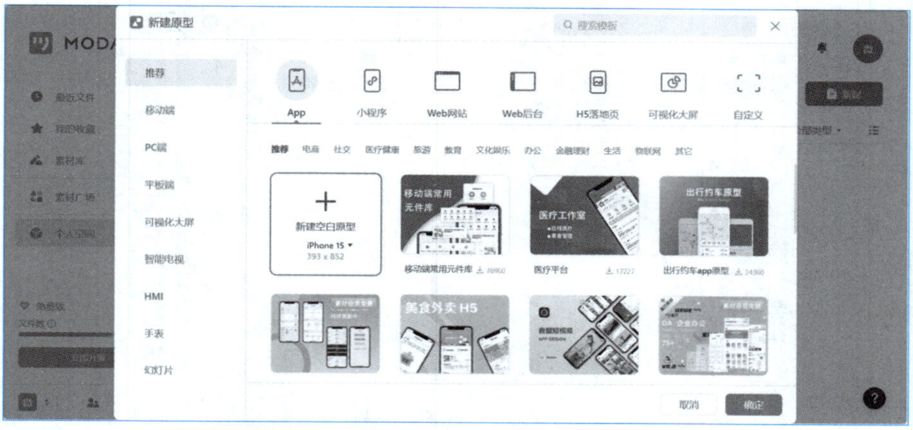

图 7-26　新建原型

③原型设计界面介绍：墨刀原型设计界面各模块的功能描述如图 7-27 所示。

图 7-27　原型界面功能描述

④重命名项目：单击图 7-28 所示的下拉箭头，选择“重命名”可更改项目名称。或者双击项目名称直接修改。

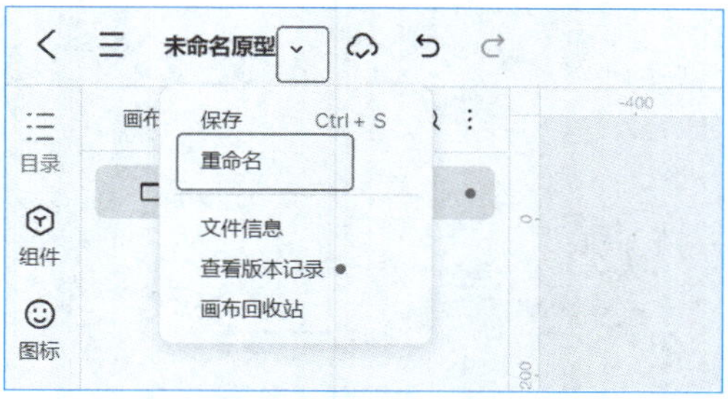

图 7-28　重命名

⑤画布与页面管理：画布是整个设计项目的主工作区，提供了灵活的布局调整和多页面管理功能。如图 7-29 所示，在一个大型项目中，页面会有很多，所以可以将页面分模块（画布）进行管理。比如，在停车管理系统中有首页、预订、支付、我的模块，所以可以创建多个画布，然后在不同的画布下新建各自的页面。比如，单击“首页”画布，就能看到首页对应的子页面。单击“预订”画布，就可以看到预订对应的子页面。

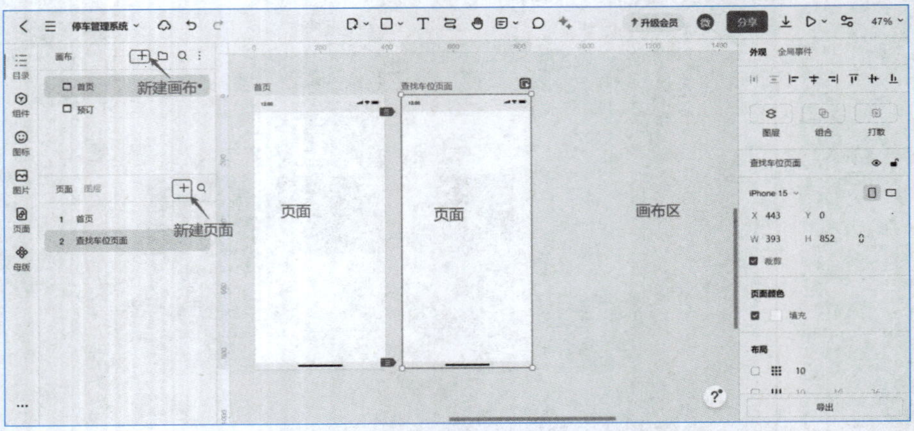

图 7-29　画布与布局管理

页面是具体的屏幕或场景设计单元，允许设计师在不同页面间建立交互连接，模拟真实应用的使用流程。单击选中页面后还可以通过右侧的外观属性区设置页面的宽高、背景颜色等样式。

（2）底部导航栏设计

在设计前需要先确定 App 的主色调，通常用于导航栏、按钮等重要元素。本项目我们使用蓝色作为主色调。

本项目的底部导航栏包括首页、预订、支付、我的四个模块，在呈现方式上通过图文上下排列的形式。这也是各 App 常见的导航效果。图标、图形设计、文本等使用墨刀自带的组件库（如基础图形、表单、多媒体、图表等）、图标库。直接拖动到画布上使用即可。

为使导航栏和内容区有所区分，所以在组件菜单库中使用一个矩形作为导航条的背景色，设置填充为灰色，不描边，如图 7-30 所示。

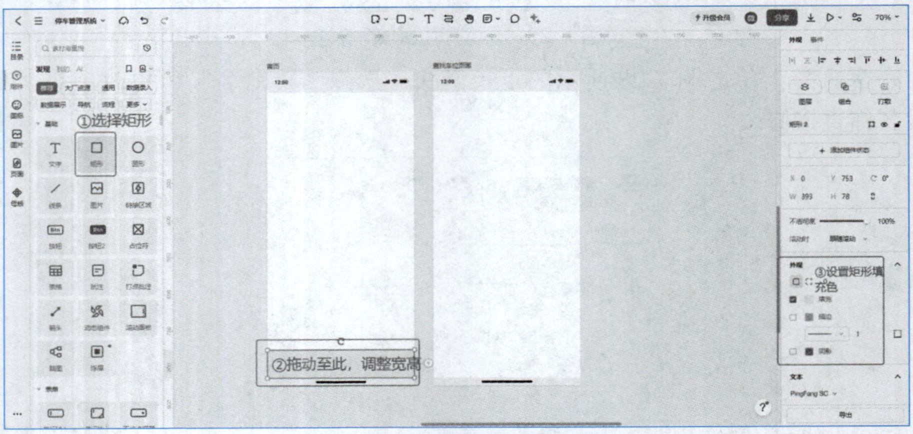

图 7-30　设计导航栏背景色

首先，在图标菜单库中搜索并选择适合的图标，然后将它们拖动到底部背景区域。按住【Shift】键，依次选中四个图标。接着，同时修改这些图标的宽高和填充颜色。在对齐选项中，选择底部对齐并水平等间距排列，以确保它们排列整齐，并位于底部背景的合适位置，如图 7-31 所示。

在调整位置时，可以使用鼠标拖动或者使用【↑】、【↓】、【←】、【→】键进行微调。为了防止在拖动时图标位置发生错乱，可以将四个图标进行组合。

接下来按照同样的方式，插入图标对应的文本，并修改“首页”文本和首页图标为蓝色，以区分当前选中页。文字的设置不再赘述。底部导航条的最终效果如图 7-32 所示。

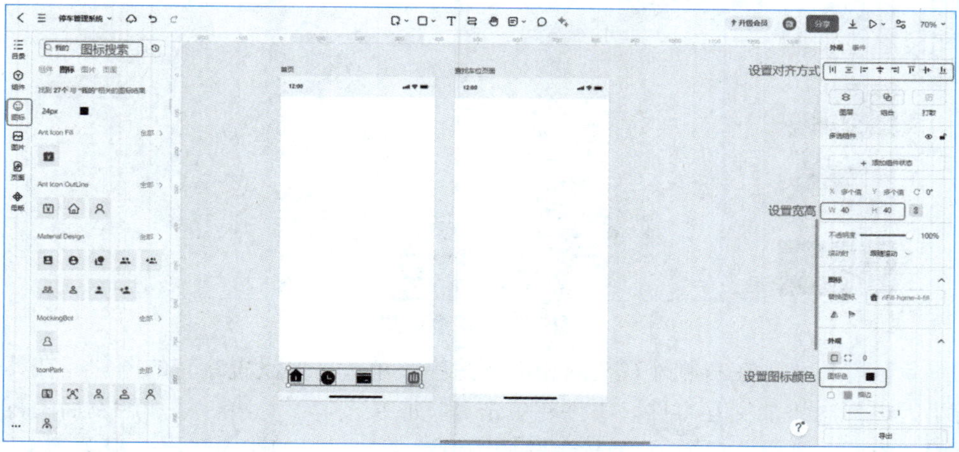

图 7-31　图标设置

图 7-32　底部导航栏的最终效果

（3）顶部轮播图设计

接下来设计活动与优惠功能，该功能通过轮播图来展示，当单击图片时可跳转到对应的活动介绍页面。

①插入轮播图组件：首先从组件菜单库的多媒体组件中拖出轮播图组件，在右侧设置面板中“轮播图图片”部分，鼠标悬浮于右下角“…”按钮，可以选择从“本地上传”或者从“素材库中”上传图片。单击最右侧的加号即可添加图片数量，如图 7-33 所示。

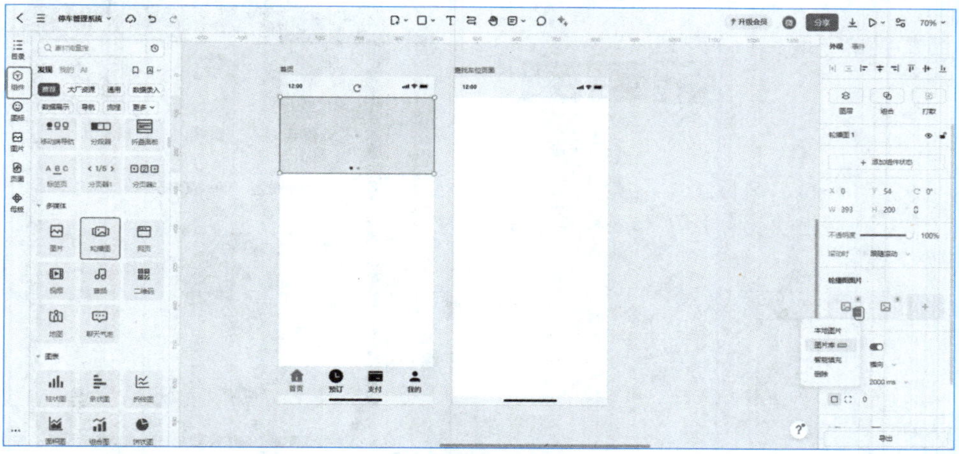

图 7-33　选择图片轮播组件

②设置轮播效果：这里我们设置轮播图片为三张，设置其滚动方向为横向，每隔 3 s 进行切换。轮播点默认为白色，选中时为蓝色，如图 7-34 所示。

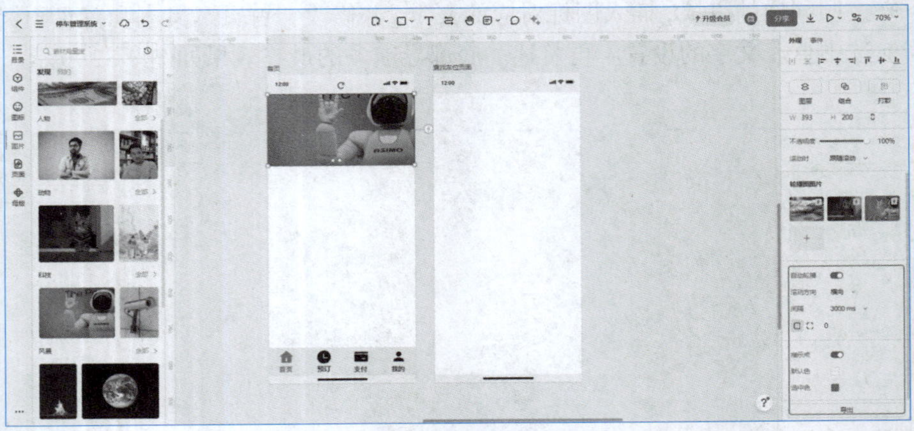

图 7-34　轮播设置

③设置跳转链接：在右侧外观栏内相应图片中，单击需要设置跳转的图片，在其图片上方单击小闪电标志添加交互事件。事件有单击、滑动、长按等。为事件添加触发后的行为（如跳转页面、显示 / 隐藏元素等）。为行为选择预设动画效果（如淡入淡出、滑动等），增强用户体验。如图 7-35 所示，我们假设先设置其跳转页面为查找车位页，动效为右弹入。

然后单击右上角的播放演示按钮即可查看效果。

该 App 首页的最终效果如图 7-36 所示。首页剩余部分的设计不再赘述，可参考原型图自行完善。

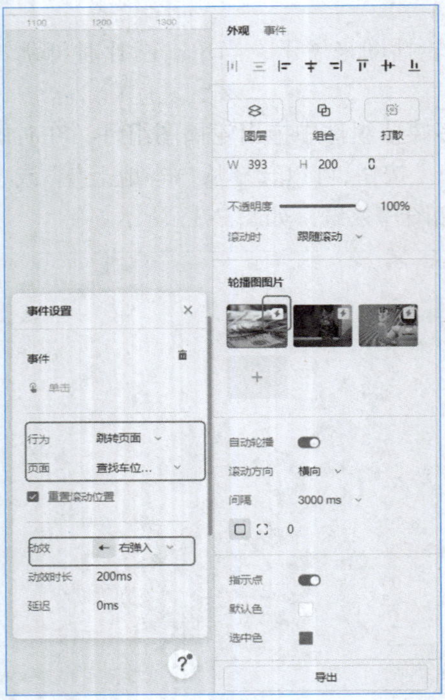

图 7-35　设置跳转链接

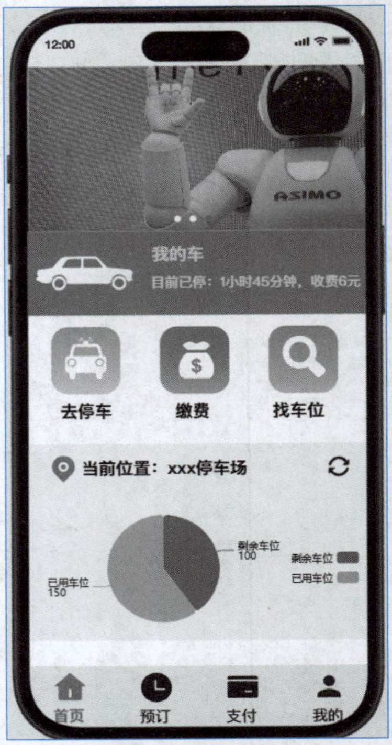

图 7-36　首页原型图

3. 扩展训练

请参考项目实现过程中的功能描述完善预订、支付、我的模块的原型设计图。该过程包括使用思维导图绘制模块结构图，基于结构图创建详细的原型图，要求如下：

①新建项目：登录墨刀，单击“新建”项目，选择合适的设备尺寸。

②新建画布：每个模块（预订、支付、我的）分别创建一个独立的画布。在每个画布下根据需要添加多个子页面。

③利用墨刀提供的常用 UI 组件（如按钮、文本框、导航栏、图标等），快速构建界面。

④色彩搭配：选择符合品牌形象的主色调和辅助色，确保整体视觉效果和谐统一。使用中性色（如白色、灰色）作为背景色，保持界面简洁明了。

⑤组件放置：根据用户体验原则，合理安排组件的位置，确保重要功能易于访问。使用对齐工具和网格线保证布局整齐有序。

⑥添加交互事件：设置底部导航栏的单击事件，单击时切换至相应的模块页面。

⑦其他交互行为：为按钮、链接等交互元素设置适当的事件（如单击跳转、显示 / 隐藏、弹出提示框等）。配置动画效果（如淡入淡出、滑动等），增强用户体验。

⑧预览与测试：使用预览功能检查所有页面和交互效果，确保一切正常工作。

⑨文件导出：完成设计后，将所有页面导出为 PNG 格式，便于分享和存档。

扩展学习：AI 科普　人工智能对软件工程开发的影响

人工智能正在深刻改变软件工程的各个方面，从需求分析到项目管理，再到测试和维护。以下是 AI 在软件工程开发中的一些关键影响，并结合了相应的 AI 大模型工具：

1. 需求分析与规划

智能需求收集：使用自然语言处理技术的聊天机器人如 Dialogflow 可以自动与用户交互，收集和整理需求。通过这些平台，开发者能够创建定制化的对话流来获取详细的用户需求。

需求文档自动生成：基于 GPT 系列模型（如 GPT-4）或通义千问等大语言模型，可以根据用户的描述自动生成初步的需求文档，减少手动编写的工作量，并确保文档的一致性和完整性。

2. 设计与原型开发

自动化设计工具：Figma 插件中的 AI 助手如 Shapedive 利用机器学习优化 UI/UX 设计；Adobe XD 也集成了 Sensei AI 服务，可以根据用户输入自动生成设计方案。

代码生成器：基于 Codex（由 OpenAI 开发）或其他类似的代码生成模型，可以根据自然语言描述或高级模型自动生成基础代码框架，简化开发流程。这些工具还能根据最新的编程标准和最佳实践提供代码建议。

3. 开发与编码

智能代码补全：编辑器中的 AI 辅助功能如 GitHub Copilot 可以根据上下文自动补全代码片段，减少开发者的工作量。同时，它们还提供实时语法检查和错误提示，帮助开发者更快地发现和修正问题。

代码审查与优化：SonarQube 结合深度学习算法对代码进行静态分析，自动检测潜在错误、不规范之处及性能瓶颈，提供改进建议。DeepCode 则运用 AI 来评估代码质量和安全性。

4. 测试与质量保证

自动化测试：Testim.io 和 Applitools Eyes 等工具利用计算机视觉和 NLP 技术自动生成测试用例并执行测试，提高测试覆盖率。Mabl 采用机器学习模型模拟真实用户的操作行为，增强测试的真实性和覆盖面。

故障预测与预防：Splunk Enterprise Security 和 Elastic Stack 内置了机器学习组件，用于分析系统日志和其他监控数据，预测可能出现的问题，提前采取预防措施。Prometheus Operator 结合 Grafana Loki 实现了异常检测算法的实时监控应用运行状态。

5. 项目管理与协作

进度预测与资源分配：Wrike 和 Asana 都开始集成 AI 模块，如微软 Azure DevOps Services 提供的预测分析，根据历史项目数据预测当前项目的完成时间和所需资源，帮助项目经理更好地规划和调度。

沟通与协作：Slack 和 Microsoft Teams 引入了智能助手（如 Slackbot），可以协助团队成员进行日常沟通和协作，安排会议、提醒待办事项等。此外，Zoom 的 Live Transcription Service 使用 NLP 技术理解团队讨论内容，提取关键信息并生成总结报告。

6. 持续集成与部署

智能 CI/CD 管道：Jenkins X 和 Spinnaker 整合了 AI 驱动的决策引擎，自动选择最合适的构建配置和部署策略。CircleCI 通过其 Orb Marketplace 提供了针对不同场景优化的 CI/CD 流程模板，其中一些包含了预训练的 AI 模型。

自我修复系统：AWS Lambda 和 Google Cloud Functions 支持事件驱动架构，允许应用程序在遇到问题时自动触发修复逻辑，减少人工干预。Kubernetes Operator 模式下，Prometheus Operator 可以监控集群健康状况，必要时自动重启失败的服务实例。

通过在软件工程的各个阶段融入这些 AI 工具，软件开发人员能够更好地理解需求、设计有效的解决方案、编写高质量代码、开展高效测试，并在软件维护中迅速响应，显著提升整体开发效率和软件质量。

单元小结

本单元详细介绍了软件工程的定义与要素、起源与发展、目标、基本原则、软件安全、软件开发生命周期（SDLC）、软件工程的方法与工具及软件生命周期模型。通过对这些关键主题的探讨，可以进一步理解软件工程作为一门学科的理论基础和实际应用方法。

①软件工程是指采用工程化的理论、原理和方法来进行软件开发和维护的学科，通过系统化、规范化和可量化的方法，提高软件系统的质量、生产效率、易维护性和可控性。

②软件工程三要素：方法、工具、过程。

③软件工程的基本原则：选择适宜的开发模型、采用合适的设计方法、提供高质量的工程支持、重视开发过程的管理。

④软件开发生命周期：涵盖从需求定义到软件报废的完整生命周期，包括问题定义、可行性分析、总体描述、系统设计、编码、调试和测试、验收与运行、维护升级到废弃等阶段。

- 需求分析：明确用户需求并形成需求规格说明书（SRS）。

- 设计：包括概要设计和详细设计，确定系统架构和各模块的实现逻辑。
- 编码：根据设计文档编写程序代码，并进行初步调试。
- 测试：进行单元测试、集成测试、系统测试和验收测试，确保软件质量。
- 维护和升级：持续监控软件运行状态，处理问题，进行优化和更新。

⑤软件工程的方法：

- 结构化方法：分阶段开发，强调自顶向下的设计。
- 面向对象方法：强调对象的封装、继承和多态，适用于复杂系统。
- 敏捷开发方法：迭代开发，强调快速响应变化和客户反馈。
- 原型法：通过快速构建可执行原型，明确需求并进行优化。

⑥软件生命周期模型：

- 瀑布模型：线性顺序、阶段分明，适用于需求明确的项目。
- V 模型：每个开发阶段有对应的测试阶段，强调验证。
- 喷泉模型：增量和迭代开发，适应需求变化，适用于面向对象开发。
- 增量模型：逐步增加功能，分阶段开发和交付。
- 螺旋模型：结合瀑布和迭代开发，注重风险管理，适用于高风险项目。

习　题

1. 单选题

（1）软件工程的基本要素不包括（　　）。

A. 方法　　B. 工具　　C. 管理　　D. 过程

（2）瀑布模型的特点之一是（　　）。

A. 高度灵活　　B. 测试阶段和开发阶段并行

C. 阶段划分明确，按照线性顺序进行　　D. 主要用于小型项目

（3）在 V 模型中，需求分析阶段对应于（　　）阶段。

A. 单元测试　　B. 集成测试　　C. 系统测试　　D. 验收测试

（4）以下不属于需求管理工具的是（　　）。

A. JIRA　　B. Microsoft Visio　　C. 禅道　　D. Teambition

（5）面向对象方法强调的特性是（　　）。

A. 自顶向下设计　　B. 功能模块化

C. 数据和操作封装在一起　　D. 强调测试驱动开发

（6）下列（　　）特别强调风险管理。

A. 瀑布模型　　B. 增量模型　　C. 喷泉模型　　D. 螺旋模型

2. 多选题

（1）以下属于软件工程基本目标的有（　　）。

A. 提高软件质量　　B. 控制开发成本　　C. 提高生产率

D. 易于维护和扩展　　E. 保持原始代码

（2）瀑布模型的缺点包括（　　）。

A. 灵活性差　　B. 周期长
C. 阶段划分不明确　　D. 高风险
E. 过多的文档要求

（3）典型的软件生命周期阶段包括（　　）。

A. 需求分析　　B. 系统设计　　C. 编码　　D. 测试
E. 管理

（4）关于原型法，下列说法正确的是（　　）。

A. 快速构建一个可执行的系统模型　　B. 适用于需求不完全明确的项目
C. 只有一个阶段　　D. 需要频繁与用户沟通
E. 提高用户满意度

（5）增量模型的阶段特点包括（　　）。

A. 初始计划和分析　　B. 一次性完成全部功能
C. 划分增量　　D. 在每个增量完成后进行集成
E. 需求明确

3. 判断题

（1）软件工程的过程包括从项目计划到维护的所有活动，定义了方法使用的顺序和要求交付的文档资料。（　　）

（2）结构化方法允许在任何阶段返回之前的阶段进行修正和完善。（　　）

（3）在敏捷开发中，编码和测试是分开的阶段。（　　）

（4）螺旋模型结合了瀑布模型和迭代模型的优点，特别注重风险管理。（　　）

（5）增量模型不允许在开发过程中调整需求。（　　）

（6）采用面向对象方法可以提高代码的重用性和可维护性。（　　）

（7）软件质量保证是软件工程中一个重要的方面，涉及从需求分析到维护的各个阶段。（　　）

（8）如果采用快速原型法，原型系统可以直接作为最终产品的一部分。（　　）

4. 填空题

（1）瀑布模型在开发过程中的阶段划分包括需求分析、系统设计、编码、________和维护。

（2）敏捷开发方法强调通过短周期的________开发和频繁的客户反馈来提高适应性和灵活性。

（3）增量模型的核心思想是在多个迭代或阶段中逐步增加________特性。

（4）结构化方法中的核心组成包括结构化________、结构化设计和结构化程序设计。

（5）在软件开发生命周期中，测试阶段的目标是确保软件满足需求规格说明书中的所有________和性能要求。

（6）SDLC 提供了一种系统化的方法，确保软件开发满足________要求，并在预期时间和预算内完成。

5. 简答题

（1）简述软件工程的定义及其三个基本要素的关系。

（2）解释敏捷开发方法的核心理念和优劣势。

（3）比较瀑布模型和螺旋模型的优缺点，说明它们的适用场景。

（4）什么是 V 模型？阐述它的开发活动和测试活动如何对应，并说明其优缺点。

第8单元 人工智能

本单元从人工智能技术概览入手，系统介绍其基本概念、应用场景及发展趋势。重点展示人工智能技术在智慧城市、医疗、教育等领域的创新应用，及其对提升人类生活质量的显著作用。

在应用开发环节，深入分析人工智能算法与传统算法的本质区别，完整呈现人工智能应用开发的标准化流程。

人工智能不仅是技术革新，更涉及深刻的伦理思考与社会责任。我们需共同探索如何让人工智能更好地服务人类社会，培养对科技发展的责任意识。

知识路径

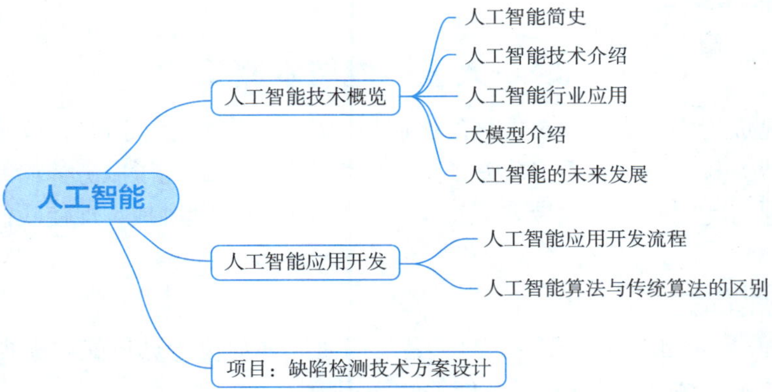

项目引入

某公司是一家致力于生产高质量瓶盖的中小企业。近年来，随着公司业务的快速发展，对产品质量的要求也不断提升。之前，公司主要依赖人工检测和传统机器视觉系统来进行瓶盖缺陷检测。然而，随着订单量和产品复杂度的增加，现有的检测技术已经无法满足需求，经常出现效率低下、误检率高和漏检等问题，制约了公司的发展。

为应对这些挑战，公司决定利用机器学习、深度学习等人工智能技术，对现有的瓶盖缺陷检测系统进行升级改造。

本项目围绕工业生产中的缺陷检测需求，系统开展人工智能算法的适用性研究。通过对比机器学习、深度学习技术应用在实际工业场景中的特性，重点分析不同算法在检测精度、运算效率及环境适应性方面的差异化优势，最终形成包含技术选型建议与实施方案的技术文档。

学习目标

【知识目标】

◎了解人工智能的基本概念和历史发展阶段。
◎掌握人工智能发展的三个要素：算力、算法和算料。
◎熟悉人工智能与物联网、大数据、云计算之间的关系。
◎了解大模型的概念、原理和应用场景。
◎了解人工智能应用的开发流程。

【技能目标】

◎能够分析和识别人工智能在不同行业中的应用场景。
◎能够比较传统编程与人工智能应用开发在特定任务中的适用性。
◎能够编写人工智能应用开发的技术方案文档。

【素质目标】

◎激发对人工智能等前沿技术的探究热情。
◎建立对人工智能伦理规范、数据安全及法律约束的认知。
◎养成持续学习的良好习惯，能够适应技术的快速迭代。

知识储备

8.1　人工智能技术概览

人工智能已成为推动当今社会发展的关键技术之一，广泛应用于医疗、交通、金融等领域，极大提升了生产力和效率。它不仅改变了人们的生活方式，优化了服务体验，还推动了产业智能化转型。但与此同时，它也带来了就业结构的变化与伦理挑战，促使我们重新思考未来发展的方向。

8.1.1　人工智能简史

人工智能（artificial intelligence，AI）是一门研究如何使计算机能够模拟和执行人类智能任务的科学技术领域。其目标是开发能够感知、理解、学习、推理和自主决策的智能系统。人工智能的定义可以追溯到20世纪50年代，当时英国数学家艾伦·图灵提出了“机器能否思考”的问题，并设计了图灵测试来评估机器的智能水平。

图灵测试的核心思想是：人类测试者与两位回答者（一个是人类，另一个是机器）进行文字对话，通过回答的内容判断哪一方是人类（见图8-1）。如果测试者无法区分人类与机器的回答，便认为机器通过了图灵测试。

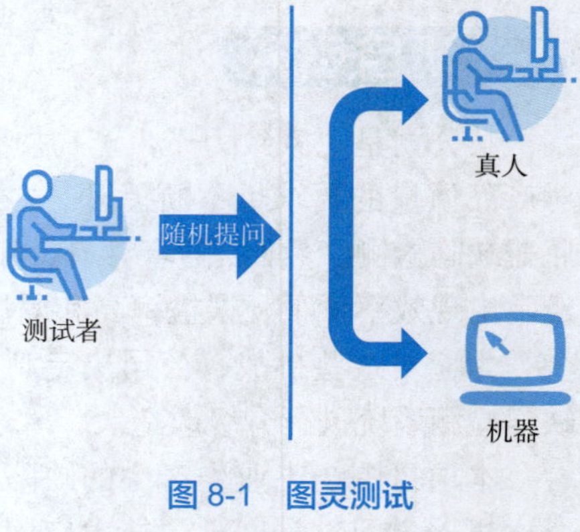

图8-1　图灵测试

1. 人工智能的发展历程

人工智能从概念被提出至今，经历了图8-2所示的几个重要发展阶段。

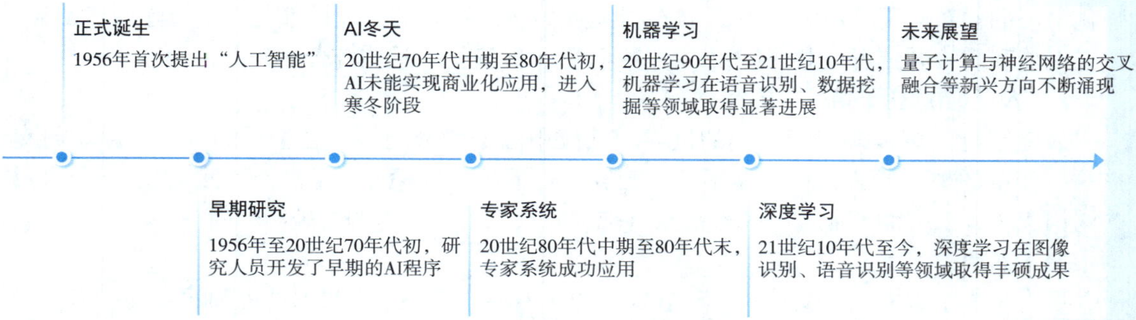

图 8-2　人工智能发展历程

（1）正式诞生（1956 年）

1956 年，约翰·麦卡锡等人在达特茅斯学院组织了一场具有历史意义的研讨会，首次提出了“人工智能”这一术语。会议提出了一个设想，即是否能“让机器像人类一样思考”，并探讨了使用机器来模拟人类智能的各个方面。这次会议被视为人工智能学科的正式诞生，标志着人工智能作为一个独立研究领域的开端。

（2）早期研究（1956 年至 20 世纪 70 年代初）

在此期间，研究人员开发了早期的 AI 程序，如能够解决数学问题的逻辑理论家（Logic Theorist）和能够进行自然语言理解的 ELIZA。然而，由于计算能力的限制和对问题复杂性的低估，早期 AI 系统的实际应用受到很大限制。

（3）AI 冬天（20 世纪 70 年代中期至 80 年代初）

由于进展缓慢、期望过高，研究资金大幅减少，人工智能技术未能实现当时的商业化应用，人工智能研究进入了“AI 冬天”。在这段时间里，虽然人们对人工智能的兴趣降低，但仍有一些基础研究持续进行。

（4）专家系统的发展（20 世纪 80 年代中期至 80 年代末）

20 世纪 80 年代中期，专家系统的成功应用带来了人工智能发展的第二波高潮。专家系统是能够模拟人类专家解决特定问题的计算机程序，如医疗诊断系统 MYCIN 和计算机配置系统 XCON。尽管专家系统取得了一定成功，但其依赖手工构建规则的局限性也逐渐显现。

（5）机器学习阶段（20 世纪 90 年代至 21 世纪 10 年代）

自 20 世纪 90 年代起，统计模型和机器学习技术（如人工神经网络和支持向量机）的发展为人工智能研究注入了新的活力。这一时期，机器学习技术在语音识别、数据挖掘等领域取得了显著进展。

（6）深度学习爆发阶段（21 世纪 10 年代至今）

基于深度神经网络（DNN）的深度学习技术取得了革命性突破，人工智能核心能力得到跨越式发展。其中标志性事件包括 2012 年基于卷积神经网络模型在 ImageNet 图像识别竞赛中取得里程碑式的精度提升，以及 2016 年强化学习系统 AlphaGo 战胜世界围棋冠军李世石。这一技术浪潮不仅使计算机视觉、语音交互及自然语言理解等关键技术实现质的飞跃，更通过算法 - 数据 - 算力的协同进化，持续渗透到医疗诊断、金融风控、智能制造等产业领域。近年来，大语言模型的发展显著提升了人工智能在语言理解、知识推理和多任务处理等方面的能力，正成为新一轮技术变革的重要引擎。

（7）未来展望

人工智能的发展正持续拓展技术边界，新兴方向如量子计算与神经网络的交叉融合、强化学习的创新应用等不断涌现，同时，伴随技术进步而来的伦理挑战与安全风险同步凸显，研究人员和政策制定者正共同努力，确保 AI 技术的安全、透明与公平应用。

2. 人工智能发展的三个要素

人工智能深刻地改变着我们的世界，其应用已经渗透到了社会生活的方方面面。而支撑这一变革的核心要素，可以概括为“三算”：即算力、算法、算料（数据）。这三个要素共同构成了人工智能产业链的关键链条，推动着人工智能技术的突破与创新。

（1）算力

算力是人工智能的“实体”，指 GPU、TPU 等硬件系统进行数据处理和运算的能力，包括处理器的速度、内存的大小及存储能力等。算力是实现复杂模型训练和高效推理的基础。强大的计算能力能够支持复杂算法的高速计算，使得 AI 系统能够快速处理海量数据，从而提升智能化水平。

（2）算法

算法是人工智能的“大脑”，决定了 AI 系统如何思考和决策，包括机器学习、深度学习等核心方法。先进的算法可以让计算机从数据中自动学习规律，并据此做出预测或决策。

（3）算料（数据）

算料是人工智能的“粮食”，包括文本、图像、视频等不同的模态，是训练和验证模型的基础。高质量、多样化的数据有助于提高模型的准确性和性能，支持决策和创新。

8.1.2 人工智能技术介绍

1. 人工智能的核心技术分支

人工智能技术体系包含多个核心分支。机器学习作为基础方法，使系统能够通过数据自主改进性能，其中深度学习利用多层神经网络，擅长处理图像、语音等复杂数据模式。在应用层面，计算机视觉、自然语言处理等方向共同推动着人工智能的实际工程落地。图 8-3 为人工智能技术图谱，可做参考。

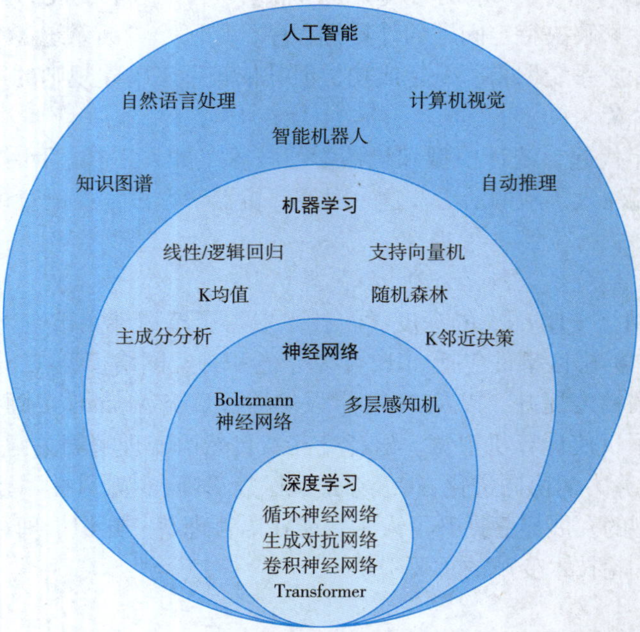

图 8-3 人工智能技术图谱

（1）机器学习

机器学习的核心是通过让计算机从数据中自动学习，识别出其中的规律和模式。机器学习可以分为三种主要类型：监督学习、无监督学习和强化学习。

①监督学习是最常见的类型，它依赖带有标签的训练数据集，通过学习输入与输出之间的关系来预测新数据的输出。

②无监督学习不依赖标签数据，而是试图在数据中发现结构或模式。

③强化学习通过与环境互动来学习最优行为策略，通常用于需要进行连续决策的场景。

（2）深度学习

深度学习的核心价值在于通过层级化的网络结构实现数据特征的自动学习。其技术突破主要源于互联网带来的海量训练数据的积累与分布式计算架构的成熟。当前主流的算法分类依据主要基于网络结构差异（如层级连接方式）与任务目标特性（如生成式与判别式需求）。深度学习算法可以根据模型的结构和应用场景划分为以下几类：

①多层感知器（MLP）：最简单的深度学习模型，由多个全连接层组成，常用于分类和回归问题，但在处理复杂任务时效果有限。

②卷积神经网络（CNN）：适用于处理具有网格状结构的数据，如图像（2D 网格）和视频（3D 网格）。它在图像分类、目标检测等任务上表现突出。

③循环神经网络（RNN）：适用于处理序列数据，如视频、语音、文本等。通过循环连接，RNN 能够记忆序列中的上下文关系。

④自注意力机制和 Transformer 模型：自注意力机制能够捕获序列数据中的全局依赖关系，不局限于邻近时间点。基于自注意力机制的 Transformer 模型，是当前自然语言处理和图像生成的主流架构。

⑤生成对抗网络（GANs）：由生成器和判别器组成，通过对抗训练生成高质量的图像、视频等内容。

⑥图神经网络（GNN）：提取和发掘图结构数据中的特征和模式，应用于推荐系统、分子建模、社交网络分析等领域。

2. 人工智能与物联网、大数据、云计算技术的关系

在当代信息技术生态系统中，人工智能、物联网、大数据和云计算之间存在着紧密且复杂的关系（见图 8-4），共同驱动产业数字化转型与智能化升级。

物联网通过连接各种设备和传感器，收集大量的实时数据，并通过网络传输到云计算平台。这些数据是大数据的重要来源，为后续的数据分析和处理提供了基础。例如，智能家居设备通过传感器采集用户行为数据，形成个性化服务。

大数据技术专注于对海量数据进行分析和挖掘，从中提取有价值的信息和知识。这一过程依赖云计算提供的计算资源和存储能力。

云计算作为物联网和大数据的“神经中枢”，不仅提供强大的计算能力和存储空间，还支持人工智能算法的部署和运行。通过云端计算，大规模人工智能模型可以快速处理复杂任务。

人工智能在这一生态中发挥了至关重要的作用，它利用大数据分析结果，通过机器学习和深度学习实现智能理解和决策。例如，在自动驾驶中，人工智能结合物联网传感器收集的数据，实时做出决策，从而提升驾驶安全性和效率。

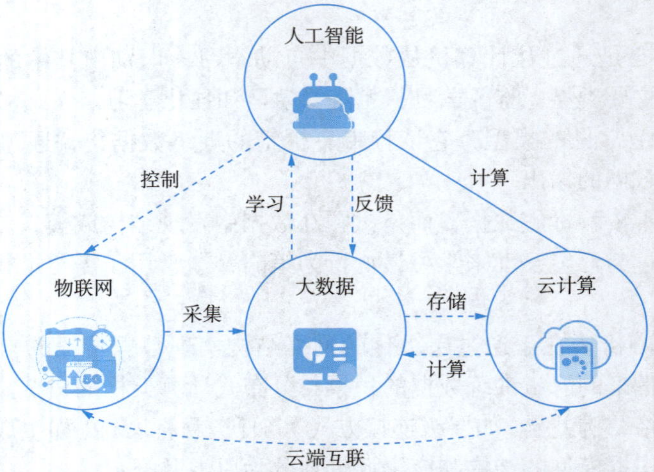

图 8-4　人工智能与物联网、大数据、云计算技术的关系

以上技术的结合催生了人工智能物联网（AIoT），通过“云端—边缘—终端”协作架构，提供更智能的应用和服务。边缘计算可以实时处理终端收集的数据，而云端则进行模型训练和复杂决策。这种架构既提升了系统性能，又保障了数据隐私。

8.1.3　人工智能行业应用

视频

人工智能行业应用

人工智能的应用领域正在迅速扩展，重新定义着人类与技术交互的方式。在人类社会全面拥抱数字化转型的进程中，AI 技术已从科幻概念的云端，深植于现代生活的毛细血管与产业经济的核心脉络之中。它不仅改变了人与机器的交互逻辑，更催生出跨行业的颠覆性创新——从智慧城市中自适应的交通网络，到医疗领域精准的影像诊断，再到教育系统个性化的学习路径，AI 重构着公共服务与商业运营的底层逻辑。

1. 智慧城市

智慧城市利用人工智能技术，提升城市治理、民生服务、产业经济和生态宜居等各方面的智能化水平。借助物联网（IoT）技术，实现全面的物联感知和终端智能化；依托云计算平台，提供强大的数据处理和 AI 能力，从而全面赋能各类城市业务场景。此外，人工智能在智慧城市的交通管理、环境监测等领域也得到了广泛应用，实现了更加高效和精准的城市管理。

在智慧城市体系下，通过遍布城市的 IoT 设备，如传感器和摄像头，持续采集交通流量、环境状况及公共安全等多维度的实时数据，这些数据构成了 AI 分析的基础。借助大数据技术的强大处理能力，能够对海量的城市运行信息进行有效的存储与解析，使 AI 得以执行诸如优化交通信号灯配时、预测交通堵塞并提供最佳路径建议以提升交通效率，或是进行实时图像和视频分析来检测安全威胁和预防犯罪，以及预测空气质量变化和监测环境污染等任务。而云计算则凭借其卓越的计算资源和弹性存储能力，确保了数据处理的速度和实时性，支持着智能城市系统高效且稳定地运行，从而实现了城市管理和服务的智能化升级。

2. 智慧医疗

智慧医疗通过人工智能技术，如自然语言处理、深度学习和图像识别等，为医疗行业带来了革命性的变化。例如，AI 支持医学影像分析，帮助医生更准确地诊断疾病。依托大数据和云计算，医疗数据的处理与解析能力得到了显著提升，为医生提供了更为精准的诊断依据。

在智慧医疗体系中，通过 IoT 医疗设备，如可穿戴健康监测装置，能够实时收集患者的生理参数，这些数据不仅丰富了 AI 分析所需的健康状态信息，也为疾病的早期预警和个性化治疗方案的制定奠定了基础。借助大数据平台的强大集成和管理能力，电子健康记录、基因数据等海量医疗信息得以有效整合，成为训练和优化 AI 模型的关键资源，使得 AI 可以在疾病诊断上辅助医生更准确地解析医学影像（如 X 光片、MRI），提高诊断的精确度；在个性化治疗方面，基于患者的具体情况提供定制化的医疗建议；同时，AI 还加速了药物研发的进程，从发现新药到优化临床试验过程，提高了药物开发的效率和成功率。云计算平台则以其强大的存储能力和弹性的计算资源，确保了复杂 AI 算法的高效执行及大规模数据分析的顺畅进行，支撑着智慧医疗系统的稳定运行和持续创新。

3. 智慧教育

智慧教育通过人工智能技术，使学习过程更加高效和有趣。例如，人工智能技术可以帮助教育者建立教学基础知识，提供教育产品及信息平台。此外，人工智能还在个性化学习、智能辅导系统等方面发挥了重要作用。

在智慧教育体系中，借助教育物联网设备，如智能白板和学生平板，能够记录并传输课堂互动数据，这些数据构成了 AI 分析学生学习行为的基础。通过采集和处理教育过程中的大量数据——包括学习记录和考试成绩等，大数据技术使得 AI 可以深入了解每个学生的学习模式，从而提供个性化的学习路径和教育资源，优化学习效果。同时，AI 虚拟助教和智能答疑系统能根据学生的具体需求提供实时辅导和问题解答，增强学习体验。此外，通过对教学数据的分析，AI 能够帮助优化课程设置和教师资源管理，提升整体教学效率。而这一切的背后，离不开云计算平台提供的强大存储和计算资源支持，它不仅保障了在线教育平台能够应对高并发访问，还确保了 AI 应用的快速响应和高效运行，共同推动了智慧教育的发展与创新。

总之，物联网提供数据采集的前端支撑，大数据负责数据的处理和存储，而云计算提供灵活的计算与存储能力，这些技术共同赋能 AI 在智慧城市、智慧医疗和智慧教育等各个行业的应用。

8.1.4 大模型介绍

1. 大模型的概念

大模型是指参数量巨大、结构复杂的深度学习模型，通过海量数据训练，可完成自然语言理解与生成、图像处理等多领域高难度任务。作为人工智能领域的重要突破，这类模型通过数十亿至数万亿的参数量级，捕捉数据中多层次的特征与细微差异，支撑了当下生成式 AI 的快速发展。其核心优势体现在三方面：一是依托超大规模训练数据获得的强泛化能力，可快速迁移至新场景任务；二是通过融合多模态学习框架，同步处理语言、图像、语音等跨领域任务；三是采用以无标签数据为主的自监督学习范式，大幅降低人工标注依赖性。此外，强大的社区支持降低了大模型技术应用门槛，驱动智能工具从实验室向产业端的规模化落地演进。

2. 大模型的发展历程

大模型的技术发展经历了从浅层模型到深度模型的漫长历程。早期的模型虽然能够完成一些简单的任务，但参数量有限，难以处理复杂的任务。

2017 年，Google 提出 Transformer 架构，这一突破性进展彻底改变了大模型的发展方向。Transformer 通过引入自注意力机制，能够并行处理序列数据，极大提升了训练效率。与传统的 RNN 架构相比，Transformer 不仅可以处理更长的上下文，还能轻松实现多任务学习，这为后续的大规模模型发展奠定了基础。

从 2018 年到 2020 年，模型的参数规模出现了指数级的增长。OpenAI 发布 GPT-1（1.1 亿参数），Google 推出 BERT，标志着预训练 + 微调模式成为自然语言处理的主流技术。BERT 通过双向上下文理解刷新 11 项任务的性能记录，而 GPT-1 则验证了自回归生成模型的潜力，两者共同推动大模型进入工程化落地阶段。GPT-3（1 750 亿参数）首次验证“规模定律”（scaling law），即模型性能随参数、数据、算力呈幂律增长。其零样本 / 少样本学习能力在文本生成、代码编写等任务中展现类人水平，标志着大模型从“专用工具”向“通用基座”演进。

2022 年，OpenAI 推出的 ChatGPT 通过监督微调与人类反馈强化学习技术，实现了自然语言对话的流畅性与合理性平衡，用户突破 1 亿仅用了 2 个月。全球进入“千模大战”，Meta 的 LLaMA、百度的文心一言等竞品密集发布。

2023 年，大模型的发展进入了多模态时代。这一阶段的最大特点是模型不再局限于单一模态的数据处理，而是开始实现文本、图像、视频等多种数据形式的综合理解和生成。同时，垂直领域模型崛起，金融、医疗等行业通过领域数据微调基础模型，构建专用诊断、风控系统，推动大模型从实验室走向产业端。

2024 年至今，大模型能力持续深化，模型的效率优化成为研究的焦点，幻方量化的 DeepSeek-V3 通过稀疏化训练将成本降低至 GPT-4 的 1%。DeepSeek-R1 采用大规模专家混合架构（MoE），在复杂逻辑推理任务中超越人类平均水平。

3. 大模型的工作原理

大模型的工作原理建立在深度学习范式之上，以 Transformer 架构为核心。以下是大模型训练和使用的基本流程：

①学习阶段（预训练）：大模型通过大规模无监督学习，在海量数据上训练基础模型，建立对语言和其他模态的通用理解能力。该机制类似于学生通过广泛阅读和学习积累基础知识。

②理解和生成内容：在训练完成后，大模型根据输入的内容解析上下文和语义结构，生成符合要求的文本、图像或语音。正如学生通过学习后，可以运用知识解决问题或进行创作。

③微调阶段：用少量特定领域的标注数据调整预训练模型参数，提升模型在特定任务上的性能的过程。就像学生在掌握基础知识后，选择一个专业或某门课进行深入研究和学习。

4. 大模型的分类

从不同的维度，大模型可以分为表 8-1 所示的几类。

表 8-1 大模型分类

分类标准	大模型类型	描述
按处理的内容划分	语言大模型	专注于文本数据
	视觉大模型	专注于图像和视频数据
	多模态大模型	能够同时处理多种类型的数据，如文本、图像和语音
按应用领域划分	通用大模型	适用于广泛领域，如自然语言处理和计算机视觉
	行业大模型	针对特定行业优化，如医疗影像分析或金融风险预测

5. 大模型的应用场景

大模型的应用场景已渗透到社会生产与生活的多个方面，主要体现为以下几类核心领域：

（1）自然语言交互与内容生成

①智能客服：通过理解用户意图自动解答问题（如银行智能客服处理 90% 的常见咨询），支持多语言实时翻译。

②内容创作：自动生成新闻稿、营销文案、小说续写等内容。

③知识管理：构建企业知识库问答系统，快速提取合同、报告中的关键信息。

（2）视觉感知与跨模态理解

①医疗影像分析：辅助医生识别 CT/MRI 中的病灶，降低漏诊率。

②视频生成：根据文本描述生成高质量短视频，应用于影视预演、广告制作。

（3）行业智能化升级

①金融风控：分析用户交易数据预测信用风险。

②智慧教育：个性化学习系统动态评估学生能力。

③科研加速：预测蛋白质 3D 结构，推动药物研发突破。

（4）通用任务处理

①智能助理：跨平台处理日程管理、邮件撰写等事务。

②机器人控制：将语言指令转化为机械动作序列，实现动态路径规划。

表 8-2 是常用图像和视频生成大模型工具汇总。

表 8-2 常用图像和视频生成大模型工具汇总

名　称	主要特点
Stable Diffusion	可生成高质量、高分辨率图像，支持多种风格和主题。开源免费，可运行在个人计算机上
Midjourney	可通过文本描述生成高质量图像，支持多种风格和主题，适合新手使用
DALL · E 3	根据文本描述生成图像，支持复杂的场景和细节
豆包	提供写作、翻译、编程等功能，支持图像和音乐生成
文心一格	支持多种图像生成任务
可灵 AI	支持图片和视频创作，具备强大的语义理解能力
即梦 AI	基于豆包大模型开发，支持图像、文生视频和图生视频
通义万相	支持图像和视频生成

知识拓展 AIGC 与 AGI

1. AIGC

AIGC（AI generated content）即人工智能生成内容，是指利用 AI 技术生成内容的一种形式，包括文本、图像、视频等多样化形式。其核心在于利用 AI 的内容创造能力来进行高质量的创作，帮助减少人工创作的时间和成本，提高创作效率。这种新型的内容创作模式继承了专业生成内容（professionally generated content，PGC）的高质量特性，同时也融入了用户生成内容（user-generated content，UGC）的分布性和互动性，从而形成了独特的数字内容生成与交互形态，能够高效生成高质量内容。

PGC 由专业团队创作，成本高但质量稳定；UGC 由用户创作，分布广泛但质量参差不齐。

PGC、UGC 和 AIGC 代表了内容创作的不同阶段和方式，它们之间的关系反映了内容生产方式的演变。

AIGC 本质上是 AI 技术的一种具体应用形式，它依赖 AI 提供的算法和技术手段来实现上述内容生成的功能。而大模型则为 AIGC 提供了强大的知识基础，使得机器能够在特定任务上表现出色。

2. AGI

AGI（artificial general intelligence）即通用人工智能，指具有综合能力的智能体，能够像人类一样理解、学习、推理和应用知识，并解决多领域的问题。AGI 的目标是实现自主智能，超越当前 AI 的能力，成为全能的“超级大脑”。AGI 的关键特征包括：

①跨领域知识与技能：能够处理不同领域的任务，而无须重新编程。

②自我学习与优化：具备自我改进的能力，能够通过反馈不断优化自身性能。

③自主意识与情感：可能拥有类似人类的意识和情感，从而更好地与人类互动。

尽管 AGI 具有巨大的潜力，但目前仍处于研发阶段，实现 AGI 仍面临许多技术和理论挑战，如如何定义任务表示方法，如何处理时间、空间和因果关系等。

8.1.5 人工智能的未来发展

人工智能的未来发展涉及技术创新、跨学科融合、人机交互进步、产业自动化、伦理法律问题及社会影响等多个方面。这些领域共同推动人工智能向更深层次的应用和社会转型方向迈进。图 8-5 是对人工智能未来发展的展望。

图 8-5　人工智能未来发展

1. 技术创新

未来，人工智能的技术创新将主要集中在深度学习和神经网络的进一步发展上，以提升学习和推理能力。大模型架构优化和高效训练方法将推动模型性能突破，同时降低算力成本。神经符号融合有望增强可解释性与复杂推理能力。此外，多模态交互技术和自适应学习系统将成为关键方向。边缘计算与轻量化部署将加速人工智能在终端设备的普及，而强化学习与仿真环境结合或解决现实场景数据稀缺问题。这些进展共同推动人工智能向更高效、更通用、更可信的方向演进。

2. 跨学科融合

人工智能将与医学、生物学、心理学等更多学科领域进行交叉融合，促进技术在更多领域的创新和应用。例如，脑机接口（BCI）通过解码脑电信号实现意念控制外设，在医疗康复（瘫痪患者运动功能重建）和智能交互（脑控智能假肢）中展现潜力；类脑计算进一步借鉴生物神经网络结构，开发能耗更低、适应性更强的 AI 芯片；人工智能算法与量子硬件的结合将加速药物分子模拟、金融风险优化等复杂问题的求解。

3. 人机交互的进步

增强现实（AR）与虚拟现实（VR）技术将带来更具沉浸感的交互体验，不仅在教育娱乐领域展现价值，更将在专业培训中发挥关键作用。同时，自然语言处理与对话系统通过情感识别与生成技术，将实现更自然流畅的多模态人机交互。

4. 产业自动化

人工智能将实现工业生产效率提升与成本优化。在智能制造领域，人工智能驱动的预测性维护系统通过实时监控和分析设备数据，有效预防故障并提升生产效能。自动化装配线将持续升级机器人智能水平，进一步降低对人工作业的依赖。

5. 伦理与法律问题

随着人工智能技术的发展和普及，伦理和法律问题日渐突出。解决隐私、安全、责任问题成为必须面对的挑战。在这方面，确保人工智能发展符合伦理和法律标准将是关键，如何制定相应的法律法规来规范人工智能的应用也是未来需要重点关注的领域。

6. 社会影响与可持续发展

人工智能的发展将对社会产生深远影响，包括就业结构、教育体系、医疗保健等方面。如何确保人工智能技术的可持续发展，并最大限度地发挥其积极作用，也是未来发展的重要方向。人工智能在优化资源利用、减少碳排放和推动环保技术方面有巨大的潜力，可以为全球可持续发展提供有力支撑。

未来的人工智能将是持续创新、跨学科融合和注重伦理与法律规范的共同作用下实现的，其对社会带来的变革也将是深远而积极的。

8.2　人工智能应用开发

8.2.1　人工智能应用开发流程

人工智能应用开发流程是一个复杂且系统化的过程，通常包括图 8-6 所示的七个关键步骤。

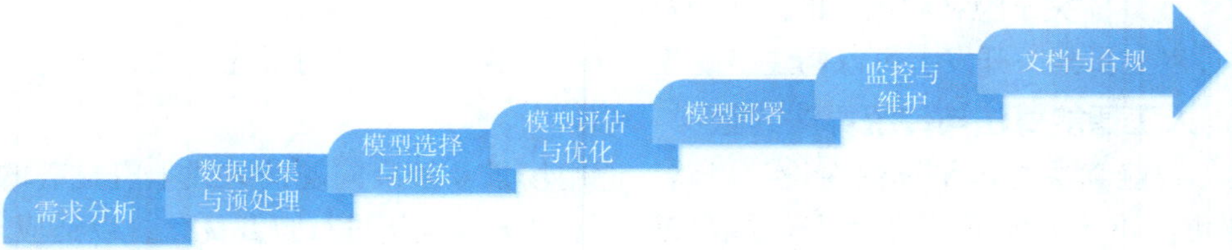

图 8-6　人工智能应用开发流程

1. 需求分析

人工智能应用开发的第一步是明确项目目标和需求，包括确定系统需要解决的核心问题、预期输出形式、性能指标，以及满足用户或业务需求的具体要求。在这一阶段，深入理解问题背景和业务逻辑尤为重要。与此同时，需要对项目的可行性进行评估，确保数据资源、技术能力、时间、人力和预算等都足以支持项目顺利完成。

2. 数据收集与预处理

基于需求分析的结果，从多种渠道收集相关数据，包括公开数据集、企业内部数据或通过用户行为获取的实时数据。收集到的数据需要经过清洗、标注和分割等预处理操作，以确保数据质量达到模型训练的要求。此外，针对不同问题的特性，需要执行特征工程来提取关键信息。高质量的数据是模型性能的基石，因此这一阶段的工作直接关系到后续开发的成败。

3. 模型选择与训练

根据问题的性质和数据特点，选择合适的模型架构和算法。例如，图像处理问题可能选择卷积神经网络，自然语言处理任务则适合使用 Transformer 模型。在模型训练中，通过优化算法调整参数，最小化损失函数，并结合超参数调优进一步提高模型性能。

4. 模型评估与优化

模型评估是验证其实际效果的重要阶段。使用测试集全面评估模型性能，包括准确率、召回率、F1 分数等指标。如果模型在未见过的数据上表现不理想，则需要通过多次迭代优化模型，如重新调整数据集比例、更换模型架构或改进特征工程。

5. 模型部署

将经过训练和评估的模型集成到实际应用场景中是人工智能应用落地的关键一步。在部署阶段，需要优化模型推理性能，如通过模型量化、剪枝等技术降低模型计算量，并转换为 ONNX 等标准格式，利用 TensorRT 等推理引擎加速。同时，还要注意部署环境中的数据安全，防止恶意攻击或滥用。最终目标是保证模型能够高效、稳定地处理输入数据并输出预测结果。

6. 监控与维护

开发工作并未在部署完成后结束，而是进入了长期的监控与维护阶段。开发者需要持续跟踪系统性能，包括响应时间、准确率等关键指标，及时发现和修复潜在问题，使系统稳定运行。随着时间推移，新的数据将不断生成，因此需要定期更新模型以保持其性能。

7. 文档与合规

在整个开发过程中,详细记录各个环节的步骤和决策至关重要。这包括模型选择的理由、数据处理方式、超参数设置等，使项目具备可追溯性。此外，必须确保人工智能应用符合相关法律法规和行业标准，如遵守《生成式人工智能服务管理暂行办法》《通用数据保护条例》（GDPR）或其他关于隐私和伦理的法律规范。

通过以上步骤，开发者可以构建出高效、可靠的人工智能应用系统。

8.2.2 人工智能算法与传统算法的区别

人工智能算法与传统算法在设计思路、适用场景及解决问题的方式上有显著的区别。AI 算法更注重从数据中自动学习和提取特征，通过大量实例进行自我优化，以适应复杂且不确定的任务环境；而传统算法则依赖程序员预先设定的明确规则和数学模型，适用于那些有清晰定义和确定性较高的任务。

1. 设计思路

传统算法通常基于明确的数学公式或逻辑规则，由程序员精确定义每一步骤。这些算法依赖预先设定好的指令序列来完成任务。它们往往是对问题的一种直接映射，即针对特定问题构建专门的解决方案。

人工智能算法，特别是机器学习和深度学习算法，更侧重于从数据中自动学习模式和特征，而不是通过硬编码的方式来解决具体问题。这些算法能够适应不同的输入，并随着新数据的到来不断优化自身的性能。

2. 解决问题的方式

传统算法适用于有明确解法的问题，如排序、搜索、路径规划等。对于这类问题，传统算法可以提供高效且准确的结果。当面对复杂性和不确定性较低的任务时，传统算法往往是首选，因为它们执行速度快，资源消耗小。

人工智能算法更适合处理那些难以用固定规则描述的问题，如图像识别、自然语言处理、预测分析等。AI 算法能够在大量无结构化或半结构化的数据中找到规律，并据此做出预测或决策。它们特别擅长应对高度复杂、非线性关系的数据集。

3. 数据依赖性

传统算法对数据的需求相对较小，因为它们主要依靠预设的逻辑进行运算，不需要大量的训练数据来调整参数。人工智能算法强调“数据为王”，尤其是监督学习和无监督学习模型，需要大量的高质量数据来进行训练，以便获得良好的泛化能力。

4. 灵活性与适应性

在传统算法中，一旦确定了算法结构和参数，其行为通常是固定的，不易改变，除非重新编程。人工智能算法则具备一定的自适应能力，可以通过更新数据集或调整超参数来自我改进，甚至可以在运行过程中动态调整策略（如强化学习）。

5. 可解释性

在传统算法中，由于算法流程清晰可见，通常具有较高的可解释性，人们容易理解其工作原理和结果来源。人工智能算法，特别是复杂的神经网络模型，可能成为所谓的“黑箱”，难以直观地解释其内部运作机制。研究人员近年来也在努力提高 AI 模型的透明度和解释力。

6. 开发成本

传统算法开发成本一般较低，特别是在已有成熟算法库的情况下，可以直接应用现成的模块实现目标功能。人工智能算法需要更多的前期投入，包括数据收集、标注、模型选择、训练和评估等环节，同时还需要专业的硬件设施支持（如 GPU 集群）。

总之，选择使用哪种类型的算法取决于具体的任务需求、可用资源及期望达到的效果。两者各有优劣，在不同的情境下都能发挥重要作用。随着技术的发展，我们也看到越来越多的混合方法出现，试图结合两者的长处，以求得更好的解决方案。

项目实施

8.3　缺陷检测技术方案设计

1. 项目分析

在进行瓶盖缺陷检测系统的智能化升级时，需要全面分析传统方法和人工智能方法的检测流程及各自的优缺点，以提出一个切实可行的技术升级方案。

2. 传统方法和人工智能方法的检测流程

(1) 传统缺陷检测方法

传统瓶盖缺陷检测主要基于图像预处理和模式匹配，具体步骤如下：

①创建模板库：制作一个无缺陷的瓶盖模板图像，这个模板需要尽可能清晰且具有代表性。模板的大小和分辨率应与待检测图像匹配，否则可能需要进行缩放或调整。

②预处理图像：对采集到的瓶盖图像进行灰度化、二值化等基础处理，以便更容易地与模板进行比较。可能还会应用一些滤波器（如高斯模糊）来减少噪声干扰。

③特征提取：使用边缘检测算法（如 Sobel 算子）找到图像中的轮廓线。应用形态学操作（膨胀、腐蚀）清理不规则边界，使特征更加清晰。

④模板匹配：将处理后的图像与模板进行比对，计算两者之间的相似度得分。如果与模板的相似度低于预设阈值，则认为该瓶盖存在缺陷。

⑤结果判定：如果与模板的相似度低于预设阈值，则认为该瓶盖存在缺陷。通过差异计算和连通域分析，标记缺陷位置和大小。最终由操作员确认并采取相应措施（如剔除或修复）。

注意：与第五单元的简易缺陷检测算法不同的是，上述方法不要求待检物品表面光滑无纹理。

该检测方法的优缺点描述见表 8-3。

表 8-3　传统检测方法的优缺点描述

优缺点	描　述
优点	逻辑清晰、易于理解和实现，算法效率高
缺点	高度依赖精确的模板和预定义规则，因此需定期更新模板以适应模具磨损或产品版本变更
	图像预处理和特征提取过程对环境光、噪声等因素敏感，可能导致误判
	随着缺陷种类的增加，维护和更新模板库的工作量也会变得相当庞大

总的来说，传统方法适用于缺陷类型固定且环境可控的情况，但在复杂多变的实际生产环境中可能不够高效和准确。

(2) 基于人工智能的缺陷检测方法

常见的人工智缺陷能检测算法有传统机器学习方法、深度学习方法、混合方法等。

由于工业场景中数据量大且复杂，而传统的机器学习算法如 SVM、随机森林和 k-NN 虽然各有优势，但在处理大规模和复杂图像数据方面准确率及性能有限。因此，建议采用深度学习或者是基于传统视觉和深度学习的混合方法。

在瓶盖缺陷检测中，卷积神经网络（CNN）可以有效地识别和分类瓶盖表面的各种缺陷，如裂缝、划痕、颜色变化或形状异常等。下面以基于深度学习的卷积神经网络算法为例，介绍其在瓶盖缺陷检测中的应用。

①数据收集与预处理：收集大量带有不同种类缺陷的瓶盖图像作为训练数据集，并标注每个图像中的缺陷类型。对图像进行预处理，包括调整大小、归一化、增强（如旋转、翻转、缩放）等操作，以增加模型的泛化能力。

②模型构建：设计一个适合瓶盖缺陷检测的 CNN 架构，通常包含多个卷积层、池化层和全连接层。

③训练过程：使用标记好的瓶盖图像数据集对 CNN 模型进行训练，通过反向传播算法不断优化模型参数，使模型能够准确地预测输入图像中的缺陷。在训练过程中，采用交叉验证

等技术来评估模型性能，确保模型不仅能在训练集上表现良好，也能泛化到未见过的数据上。

④测试与验证：训练完成后，在独立的测试集上评估模型的表现，检查其准确率和召回率等关键指标。如果模型在某些类型的缺陷上表现不佳，可以通过添加更多该类别的样本或者微调模型结构来进行改进。

基于卷积神经网络算法的优缺点描述见表 8-4。

表 8-4　基于卷积神经网络算法的优缺点描述

优缺点	类　型	描　述
优点	自动特征提取	CNN 能够自动从原始数据中学习到有用的特征，而不需要人工设计特征提取器。这对处理如图像等复杂的数据结构特别有效
	多层级特征表示	深度架构允许 CNN 构建层次化的特征表示，底层捕捉简单的边缘或纹理信息，高层则组合这些简单特征来表示更复杂的模式
	高准确率	在数据量充足且标注准确时，CNN 准确率显著高于传统方法
	适应性强	可以通过调整网络结构（如增加/减少层数、改变滤波器大小等）来适应不同类型的任务需求
缺点	计算资源需求大	训练一个大型的 CNN 模型通常需要大量的计算资源，包括高性能 GPU 集群和长时间的训练周期
	解释性差	尽管 CNN 在预测方面表现出色，但它们往往是“黑箱”模型，难以理解其决策过程，这对于某些应用领域来说是一个重要的考虑因素
	数据依赖性强	高质量的大规模标注数据对于训练有效的 CNN 至关重要。缺乏足够的代表性数据可能导致模型性能不佳
	超参数敏感	CNN 的表现很大程度上取决于其架构选择和超参数设置，找到最优配置可能需要广泛的实验和调优

3. 扩展训练

接下来，请参考以上思路完善对其他人工智能算法的调研，并重点分析机器学习、深度学习、混合方法在瓶盖缺陷检测中的应用和优缺点。基于这些信息，编写技术升级方案。参考思路如下：

（1）文档内容

①引言：简要说明瓶盖缺陷检测的重要性及其在现代制造业中的地位，指出传统瓶盖缺陷检测方法存在的不足和挑战，明确本项目的具体目标和技术升级的目的。

②项目分析：

传统方法概述：描述传统瓶盖缺陷检测的主要步骤，详细列出传统方法的优点和局限性。

AI 技术调研：常用 AI 检测技术及其特点和优缺点。

技术对比与选择：基于对比结果，解释为什么选择某些特定的 AI 技术进行升级。

③技术升级方案：检测方法的具体实施方案和详细的执行步骤。

④风险评估：识别可能遇到的技术、资源和时间上的挑战。

⑤总结与展望：回顾整个调研过程，强调所选方案的优势。

⑥参考文献：列出所有参考的文献、资料来源和技术文档。

（2）技术方案文档格式建议

①封面页：

标题：智能瓶盖缺陷检测系统升级方案。

作者信息：列出撰写者的名字、所属机构或部门等。

日期：提交报告的日期。

②目录页：

提供快速导航至各章节的功能，包括页码。

③正文文本格式：

字体：中文使用宋体，数字、字母使用 Times New Roman。

字号：正文建议使用五号字体，行间距应设置为 1.5 倍。

段落：首行缩进 2 字符，段后空一行。

图表：所有图表应有编号和标题，图的编号和标题放置在图下方居中；表的编号和标题放置在表上方居中。图表与正文之间要有适当空白，保持版面整洁。

引用和注释：使用统一的引用格式，推荐哈佛式或 APA 格式；脚注或尾注的编号应自动生成，并与正文关联。

扩展学习：AI 科普　人工智能重点应用方向——数字人

1. 什么是数字人

数字人是指通过人工智能、计算机图形学、语音合成等技术创建的虚拟人物，它们可以模拟真实人类的外观、行为和互动能力。数字人不仅具备逼真的外貌，还能进行自然语言对话、表情变化和动作模拟，广泛应用于娱乐、教育、医疗、客服等多个领域。

2. 数字人的核心技术

数字人的核心技术包括计算机图形学、动作捕捉、图像渲染、人工智能与机器学习、多模态交互、语音合成与识别等。

①计算机图形学：利用高精度的 3D 建模技术和渲染算法，创建出高度逼真的数字人形象。这些模型可以通过面部捕捉和动作捕捉技术进一步优化，使数字人能够展示细微的表情和流畅的动作。

②动作捕捉技术：记录真实人类的动作和表情，通过光学或惯性传感器将数据应用于数字人，实现自然流畅的动作再现，并支持程序化生成符合情境的行为模式。

③图像渲染：是指将 3D 模型转化为最终视觉输出，使用实时渲染引擎模拟不同光照条件下的效果，确保数字人在各种环境中表现得生动且真实。

④人工智能与机器学习：人工智能与机器学习提升了数字人的智能水平，通过深度学习改进图像生成、优化动作处理、增强对话理解，使数字人能够感知用户情绪并做出个性化反应。

⑤多模态交互：多模态交互融合视觉、听觉等感官通道，提供触摸、手势控制及语音指令等多种互动方式，创造直观且丰富的用户体验，使数字人更加易于操作和沟通。

⑥语音合成与识别技术：语音合成与识别技术构建了数字人语言交流的能力，语音合成技术让数字人能够“说话”，将文本转换为自然流畅的语音。而语音识别则让数字人理解用户的口头命令，实现双向信息交换。

3. 数字人的应用场景

数字人可用于教育、医疗、娱乐、电商等多个领域。

①虚拟助手：数字人作为虚拟助手，可以在智能家居、智能手机等设备上提供全天候的服务，如查询信息、设置提醒、控制家电等。

②客户服务：在金融、电商等行业，数字人可以担任在线客服，解答常见问题、处理订单、提供售后服务，提高客户满意度。

③教育培训：数字人可以扮演教师或导师的角色，提供个性化的教学内容和辅导，帮助学生更好地理解知识。例如，在语言学习中，数字人可以模拟真实的对话场景，增强学生的口语表达能力。

④娱乐传媒：在电影、电视剧、动画等领域，数字人可以替代真人演员完成一些危险或难以实现的表演。直播平台上的虚拟主播也日益流行，吸引了大量观众的关注和互动。

⑤医疗健康：数字人可以用于医学培训，模拟患者症状供医生练习诊断和治疗。在心理健康咨询中，数字人可以提供初步的心理支持和建议，缓解患者的焦虑情绪。

4. 数字人 AI 工具介绍

数字人 AI 工具是近年来人工智能技术发展的重要成果，以下是一些主要的数字人 AI 工具和软件，以及它们的特点和应用场景：

（1）腾讯智影

腾讯智影是一款集成了 AI 创作能力的智能创作工具，支持文本配音、视频剪辑、数字人播报等功能。其核心功能包括形象克隆和声音克隆，可快速生成数字人视频内容。腾讯智影数字人的简单应用描述如下：

登录腾讯智影官网，单击立即体验，进入图 8-7 所示的界面，然后单击“数字人播报”。可以进行数字人创作，如图 8-8 所示。

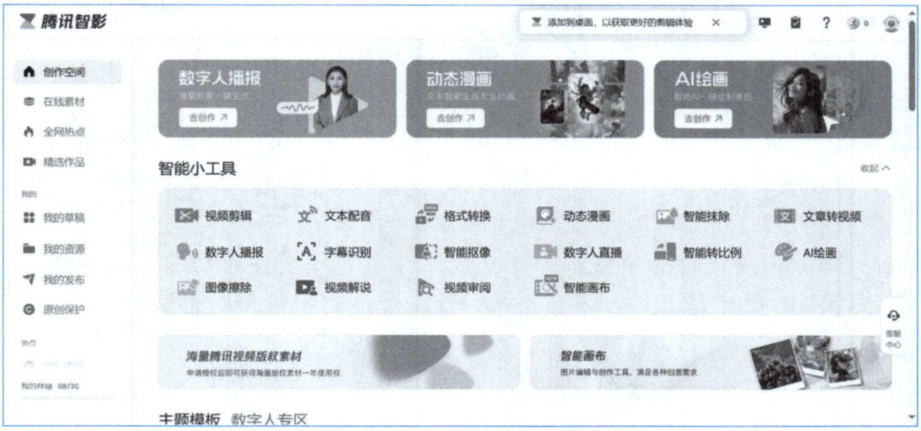

图 8-7　腾讯智影界面

图 8-8　数字人播报界面

在“数字人播报”界面可以使用该工具自带的 PPT 模块或数字人形象，也可以上传自己的照片制作数字人。

（2）百度智能云曦灵

百度智能云曦灵是百度推出的智能数字人平台（见图 8-9），提供服务型数字人和演艺型数字人解决方案，支持多语言、多模态交互。

图 8-9　百度智能云曦灵

（3）讯飞虚拟数字人

讯飞虚拟数字人是科大讯飞推出的虚拟数字人平台，提供全栈式 AI 虚拟人服务，包括语音识别、语义理解、语音合成等核心技术，支持多模态交互和多场景应用。

（4）剪映

剪映是一款功能强大的视频剪辑工具，最新版本支持数字人功能，用户可以通过简单的操作添加数字人形象并自定义台词和音色，适合短视频制作和商业宣传。

（5）蝉镜

蝉镜是一个在线数字人视频创作平台，提供数字人播报、短视频制作和分身定制服务，拥有丰富的数字人形象库。

5. 数字人带来的挑战与机遇

数字人的出现可能会替代某些重复性劳动岗位，但同时也会催生新的职业机会，如数字人设计师、训练师等。社会需要加强职业技能培训，帮助劳动者适应新技术带来的变化。数字人技术的发展推动了多个领域的创新，促进了跨学科研究和技术融合。未来，随着 AI 技术的不断进步，数字人有望变得更加多功能和智能化，为人类生活带来更多便利和惊喜。

单元小结

本单元详细介绍了人工智能的定义、发展历程、技术、应用领域及未来发展方向，详述了人工智能应用开发的流程，并比较了人工智能开发与传统编程的异同。

（1）发展历程。人工智能作为推动社会变革的核心技术，从 1956 年达特茅斯会议正式确立学科地位，到当代深度学习的突破性进展，已形成完整技术体系并深度融入各产业领域。AI 发展呈现波浪式演进特征：早期受限于算力陷入“AI 寒冬”；20 世纪 80 年代专家系统崛起但受规则限制；90 年代机器学习开辟新路径；2010 年后深度学习革命推动图像识别、自然语言处理等跨越式发展。GPT、AlphaGo 等标志性成果验证了算法 - 数据 - 算力协同进化的威力。

（2）技术体系。AI 技术生态由三大要素支撑：算力（GPU/TPU 等硬件基础）、算法（机器学习 / 深度学习等核心方法）、数据（训练与验证的“燃料”）。核心技术分支包括以 CNN 处理视觉、RNN 处理序列、Transformer 处理全局关联的深度学习架构，以及监督 / 无监督 / 强化学习等机器学习范式。

（3）AI 重构传统行业模式。智慧城市通过 IoT+AI 实现交通优化与安防预警；医疗领域 AI 辅助影像提升诊断精度；教育系统构建个性化学习路径。大模型更催生革命性应用。

（4）大模型演进。2017 年 Transformer 架构突破后，模型参数量呈指数增长。ChatGPT 实现对话突破。2023 年进入多模态时代，文心一言等模型融合文本、图像、语音处理。技术演进呈现两大趋势：模型效率优化、垂直领域深化。

（5）开发流程。AI 应用开发遵循七阶段闭环：需求分析→数据收集与处理→模型选择与训练→模型评估与优化→模型部署→监控与维护→文档与合规。

（6）未来展望。人工智能未来发展将呈现多维度协同演进：技术层面聚焦神经网络训练与部署优化；跨学科融合加速 AI 在医疗、脑科学等领域的创新应用；人机交互通过 AR/VR 和情感计算实现沉浸式体验；产业自动化依托智能预测维护提升效率。同时，隐私保护、算法伦理等规范体系亟待完善，AI 将在重塑就业结构的同时助力可持续发展，通过智能优化资源推动绿色转型。技术创新、法律规范与社会效益的平衡发展将决定 AI 变革的深度与广度。

习题

1. 单选题

（1）图灵测试主要评估（　　）。

A. 数据处理能力　　B. 图像识别能力

C. 人工智能的智能水平　　D. 计算机的运算速度

（2）下列（　　）不属于人工智能的关键技术。

A. 机器学习　B. 深度学习　C. 自然语言处理　D. SQL 查询优化

（3）以下（　　）不是人工智能的核心要素。

A. 算力　B. 算料　C. 算术　D. 场景

（4）传统编程侧重于（　　）。

A. 预定义的规则和指令　　B. 数据驱动和自主学习
C. 自适应和灵活性　　D. 复杂任务处理

2. 多选题

（1）下面关于物联网、大数据、云计算、人工智能关系的描述正确的有（　　）。
A. 物联网通过 IoT 设备采集数据
B. 大数据技术专注于对海量数据进行分析和挖掘
C. 云计算提供强大的计算能力和存储空间，还支持人工智能算法的部署和运行
D. AI 用于对海量信息进行有效的存储与解析

（2）关于 AI 未来发展的说法正确的是（　　）。
A. 深度学习和神经网络将继续是主要方向
B. 大模型将成为未来十年的主流技术
C. AI 技术将减少碳排放促进环保
D. AI 不需要考虑伦理和法律问题

（3）下列（　　）是人工智能算法相对于传统算法的优势。
A. 不需要人工提取特征
B. 更高的灵活性与适应性
C. 可以通过更新数据集或调整超参数来自我改进
D. 对数据的需求相对较小

3. 判断题

（1）传统编程和人工智能编程都依赖数据驱动。（　　）
（2）人工智能的一个核心要素是算法。（　　）
（3）机器学习中的监督学习需要带有标签的数据集。（　　）
（4）强化学习是一种通过与环境互动来学习最佳行为的方法。（　　）
（5）人工智能技术可以完全取代人类工作。（　　）

4. 填空题

（1）人工智能的主要目标是使计算机能够模拟和执行人类________任务。
（2）在图灵测试中，如果人类测试者不能分辨回答者是人类还是________，则机器通过了测试。
（3）20 世纪 80 年代中期，________系统的成功应用带来了 AI 发展的第二波高潮。
（4）深度学习基于________神经网络，在图像识别和语音识别等领域取得显著成果。
（5）大模型具备更强的语言理解和生成能力，推动了________处理技术的飞跃。

5. 简答题

（1）简述人工智能的发展历程（包括主要阶段和关键事件）。
（2）什么是图灵测试？图灵测试的目的是什么？
（3）请阐述人工智能的三个要素。
（4）列举人工智能在智慧城市中的三个应用，并说明物联网在这些应用中的作用。
（5）人工智能技术与传统编程有哪些显著区别？请举例说明。
（6）简述人工智能应用开发的七个关键步骤。

参考文献

[1] 高阳 . 计算机网络技术及应用 [M]. 2 版 . 北京：清华大学出版社，2023.

[2] 史苇杭，卫琳 . 操作系统原理与实践教程 [M]. 4 版 . 北京：清华大学出版社，2022.

[3] 唐朔飞 . 计算机组成原理 [M]. 2 版 . 北京：高等教育出版社，2008.

[4] 周舸 . 计算机导论 [M]. 2 版 . 人民邮电出版社，2023.

[5] 杨月江 . 计算机导论 [M]. 2 版 . 北京：清华大学出版社，2017.

[6] 姜春峰 . 大学计算机基础 : Windows 7/10+Office 2016 操作指南 [M]. 北京 : 清华大学出版社 , 2021.

[7] 特南鲍姆，韦瑟罗尔 . 计算机网络 (第 5 版)[M]. 严伟，潘爱民，译 . 北京：清华大学出版社，2012.

[8] 胡伟武 . 计算机体系结构基础 [M] . 3 版 . 北京：机械工业出版社，2021.

[9] 程云志 . 数据库原理与 SQL Server 2012 应用教程 [M]． 2 版 . 北京：机械工业出版社，2015.